特种设备作业人员安全培训系列教材

工业锅炉
运行与安全技术

Industrial Boiler
Operation and Safety Technology

大庆油田特种作业安全培训中心　编

中国石油大学出版社

内容提要 >

本书简要介绍了与锅炉有关的热工、传热、焊接、材料等基础知识;阐述了工业锅炉本体、燃烧设备、附属设备、安全附件等方面的构造原理及运行事故处理方法;在介绍了水质监督、锅炉房安全管理要求之后,专门介绍了自行研制的模拟锅炉仿真系统。

本书系统性较强,内容丰富,通俗易懂,有较高的实用价值,可作为锅炉管理人员和操作人员的培训教材,亦可供安全技术监察干部和检验人员参考。

特种设备作业人员安全培训系列教材

编 委 会

主　任：韩　忠

副主任：郭显平　韩玉华

委　员：（按姓氏笔画排列）

马云龙　王　强　刘忠辉　李　阳

张福超　高继胜　徐　斌　梁贵喜

盛永权　谢荣辉　魏　东

工业锅炉运行与安全技术

编 写 组

主　编:王　新

副主编:王雪梅

主　审:刘中良　蒋文明　冯　青

编　者:韩志远　朱洪岩　李国栋　单国君

　　　　崔立国　石　楠　钱万红　于哈杰

　　　　颜世崇　刘凤强　陈家祥

序

　　特种设备是指涉及生命安全、危险性较大的锅炉、压力容器(含气瓶)、压力管道、电梯、起重机械、客运索道、大型游乐设施和场(厂)内专用机动车辆。

　　特种设备在国民经济建设中使用广泛,发挥了巨大的作用,涉及石油、化工、建筑等各行各业,而且数量巨大,发生事故后严重威胁人员生命及财产安全,破坏环境,甚至会引起国际反响。为此国家专门制定和颁布了相关的法律法规、规范等加强对特种设备及其作业人员的管理。

　　随着近几年《特种设备安全监察条例》、《特种设备作业人员监督管理办法》、《高耗能特种设备节能监督管理办法》、相关特种设备安全技术规范、相关特种设备安全技术监察规程等的修订、制定及颁布,原有培训教材已不能继续适应当前培训的需求。同时,为进一步促进特种设备安全培训的发展,为安全生产奠定良好的基础,大庆市质量技术监督局、大庆油田有限责任公司和大庆油田特种作业安全培训中心组织相关人员编写了《特种设备作业人员安全培训系列教材》。系列教材的编写者结合多年的培训、科研、生产及管理的经验,努力将理论与实际相结合,力求通俗易懂,形式新颖,使学员既学到真正技能又有一定理论基础,体现了科学性和实用性。

　　《特种设备作业人员安全培训系列教材》所有编写工作人员在此对鼓励、支持、帮助过我们的领导、同事、同行、朋友等表示衷心的感谢!

《特种设备作业人员安全培训系列教材》编委会

2011 年 12 月

前　言

　　工业锅炉应用于国民经济的各个领域,主要为工业生产的工艺过程提供热能,是生产、生活得以进行的主要动力源,是现代化生产不可缺少的重要设备。我国工业锅炉量大、面广,平均容量小,涉及领域多,与人民生活密切相关。因此,确保工业锅炉的安全、经济、节能、环保运行,对发展经济和创造良好人居环境等起着重要的作用。工业锅炉运行应以节能优先、效率为本,科学管理、保障安全,减少污染、保护环境为原则,为发展生产和提高人民生活水平服务。

　　本书是《特种设备作业人员安全培训系列教材》之一,严格按照《锅炉安全管理人员和操作人员考核大纲》(TSG G6001—2009)标准编写。全书共分十二章,详细介绍了工业锅炉本体、安全附件、附属设备、燃烧设备等方面的构造原理及运行事故处理方法。本书不仅可以作为锅炉安全管理人员和操作人员的培训教材,也可以作为锅炉水处理作业人员、安全技术监察干部和检验人员的参考教材。

　　本书在编写过程中得到了北京工业大学环境与能源工程学院院长刘中良教授、景德镇陶瓷学院材料学院党总支书记冯青教授、中国石油大学(华东)储运与建筑工程学院蒋文明博士及中国石油大学出版社有关人员的指导和帮助,在此一并致谢。

　　编者在写作过程中参阅了有关公开出版的书籍和文章、国内外生产厂家及公司的相关资料,其中绝大部分已在参考文献中注明,若仍有不尽之处,望谅解,并在此一并表示感谢! 由于本书编写工作量比较大,书中不妥之处在所难免,敬请各位读者批评指正。

《特种设备作业人员安全培训系列教材》编委会

2011 年 12 月

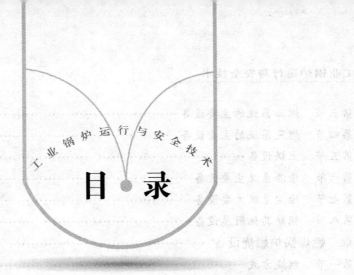

工业锅炉运行与安全技术

目 录

第一章　基础知识

第一节　基本物理量

一、压力和压力单位

通常所说的压力,是指垂直均匀作用于物体单位面积上的力,用符号"p"表示(物理学中称为压强)。在国际单位制中,压力的单位为"帕斯卡",简称"帕",记作 Pa。因"帕"的单位较小,所以在工程中常用"兆帕",记作 MPa。

$$1\ \text{MPa} = 10^6\ \text{Pa}$$

在以前的工程单位制中,压力的单位用公斤力/厘米² 表示,记作 kgf/cm²。工程上有时还用米水柱(mH$_2$O)、毫米汞柱(mmHg)表示较小的压力。它们之间的换算关系如下:

$$1\ \text{kgf/cm}^2 = 10\ \text{mH}_2\text{O} = 10\ 000\ \text{mmH}_2\text{O} = 735.6\ \text{mmHg} = 9.806\ 7 \times 10^4\ \text{Pa}$$

因为空气是具有重量的,所以空气中的任何物体,在任何方向上都要受到空气的压力,这个压力称为大气压力(以 B 表示)。在标准状态下,即海拔为零米,温度为 0 ℃时,大气压力为 101 325 Pa。工程上为了计算方便,将大气压力近似记为 1.0×10^5 Pa 或 0.1 MPa。

压力表指示的压力称为表压力,用符号"$p_表$"表示。锅炉上所说的压力都是表压力,表压力是相对压力,是指超过大气压力的那部分压力,因为当压力表指针为零时,实际上还受到周围大气压力的作用。实际压力又称为绝对压力,用符号"$p_绝$"表示,其数值就是表压力与大气压力之和。当实际压力低于大气压力时,表压力称为负压(或称为真空度 H)。绝对压力、表压力和大气压力之间的关系可以写成:

$$p_绝 = p_表 + B$$
$$p_表 = p_绝 - B$$
$$H = B - p_绝$$

绝对压力、表压力与大气压力的关系如图 1-1 所示。

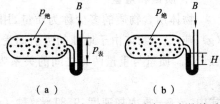

（a）　　　　　　　（b）

图 1-1　绝对压力、表压力与大气压力的关系

二、温度

温度是反映物体冷热程度的物理量,是物体内部所拥有能量的一种表现方式,温度越高能量越大。衡量温度所使用的仪器叫做温度计。

温度计的种类很多,有膨胀温度计、热电偶温度计(也叫热电对、电偶温度计)、辐射高温计等。

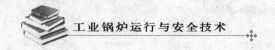

常用温度计是水银温度计。水银温度计管中盛以水银,最低可测－25 ℃,最高则视玻璃管材料而定,有些最高可测 500 ℃。有机液温度计玻璃管中盛以酒精、甲苯或石油醚等,可测－200 ℃的温度。

温度的表示方法有三种:

1. 摄氏温度

在标准大气压下,把冰水混合物的温度规定为 0 ℃,沸水的温度规定为 100 ℃,在 0 ℃和 100 ℃之间分成 100 份,每一份就是一摄氏度,单位为 ℃,用这种方法确定的温度叫做摄氏温度,符号为"t"。

2. 华氏温度

在标准大气压下,把纯水凝固时的温度规定为 32 ℉,水的沸点规定为 212 ℉,两者间平均分成 180 份,每一份为一华氏温度,单位为 ℉,用 t' 表示。这种单位在日、美、英国家常用。

在工作中有时会碰到标有两种刻度的温度计的情况,为了明确温度的大小,必须将两种温标换算为同一种温标。其关系如下:

$$t\ ℃=\frac{5}{9}(t'\ ℉-32)$$

$$t'\ ℉=\frac{9}{5}t\ ℃+32$$

【例 1-1】 某锅炉除氧器温度计指示为 215.6 ℉,折合成摄氏度为多少?

【解】

$$摄氏温度=\frac{5}{9}\times(215.6-32)=102\ ℃$$

3. 热力学温度

规定以－273.15 ℃为绝对零度的温度,称为热力学温度,用符号"T"表示。单位:开尔文,简称"开",用符号"K"表示。它与摄氏温度之间的关系为:

$$T=t+273.15$$

三、其他物理量

1. 质量和重量

物体所含物质的多少称为质量,用符号"m"表示,单位为千克(kg),常用单位还有克(g)、吨(t)。物体由于地球的吸引而受到的力称为重力(重量),用符号"G"表示,单位为牛顿(N)。质量与重量两者之间的关系为:

$$G=mg$$

式中:g——重力加速度,9.81 米/秒²(m/s²)。

2. 重度、比体积

重度是指单位体积的物质的重量,用符号"γ",单位牛/米³(N/m³)。

$$\gamma=G/V$$

式中:G——物质的重量,N;

　　V——物质的体积,m³。

比体积是指单位质量的物体所含有的体积,用符号"v"表示,单位:米³/千克(m³/kg)。

$$v = V/m$$

式中：V——物质的体积，m^3；

　　　m——物质的质量，kg。

3. 密度

密度是指单位体积的物质中所含有的质量，用符号"ρ"表示，单位：千克/米^3（kg/m^3）。

$$\rho = m/V$$

式中：m——物质的质量，kg；

　　　V——物质的体积，m^3。

4. 比热容、显热和潜热

比热容是指单位质量的某种物质，温度升高（或降低）1 ℃时吸收（或放出）的热量，用符号"c"表示，单位：焦耳/（千克·摄氏度）[J/（kg·℃）]，千焦/（千克·摄氏度）[kJ/（kg·℃）]。水的比热容为 4.2 kJ/（kg·℃）。Q 可用下式求得：

$$Q = cm(t_2 - t_1)$$

式中：c——物质的比热容，J/（kg·℃）；

　　　m——物质的质量，kg；

　　　t_2——物质加热后的温度，℃；

　　　t_1——物质加热前的温度，℃；

　　　Q——物质吸收或放出的热量，J。

显热是指介质不发生化学变化或相变化，只有温度变化吸收或放出的热量。热水采暖就是利用介质水的显热交换来输送热量的。

潜热也称汽化热，是指单位质量的液体介质变成同温度的蒸汽时（有相变化，无温度变化）所吸收的热量，单位：千焦/千克（kJ/kg）。蒸汽采暖就是利用介质的潜热交换来输送热量的。

5. 流量、流速

流量是指单位时间内介质通过有效断面的质量（或体积），单位是米^3/小时（m^3/h）、千克/秒（kg/s）、吨/小时（t/h）等。

流速是指单位时间内介质流经的距离，单位是米/秒（m/s）。流速可用下式求得：

$$W = V/S$$

式中：W——介质的平均流速，m/s；

　　　V——介质的流量，m^3/s；

　　　S——介质的有效断面，m^2。

第二节　水和水蒸气

一、物质的三态变化

固态、液态、气态是物质存在的三种状态。例如在通常状态下，铁是固体，水是液体，氧气是气体。液态的水可以变成固态的冰，也可以变成气态的水蒸气。随着温度的变化，水会呈现液态(水)、气态(水蒸气)和固态(冰、霜、雪)三种形态,它们之间互相转化关系如图1-2所示。

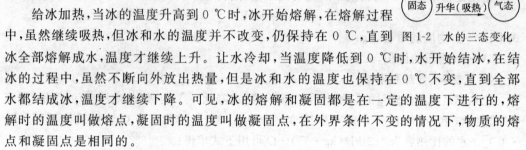

图1-2 水的三态变化

1. 熔解和凝固

物质从固态变成液态的过程称为熔解,从液态变成固态的过程称为凝固。

给冰加热,当冰的温度升高到0 ℃时,冰开始熔解,在熔解过程中,虽然继续吸热,但冰和水的温度并不改变,仍保持在0 ℃,直到冰全部熔解成水,温度才继续上升。让水冷却,当温度降低到0 ℃时,水开始结冰,在结冰的过程中,虽然不断向外放出热量,但是冰和水的温度也保持在0 ℃不变,直到全部水都结成冰,温度才继续下降。可见,冰的熔解和凝固都是在一定的温度下进行的,熔解时的温度叫做熔点,凝固时的温度叫做凝固点,在外界条件不变的情况下,物质的熔点和凝固点是相同的。

冰在熔解过程中虽然温度保持不变,但要不断给它加热,这表明晶体在熔解过程中要吸收热量。单位质量的晶体物质在熔点熔解成同温度的液体时吸收的热量,叫做这种物质的熔解热。在国际单位制中,熔解热的单位是焦/千克(J/kg)。1千克0 ℃的冰熔解成0 ℃的水吸收的热量是3.35×10^5 焦(J),因此,冰在0 ℃时的熔解热是3.35×10^5 J/kg。

2. 液化和汽化

物质从气态变成液态的过程称为液化,从液态变成气态的过程称为汽化。

汽化有两种方式:蒸发和沸腾。

蒸发是仅在液体表面发生的汽化现象,如盛在碗里的水,经过一段时间后会变少。蒸发的速度与温度、表面积有关,温度愈高,表面积愈大,蒸发得越快。

沸腾是指在液体内部或表面同时进行的汽化现象。液体沸腾的温度叫做沸点。液体的沸点跟外界压强有关,压强增大时,沸点升高;压强减小时,沸点降低。

3. 升华和凝华

物质从固态直接变成气态叫做升华,从气态直接变成固态叫做凝华。

二、水的特性

在锅炉中流动的介质主要是水和汽水混合物。为了了解锅炉的工作原理,必须先搞清楚水的基本性质。

水具有以下特性:

(1)水是无色、无味、透明的液体。当水中含有杂质时,会呈现色、味等现象,改变或影响了原有的物理性质。水是由氢与氧化合而成的,其化学式为H_2O。水具有气体、液体和固体三态特性。

(2)水的体积在4 ℃时最小。当温度升高时,水的密度减小,因而体积膨胀;当温度降低时,其密度也减小,因而体积也增加。所以水在4 ℃时,其密度最大,体积最小。

(3)水的比热容很大,水温升高1 ℃所需要的热量是很大的。大多数物质升高1 ℃所需要的热量比水小。所以水常被用作冷却、吸热的介质。

(4)饱和水的压力与温度有关,当水在标准大气压下被加热,温度升至100 ℃时,水即开始沸腾,此温度即沸点。沸点是随压力的增加而升高的。如水在10个大气压力下的沸点,就不是100℃了,而是179℃。因此,水的沸腾温度不是一个不变的数,而是随着压力的变化而变化。但在一定压力下,水的沸点是不变的,即使继续增加热量,其沸点也是一定的,这时,水只会逐渐汽化,而不会再升高温度。水在一定压力下的沸腾温度,又称水在此压力下的饱和温度。

(5)水具有液体的一般通性,在压力相等的条件下,各个部分的水面保持在同一平面上,锅炉上的水位表就是利用这一原理设计的。其次,水还具有某一部分受到压力作用时,便以相等的压力向其余部分传递的性质。水没有一定的形态,但有一定的体积。

三、饱和水蒸气的性质

在一定的压力下,水达到沸腾的温度,称为饱和温度。这种具有饱和温度的水称为饱和水。在一定的压力下,对饱和水继续加热,饱和温度保持不变,但水陆续转化为水蒸气,这种具有饱和温度的水蒸气称为饱和蒸汽。在一定的压力下,对饱和蒸汽继续加热可以提高蒸汽的温度,使其超过饱和蒸汽的温度,这种蒸汽称为过热蒸汽。

通常在饱和蒸汽中或多或少带些水分,故饱和蒸汽实际上是蒸汽和水的混合物,通常称为湿饱和蒸汽,简称湿蒸汽。不含水分的蒸汽,称为干饱和蒸汽,简称干蒸汽。

湿蒸汽中的含水量与总质量的比值,称为蒸汽的湿度,用"W"表示。湿蒸汽中蒸汽的质量与总质量的比值,称为蒸汽的干度,用"X"表示。

$$W = \frac{G_{水}}{G_{水} + G_{汽}} \times 100\%$$

$$X = \frac{G_{汽}}{G_{水} + G_{汽}} \times 100\%$$

湿度是衡量蒸汽品质好坏的一个重要指标。湿度过大不仅会降低蒸汽的品质,影响使用效果,而且可能在蒸汽管道内发生水击现象,使管道剧烈震动以致损坏;若流入过热器,还会使过热器结垢烧坏。工业锅炉中对蒸汽湿度的要求为:水管锅炉应控制在3%以下,火管锅炉应控制在5%以下。

饱和蒸汽离液态(水)较近,为不稳定状态,遇冷即转化为饱和水而放出汽化潜热,工业或采暖上常用饱和蒸汽而较少用过热蒸汽。

过热蒸汽具有较大的能量,且没有水分,常用来推动汽轮机发电或作为其他动力,但过热蒸汽与饱和蒸汽相比,离液态(水)相对较远,当遇冷时,不易凝结变回液态,汽化潜热不易放出,因此作加热使用时热损失较大。

四、水蒸气在锅炉中的形成过程

动力设备中的热功转换必须靠介质的体积膨胀,气态介质体积变化最大、最灵敏,所以在热机中都以气态为介质。

水蒸气在锅炉中的形成过程可以近似看做定压加热过程。

图1-3表示一台蒸汽锅炉简图。

由图看出,给水经过水泵送入省煤器,吸收烟气热量升高温度后进入锅筒,再经过炉内辐射和对流管束等蒸发受热面,吸收大量烟气热量,从而沸腾,汽化形成饱和蒸汽,在水循环的上升管中以汽、水混合物的形态随同锅水一起进入锅筒，进行汽水分离。被分离的锅水返回锅炉水循环回路，分离出来的蒸汽进入过热器进一步吸热形成过热蒸汽向外输出。

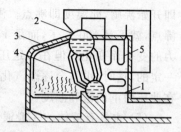

图1-3　蒸汽炉筒图
1—省煤器；2—锅筒；3—水冷壁；
4—对流管束；5—过热器

水在锅内等压加热变成水蒸气，其形成过程可用图1-4来简要说明。如图1-4(a)所示，设一端封闭的筒状容器中盛有 1 kg 0 ℃的水，用一个可移动的活塞压在水面上，使水承受一定的压力 p，并且和外界介质隔开；对水加热时，水的温度将不断上升，而水的比体积很少增加，当达到该压力下的饱和温度(t_b)时，水开始沸腾，形成了饱和水，如图1-4(b)所示；水还没有全部变成饱和蒸汽之前，饱和水与饱和蒸汽共存于容器中，如图1-4(c)所示，就形成了湿饱和蒸汽；在定压下继续加热，温度仍然是饱和温度，这时就形成干饱和蒸汽，如图1-4(d)所示；如果对饱和蒸汽再加热，蒸汽的温度又开始上升，这时蒸汽的温度已超过饱和温度，成为过热蒸汽，如图1-4(e)所示。

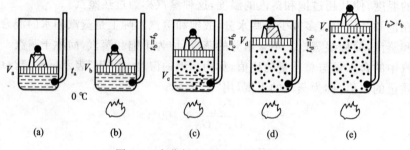

图1-4　水蒸气定压形成过程示意图

第三节　燃料与燃烧

一、燃料的分类

在燃烧过程中能够放出热量的物质称为燃料，一般指当加热到一定温度时，能和氧发生强烈反应并放出大量热量的碳化物和碳氧化物。燃料按形态可分为固体、液体和气体三种；按获得方法可分为天然燃料(用其原有状态可以直接燃烧的燃料)和人造燃料(天然燃料经过人工处理后，再作为燃料)两种。如表1-1所示。

表1-1　燃料的分类

种　类	天然燃料	人造燃料
固体燃料	木柴、泥煤、褐煤、无烟煤、煤矸石、油页岩	木炭、半焦炭、焦炭、煤砖、煤粉
液体燃料	石油	汽油、煤油、重油、渣油、煤焦油、酒精
气体燃料	天然气	高炉煤气、发生炉煤气、炼焦炉煤气、水煤气、地下汽化煤气

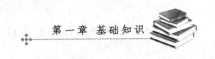

1. 固体燃料

主要以煤为主。煤炭是由有机化合物和无机矿物质组成的一种复杂混合物。随着煤的形成年代的增长,煤的碳化程度逐渐加深,所含水分和挥发物逐渐减少,而碳的含量相应增大。

煤的碳化程度,是决定煤的成分和发热量多少的主要因素。碳化程度由高到低的顺序是无烟煤、烟煤、褐煤到泥煤。

2. 液体燃料

在锅炉内燃用的液体燃料主要是重油和渣油。重油(也称燃料油)是石油提炼汽油、煤油和柴油后的剩余物,而渣油是进一步提炼后的剩余物,不经过处理直接供给锅炉作燃料。

重油的主要元素成分是碳和氢。作为燃料,它与煤相比具有以下优点:发热量高,灰分少,不需要出渣设备;运行调节也较方便;可以很方便地在管道内输送,储藏和管理都比较简便。但应指出,由于重油中含氢量高,燃烧后生成大量水蒸气,易与硫的氧化物形成酸,因此重油中所含硫分要比煤中含等量的硫分对锅炉受热面的腐蚀严重。

渣油、重油的共同特点是:重度和粘度较大,重度大则脱水困难,粘度大则流动性差(为了保证顺利运输和良好雾化,必须将燃料油加热到较高的温度);沸点和闪点较高,不易挥发,因此,相对于轻质油和原油来说,火灾的危险性要小一些。

柴油、轻柴油通常作为高速柴油机的燃料,有时也作为锅炉点火用燃料。重柴油一般用于中速或低速柴油机,有的也作锅炉燃料,如油田井下作业使用的燃油锅炉。

3. 气体燃料

常用的气体燃料有天然气、液化石油气、发生炉煤气和炼焦炉煤气等。锅炉常用的气体燃料分为天然气和人造煤气两大类。

天然气的主要成分是甲烷(CH_4),其次是乙烷(C_2H_6)、丙烷(C_3H_8)等碳氢化合物和少量硫化氢、氮气、二氧化碳、氧气及水分等。

天然气是一种优质工业原料,可以远距离输送,开采成本不高、燃烧方便、燃烧效率很高,同时它也是重要的化工原料。目前在锅炉中燃用天然气仅局限在天然气产区,随着我国石油化学工业的发展,其使用范围将会逐步扩大。

人工煤气的种类很多,用于锅炉燃烧的主要是高炉煤气和炼焦炉煤气。

高炉煤气是炼铁高炉的副产物,其主要成分是一氧化碳,密度约 1.3 kg/Nm³(标准状态下,压力 101.325 kPa,温度 0 ℃),发热量很低,约为 3 344~4 180 kJ/Nm³。高炉煤气中含有大量的灰尘,需要净化后才能使用。

炼焦炉煤气是冶金工业中炼焦的副产物,它含有大量的氢(约占 55%~60%)和甲烷(约占 23%~27%),杂质不多,发热量较高(可达 15 960 kJ/Nm³),重度约为 0.51 kN/Nm³。从炼焦煤气中可以提炼出来焦油、氨等多种化工产品,因而它可作为化工原料。

其他类型的气体燃料(如发生炉煤气等)很少在锅炉中燃用。

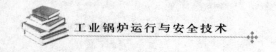

二、燃料的成分分析及其特性

1. 煤、油的元素分析

煤、油的元素分析主要作为锅炉设计与改装的依据。

燃料是由碳、氢、硫、氧、氮、灰分和水分等组成的。其中碳、氢和一部分硫可以燃烧放出热量,其余成分则是不可燃烧的。

(1)碳:用符号"C"表示,是燃料中的主要可燃质,但碳本身要在比较高的温度下才能燃烧,纯碳是很难燃烧的,所以含碳量越高的燃料越不容易着火和燃烧。煤中的含碳量约为40%~95%,年代越久的煤含碳量越多;燃料油中的含碳量约为83%~86%。

(2)氢:用符号"H"表示,是燃料中的另一种可燃物质,氢在燃料中与碳以化合物的形式存在。氢与氧起化学变化,放出一部分热量。另外有一部分氢燃烧后生成水,与煤中的水分一同变成水蒸气。氢是煤挥发分中的主要可燃物,所以燃料中含氢量越多,越容易着火燃烧。但含氢量多的燃料,特别是重碳氢化合物多的燃料,在燃烧过程中容易析出炭黑而冒黑烟,造成大气污染。煤中的含氢量约占2%~8%,年代越久的煤含氢量越少;油中的含氢量约为12%~13%。

(3)硫:用符号"S"表示,它是燃料中的一种有害成分。硫的燃烧虽然能放出一些热量,但对锅炉及环境危害很大。硫的燃烧产物是二氧化硫(SO_2)和三氧化硫(SO_3)气体,它们与烟气中水蒸气相遇能化合成亚硫酸(H_2SO_3)和硫酸(H_2SO_4),凝结在锅炉金属受热面(如省煤器、空气预热器)上会对其产生腐蚀。二氧化硫及三氧化硫由烟囱排入大气后,会对人体和动植物带来危害。煤中硫可分为有机硫和无机硫两大类,无机硫又分为硫化铁硫和硫酸盐硫两种。有机硫和硫化铁硫能参加燃烧,放出热量,合称为可燃硫;硫酸盐硫不参加燃烧,也不能放出热量,故算在灰分中。在煤中硫约占可燃成分的0~8%。因在我国燃料中硫酸盐硫含量很小,一般所谓全硫含量即指可燃硫含量。油中含硫量约为0.1%~2%。

(4)氧和氮:分别用符号"O"和"N"表示,它们是燃料中的内部杂质,不能燃烧。由于它们的存在,燃料中真正可燃成分降低,燃料燃烧时放出的热量减少。煤中的含氧量约2%~3%,年代越久的煤含氧量越少,含氮量约1%~3%;油中的含氧量低于2%,含氮量低于0.3%。

(5)灰分:用符号"A"表示,它是夹杂在燃料中的不可燃烧的矿物质,也是燃料的主要杂质。燃料中灰分增多,可燃成分相应减少,燃烧较困难;锅炉出灰量大,操作复杂而繁重;大量飞灰从烟囱飞出,将污染周围环境;受热面容易积灰;灰熔点过低,在炉排和炉内受热面上易结渣,破坏锅炉正常的燃烧和传热过程;烟气中携带灰粒较多,当烟气流速较高时,会磨损锅炉的金属表面,降低锅炉寿命。各种燃料灰分含量相差很大,有些固体燃料中甚至高达50%~60%,即使同一种煤,其灰分也有较大的差别;液体及气体燃料的灰分含量很少。

(6)水分:用符号"M"表示,它是燃料中的主要杂质之一。由于它的存在,不仅降低燃料中可燃成分的含量,而且在燃烧过程中因水分汽化而吸收一部分热量,降低炉膛温度,使燃料着火困难,故越湿的燃料越难着火。同时由于水分在燃料燃烧后变成水蒸气,

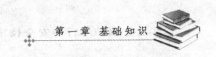

排烟时将大量热量带走,因而降低锅炉效率,而且加剧尾部受热面的低温腐蚀。各种固体燃料的水分含量差别很大,可以在5%～60%范围内变动;液体和气体燃料中的水分一般都很少。

2. 油的主要特性

燃料油的主要特性有粘度、闪点、燃点、凝固点和爆炸浓度极限以及发热量。

(1)粘度:粘度是反映油流动性质的指标,表示流体流动性能的好坏。粘度有恩氏、赛氏、雷氏粘度等。恩氏粘度单位是恩氏度(°E),表示规定条件下,从恩氏粘度计中流出200 mL试油的时间(s)与20 ℃时流出200 mL蒸馏水所需时间(s,称为水值)之比。粘度与流体成分、压力、温度等因素有关系。油中含蜡成分多,粘度就大;油罐中的压力越高,粘度也越大;油温升高时,粘度却降低。因此,锅炉用油都需经过预热,以利于输送和提高雾化质量。但油温过高时,容易加剧汽化造成跑罐、火灾等事故。一般要求油罐出口处的油温为70～90 ℃,油嘴前的油温根据不同形式油嘴要求的粘度来确定,对蒸汽雾化油嘴,要求粘度为6～15 °E;对机械雾化油嘴,要求粘度为3～7 °E。

(2)闪点与燃点:将油加热到适当温度后,在其表面会形成一定浓度的油蒸气与空气的混合物,当和明火接触时出现瞬间闪火,产生这种闪火的最低温度称为闪点。闪点小于和等于45 ℃的油属于自燃品,对安全防火有较高的要求。将油继续加热,在常压下遇明火能着火并连续燃烧时间不少于5 s时的最低温度称为燃点。燃油的品种不同,它们的闪点和燃点也不相同。重油的闪点在80～130 ℃之间,其燃点比闪点高20～30 ℃左右。

当无外界明火时,油品自行着火燃烧的最低温度称为自燃点。油的重度越小,闪点越低,自燃点反而越高。因此,重油的自燃点低于其他轻油,需要加强安全防范工作。

(3)凝固点:油品失去流动性开始凝固时的最高温度称为凝固点。重油在常温下都呈凝固状态,为了运输和储存必须设加热装置。

(4)爆炸浓度极限:油气是可燃气体,当它与空气的混合浓度达到一定范围时,一遇明火就会发生爆炸。能够发生爆炸的最高和最低浓度称为爆炸浓度上限和下限。如果混合物的浓度处于爆炸浓度极限的上限与下限之间,则都有爆炸的危险性。爆炸浓度极限通常用可燃气体的体积分数表示。重油的爆炸浓度极限上限为6.0%,下限为1.2%。

(5)发热量:1 kg燃料燃烧时所放出的热量,称为发热量。发热量又称热值,并有高位发热量(高位热值)与低位发热量(低位热值)之分。煤中的水分,在燃烧时要吸收热量,汽化成蒸汽,液化时又将热量释放出来,包括这部分热量的发热值称为高位发热量,但是这些水蒸气实际上随烟气由烟囱排出,并没有在炉内液化放出热量,因此,扣除这部分热量的发热量称为低位发热量。

燃料油的发热量一般在38 519～43 961 kJ/kg左右,燃料油越重,相对含氢越少,则发热量也越低。

3. 天然气的主要特性

锅炉用气体主要以天然气为主。当天然气与空气混合时,其体积分数在5%～15%时遇明火或大于天然气着火点350 ℃的高温灼热体即着火爆炸,因此,燃烧天然气具有较大的危险性,天然气的爆炸是在一瞬间(1/10 000～1/1 000 s)发生的高温高压(2 000～3 000 ℃)的气体燃烧过程,爆炸时速度可达2 000～3 000 m/s。

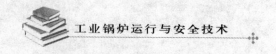

三、燃烧

1. 燃烧的基本条件

燃料中的可燃质与空气中的氧,在一定的温度下进行剧烈的化学反应,发出光和热的过程称为燃烧。

燃烧的基本条件是可燃物质、空气(氧)和温度,三者缺一不可。

(1) 可燃物质:燃料中能够燃烧的元素是碳、氢和一部分硫。

(2) 空气(氧):由于各种燃料所含可燃物质的成分与数量不同,所以完全燃烧时需要的空气量也不同。1 kg 燃料完全燃烧所需的空气量称为理论空气量,用符号 V_K^0 表示,其单位为 Nm³/kg。在锅炉运行时,实际上燃料中的可燃物质不可能与空气中的氧气充分均匀混合,燃烧条件也不能达到理想的设计程序,因此,为了保证完全燃烧,必须多供给一些空气。比理论计算多余的空气,称为过剩空气,也就是说,实际空气量等于理论空气量与过剩空气量之和。实际供给的空气量与理论空气量的比值 α 称为过剩空气系数,即:

$$过剩空气系数 = \frac{实际空气量}{理论空气量}$$

过剩空气系数在锅炉运行中是一个非常重要的指标。过剩空气系数太大,表示空气太多。由于这部分空气不参加燃烧,在锅炉内被加热到 200 ℃ 左右后从烟囱排出,增加了排烟热损失和风机耗电量。过剩空气系数太小,表示供氧不足,这时燃烧不稳定,甚至会熄火,同时热损失显著增加,锅炉热效率降低。过剩空气系数的大小取决于燃料品种、燃烧方式和运行操作技术,一般小型锅炉在炉膛出口处的过剩空气系数控制在 1.3～1.5 之间。

(3) 温度:保持燃烧的最低温度称为着火温度。煤的着火温度大致是:褐煤 350 ℃,烟煤 450 ℃,无烟煤 700 ℃。重油的着火温度约为 100～150 ℃。温度越高,燃烧反应越剧烈,对提高燃烧速度和效率有很大作用。

2. 完全燃烧必须具备的条件

可燃质与空气中的氧气能够充分地反应化合,把热量全部释放出来,称为完全燃烧。可燃质和氧气化合不充分,在燃烧产物中还有部分的可燃质存在,称为不完全燃烧。燃料完全燃烧必须具备以下条件。

(1) 足够的空气:每千克燃料所需要的理论空气量可以计算出来,但是实际供应的空气量大于理论空气量,为了燃烧完全应该供应最合适的空气量。

(2) 足够的炉内温度:炉温越高,燃烧越快。着火周围的温度高,可以促使燃料很快着火。在燃烧阶段形成炉膛火焰中心,温度高,燃烧快。燃尽阶段温度不宜过低,否则会有部分燃料燃烧不完。

(3) 强烈的混合:煤粉由一次风带入炉膛,由于热烟气的混入,一次风的温度很快提到煤粉的着火点,而使煤粉着火燃烧。一次风量一般应满足挥发分燃烧的需要,因此,煤粉着火后二次风必须及时送入并与煤粉混合。

(4) 充裕的时间:燃料燃烧过程需要一定的时间。燃料从喷燃器出口到炉膛出口要经过 2～3 s。

前三个条件能满足,常常就能保证第四个条件。

3. 煤的燃烧

煤从进入炉膛起至燃烧完毕,一般要经过以下几个阶段。

(1)预热干燥阶段:煤进入燃烧室,吸收了高温烟气、炉膛辐射及附近燃煤的热量后,温度逐渐升高,当温度达到 100～105 ℃左右时,煤中的水分蒸发掉了,这就是煤的预热干燥阶段。

(2)逸出挥发分形成焦炭阶段:随着温度的升高,烘干的煤开始分解,放出可燃气体,称为挥发分逸出。挥发分逸出后,与空气混合,当温度达到着火点时,挥发分便开始着火燃烧。剩下的固体物称为焦炭,它除了灰分以外几乎全部是碳,有时还有少量的硫。

(3)固定碳的着火燃烧:煤中挥发分着火燃烧时,逐渐点燃固定碳,使其也开始燃烧。固定碳燃烧需要较长时间,因此,挥发分燃尽,固定碳还在炉排上继续燃烧。

(4)固定碳的燃尽和灰渣的形成:煤中的固定碳燃尽后剩下的便是灰渣。

4. 油的燃烧

油的沸点总低于其燃点,因此,液体燃料的燃烧总是在气态下进行的。具有一定压力和温度的燃料油通过油嘴喷入炉膛,被雾化成细小的油滴,然后吸收炉内热量,表面开始逐渐汽化成油气,再进入炉膛内与空气相混合,形成可燃气混合物。可燃气混合物继续吸热升温,当达到油的燃点时,便开始着火燃烧直至燃尽。

综上所述,油燃烧可分为油的雾化、油滴的蒸发与热分解、油气与空气混合物的形成、可燃气混合物的着火燃烧四个过程。在正常稳定的燃烧状况下,油的汽化速度等于燃烧速度,油表面的温度接近于沸点。

油在炉膛内呈悬浮状态时,以着火点为分界面,可将燃烧分成前、后两个部分:在油着火点之前称燃烧准备阶段,在此阶段需要足够的热量,以提高温度;在着火点之后称为燃烧阶段,在此阶段需要足够的空气与油充分混合,以保证油能迅速、持续和充分地燃烧。

第四节　热的传播和锅炉的热平衡

一、热的传播

在锅炉设备中,燃烧是基础,产生蒸汽或热水是目的,这两者是通过传热而联系起来的。燃料在炉内燃烧放出的热量,先由高温烟气传至锅炉受热面的外壁,再由外壁传至内壁,最后由受热面内壁传给锅水或蒸汽。传热过程一般分为传导、对流和辐射三种基本形式。

1. 传导

通过物体的直接接触,热量从高温物体传向低温物体或从物体内部高温部分传向低温部分的过程称为传导。

不同物体的导热性能是不同的,善于导热的物体称为热的良导体,如铜、铝、铁等金属;不善于导热的物体称为热的不良导体或绝热体,如水垢、烟灰、空气等。当温差为 1 ℃时,在 1 m^2 的面积上每小时通过厚度为 1 m 平壁的热量称为某种物体的导热系数,单位:千焦/(米·小时·摄氏度)[kJ/(m·h·℃)]。它表示物体导热能力的大小。表 1-2 给出了锅炉上几种常用材料在常温下的导热系数。

表 1-2　不同材料的导热系数

材料名称	导热系数		材料名称	导热系数	
	$W \cdot (m \cdot ℃)^{-1}$	$kcal \cdot (m \cdot h \cdot ℃)^{-1}$		$W \cdot (m \cdot ℃)^{-1}$	$kcal \cdot (m \cdot h \cdot ℃)^{-1}$
铸铁、钢	35.6～50.6	30.6～43.5	矿渣棉	0.047～0.058	0.04～0.05
耐火砖	0.93～1.4	0.80～1.20	蛭石砖	0.093～1.6	0.08～1.00
红　砖	0.58～0.81	0.50～0.70	水　垢	1.28～3.14	1.10～2.70
混凝土	0.77～1.28	0.66～1.10	烟灰层	0.07～0.12	0.06～0.10
石灰泥	0.7～1.16	0.60～1.00	空　气	0.024～0.086	0.02～0.07
石　棉	0.093～0.116	0.08～0.10	水	0.555～0.686	0.48～0.59
玻璃纤维	0.035～0.047	0.03～0.04			

注：1 kcal＝4 184 J。

从表 1-2 可以看出，水垢的导热能力很差，约为钢材导热能力的几十分之一。锅炉结垢不仅会使锅炉出力和热效率降低(结垢 1 mm，约使锅炉热效率降低 3%～5%)，造成燃料损失，影响经济性，而且更主要的是影响锅炉的安全性。水垢结在受热面水侧，由于水垢导热不良，热量不易传递，水垢层外的金属壁处于高温状态，易发生过热变形甚至爆管。此外，锅炉结垢后，常会引起垢下腐蚀，加速受热面的损坏；垢层太厚还会影响管内水的正常流动，破坏水循环，引起事故。因此，加强锅炉水质监督，定期清除水垢和在运行中坚持排污制度，对强化传热和保证锅炉安全运行是很重要的。

从表 1-2 可以看出，烟灰层的导热能力比水垢还差。受热面积灰是烟气热量不能充分传递给水的主要原因之一。

2. 对流

依靠液体或气体本身的流动来传递热量的过程叫做对流。锅炉受热面外侧由于受到流动的烟气冲刷，热量从烟气传递到外壁，其内侧由于水(或蒸汽)的流动，热量从内壁传给水(或蒸汽)的过程都属于对流传热。流体受热膨胀、密度减小而上升，温度低的流体就来弥补它的位置，因此将高温处热量传到低温的地方。如冬季房间取暖、锅水循环等皆是对流传热。对流传热只能在可以产生流动的液体与气体中发生，不可在固体中发生。

对流换热的强弱，主要与流体的性质、流动速度和固体壁面的表面状况、形状等有关。流体的种类不同，流体的物性，比如导热系数、密度、粘性等均不同。因此，在相同条件下，水的换热能力大于蒸汽，而蒸汽的换热能力又大于空气和烟。流体的速度越大，冲刷固体壁面越强烈，对流换热的能力越大。所以，锅炉中机械通风的对流换热的能力大于自然通风。锅炉中受热面结构及布置也影响对流换热能力的大小，管径小的换热能力大于管径大的。烟气横向冲刷(见图 1-5a)大于纵向冲刷(见图 1-5b)；管子叉排布置(见图 1-5c)大于顺排布置(见图 1-5d)。

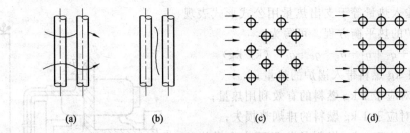

图 1-5　烟气冲刷管束形式

表 1-3 给出了在不同烟气速度下,烟气和水的温度差为 1 ℃时,每小时通过 1 m² 受热面面积的对流换热的热量。

表 1-3　烟气的对流换热量

烟气速度/(m·s⁻¹)			4	7	10	13
对流换热量 /W·(m²·℃)⁻¹ [kcal·(m²·h·℃)⁻¹]	横向冲刷 (管内径 φ38)	叉排	35 (30)	49 (42)	63 (54)	76 (65)
		顺排	26 (22)	38 (33)	52 (45)	67 (58)
	纵向冲刷(管内径 φ40)		13 (11)	19 (16)	24 (21)	30 (26)

3. 辐射

辐射传热是指高温物体不通过接触或流动,而以电磁波的形式直接将热量向四周散发给低温物体的过程。例如,太阳的热量就是以辐射的方式传给地球的。因此,提高高温物体的温度,降低低温物体的温度,可使辐射热量大大增加。

在锅炉炉膛内周围的水冷壁管,主要是利用了辐射传热。在一般情况下,当炉膛温度高于 1 200 ℃时,辐射放热比对流放热强烈得多。此时在炉膛内布置适量的水冷壁管吸收辐射热量,可比对流受热面吸热效果提高五倍以上。当炉膛温度在 1 000～1 100 ℃范围内时,辐射放热与对流放热作用基本上相等。当炉膛温度低于 1 000 ℃时,由于辐射放热显著减弱,这时在炉膛内布置水冷壁管反而得不偿失了。

上述三种基本传热方式,在实际换热过程中往往同时出现。以运行锅炉为例,从炉膛热烟气到受热面金属外壁(或烟垢的外表面),热量传递方式既有辐射,又有对流;从烟垢外表面通过烟垢层、受热面金属壁到水垢的内表面,热量传递方式完全是导热;从水垢内表面到锅水,热量又以对流的方式传递给锅水。因此,锅炉运行时的传热过程是相当复杂的。

二、锅炉的热平衡及热效率

1. 锅炉的热平衡

锅炉生产蒸汽或热水的热量主要来源于燃料燃烧生成的热量。但是进入炉内的燃料由于种种原因不可能完全燃烧放热,而燃烧放出的热量也不会全部有效地用于生产蒸汽或热水,其中必有一部分热量会损失掉。为了确定锅炉的热效率,就需要在正常运行工况下建立锅炉热量的收、支平衡关系,通常称为"热平衡"。如图 1-6 所示。

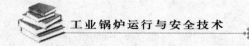

将锅炉输入热量等于支出热量用公式形式表现出来就是锅炉的热平衡方程。可写为：

$$q_r = q_1 + q_2 + q_3 + q_4 + q_5 + q_6 \quad (\text{kJ/kg})$$

式中：q_r——1 kg 燃料带入锅炉的热量；

    q_1——对应于 1 kg 燃料的有效利用热量；

    q_2——对应于 1 kg 燃料的排烟热损失；

    q_3——对应于 1 kg 燃料的化学不完全燃烧热损失；

    q_4——对应于 1 kg 燃料的机械不完全燃烧热损失；

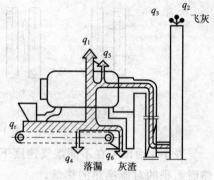

图 1-6　锅炉热平衡示意图

    q_5——对应于 1 kg 燃料的散热损失；

    q_6——对应于 1 kg 燃料的灰渣物理热损失。

锅炉的输入热量一般包括燃料的低位发热量以及随燃料进入炉子的其他热量。锅炉的支出热量包括蒸汽带走的热量、烟气带走的热量、炉墙散失的热量、灰渣带走的热量以及由于燃烧不完全而未能发出的热量。

1）排烟热损失 q_2

锅炉排出的烟气温度一般在 150～200 ℃，甚至更高，这样高的烟气温度，包含着不少的热量，随烟气从烟囱排入大气中。排烟量越大，排烟的热损失就越大。

2）化学不完全燃烧热损失 q_3

由于空气量调节不好，燃料中碳与氧不能充分化合时，生成可燃气体（如一氧化碳）而燃烧不完全所损失的部分热量。

3）机械不完全燃烧热损失 q_4

由于炉排漏煤或煤渣烧得不完全，或因引风过多，使小煤粒未燃尽而从烟囱飞出。这部分灰渣可燃物也会浪费一部分热量。对液体和气体燃料而言，在正常情况下，可以认为 $q_4 = 0$。

4）锅炉本体、炉墙散热损失 q_5

锅炉在运行中，由于锅炉本体、炉墙的温度比周围空气温度高，会不断地向周围空间散发热量。

5）灰渣物理热损失 q_6

从炉栅漏到下面去的灰渣，具有很高温度，直接排放会浪费这部分热量。

2. 锅炉的热效率

有效利用热量占输入总热量的百分数，称为热效率。输入总热量也可视作有效利用热量与散热等损失之和。

$$热效率(\eta) = \frac{有效利用热量(q_1)}{输入总热量(q_r)} \times 100\%$$

$$= \frac{有效利用热量(q_1)}{有效利用热量(q_1) + 热损失(q_2 + q_3 + q_4 + q_5 + q_6)} \times 100\%$$

一般锅壳锅炉的设计热效率在 55% 以上；水管锅炉的设计热效率在 60% 以上；燃油锅炉的设计热效率在 75% 以上。

第五节　流体力学基础

　　流体是可以流动的物体。固体受外力作用后一般仅产生一定程度的变形,当达到平衡状态时,只要外力不变,固体的变形也不再变化。因此,固体具有确定的几何形状。但流体不同,流体在一定条件下能承受很大的压力,然而几乎不能承受拉应力,同时抵抗切应力的能力极弱,任何微小的剪切力,只要持续施加,都能使流体发生连续变形。流体的这种性质称为流动性。

　　流体包括液体和气体,它们都具有上述特性,但液体和气体也还有各自的性质。通常把气体称为可压缩流体,液体称为不可压缩流体。

一、流体在管道中的流动状态

　　在流动系统中可能出现三种流动状态:层流状态、湍流状态、过渡状态。

　　(1)层流状态出现在流速较低的情况下。在此情况下可以观察到流动是分层的,层与层之间是平滑的流线,不发生流体质点之间的相互混合。

　　(2)湍流状态出现在流速较高的情况下。在大部分流域中可观察到与主流方向不同的各向旋涡流动,这种流动称为湍流。

　　(3)过渡状态是指由层流向湍流过渡的状态。

　　临界雷诺数指的是从一种流态向另一种流态转变时的雷诺数。在工业流动条件下的直管中,当 Re 低于 2 100 时,流动为层流;当 Re 高于 4 000 时,流动为湍流;在这两个临界雷诺数之间,流动处于过渡状态。

　　由于液体的粘性作用,湍流运动时并不是圆管内所有地方都有混杂运动。根据大量实验观察,运动可分为:层流底层区、过渡区和湍流核心区三个区域。

　　层流底层区是紧靠管壁的很薄的一层,由于受到管壁的限制及管壁与液体之间附着力的作用,该层仍然保持层流状态。该层内的流动完全取决于粘性力,湍流的影响可以忽略不计。

　　层流底层的厚度与主流的紊动程度有关,紊动程度越剧烈,层流底层越薄。紊动程度又与雷诺数有关。层流底层厚度虽然很薄,但它对流动能量损失的影响很大。

　　湍流核心区是湍流运动的主要区域,由于液体质点的混杂运动,该区域内流速分布趋于均匀化,液体粘性的影响相应地变得很小。

二、气-液两相流

　　在锅炉受热面内流动的工质既有单相流体也有两相流体,如在锅炉过热器中流动的是蒸汽,在省煤器或锅炉下降管中流动的是水,在蒸发受热面中流动的是汽水混合物。当然,我们这里讨论的是广义的气体,在锅炉中的气体虽然也有一些气体杂质,但主要的气体形式是水蒸气。

　　单相流体的流动结构形式前已述及,主要有层流、湍流和过渡流三种,但气-液两相流的流动结构形式就比较复杂了。流型或流态都是用来描述两相流状态的术语。通过观察透明管中的流动,可以确定流型或流态。

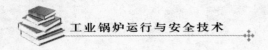

1. 水平管中的流型

水平安装的圆管中的气-液两相流常见的流型如图1-7所示。当气、液流量很小时,可以观察到层状流,气体在管道上部流动,液体在管道下部流动。当气流流量较大时,在交界面上会激起波浪,称作波状流。

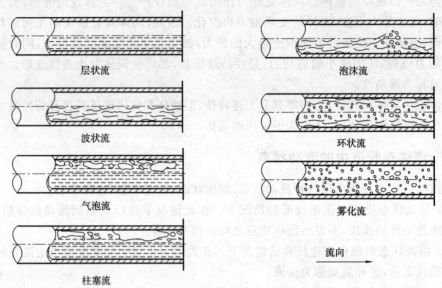

层状流　　　　　　　　　　泡沫流

波状流　　　　　　　　　　环状流

气泡流　　　　　　　　　　雾化流

柱塞流　　　　　　流向 ——▶

图1-7　水平管中的流型

当液流流量较大而气流流量较小时,将出现气泡流,小的气泡在管子上部随液体漂动。当气流流量较大时,将形成柱塞流。当气流流量再增大时,将出现泡沫流。泡沫在管子的上部运动,液体的波面出现在管子底部的泡沫之间。

环状流出现在气流速度更高的情况下,此时,液体沿管壁四周流动,而气体则沿管子的中央部分流动。若进一步加大气流速度,将导致部分液体雾化,在气体核心区存在大量微小液滴。

在很高的质量流量条件下,将出现雾化流。在低水平的雾化流中,可以看到细小的气泡均匀散布在液体内;在高水平的雾化流中,可以看到极小的液滴悬浮在气体之中。

若管线相对于水平线略有倾斜,则其中的流态将发生明显变化,层状流态将消失而代之以柱塞流。由层状流向柱塞流过渡的临界条件为:

$$\sin \theta > D/L$$

式中:θ——管线倾斜角;

L——所考察的管线长度;

D——管子直径。

事实上波状流在斜管中仍能见到,但是范围受到了限制。当倾斜角增大时,开始出现波状流的气体流量也会增大,当管线相当陡时,波状流将完全消失。但是气泡流的范围将随斜度的增加而增大。

2. 竖直管中的流型

在如图1-8所示的竖直管线中,或是在非常陡的管线中,层状流与泡沫流不会出现,

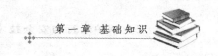

只是出现气泡流、柱塞流、泡状流、环状流和雾化流。

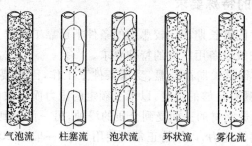

气泡流　　柱塞流　　泡状流　　环状流　　雾化流

图 1-8　竖管或斜管中向上流动的流型

3. 流型状态图

流动处于何种状态有其一定规律。可以将观察到的结果,用流型图的形式表示出来。通常分别取与液体、气体的质量流强度有关的量作为这类图的坐标,在图上每个区域都标上流型的特征。根据测量的参数计算得到气体和液体的质量流强度,查流型状态图可知流体正处于何种流型。

4. 汽-液两相流

垂直上升管是最常见的锅炉蒸发管,汽-液两相流的流型和上文所述的流型大同小异。流型的变化反映了进入管内的汽水混合物中水及水蒸气含量沿管子截面的分布状况。汽水混合物在管内流动时,混合物中的水流量一部分在管子内壁上流动,另一部分随蒸汽在管子核心部分流动。由于水的传热性能远比蒸汽好,因此在管壁上保持较厚的水膜,亦即保持较多的水流量,这在其他情况相同的条件下对于受热锅炉蒸发管的安全运行是十分重要的。

雾状流发生于受热管子中,当工质含汽率高时,管壁液膜不断减薄,当管壁温度高到足以使管壁液膜汽化时,汽液两相流动结构就会发展到壁上无液膜,只有在蒸汽流中还含有细小液滴的雾状流型。这种流型对受热蒸发管而言是一种不安全的流型,由于管壁上无冷却液膜而蒸汽导热性能差,因而如热负荷较高或工质流速不够高,易引起管壁温度超过金属容许温度而爆管。

倾斜管中汽水或空气-水混合物也具有类似垂直上升管中的流型。倾角对管内流型的变化有较大影响,在相同折算汽速度和折算水速度下,往下倾斜 10° 的管子比水平管更易发生汽水分层流型,而在向上倾斜 10° 的管内就不再出现分层流型。为了安全起见,设计时一般将水冷壁管向上倾斜 15° 以避免发生汽水分层。

第六节　金属材料及其焊接

锅炉是一种承受压力和高温的特殊设备,它的各个部件都在比较恶劣的条件下工作。因此,在制造时必须按照国家颁布的有关标准选用材料,制定焊接工艺,并进行严格的检验。锅炉钢材和焊接质量,直接关系到锅炉的安全运行,所以应对材料和焊接性能有所了解。

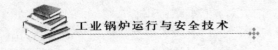

一、对锅炉器材的特殊要求

为了保证锅炉元件能够长期在比较恶劣的条件下可靠工作以及制造、加工的方便,对锅炉器材提出了高于一般设备用钢材的特殊要求。

(1)耐热性。锅炉钢材长期在高温、受压条件下工作,因此要求不仅在常温下,而且在较高温度下,都必须具有足够的强度,以承受额定的压力而不致破坏。

(2)抗腐蚀性。锅炉钢材的一面受到介质的浸蚀,另一面受到烟灰的冲刷与腐蚀,因此必须具有一定的抗腐蚀能力,以维持正常的使用年限(一般按 20 年考虑)。

(3)抗疲劳性。锅炉不仅经常升火与停炉,而且在连续运行中,当负荷不稳定时,压力和温度变化的幅度也比较大。因此,锅炉材料必须在反复热胀冷缩和交变压力下保持一定的性能,而不致损坏,也就是要求钢材有足够的抗疲劳性能。

(4)塑性和韧性。锅炉钢材的良好塑性表现在卷板、弯管等加工时,容易获得所需的几何形状;良好韧性表现在能容忍一定的缺陷,并且锅炉一旦发生事故时,不致产生脆性破坏,以减轻事故灾害。

(5)可焊性。现代锅炉制造绝大部分用焊接方法,因此必须要求锅炉钢材容易焊接,并获得理想的焊接质量。

二、钢材的组成元素及其影响

碳素钢价格便宜,来源充足并具有良好的工艺性能及一定的机械性能,在锅炉制造行业中应用广泛。碳素钢以铁为基体,含有碳(C)、锰(Mn)、硅(Si)、硫(S)、磷(P)五种主要元素。

碳对于碳钢性能来讲,是起决定性作用的元素。含碳量增加,会使强度和硬度明显提高;但含碳量增加,会使塑性和韧性明显下降,韧性下降得更多;同时,可焊性也随含碳量的增加而明显恶化。因此,锅炉钢材对含碳量有一定的限制。目前,我国锅炉制造业新用的碳素钢钢板和钢管含碳量在 $0.16\%\sim0.26\%$ 范围内。

锰、硅是在炼钢时为了脱氧而加入并部分残留于钢中的,少量存在对性能无明显影响。锰在钢中能减弱硫对钢的危害作用,故要求钢中保持一定的锰含量。我国锅炉碳钢中含锰量在 $0.35\%\sim0.65\%$,含硅量在 $0.15\%\sim0.37\%$ 范围内。

硫、磷是在炼钢时从矿石、燃料中带入,不能完全去除而残留于钢中的。硫在钢中以硫化铁(FeS)形态存在于晶粒之间,易导致晶间开裂(热脆性);磷在钢中具有严重偏析倾向,磷多的地方成为脆裂的起点,使钢在室温或更低的温度下冲击强度明显下降(冷脆性)。因此我国锅炉钢材对硫、磷的含量都有严格的要求,含硫量控制在 $0.040\%\sim0.045\%$ 以下,含磷量控制在 0.04% 以下。

钢中锰的含量达 1% 以上时,称为锰钢,属于合金钢。锰能有效地提高强度并且蕴量丰富,所以,我国锅炉制造业常采用含有一定量锰的钢材。锰含量增加,会明显降低可焊性,所以锰的含量一般控制在 $1.10\%\sim1.65\%$ 之间。为了保证良好的可焊性,锰含量大时,应适当降低含碳量。

含碳量大于 2% 的铁碳合金称为铸铁。铸铁耐热、耐磨、抗腐蚀能力强,多用来制作锅炉的省煤器、炉门、炉排等零部件。

表 1-4 和表 1-5 给出了锅炉受压元件用钢板和钢管。

表 1-4　锅炉用钢板材料

钢的种类	牌　号	标准编号	适用范围	
			工作压力/MPa	壁温/℃
碳素钢	Q235B Q235C Q235D	GB/T 3274	≤1.6	≤300
	15,20	GB/T 711		≤350
	Q245R	GB 713	≤5.3[②]	≤430
合金钢	Q345R	GB 713		≤430
	15CrMoR	GB 713	不限	≤520
	12Cr1MoVR	GB 713	不限	≤565
	13MnNiMoR	GB 713	不限	≤400

注：① 表中所列材料的标准名称,GB/T 3274《碳素结构钢和低合金结构钢　热轧厚钢板和钢带》、GB/T 711《优
质碳素结构钢热轧厚钢板和钢带》、GB 713《锅炉和压力容器用钢板》。
② 制造不受辐射热的锅筒(锅壳)时,工作压力不受限制。
③ GB 713 中所列 18MnMoNbR、14Cr1MoR、12Cr2Mo1R 等材料用作锅炉钢板时,其适用范围的选用可以参
照 GB 150《压力容器》的相关规定。

表 1-5　锅炉用钢管材料

钢的种类	牌　号	标准编号	适用范围		
			用　途	工作压力/MPa	壁温/℃[②]
碳素钢	Q235B	GB/T 3091	热水管道	≤1.6	≤100
	L210	GB/T 9711	热水管道	≤2.5	
	10,20	GB/T 8163	受热面管子	≤1.6	≤350
			集箱、管道		≤350
		YB 4102	受热面管子	≤5.3	≤300
			集箱、管道		≤300
		GB 3087	受热面管子	≤5.3	≤460
			集箱、管道		≤430
	20G	GB 5310	受热面管子	不限	≤460
			集箱、管道		≤430
	20MnG,25MnG	GB 5310	受热面管子	不限	≤460
			集箱、管道		≤430
合金钢	15Ni1MnMoNbCu	GB 5310	集箱、管道	不限	≤450
	15MoG,20MoG	GB 5310	受热面管子	不限	≤480
	12CrMoG,15CrMoG	GB 5310	受热面管子	不限	≤560

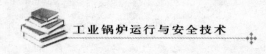

续表

钢的种类	牌　号	标准编号	适用范围		
			用　途	工作压力/MPa	壁温/℃②
合金钢	15Ni1MnMoNbCu	GB 5310	集箱、管道	不限	≤450
	15MoG，20MoG	GB 5310	受热面管子	不限	≤480
	12CrMoG，15CrMoG	GB 5310	受热面管子	不限	≤560
			集箱、管道	不限	≤550
	12Cr1MoVG	GB 5310	受热面管子	不限	≤580
			集箱、管道	不限	≤565
	12Cr2MoG	GB 5310	受热面管子	不限	≤600*
			集箱、管道	不限	≤575
	12Cr2MoWVTiB	GB 5310	受热面管子	不限	≤600*
	12Cr3MoVSiTiB		受热面管子	不限	≤600*
	07Cr2MoW2VNbB	GB 5310	受热面管子	不限	≤600*
	10Cr9Mo1VNbN	GB 5310	受热面管子	不限	≤650*
			集箱、管道	不限	≤620
	10Cr9MoW2VNbBN	GB 5310	受热面管子	不限	≤650*
			集箱、管道	不限	≤630
	07Cr19Ni10	GB 5310	受热面管子	不限	≤670*
	10Cr18Ni9NbCu3BN	GB 5310	受热面管子	不限	≤705*
	07Cr25Ni21NbN	GB 5310	受热面管子	不限	≤730*
	07Cr19Ni11Ti	GB 5310	受热面管子	不限	≤670*
	07Cr18Ni11Nb	GB 5310	受热面管子	不限	≤670*
	08Cr18Ni11NbFG	GB 5310	受热面管子	不限	≤700*

注：① 表中所列材料的标准名称，GB/T 3091《低压流体输送用焊接钢管》、GB/T 9711《石油天然气工业　管线输送系统用钢管》、GB/T 8163《输送流体用无缝钢管》、YB 4102《低中压锅炉用电焊钢管》、GB 3087《低中压锅炉用无缝钢管》、GB 5310《高压锅炉用无缝钢管》。

② "；"处壁温指烟气侧管子外壁温度，其他壁温指锅炉的计算壁温。超临界及以上锅炉受热面管子设计选材时，应当充分考虑内壁蒸汽氧化腐蚀。

三、锅炉焊接

现代锅炉基本上是焊接结构，焊接是锅炉制造中的主要工艺手段之一。在锅炉本体的整个制造工作量中，焊接工作量约占一半以上。因此，焊接质量的好坏，往往是评价锅炉制造质量好坏的主要标准，对锅炉的安全运行有重要的影响。

1. 焊接方法

锅炉制造中常用的焊接方法有手工电弧焊、埋弧自动焊等。这些方法都属于熔化焊，

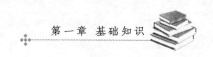

即通过加热使基本金属与焊接金属熔化形成焊缝。

手工电弧焊设备简单,便于操作,适用于室内外各种焊接位置,可以焊接碳钢、低合金钢等各种材料,在锅炉制造中应用很广,如钢板对接,管子对接,管子与锅筒、联箱的连接及各种金属结构件的连接。

埋弧自动焊是机械化焊接方法,由于是自动操作,可以使焊接参数稳定、焊缝均匀,外形光滑美观,所以焊接质量稳定。但埋弧自动焊一般只适合在平焊位置焊接,多用来焊接钢板较厚的钢筒等。

2. 焊接结构形式

焊接结构形式是指焊接接头形式及不同接头形式下的焊接坡口形式。焊接接头形式一般由被焊接的两个金属件的相互结构位置来决定。焊接接头通常分为对接接头、搭接接头和角接接头等。

对接接头是最常见、最合理的接头形式(见图1-9)。锅炉中锅筒筒身的纵缝、环缝、封头钢板的拼接焊缝等,都是对接接头。对接接头处结构基本上是连续的,承载后应力比较均匀。对接接头的坡口形式分为不开坡口、V形坡口、X形坡口、单U形坡口、双U形坡口,分别如图1-9(a)～(e)所示。

搭接接头是指两块板料相叠,而在端部或侧面进行角焊的接头(见图1-10)。搭接接头的焊缝属于角焊缝,接头受力时不作用在同一直线上,在焊缝处有附加的剪力及弯矩,应力集中比对接接头严重。

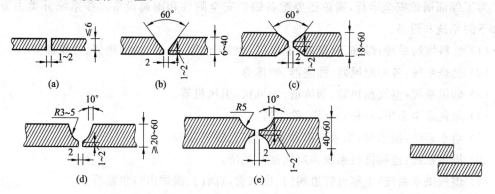

图1-9 对接接头

图1-10 搭接接头

(注:本书图中数字如无特别说明,单位都为mm)

角接接头是两构件成直角(见图1-11(a))或一定角度,而在其连接边缘焊接的接头。角接接头部位构件结构是不连续的,承载后受力状况比较复杂,应力集中比较严重。因此,锅炉中的主要部件应尽量不采用角接接头。角接接头有单边V形、K形、U形等坡口形,分别如图1-11(b)、(c)、(d)所示。

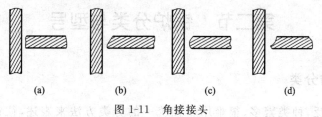

图1-11 角接接头

第二章 锅炉的分类与结构

第一节 锅炉概述

锅炉,顾名思义包括"锅"和"炉"两个主要部分,同时,为了保证锅炉安全运行,还必须配备必要的安全附件、自动化仪器仪表和附属设备。

"锅"是锅炉中盛水和蒸汽的承压部分,它的作用是吸收"炉"中燃料燃烧放出来的热量,使水加热到一定的温度和压力,或者转变成蒸汽。构成"锅"的主要结构包括:锅筒、对流管、水冷壁、下降管、集箱、过热器、省煤器、减温器、再热器等。

"炉"是指锅炉中燃料燃烧的部分,它的作用是尽量把燃料的热能全部释放出来,传递给"锅"内介质,即将燃料燃烧产生的热能供"锅"吸收。构成"炉"的主要结构包括:炉膛、炉墙、燃烧设备、锅炉构架等。

为了保证锅炉安全运行,锅炉还要配备锅炉安全附件和附属设备。按系统分类主要有如下的系统和设备:

(1) 燃料供给系统:煤场、碎煤机、上煤机、煤斗、油罐、油泵、油加热器、过滤器等。

(2) 燃烧系统:各种配风器、燃烧器、炉排等。

(3) 烟风系统:空气预热器、烟风道、送风机、引风机等。

(4) 除灰除尘系统:各种除灰机、除尘器。

(5) 给水系统:给水泵、给水管道和各种阀门、省煤器等。

(6) 排污系统:连续排污系统和定期排污系统。

(7) 供汽供水系统:主蒸汽管道阀门、供水管道阀门、锅炉出口集箱等。

(8) 安全附件和仪表:安全阀、压力表、水位计、高低水位报警器、测温测压等各种表计。

(9) 常用自动控制装置:给水自动调节器,温度自动调节器,压力自动调节器,燃烧自动调节器,自动点火,灭火自动保护,送、引风机联锁,燃料速断装置及先进的计算机自动控制等系统。

第二节 锅炉分类与型号

一、锅炉的分类

锅炉用途广泛,种类繁多,很难用一种统一的分类方法来表述,往往从不同角度来

分类。

1. 按用途分类

（1）工业锅炉。用于工业生产、采暖通风、空气调节工程和生活热水供应的锅炉。大多为低参数、小容量锅炉。蒸汽锅炉额定蒸发量在 0.1～65 t/h 的范围内,热水锅炉额定热功率在 0.1～174.0 MW 的范围内,常压锅炉额定热功率在 0.05～2.8 MW 的范围内。

（2）电站锅炉。用于发电,为高参数、大容量锅炉。在我国现行电站锅炉标准参数、容量系列中,最大容量锅炉的额定蒸发量为 2 008 t/h,其发电功率为 600 MW。超临界参数锅炉尚未定入标准。

（3）船用锅炉。用作船舶动力,大多为低、中参数可移动燃油锅炉。

（4）机车锅炉。用作机车动力,大多为低参数、小容量、可移动燃煤锅炉。目前已经很少应用。

2. 按锅炉出口压力分类

1）A 级锅炉

A 级锅炉是指 p（表压,下同,p 是指锅炉额定工作压力,对蒸汽锅炉代表额定蒸汽压力,对热水锅炉代表额定出水压力,对有机热载体锅炉代表额定出口压力）$\geqslant 3.8$ MPa 的锅炉,包括:

（1）超临界锅炉,$p \geqslant 22.1$ MPa。

（2）亚临界锅炉,16.7 MPa $\leqslant p < 22.1$ MPa。

（3）超高压锅炉,13.7 MPa $\leqslant p < 16.7$ MPa。

（4）高压锅炉,9.8 MPa $\leqslant p < 13.7$ MPa。

（5）次高压锅炉,5.3 MPa $\leqslant p < 9.8$ MPa。

（6）中压锅炉,3.8 MPa $\leqslant p < 5.3$ MPa。

2）B 级锅炉

（1）蒸汽锅炉,0.8 MPa $< p < 3.8$ MPa。

（2）热水锅炉,$p < 3.8$ MPa,且 $t \geqslant 120$℃（t 为额定出水温度,下同）。

（3）气相有机热载体锅炉,$Q > 0.7$ MW（Q 为额定热功率,下同）;液相有机热载体锅炉,$Q > 4.2$ MW。

3）C 级锅炉

（1）蒸汽锅炉,$p \leqslant 0.8$ MPa,且 $V > 50$ L（V 为设计正常水位水容积,下同）。

（2）热水锅炉,$p < 3.8$ MPa,且 $t < 120$℃。

（3）气相有机热载体锅炉,0.1 MW $< Q \leqslant 0.7$ MW;液相有机热载体锅炉,0.1 MW $< Q \leqslant 4.2$ MW。

4）D 级锅炉

（1）蒸汽锅炉,$p \leqslant 0.8$ MPa,且 30 L $\leqslant V \leqslant 50$ L。

（2）汽水两用锅炉（其他汽水两用锅炉按照出口蒸汽参数和额定蒸发量分属以上各级锅炉）,$p \leqslant 0.04$ MPa,且 $D \leqslant 0.5$ t/h（D 为额定蒸发量,下同）。

（3）仅用自来水加压的热水锅炉,且 $t \leqslant 95$℃。

（4）气相或者液相有机热载体锅炉,$Q \leqslant 0.1$ MW。

3．按所用燃料或能源分类

（1）燃煤锅炉。以煤为燃料的锅炉。

（2）燃油锅炉。以轻柴油、重油等液体燃料为燃料的锅炉。

（3）燃气锅炉。以天然气、液化石油气、人工燃气等气体燃料为燃料的锅炉。

（4）混合燃料锅炉。以煤、油、气等混合燃料为燃料的锅炉。

（5）生物质能锅炉。以生物质为燃料的锅炉。如桔梗锅炉、垃圾焚烧锅炉、甘蔗渣锅炉等。

（6）余热锅炉。以冶金、石油、化工等工业余热、余气为加热介质的锅炉。

（7）其他质能锅炉。以原子能、太阳能、地热能、电能等为能源的锅炉。

4．按燃烧方式分类

（1）火床燃烧（层燃）锅炉。燃料被放置在炉排上进行燃烧的锅炉。

（2）火室燃烧（悬浮燃烧）锅炉。燃料被喷入炉膛空间呈悬浮状燃烧的锅炉。

（3）流化床燃烧（沸腾燃烧）锅炉。燃料在布风板上被由下而上送入的高速空气流托起，上下翻滚进行燃烧的锅炉。

（4）旋风炉燃烧锅炉。粗煤粉或煤屑被强大的空气流带动在卧式或立式旋风筒内旋转燃烧、液态排渣的锅炉。

5．按炉膛烟气压力分类

（1）负压燃烧锅炉。炉膛出口烟气负压维持在 $20\sim40$ Pa 的锅炉。

（2）微正压燃烧锅炉。炉膛出口烟气表压力为 $2\,000\sim5\,000$ Pa 的锅炉。

（3）增压燃烧锅炉。炉膛出口烟气表压力大于 300 kPa 的锅炉。

6．按循环方式分类

（1）自然循环锅炉。具有锅筒，利用下降管与上升管中或锅炉管束中工质的密度差产生的作用压力来克服管道流动阻力，促使工质循环流动的锅炉。

（2）强制循环锅炉。具有锅筒和循环水泵，利用循环回路中工质的密度差产生的压力和循环水泵提供的压力来共同克服管道流动阻力，促使工质循环流动的锅炉。

（3）直流锅炉。无锅筒，给水靠水泵提供的压力一次通过受热面产生蒸汽的锅炉。

7．按锅炉结构分类

（1）锅壳锅炉。具有锅壳，容纳水、汽，烟管受热面布置在锅壳内的锅炉。燃烧室布置在锅壳内部的锅炉，称为内燃锅壳锅炉；燃烧室布置在锅壳外部的锅炉，称为外燃锅壳锅炉（即水火管锅炉）。

（2）水管锅炉。受热面布置在炉墙围护结构空间内，水、汽、汽水混合物等工质在管内流动受热、高温烟气在管外冲刷放热的锅炉。

8．按所使用的工质分类

（1）普通工质锅炉。普通工质锅炉是指以水为工质的锅炉。

（2）特种工质锅炉。特种工质锅炉是指以水银、矿物油及高温有机热载体为工质的锅炉。

9．按锅筒布置形式分类

（1）锅筒纵置式锅炉。锅筒纵向中心线与锅炉前后中心线平行的锅炉。

(2) 锅筒横置式锅炉。锅筒纵向中心线与锅炉前后中心线垂直的锅炉。

10. 按锅炉出厂形式分类

(1) 快装锅炉。锅炉本体整装出厂的锅炉。

(2) 组装锅炉。锅炉本体出厂时,制造成若干个组合件,在安装现场拼装成锅炉整体,称为组装锅炉。

(3) 散装锅炉。锅炉本体出厂时,制造成大量的零件和部件,在安装地点按锅炉厂设计图样进行安装,形成锅炉整体,称为散装锅炉。

二、锅炉的基本参数

表示锅炉工作特性的基本参数,主要有锅炉的出力、压力和温度三项。

1. 锅炉出力

锅炉出力又称容量,蒸汽锅炉用蒸发量表示,热水锅炉用热功率(供热量)表示。

1) 蒸发量

蒸汽锅炉在确保安全的前提下长期连续运行,每小时所产生蒸汽的数量,称为这台锅炉的蒸发量,用符号"D"表示,常用单位是吨/小时(t/h)。

锅炉蒸发量有额定蒸发量和最大蒸发量两种。额定蒸发量是在锅炉产品铭牌上标示的数值,表示锅炉使用原设计的燃料品种,在原设计的工作压力和温度下长期连续运行,每小时所产生的蒸汽量。最大蒸发量表示锅炉在实际运行中,每小时最大限度产生的蒸汽量,这时锅炉效率会有所降低,因此应尽量避免锅炉在最大蒸发量下长时间运行。

蒸汽锅炉在每平方米受热面积上,每小时内所产生的蒸发量,称为这台锅炉的蒸发率,用符号"D/H"表示,单位是千克/(米^2·小时)。蒸发率与燃料的品种、燃烧设备的结构、燃烧工况和受热面的传热效果等因素有关。

锅炉的受热面越大,吸收热量越多,其出力也越大。

已知一台锅炉的蒸发率和受热面积,就可以估算出锅炉的蒸发量。

2) 热功率(供热量)

热水锅炉在确保安全的前提下长期连续运行,每小时出水的有效带热量,称为这台锅炉的热功率(供热量)。锅炉铭牌上给出的热功率为热水锅炉的额定热功率。用符号"Q"表示,单位是 MW。热水锅炉产生 0.7 MW 的热量,大体相当于蒸汽锅炉产生 1 t/h 蒸汽的热量。

2. 锅炉压力

锅炉产品铭牌上标记的压力,是这台锅炉的设计工作压力,以表压力表示,又称为锅炉额定压力,表示锅炉承压元件正常允许的工作压力。

锅炉操作人员操作锅炉时,要控制锅炉压力不能超过锅炉铭牌上标明的压力,也就是锅炉压力表盘上指示的压力不能超过锅炉铭牌上标明的压力。

3. 出口温度

锅炉产品铭牌上标记的温度,是指锅炉输出介质的最高工作温度,又称额定温度,用摄氏温度表示。对于无过热器的蒸汽锅炉,其额定温度为该炉额定压力下的饱和蒸汽温

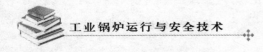

度;对于有过热器的蒸汽锅炉,其额定温度指过热器出口处的蒸汽温度;对于热水锅炉,其额定温度是指锅炉出口和入口的热水温度。

三、锅炉型号

1.燃煤、燃油、燃气工业锅炉型号

按 JB/T 1626—2002《工业锅炉产品型号编制方法》的规定,锅炉型号由三部分组成,各部分之间用短横线相连,如以下形式:

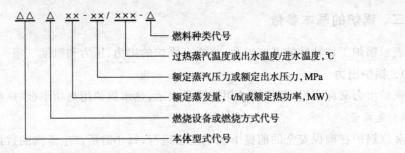

型号的第一部分表示锅炉本体形式和燃烧设备或燃烧方式及锅炉容量,共分三段。第一段用两个汉语拼音字母代表锅炉本体形式(见表2-1、表2-2);第二段用一个汉语拼音字母代表燃烧设备或燃烧方式(见表2-3);第三段用阿拉伯数字表示蒸汽锅炉额定蒸发量(t/h)或热水锅炉额定热功率(MW)。

表2-1　锅壳锅炉本体形式代号

锅炉本体形式	代　号	锅炉本体形式	代　号
立式水管	LS(立水)	卧式外燃	WW(卧外)
立式火管	LH(立火)	卧式内燃	WN(卧内)
立式无管	LW(立无)		

表2-2　水管锅炉本体形式代号

锅炉本体形式	代　号	锅炉本体形式	代　号
单锅筒立式	DL(单立)	双锅筒纵置式	SZ(双纵)
单锅筒纵置式	DZ(单纵)	双锅筒横置式	SH(双横)
单锅筒横置式	DH(单横)	强制循环式	QX(强循)

表2-3　燃烧设备或方式代号

燃烧设备	代　号	燃烧设备	代　号
固定炉排	G	下饲炉排	A
固定双层炉排	C	抛煤机	P
链条炉排	L	鼓泡流化床燃烧	F
往复炉排	W	循环流化床燃烧	X
滚动炉排	D	室燃炉	S

注:抽板顶升采用下饲炉排的代号。

2. 有机热载体锅炉型号

按 GB/T 17410—2008《有机热载体炉》的规定,有机热载体锅炉型号如以下形式:

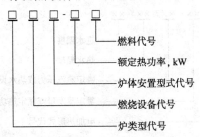

炉类型代号见表 2-4;炉体安置形式代号见表 2-5;燃烧设备代号见表 2-6;燃料代号见表 2-7。

表 2-4 炉类型代号

有机热载体类型	代 号
液相炉	Y
气相炉	Q

表 2-5 炉体安置形式代号

有机热载体安置形式	代 号
立式	L
卧式	W
其他	Z

表 2-6 燃烧设备代号

燃烧设备	代 号	燃烧设备	代 号
链条炉排	L	水煤浆燃烧器	J
往复炉排	W	煤粉等燃烧器	F
抛煤机炉排	P	油燃烧器	Y
其他炉排	G	气燃烧器	Q

表 2-7 燃料代号

燃料类别	类别代号	品 种	品种代号
煤类	M	无烟煤	W
		烟煤	A
		其他煤	H
		水煤浆	J
		煤粉等	F
油类	Y	柴油	C
		重油、渣油等	Z
气类	Q	天然气(包括城市煤气)	T
		液化石油气	Y
		焦煤煤气等	J

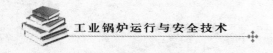

3. 电加热锅炉型号

电加热锅炉目前还没有一个统一的编制标准,但行业目前大多数采用以下形式:

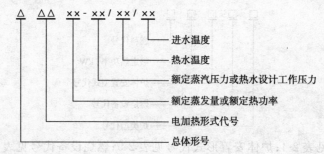

型号第一部分分三段。第一段表示总体型号(见表2-8);第二段表示电加热形式代号(见表2-9);第三段表示额定蒸发量(t/h)或额定热功率(MW)。

型号第二部分分三段。第一段表示额定蒸汽压力或热水设计工作压力(MPa);如果为蒸汽锅炉,则没有第二、第三段,如果为热水锅炉,则第二段表示热水温度(℃)。第三段表示进水温度(℃)。

<table>
<tr><td colspan="2">表2-8 总体型号</td></tr>
</table>

总体型号	代 号
立 式	L
卧 式	W

<table>
<tr><td colspan="2">表2-9 电加热形式代号</td></tr>
</table>

电加热形式	代 号
电阻式	DZ
电极式	DJ

型号举例:

LDZ0.5-0.7表示额定蒸发量为0.5 t/h,额定蒸汽压力为0.7 MPa的立式电阻式电加热蒸汽锅炉。

WDJ2.1-0.7/95/70表示额定热功率为2.1 MW,热水温度为95 ℃,进水温度为70 ℃,工作压力为0.7 MPa的卧式电极式电加热热水锅炉。

第三节　锅炉主要部件

一、锅筒(汽包)

锅筒又称汽包,是汇集、储存、分离、产汽和提供热水的容器。它是由筒体和封头(管板)组焊而成的。

锅筒(汽包)有时分为上锅筒(汽包)和下锅筒(汽包)。在上锅筒(汽包)内部有汽水分离装置、连续排污装置、给水分配管等;外部有主汽阀、安全阀、压力表、水位表等。在下锅筒(汽包)内部有定期排污装置等。

二、锅筒内部装置

锅炉产生的蒸汽除了应具有规定的参数特性外,还必须保证蒸汽的品质。蒸汽带水会使过热器结垢,另外也会对一些产品的质量产生不良影响,所以必须对蒸汽进行汽水分离处理。汽水分离装置有以下几种。

1. 集汽管

集汽管如图 2-1 所示。这种装置结构简单,适用于小容量锅炉和蒸汽空间较大的锅炉。

2. 蜗形分离装置

这种装置如图 2-2 所示。也可用于低压小容量炉中。

3. 孔板

孔板利用小孔的节流作用使负荷均匀,锅炉常见的孔板有水下孔板、出口孔板和垂直孔板。

(1) 水下孔板。水下孔板如图 2-3 所示。水下孔板能均衡蒸汽负荷。在孔板下面能形成稳定的汽垫,使水面平稳。

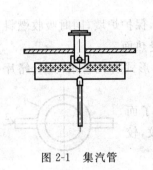

图 2-1 集汽管   图 2-2 蜗形分离装置   图 2-3 水下孔板

1—锅壳分离器;2—溢水槽;3—给水管;

4—水下孔板;5—排污管

(2) 出口孔板。出口孔板如图 2-4 所示。为了能使汽空间的蒸汽负荷均匀,可采用不均匀的开孔方法,在远离出口处多开孔,靠近引出管处少开孔。

(3) 汽水挡板。汽水挡板如图 2-5 所示。汽水挡板可消除上升管沿锅筒长度方向分布不均匀,产生局部集中气流,从而出现蒸汽带水现象。汽水挡板沿锅筒长度方向布置。

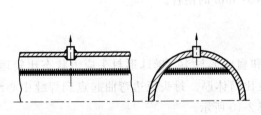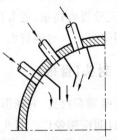

图 2-4 出口孔板   图 2-5 汽水挡板

4. 百叶窗分离器

如图 2-6 所示,为了进一步改善蒸汽品质,常和出口孔板联合使用。

5. 旋风分离器

如图 2-7 所示,由于部件多,一般用于 30 t/h 以上的锅炉上。

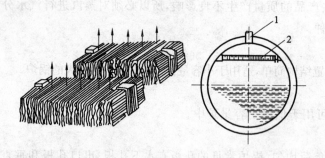

图 2-6 百叶窗分离器

1—蒸汽引出管;2—波形百叶窗

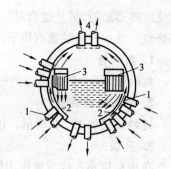

图 2-7 旋风分离器

1—上升管;2—锅筒内汽水混合集箱;

3—内置式旋风分离器;4—蒸汽引出管

三、水冷壁

水冷壁是布置在炉膛内的辐射受热面。它直接与火焰接触,保护炉墙,同时吸收燃料释放的热量,降低炉膛温度,调节炉膛出口温度,是锅炉的主要受热面。

工业锅炉水冷壁一般采用 $\phi51\sim63.5$ mm 的钢管。水冷壁形式有光管水冷壁、鳍片水冷壁以及膜式水冷壁。

鳍片水冷壁如图 2-8 所示,管子两侧焊有翼片。由于增大了面积,可以吸收更多的热量,但加工复杂和导热不好,容易产生裂纹,较少用在小型锅炉上。

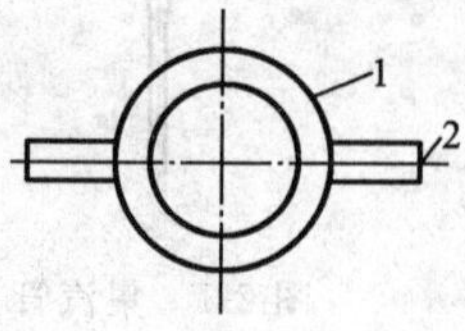

膜式水冷壁是用钢板把水冷壁管联焊在一起把炉膛组成一个封闭整体。它向外散热损失小,可采用轻型炉墙,也利于正压燃烧,目前在大、中型锅炉上应用很广。

图 2-8 鳍片水冷壁

1—水冷壁管;2—翼片

四、对流管束

对流管束又称排管,布置在上下锅筒或锅筒与集箱之间,是工业锅炉的主要蒸发受热面,为了充分吸收热量,通常用隔墙把对流管束隔成几个烟气走向,以提高烟气冲刷效果,充分利用受热面。对流管束一般采用 $\phi51$ mm 的钢管。

五、封头(管板)

锅筒两端有封头,有球形、椭球形和扁球形封头。椭球形封头应力状态比较理想,易于制造,目前应用较广。封头厚度一般比筒体厚。封头扳边弯曲起点到焊缝中心线应有一定的距离,这个距离的具体数值如表 2-10 所示。

表 2-10 扳边弯曲起点到焊缝中心线距离

扳边封头厚度 t/mm	距离 L/mm	扳边封头厚度 t/mm	距离 L/mm
$t\leq10$	≥25	$20<t\leq50$	$\geq0.5t+25$
$10<t\leq20$	$\geq t+15$	$t>50$	≥50

注:对于球形封头,可取 $L=0$。

锅壳式锅炉锅筒两端的封头一般是平的,称为管板,有平管板和拱形管板两种。烟管和管板的连接有的采用胀接,有的采用焊接,目前多采用焊接形式。平管板必须有拉撑板或拉撑杆,而拱形管板则不需要。

六、集箱(联箱)

集箱又称联箱,是由较大直径的无缝钢管和两个端盖焊接而成,或由无缝钢管在两端进行旋压收口而成。集箱端部有手孔,以便检验和清洗内部。

集箱可分为上、下集箱,左、右集箱,前、后集箱等。它们都用于汽和水的进出口连接和分配。在炉排两侧的集箱还有利于防止结焦,因此又称防焦箱。

七、拉撑件

管板往往用拉撑件来加强,这样既可提高管板强度,降低管板厚度,也可改善管板与筒体连接部件的受力状况。

常用的拉撑件有角板撑、管拉撑和杆拉撑等。

拉撑件的尺寸和连接形式,要考虑拉撑件支撑的面积、拉撑件本身的强度及连接处的强度。

拉撑件不得采用拼接方式。

八、烟火管

在锅壳锅炉中常以烟火管作为主要受热面,高温烟气或火焰从管内流过以加热管外的水。烟水管有光管和螺纹管之分。烟火管的数量取决于锅炉容量大小和锅筒直径。烟火管伸出管板的长度不能过长,否则容易过烧,致使管端或管孔产生裂纹。

九、炉胆

炉胆是较大直径的火管,和受内压锅筒不同,它受外压。立式和卧式锅壳锅炉上都有这种元件。炉胆有平炉胆和波纹炉胆。设计炉胆时,既要考虑其强度,又要考虑其膨胀和稳定性。

十、人孔、人孔盖、手孔、手孔盖

人孔是锅筒上为了方便安装和检修锅筒内部而专门设计的孔。锅筒内径大于或等于800 mm的水管锅炉和锅壳内径大于1 000 mm的锅壳锅炉,均应在筒体或封头(管板)上开设人孔。

锅筒内径小于800 mm的水管锅炉和锅壳内径为800～1 000 mm的锅壳锅炉,至少在筒体或封头(管板)上开设一个头孔。头孔的形状类似人孔,但尺寸略小。

在一些不能进入的部位,要开手孔、清洗孔、检查孔,以方便安装、清洗、检查。这些孔形状类似人孔。各门孔尺寸见表2-11。

表 2-11　门孔尺寸表

表 2-11　门孔尺寸表

名　称	尺　寸	备　注
人孔	≥280×380	密封面宽度≥18 mm
头孔	≥220×320	颈部或孔圈高度≤100 mm
手孔	短轴≥80	颈部或孔圈高度≤65 mm
清洗孔	≥50	颈部或孔圈高度≤50 mm
炉墙上椭圆形人孔	≥400×450	
圆形人孔	≥450	
矩形人孔	≥300×400	

注:若颈部或孔圈高度超过上述规定,孔的尺寸应适当放大。炉墙人孔是非受压元件上的开孔,与受压元件上的人孔不同。

受压元件上的人孔和其他孔均需设孔盖。为了避免汽、水喷出烫人,人孔盖、手孔盖等应采用内闭式结构,并保证衬垫不会被吹出,炉墙上人孔的门应有坚固的门闩,监视孔上的盖应保证不会被烟气冲开。

第四节　锅炉的辅助受热面

为了提高锅炉的热效率,节省燃料,满足生产需要,锅炉需设省煤器、空气预热器、过热器等辅助受热面。

一、省煤器

1. 省煤器的作用

省煤器是利用锅炉尾部烟气的热量加热给水以降低排烟温度的锅炉部件,设置在尾部竖井烟道中。锅炉给水经过省煤器使水温升高,排烟温度降低,减少了热损失,节省了燃料,提高了锅炉热效率。例如蒸汽锅炉的给水温度升高 1 ℃,排烟温度可降低 3 ℃左右;给水温度升高 6~7 ℃,可节省燃料 1%。另外,经加热的给水送入锅筒,可以避免因较冷的给水与高温锅筒接触而产生的热应力,改善了锅筒的工作条件;给水预热后还可排除溶解在水中的气体,降低锅炉设备的腐蚀程度。而且,省煤器布置紧凑,价格较便宜,目前已得到了广泛应用。

2. 省煤器的种类和构造

根据所用材料,省煤器有铸铁式和钢管式;根据水在其中被加热的程度,省煤器有非沸腾式和沸腾式。中、小型工业锅炉常用的是非沸腾式铸铁省煤器,经过省煤器的加热,送入锅炉的给水温度比蒸汽饱和温度低 20~50 ℃。

铸铁省煤器由多排外侧带有方形或圆形鳍片的铸铁管组成,管长约 2 m,各管之间用 180°铸铁弯头依次连接起来(见图 2-9)。给水进口在省煤器管组的下方,出水口在其上方。

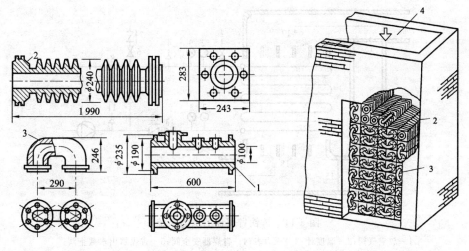

（a）铸铁省煤器　　　　　　　　（b）省煤器的组成

图 2-9　铸铁省煤器的构造和组成

1—入口集箱；2—省煤器管；3—弯头；4—烟道

　　铸铁省煤器的优点是耐磨性和抗蚀性较好；缺点是体积大、笨重，鳍片间容易积灰，法兰连接易漏水，铸铁脆、强度低，且不能承受水击。因此，铸铁省煤器只用于工作压力低于 2.5 MPa 的非沸腾式省煤器。

　　较大型的锅炉，其给水经过除氧，温度较高，多采用钢管省煤器。钢管省煤器由并列的蛇形钢管组成，蛇形管的两端分别连接进、出口集箱。蛇形管常用 $\phi 28\sim 38$ mm 的无缝钢管弯制而成（见图 2-10）。钢管省煤器的出水温度不受限制，允许水在其中汽化（干度<20% 的汽水混合物），因此，钢管省煤器属于沸腾式省煤器。

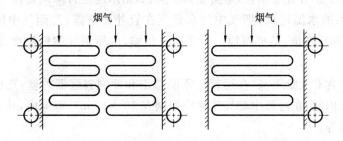

图 2-10　钢管省煤器

3. 省煤器的布置和管路系统

　　省煤器布置在烟道中，给水在管内自下而上地流动，与管外自上而下的烟气流向相反，传热效果好。为保证铸铁省煤器的安全运行，在省煤器进出口管道上应装截止阀和止回阀，并设监督铸铁省煤器安全运行的安全阀、温度计、压力表等附件以及烟气和给水的旁路（见图 2-11）。当省煤器发生故障或锅炉升火运行时，烟气从旁通烟道通过，必要时给水也可以从旁通管直接进入上锅筒。无旁通烟道的锅炉，在锅炉升火或停运期间，为防止省煤器中水不流动发生汽化，可设再循环管接至水箱，使水在省煤器中流动带走热量。

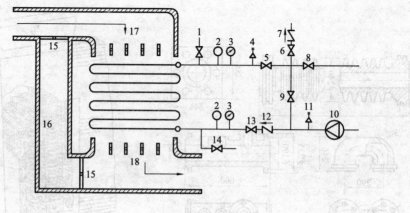

图 2-11　铸铁省煤器的水力系统

1—放空气阀;2—温度计;3—压力表;4—省煤器安全阀;5—省煤器出水截止阀;

6—锅筒给水截止阀;7—锅筒给水止回阀;8—再循环管截止阀;9—旁通管截止阀;10—给水泵;

11—给水泵安全阀;12—给水泵止回阀;13—给水泵压水截止阀;14—放水阀;15—旁通烟道挡板;

16—旁通烟道;17—烟道挡板;18—烟气挡板

进口处的安全阀能够减轻给水管路中可能产生的水击现象,出口处的安全阀能在省煤器内水发生汽化和超压时泄压,以保护省煤器。

锅炉启动时,为了排除省煤器中的空气,在出口处装设放气阀或将安全阀上放气阀打开。进口放水阀用于在检修时泄水。

4. 省煤器的防腐和防磨

省煤器的腐蚀有内部腐蚀和外部腐蚀两种。内部腐蚀是指给水未经除气处理而产生的气体腐蚀。对于钢管省煤器,为了防止这种腐蚀,给水应进行除气处理。外部腐蚀是指由于进入省煤器的水温过低,烟气中的水蒸气在管外面结露,与烟气中的酸性气体(如 SO_2、SO_3、CO_2)形成酸液,造成腐蚀。为了防止结露,应使烟气侧壁温度比烟气露点高 5~20 ℃以上。

由于烟气中含有大量飞灰,在运行中不断撞击和冲刷省煤器外壁,造成外部磨损,使其变薄而破裂。因此,在运行中烟气流速应控制在 10~12 m/s 范围内,并采取防磨技术,如安装防磨盖板等。

二、空气预热器

1. 空气预热器的作用

空气预热器是利用锅炉尾部的烟气余热加热燃料燃烧所需空气的装置,一般布置在省煤器之后。使用预热器,一方面可以减少锅炉排烟热损失(布置空气预热器后,排烟温度为 160~200 ℃),提高锅炉热效率,节约燃料;另一方面可使进入炉内的冷空气变为热空气(温度 100~300 ℃),改善炉内燃烧条件,提高燃烧温度,增强传热效果。

空气预热器在工业锅炉中应用不多,因为省煤器已能满足降低排烟温度的需求,所以它主要用于以下情况:

(1)燃用煤粉的锅炉,煤粉要用热风干燥、输入炉膛。

(2)锅炉燃用劣质煤,需要用热风来促进稳定燃烧。

(3)产生的蒸汽压力<0.5 MPa、回水温度>80 ℃,使用省煤器经济效果不大的锅炉。

2.空气预热器的构造

工业锅炉中常使用的是管式空气预热器(见图 2-12),受热面管束采用 $\phi32\sim50$ mm、壁厚 $1.5\sim2$ mm 的无缝或有缝钢管交叉排列,两端垂直地焊接在上、下管板上,形成立方形管箱。为了提高传热效果,在管箱内设有中间管板和导流箱。烟气由上而下通过管内,空气从进风口由下而上横向流过,两者成对流热交换形式。烟气流速通常取 $9\sim13$ m/s,空气的流速一般取烟气流速的一半。

为便于运输和安装,空气预热器由多个管箱组成,管箱和管箱之间用膨胀节密封。管箱与支承框架和烟道间也由薄钢板制作的有弹性的膨胀节来密封。管箱外面还设有空气连通罩。

3.空气预热器的防腐和防磨

和省煤器一样,空气预热器也存在腐蚀和磨损问题。

由于流经空气预热器的烟气温度比省煤器低,烟气中的水汽容易结露,空气预热器在烟气的一侧更容易发生腐蚀,特别是在空气入口处。因此,应使空气预热器的壁温高出烟气露点 10 ℃以上。

空气预热器在管子入口 $1.5\sim2.0$ 倍管外径处受飞灰磨损最严重。这是因为烟气的流通截面积在该处突然缩小,产生湍流。为了防止磨损,除了在运行时保持适宜的烟气流速和均匀的分配烟气外,还可以在空气预热器烟管入口处加装便于修换的防磨套管(见图 2-13)。

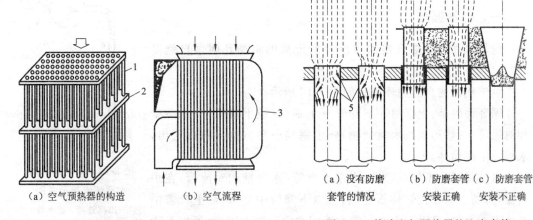

(a)空气预热器的构造　　(b)空气流程

图 2-12　管式空气预热器

1—管束;2—管板;3—导流箱

(a)没有防磨　　(b)防磨套管　(c)防磨套管
套管的情况　　安装正确　　安装不正确

图 2-13　管式空气预热器的防磨套管

三、过热器

过热器一般安装在炉膛出口位置,它的作用是将锅筒中产生的饱和蒸汽(一般含 2%

的水分)在压力不变的条件下,加热使其完全干燥,并达到规定的过热温度,以满足生产工艺的需要。

过热器从形式上可分为立式与卧式两种,如图 2-14 和 2-15 所示。

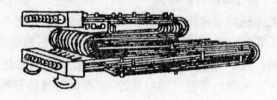

图 2-14　立式过热器　　　　　　　　　　图 2-15　卧式过热器

立式过热器垂直悬挂在烟道中,它的特点是不易积灰,支吊方便,吊架可固定在锅炉钢架上。但是这种过热器不易疏水,在升火时只能靠蒸汽冲刷来冷却管子,当锅炉压力达到 0.2～0.3 MPa 时蒸汽通过过热器管子,然后由出口集箱的疏水管将疏水排出。

卧式过热器疏水方便,升火时有较好的冷却条件,但是在结构上的缺点是支吊困难。水平放置的管子也容易积灰,所以卧式过热器用得不太多。

第五节　锅炉的水循环

水和汽水混合物在锅炉蒸发受热面的闭合回路中有规律的连续流动过程叫锅炉水循环。

锅炉水循环分为自然循环和强制循环两种。

一、自然循环

依靠水和汽水混合物的重度差所形成的水循环叫做自然循环。

蒸汽锅炉的自然循环流程如图 2-16 所示。

循环回路是:上锅筒→下降管→下锅筒(或下集箱)→水冷壁和对流管(受热形成汽水混合物)→上锅筒→蒸汽由主汽阀送出,水继续下降循环。

自然循环的工作原理是:由于上升管(水冷壁和对流管)在炉内受热,而下降管在炉外不受热,所以下降管中是水,而上升管中是汽水混合物,又因为水的密度大于汽水混合物的密度,所以下降管中的水向下流动而上升管中的汽水混合物向上流动,因而形成了水的自然循环。

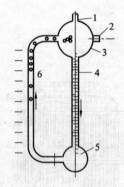

图 2-16　蒸汽锅炉的
水循环流程示意图
1—出汽管;2—进水管;
3—上锅筒;4—下降管;
5—下集箱;6—上升管

二、强制循环

依靠水泵的机械作用迫使水进行的循环叫做强制循环。

对于蒸汽锅炉,强制循环主要应用于超高压和亚临界压力锅炉上,因这种锅炉压力愈高,水和蒸汽密度差愈小,采用自然循环的安全可靠性愈差,所以基本上采用强制循环,以保证水循环的可靠性。

对于热水锅炉,其水循环大多是强制循环,它借助热网循环水泵的压力作动力,连同热网构成整个循环回路。强制循环流程如图 2-17 所示。

循环回路是:管网回水(与软化水箱补水混合)→循环泵→下锅筒→上升管和下降管(热水)→上锅筒→出水管→管网→热用户。

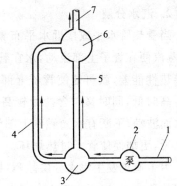

图 2-17 热水锅炉水循环示意图
1—回水管;2—循环泵;3—下锅筒;4—上升管;
5—下降管;6—上锅筒;7—出水管

三、循环倍率

自然循环锅炉中的水,每经过一次循环,只有一部分转化为蒸汽。通常将进入循环回路的水量称为循环流量,它与该循环回路中所产生蒸汽量的比值,称为循环倍率。

$$循环倍率 = \frac{循环流量}{循环回路中的产汽量}$$

循环倍率表示在循环回路中的水,要经过多少次循环才能完全转化为蒸汽,是衡量锅炉安全运行的一项指标。水循环好的锅炉,受压部件受热均匀,热应力小,因此,可以加快锅水升温和汽化过程,缩短点火至正常供汽的时间。低压小型锅炉的循环倍率约在几十至二百之间。

四、水循环故障

自然循环的锅炉,当水循环工况不正常时,会产生循环停滞与倒流、汽水分层、下降管带汽等故障。

1. 循环停滞与倒流

在同一循环回路中,当并联的各上升管受热不均匀时,受热弱的管中汽水混合物的密度必然大于受热强的管中汽水混合物的密度。受热弱的管内流速可能降低,甚至处于停止不动的状态,这种现象称为循环停滞。这时,上升管内的蒸汽不能被及时携带走,管壁冷却情况将严重恶化,可能造成管壁过热,发生爆管事故。

循环倒流:是指各上升管受热不均匀时,受热最弱的上升管中流动压头过小,受热最强的上升管中汽水混合物流速过大,从而产生抽吸作用,致使受热最弱的上升管中的汽水混合物朝着与正常循环方向的相反方向流动。

当循环停滞时,汽泡的上升速度与水的向下流动速度相等,便会造成汽泡停滞,形成

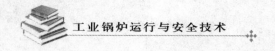

"汽塞"。这时发生汽塞的管段会因得不到有效的冷却而过热烧坏。

为了避免发生循环停滞和倒流故障，除了锅炉结构要合理外，在运行操作上应尽量使各上升管受热均匀。避免在水冷壁管上局部严重结垢和积灰；避免炉墙局部有较大的漏风吹到水冷壁管上；保持燃烧稳定，尽可能使炉中火焰分布均匀；定期排污数量不要过多，排污时间不要过长。

2. 汽水分层

当受热管水平或接近水平布置，管中介质流速不高时，由于蒸汽的密度小于水的密度，蒸汽便在管子上部流动，水在管子下部流动，这种现象称为汽水分层。这时，由于蒸汽的导热性能差，就可能使管子上部的壁温过高而烧坏。在汽水分界处，由于水面波动，壁温时高时低，同时又与含盐量较高的锅水接触，因此容易引起疲劳裂纹和腐蚀。此外，由于水面波动，不断有水滴溅到上部管壁上，当水分蒸发后，水分中的盐分就会沉积下来形成水垢，更加促使管子过热烧坏。

为了避免发生汽水分层故障，锅炉的顶部或底部的上升管不允许水平放置，必须倾斜一定的角度，一般不少于 $12°\sim15°$。

3. 下降管带汽

在下降管中，应全部是水在流动，如果水中夹带蒸汽，将使其密度减小，流动动能减小。当水中带汽情况严重时，会发生水循环停滞、倒流现象。

下降管带汽的原因：由于下降管入口处离蒸发面距离太小，当水急速流入下降管时，产生的旋涡把水面上的蒸汽带进下降管；或者因水冷壁管出口和下降管入口距离太近，使部分蒸汽泡没有升到水面，就被吸入下降管中。

为了避免出现下降管带汽现象，使下降管不受热，通常应注意：将下降管布置在炉外；下降管入口距离蒸发面最低水位要有四倍管径高度；水冷壁出口离下降管入口要有一定距离或用隔板隔开。

第六节　锅炉结构及特性

目前，我国各行各业所使用的工业锅炉类型繁多、名称各异，但就锅炉本体结构特点而言，可将锅炉分为锅壳锅炉和水管锅炉两种类型。

锅壳锅炉有一个尺寸比较大的铜制筒体，其内部布置大量的烟管受热面。锅壳锅炉具有结构紧凑、整体性好、对给水品质要求不高、安装和运行都很方便的优点。但因锅壳是承压部件，锅壳锅炉一般制造成低参数、小容量的锅炉。目前锅壳锅炉在燃油、燃气锅炉中得到广泛应用。

水管锅炉本体由较小直径的锅筒和管子组成，受力条件好，且受热面和炉膛布置灵活，传热性能好，适用于大容量和高参数锅炉。但水管锅炉对水质、安装、运行、维修、管理要求都很高。

此外，还有一些在某方面具有特殊要求的特种工业锅炉。

一、锅壳锅炉

锅壳锅炉是在工业上应用最早的一种锅炉形式。燃烧装置布置在锅壳里面的称为内燃式锅壳锅炉；燃烧装置布置在锅壳外面，仅有烟气流经锅壳内部的称为外燃式锅壳锅炉。布置在锅壳内部，烟气在管内流动放热，水在管外吸热的受热面称为火管（烟管）；布置在锅壳外面，水、汽或汽水混合物在管内流动吸热，烟气在管外冲刷放热的受热面称为水管。

既有火管受热面又有水管受热面的锅壳锅炉，又称为水火管锅炉。

锅壳锅炉按其布置方式可分为卧式和立式两种。卧式锅壳锅炉的纵向中心线平行于地平面，立式锅壳锅炉的纵向中心线垂直于地平面。

1．立式锅壳锅炉

立式锅壳锅炉，按其结构形式可分为立式火管、立式水管、立式无管三个类型。

1）立式火管锅炉

立式火管锅炉由锅壳、炉胆、火管、冲天管等主要元件构成。锅壳与炉胆夹层内为锅水和蒸汽空间，火管沉浸在水容积空间内。烟气在管内流动放热，水在管外吸热。固定炉排放置在炉胆内，属内燃锅炉，容量一般较小，通常配置手烧炉。立式火管锅炉有横火管和竖火管两种形式。

现在应用较多是立式横火管锅炉，其型号为 LHG，是在"考克兰"锅炉的基础上发展起来的。它由锅壳、封头、前后管板、火管和炉胆等部件组成，如图 2-18、图 2-19 所示。这种锅炉多为固定炉排，人工操作，烟气先冲刷炉胆，再经喉管到后烟箱，经烟管汇集到前烟箱，最后从烟囱排出，其工作压力不超过 0.8 MPa，蒸发量为 0.15～2 t/h，因此在油田上应用较少。

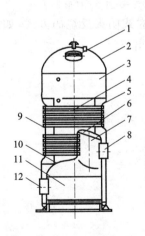

图 2-18　立式横火管锅炉

1—人孔；2—封头；3—锅壳；4—火管；

5—后管板；6—燃烧室顶；7—前管板；

8—检查孔；9—前管板；10—炉胆顶；

11—炉胆；12—炉门圈

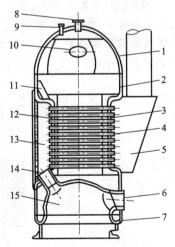

图 2-19　立式多横火管锅炉

1—封头；2—锅壳；3—前管板；4—烟管；

5—前烟箱；6—炉门；7—U形下脚；

8—主气阀座；9—安全阀座；10—人孔；

11—角支撑；12—后管板；13—后烟箱；

14—烟气出口管；15—炉胆

2）立式水管锅炉

立式水管锅炉有横水管、直水管、弯水管之分。

（1）立式横水管锅炉一般工作压力在0.8 MPa以下，蒸发量在1 t/h以下。由于排烟温度高，所以热效率较低。如图2-20所示。

（2）立式弯水管锅炉是由锅壳、封头、炉胆、炉胆顶、弯水管等组成，如图2-21所示。

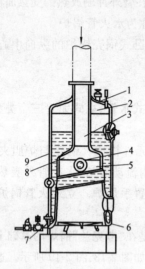

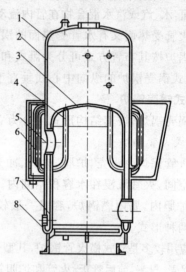

图2-20　立式横水管锅炉

1—主气阀接口；2—封头；3—冲天管；

4—横水管；5—炉胆；6—U形下脚；

7—手孔；8—炉胆顶；9—锅壳

图2-21　立式弯水管锅炉

1—封头；2—锅壳；3—炉胆顶；

4—弯水管；5—喉管；6—耳形弯水管；

7—炉胆；8—U形下脚

为了提高热效率和达到消烟除尘的目的，常采用立式明火反烧的方式，如图2-22所示。该种锅炉有2个炉门，上一个为加煤门，下一个为出灰门。

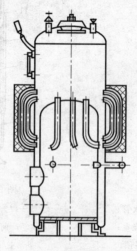

图2-22　立式明火反烧锅炉

（3）立式直水管锅炉型号为LSG，是由锅壳、封头、上管板、直水管、下降管、下管板、炉胆、炉胆顶、喉管等部件组成的,如图2-23所示。立式直水管锅炉工作压力一般不超过0.8 MPa,蒸发量0.4～1.5 t/h。

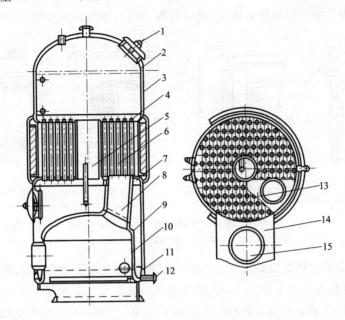

图 2-23　立式直水管锅炉

1—人孔;2—封头;3—锅壳;4—上管板;5—下降管;6—直水管;
7—下管板;8—烟气出口管;9—炉胆顶;10—炉胆;11—U形下脚;
12—排污管;13—隔烟墙;14—烟箱;15—烟囱

运行时,固定炉排上的燃料所产生的高温烟气冲刷炉胆,经喉管进入上下管板之间的烟管束,烟气围绕管束旋转一周,对管束、上下管板加热后进入烟箱,然后由烟囱排出。

3)立式无管锅炉

立式无管锅炉是一种既没有水管又没有火管的锅炉,由锅筒、封头、肋片等元件组成。

这种锅炉的结构简单,制造方便,占地面积小,对水质要求不高;顶置燃烧器,燃烧完全,火焰充满炉膛,换热充分、均匀,热效率高;全焊接结构,无爆管事故,维修工作量少,使用寿命长。

2. 卧式锅壳锅炉

卧式锅炉具有炉子置于锅筒内的内燃式和炉子置于锅筒外的外燃式两种。

1)卧式内燃锅壳锅炉

目前应用较多的为卧式内燃燃油燃气锅炉。

卧式内燃燃油燃气锅炉可分为干背式、半干背式和湿背式三种,如图2-24所示。干背式锅炉是指炉胆后部由耐火砖组成一个烟气折返空间,湿背式锅炉是指炉胆后部由浸在锅水中的夹套组成一个烟气折返空间。如果该空间部分冷却,则称为半干背式。

干背式锅炉结构简单,制造方便,成本较低。但后管板由于受高温烟气的冲刷,工作条件比较差,容易产生泄漏,影响正常运行。湿背式锅炉的后管板不受高温烟气的冲刷,工作条件有所改善。另外,湿背式锅炉后部无需采用砖墙来隔离,因此没有漏烟的问题。但是,湿背式锅炉结构复杂,制造成本高,检查和维修困难。

湿背式锅炉主要受压元件有锅壳、前后管板、炉胆、烟管和拉撑件。

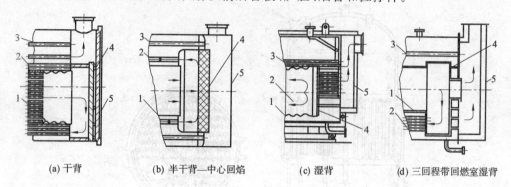

(a) 干背　　　　　(b) 半干背—中心回焰　　　　　(c) 湿背　　　　　(d) 三回程带回燃室湿背

图 2-24　卧式内燃锅壳锅炉转弯烟室结构

1—炉胆;2—第二回程;3—第三回程;4—"背";5—后烟箱

WNS 锅炉是按中国标准设计制造的国产燃油燃气内燃湿背式锅炉,我国较多锅炉厂都生产。它的容量为 $0.25 \sim 20$ t/h,压力为常压~2.5 MPa。对于 1 t/h 以下容量的锅炉,炉胆和受热面常常非对称布置;对于 1 t/h 以上容量的锅炉,炉胆和受热面则采用对称布置。图 2-25 所示为其中的一种。

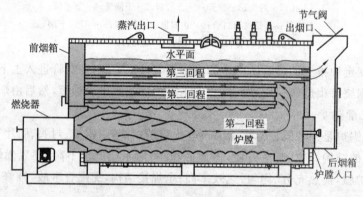

图 2-25　WNS 锅炉

主要受压元件有锅壳、前后管板、烟室、炉胆、烟管和拉撑件等。

WNS 锅炉可以采用全波纹炉胆,也可同时采用平炉胆和波纹炉胆。烟气流程常采用三回程。第二回程烟管采用螺纹烟管,第三回程烟管采用光管。烟管与管板的连接均采用焊接结构。

WNS 锅炉的特点如下:

(1) 三回程湿背式结构,组装出厂,出厂前进行燃烧调试,安装方便。

(2) 采用螺纹烟管,强化换热效果,减少受热面积,降低钢耗量。

(3) 三回程设计,烟气流程长,排烟温度低,热效率高。

(4) 配置国外进口燃烧器,采用点火、熄火自动保护措施。

（5）各种自控装置、保护装置性能良好，操作方便，保证锅炉安全可靠运行。

2）卧式外燃锅壳锅炉

卧式外燃锅壳锅炉常制造成整体锅炉出厂，安装非常方便，将锅炉整体运至锅炉房，放置在预先施工好的基础上，然后安装烟囱和配上管子即可。

图 2-26 为卧式外燃锅壳锅炉，又称水火管锅壳锅炉。锅壳偏置，且锅壳底部设置护底砖衬，使其不直接接受炉膛内高温辐射热；烟气的第二回程为在炉膛左上侧增设的水管对流管束，第三回程由设置在锅壳内的烟管管束组成。

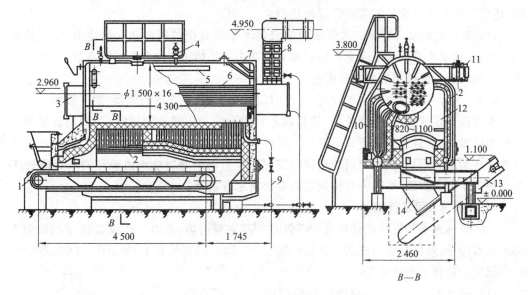

图 2-26　卧式外燃锅壳锅炉

1—大块炉排片链条炉排；2—水冷壁；3—前烟箱；4—主蒸汽阀；5—汽水分离装置；
6—第三回程烟管管束；7—锅壳；8—铸铁省煤器；9—排污管；10—第二回程对流管束；
11—水位表；12—炉膛烟气出口；13—刮板出渣机；14—落渣管

二、水管锅炉

水管锅炉的主要特点是烟气在受热面管子外流动放热，水或汽水混合物在管子内流动吸热。

水管锅炉设有大直径的锅壳，用富有弹性的弯水管取代了刚性较大的直火管，这不仅可以节省金属，而且可以增大锅炉容量和提高参数。水管锅炉的燃烧室由水冷壁和炉墙构成，它可以根据不同燃料燃烧条件和锅炉参数对受热面的要求设计制造，而不受锅筒体积的影响。在水管锅炉的燃烧室内可以设置各种燃烧设备，可以燃用各种劣质燃料，并能有效降低不完全燃烧热损失。

水管锅炉可以充分应用传热理论来布置受热面，如可按优化计算理论，合理安排辐射受热面和对流受热面的配比，充分组织烟气流对受热面进行横向冲刷，合理组织管子的错排和顺排等。

水管锅炉锅筒内不布置烟管受热面，蒸汽的容积空间大了，更利于安装完善的汽水分离装置,以保证蒸汽品质符合使用要求;水管受热面布置可以满足清垢除灰要求。

在中小型锅炉的范围内,水管锅炉比锅壳式锅炉在如下几个方面具有明显的优势:

(1)能适应锅炉参数(工质温度和压力)提高的要求。从工业生产的角度讲,更高的蒸汽温度和压力可降低工业生产机械的重量和尺寸,提高生产效率。而以炉胆和锅壳为主要受压元件的锅壳式锅炉在用于高的温度和压力时会显著增大受压件的壁厚,不仅增加锅炉的钢耗量,而且使锅炉受热面的布置和锅炉的运行缺乏灵活性。

(2)各种受热面的布置比较灵活。不仅能较方便地设置尾部的空气预热器和省煤器,还可以根据工业生产的需要设置过热器。

(3)有更高的安全裕度。水管锅炉的汽包不承受直接的辐射和火焰冲击,安全性较高。另外,如果水管锅炉承受直接辐射和火焰冲击的受热面管件发生爆管事故,也比锅壳式锅炉的炉胆发生破裂的危害程度小。

但是,水管锅炉对水质要求较高,生产时需要更大型、更先进的焊接、加工设备。

水管锅炉形式繁多,构造各异,按锅筒数目可分为单锅筒和双锅筒;按锅筒放置形式可分为纵置式、横置式和立置式等几种。其中,横锅筒锅炉是锅筒安置轴线与锅炉前后轴线相垂直的水管锅炉;纵锅筒锅炉是锅筒安置轴线与锅炉前后轴线相平行的水管锅炉;D型锅炉是半部为炉膛,半部为对流烟道的双锅筒水管锅炉。

1. 单锅筒纵置水管锅炉

单锅筒纵置水管锅炉也被称为"A"型或"人"字型锅炉,是由一个纵置锅筒和两侧下集箱及水冷壁、对流排管组成的。容量一般有 4～20 t/h,型号有 DZW、DZP、DZL 等。

烟气的流程有两种情况:

(1)如图 2-27(a)所示,烟气从炉膛后部燃尽室左侧的出口窗折入左侧排管区,由后向前流动,横向冲刷排管,在左侧的前端,烟气向上经过锅筒前端的转向烟道,流入右侧排管区,再由前向后流动,最后从右侧后部离开锅炉,进入尾部受热面、除尘器、引风机,由烟囱排入大气。

(2)如图 2-27(b)所示,烟气离开炉膛后部的燃尽室,随即分为左右两路,分别进入左右两侧排管区,由后向前流动,横向冲刷排管,然后汇合于锅炉前部的上烟箱,再由上向下流经尾部受热面、除尘器、引风机,由烟囱排入大气。

该种锅炉水循环简单,锅水从锅筒流入两侧受热弱的排管,下降到集箱,再经水冷壁和受热强的排管上升,回到锅筒内。

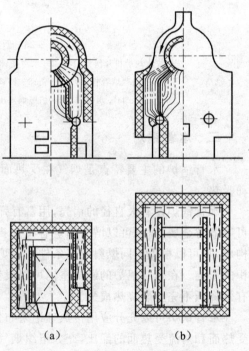

(a)　　　　　　(b)

图 2-27　单锅筒纵置水管锅炉

该锅炉的烟气是一次冲刷排管,阻力小,锅炉结构紧凑,钢耗低,加工制造简单,但是水容量小,气压波动较大,操作控制困难。

图 2-28、图 2-29 分别表示 DZW 和 DZL 锅炉。

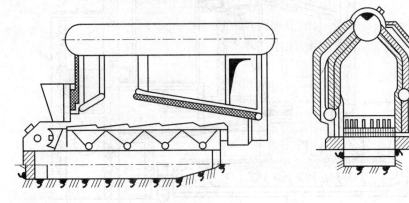

图 2-28 DZW 锅炉

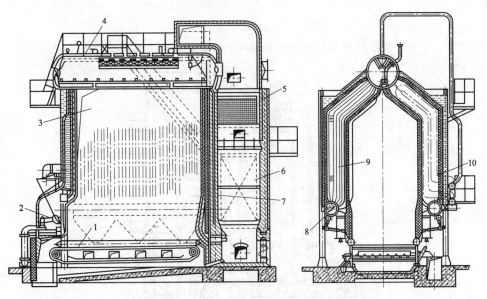

图 2-29 DZL 锅炉

1—炉排;2—煤斗;3—水冷壁;4—锅筒;5—省煤器;
6—空气预热器;7—炉墙;8—集箱;9—对流管束;10—过热器

2. 单锅筒横置水管锅炉

这种锅炉多为散装锅炉,如图 2-30、图 2-31 所示。

燃料燃烧后产生高温烟气,向炉膛辐射热量后,经过凝渣管进入过热器系统,然后再经过省煤器、空气预热器换热,最后经除尘器由引风机引出,通过烟囱排入大气中。

该种锅炉水循环结构简单,安全可靠,前、后两侧墙各自形成自己的回路,有各自的下降管。锅水通过下降管流到下集箱,经水冷壁吸热后变成汽水混合物流入锅筒,通过汽水分离装置后,变为蒸汽引出锅筒。

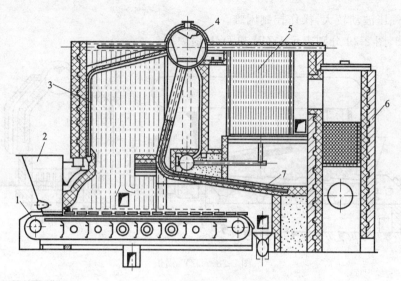

图 2-30　DHL6-1.27-AⅡ锅炉

1—炉排;2—煤斗;3—水冷壁;4—锅筒;5—锅炉管束;6—省煤器;7—后拱

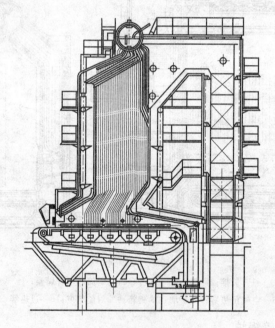

图 2-31　DHL35-2.45-AⅡ锅炉

3. 双锅筒纵置水管锅炉

双锅筒纵置水管锅炉目前采用最多的形式有"D"型、长短锅筒型(即 ДKB 型)以及双短锅筒型。

1)"D"型纵置水管锅炉

图 2-32 为 SZW4-1.27-AⅡ锅炉。这种锅炉采用快装形式,工作压力≤1.27 MPa,蒸发量为 1~4 t/h,主要由上锅筒、下锅筒、水冷壁、集箱、尾部受热面以及燃烧设备组成。

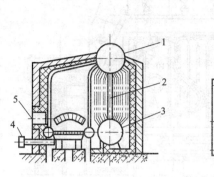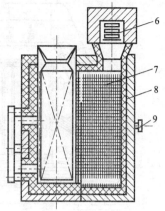

图 2-32 SZW4-1.27-AⅡ锅炉

1—上锅筒;2—隔烟墙;3—下锅筒;4——次风管;5—拨火孔;

6—省煤器;7—水冷壁管;8—对流排管;9—吹灰器

上下锅筒用对流排管相连接,在排管中设有隔烟墙,炉膛位于左侧,煤燃烧后产生的烟气由炉膛后部右侧进入对流烟道,沿烟气通道冲刷排管,从管束末端直接进入尾部受热面,经除尘器、引风机,由烟囱排向大气中。

水循环分两部分:

(1)炉膛内两侧水冷壁,其上端直接与锅筒相连,下端通过下集箱由下锅筒可靠地供水,形成自己独立的回路。

(2)对流排管中,受热强的管束,锅水密度小,向上流动;受热弱的管束锅水密度大,向下流动,从而在上下锅筒之间形成自己的水循环回路。

这种锅炉清灰比较方便,炉排窄而长,有利于燃料充分燃烧,减少飞灰含碳量。

图 2-33 所示为 SZL2-1.25-AⅡ型锅炉。其锅炉管束烟道与炉膛平行布置,各居一侧,右墙水冷壁在炉顶沿横向微倾斜延伸至上锅筒,并与两锅筒间垂直布置的锅炉管束、水平炉排一起,形似英文字母 D,故称"D"型锅炉。为了延长烟气在炉内的行程,保证适当的流速和逗留时间,在对流烟道中间和左侧水冷壁与锅炉管束间,用耐火材料各砌筑一道隔烟墙,形成三回程烟道,使烟气循着三回程流动,即烟气在炉膛和燃尽室内由前向后流动为第一回程;烟气经燃尽室出口进入右侧对流烟道(第一对流烟道),由炉后向炉前流动并横向冲刷对流管束为第二回程;烟气在炉前水平转向左侧对流烟道(第二对流烟道),由炉前向炉后流动并横向冲刷对流管束,最后离开锅炉本体,此为第三回程。

与其他"D"型锅炉相比,这台锅炉最大的特点是带有旋风燃尽室。由图 2-33 可见,燃尽室后墙是一个圆弧形壁面,与炉膛后拱的外表面一起,形成了一个近似圆筒形的燃尽室,高温烟气出炉膛沿切线方向进入燃尽室,使未燃尽的可燃物质与高温烟气、空气强烈混合,达到燃料燃尽之目的;又由于旋转气流的离心力作用,飞灰与烟气分离,飞灰由燃尽室的外壁经下部缝隙落到链条炉排上,完成了高温烟气在炉内的一次旋风除尘,使锅炉出口烟气含尘浓度大为降低。

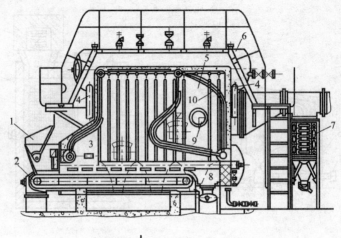

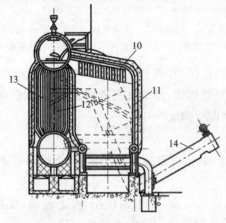

图 2-33 SZL2-1.25-AⅡ锅炉

1—煤斗;2—链条炉排;3—炉膛;4—右侧水冷壁的下降管;5—燃尽室;6—上锅筒;7—铸铁省煤器;8—灰渣斗;
9—燃尽室烟气出口;10—后墙管排;11—右侧水冷壁;12—第一对流管束;13—第二对流管束;14—螺旋出渣机

2) 长短锅筒(ДKB)型纵置水管锅炉

这种锅炉的工作压力≤2.5 MPa,蒸发量为6~25 t/h,主要由上锅筒、下锅筒、对流排管、水冷壁、集箱等受压元件以及尾部受热面和燃烧设备组成,如图 2-34、图 2-35、图 2-36 所示。

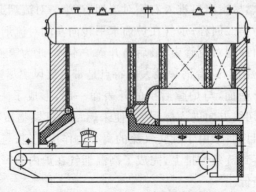

图 2-34 SZL6-1.57-AⅡ锅炉

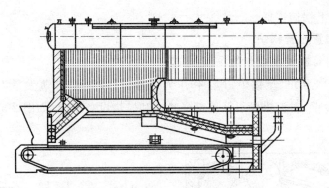

图 2-35 SZL10.5-1.25/130/70-AⅡ锅炉

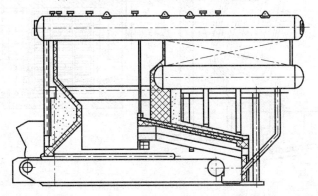

图 2-36 SZL17.5-1.25/130/70-AⅡ锅炉

燃料在炉排上燃烧后产生的烟气从炉膛左侧或右侧进入对流排管,沿着烟气走道横向冲刷对流排管,最后进入尾部受热面,经除尘器、引风机,由烟囱排入大气中。

这种锅炉水循环比较复杂,可概括为以下两部分:

(1)辐射受热面部分。前墙水冷壁是一个独立回路,后墙水冷壁是由下锅筒供水组成的回路,两侧墙水冷壁是分别由下锅筒和下锅筒供水组成的复杂回路。

(2)对流受热面部分。锅水经受热弱的对流排管进入下锅筒,再由受热强的对流排管上升到上锅筒,形成对流排管循环回路。

这种锅炉结构紧凑,外形尺寸较小,烟气横向冲刷,传热效果好。

3)双短锅筒纵置水管锅炉

图 2-37 所示为长短汽包锅炉的改进型,它取消了前墙水冷壁,增加了两个侧上集箱,每个侧上集

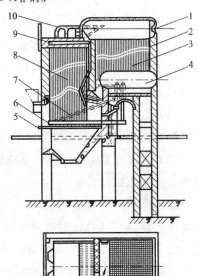

图 2-37 双短锅筒水管锅炉

1—上锅筒;2—对流排管;3—隔烟墙;4—下锅筒;
5—手摇活动炉排;6—下集箱;7—下降管;
8—水冷壁管;9—上集箱;10—气连管

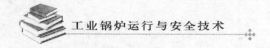

箱上有导汽管与上锅筒连通。

4. 双锅筒横置水管锅炉

1）小型双锅筒横置水管锅炉

这种锅炉也称为"K"型锅炉，其工作压力通常≤1.25 MPa，蒸发量为1~4 t/h，主要由上下锅筒、水冷壁、对流排管以及尾部受热面和燃烧设备组成，如图2-38所示。

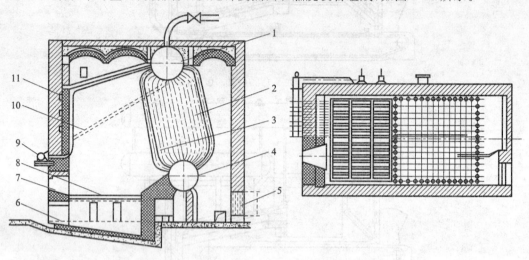

图2-38　SHG1-1.0-AⅡ锅炉

1—上锅筒；2—对流排管；3—隔烟墙；4—下锅筒；5—烟气出口；

6—出灰门；7—炉门；8—炉排；9—横集箱；10—下降管；11—水冷壁管

燃烧产生的烟气由炉膛左侧进入对流排管区，沿着"Z"字形烟道流动，横向冲刷管束，最后经引风机由烟囱排入大气中。

水循环系统分两部分：

（1）给水进入上锅筒后，由受热弱的对流排管下降到下锅筒，再由受热强的对流排管上升到上锅筒，形成对流排管水循环回路。

（2）锅水由上锅筒两端的下降管进到前横集箱，经水冷壁返回到上锅筒，产生的蒸汽分离后被引出锅筒。

这种锅炉结构紧凑，制造容易，炉膛容积大，煤种适应性好，但属于水管型锅炉，对水质要求严格，一旦结垢，则清除较困难。

2）大型双锅筒横置水管锅炉

这种锅炉也称为"Д"型锅炉，工作压力通常≤3.82 MPa，蒸发量为6~20 t/h，主要由上锅筒、下锅筒、水冷壁、对流排管、集箱、过热器以及尾部受热面和燃烧设备组成，如图2-39所示。

该锅炉的上锅筒直径比下锅筒稍大，上、下锅筒之间由对流排管束连接，产生的高温烟气由炉膛上部经凝渣管进入过热器，然后进入对流排管，经过"Z"字形曲折冲刷对流排管后折入省煤器、空气预热器尾部受热面，最后经除尘器、引风机，由烟囱排入大气中。

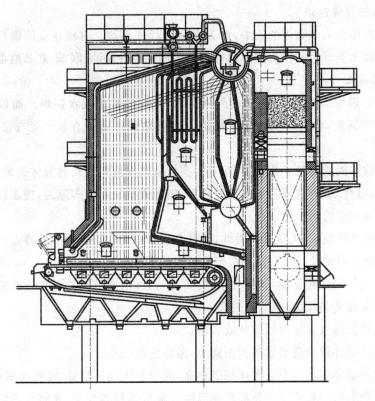

图 2-39 SHL20-2.5/400-AⅡ锅炉

炉膛四周布有水冷壁,前、后墙水冷壁上端直接接入上锅筒,下端分别连在前、后集箱上。两侧墙水冷壁又分成前后两组,上端接入上集箱,并通过导汽管与上锅筒连通,下端则接入防焦箱上。后墙水冷壁、两侧墙水冷壁均由下锅筒供水。

水管锅炉由于存在大量的对流排管,在运行时往往积灰比较严重,因此在操作过程中一定要经常清灰,否则锅炉热效率下降,烟尘排放量增加。

三、特种锅炉

所谓特种锅炉是指与常规锅炉不同,具有特殊功能和用途的锅炉。

目前热能工程领域所涉及的特种锅炉主要包括以下几种:① 有别于常规钢制锅炉的组合模块式铸铁锅炉;② 有别于常规以水为热传递工质的以有机热载体作为热传递介质的有机热载体锅炉;③ 有别于常规以水为热传递工质的以空气作为热传递介质的热风加热锅炉;④ 依靠热媒介质的沸腾蒸发与冷凝换热而传递热量的相变换热锅炉;⑤ 适用于家庭暖浴的壁挂式锅炉;⑥ 专门用于油田热力采油的油田注汽锅炉;⑦ 利用电能来产生蒸汽或热水的锅;⑧ 利用工业生产中的余热来产生蒸汽的余热锅炉;⑨ 燃烧造纸废液、甘蔗渣、垃圾等的废料锅炉;⑩ 利用烟气中水蒸气凝结热的冷凝式锅炉等。这里只简要介绍有机热载体锅炉和电加热锅炉。

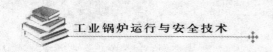

1. 有机热载体锅炉

以有机液体作为热载体的锅炉,称为有机热载体锅炉。有机热载体锅炉分为矿物油型和合成型两大类。目前作为锅炉的有机热载体多为导热油、联苯、联苯醚混合物。

1) 结构特点

常规锅炉以水为热载体,直接向外供热水和蒸汽,称为汽水锅炉。而以有机质液体作为热载体的锅炉,称为有机热载体锅炉。有机热载体锅炉在国外始于 20 世纪 80 年代。

有机热载体锅炉发展了几十年,除对一些特殊情况应用有机热载体锅炉供热外,为了获取低压、高温介质,取消或简化水处理设备,便于锅炉房布置等原因,现多已选用以导热油作为热载体的有机热载体锅炉。

以导热油为热载体,无化学刺激性,并具有优于联苯混合物的一些特点。

有机热载体锅炉及其供热循环系统的特点如下:

① 获得低压高温热介质,调节方便,传热均匀,可以满足工艺温度的要求。

② 无冷凝排放热损失,热效率较高。

③ 水处理设备及系统可以简化或省略。

④ 有机热载体锅炉房要求防护距离小,爆炸危险性小。

⑤ 有机热载体锅炉如不设置尾部受热面,充分利用烟气热量,则热效率不会高。

⑥ 应考虑有机热载体受热及放热和温度升降对体积的变化,在整个系统中应设置补偿措施。

⑦ 严格控制有机热载体内空气、水分和其他挥发分的含量。

⑧ 要保证结构的严密性,不允许有机热载体发生泄漏,以免发生事故。

⑨ 要防止有机热载体凝冻。

2) 类型

有机热载体锅炉类型繁多,主要分卧式和立式两大类。燃料有煤、油、气以及余热利用等。燃烧方式有链条炉排、往复炉排、固定炉排、室燃等。

(1) 立式有机热载体锅炉。

立式有机热载体锅炉有立式圆筒盘管型和立式锥形盘管型。

立式圆筒盘管型:图 2-40、图 2-41 是德国科努斯锅炉热工公司生产的立式圆筒形有机热载体锅炉,可以配有不同的燃烧方式,全自动控制,连锁保护。

对供热量为 $840×10^4$ kJ/h 的有机热载体锅炉,该种炉采用下饲式双炉排,Ⅲ类烟煤,鼓、引风机,YD 导热油,入口油温 260 ℃,出口油温 280 ℃,排烟温度 390 ℃,燃煤量为 564 kg/h,热效率为 72.5%。

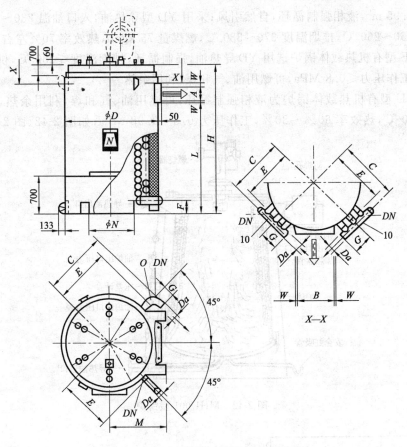

图 2-40　立式圆筒型有机热载体锅炉一

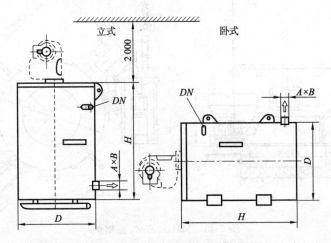

图 2-41　立式圆筒型有机热载体锅炉二

立式锥形盘管型:国内目前普遍采用 QXL 型系统液相强制循环的有机热载体锅炉,其他还有 QXW、QXD 和 QXG 以及燃油、燃气等容量为 $100×10^4$~$1\,256×10^4$ kJ/h 的锅炉,压力为 0.98 MPa,使用温度≤320 ℃,燃煤锅炉热效率为 70% 左右。

供热量为 $167×10^4$ kJ/h 的 QXL 有机热载体锅炉结构特性为:采用固定炉排,立式盘管面积 2.95 m²,液相强制循环,自然引风;采用 YD 型导热油,入口油温 230～240 ℃,出口油温 250～260 ℃,排烟温度 370～380 ℃,燃煤量 75 kg/h,热效率 70％左右。

HTF 型有机热载体锅炉选用 YD 导热油,强制循环,排烟温度≤250 ℃,供热温度≤340 ℃,工作压力≤0.8 MPa,可燃用油、气和煤,利用余热。

MHU 型有机热载体锅炉为液相强制循环,可燃用油、气和煤,利用余热,排烟温度 360～400 ℃,热效率 60％～80％,工作压力 0.5～0.98 MPa,如图 2-42、图 2-43 所示。

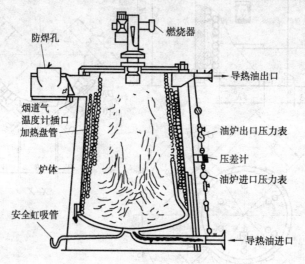

图 2-42　MHU001 型锅炉

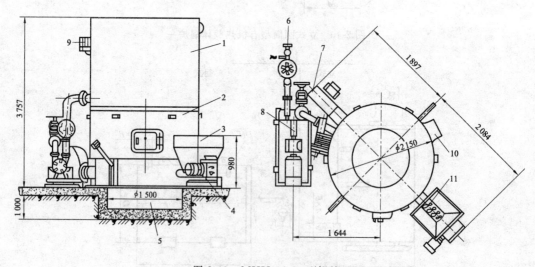

图 2-43　MHU002-25 型锅炉

1—炉体;2—炉膛;3—煤斗;4—调速箱;5—灰渣坑;6—有机热载体入口;
7—鼓风机;8—循环泵;9—有机热载体出口;10—烟道出口;11—螺旋喂煤机

（2）卧式有机热载体锅炉。

目前大多数卧式有机热载体锅炉为卧式盘管型,具有辐射和对流受热面,微正压或负压燃烧,以燃油为主,也有燃气、燃煤和余热利用锅炉等,如图 2-44 所示。

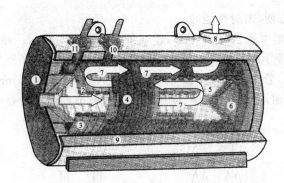

图 2-44　卧式有机热载体锅炉

1—前墙；2—第一烟道；3—内层盘管；4—外层盘管；5—底部冷却盘；6—烟气收集室；

7—烟气流程；8—烟气出口；9—保温材料；10—热油入口；11—热油出口

卧式虽比立式占地面积大，但设备观察、维护操作及运输方便。从图 2-44 中可看到，主要受压部件是盘管，一般盘管由二到三层不同直径的弯管或螺旋形管组成，每层盘管由一头或多头管子同时弯曲或螺旋形上升。内圈由 2 根 $\phi76$ mm×4 mm 管子组成，外圈也由 2 根 $\phi76$ mm×4 mm 管子组成，内、外圈采用并联布置，4 根 $\phi76$ mm×4 mm 管子同时分别接在进出口集箱上。介质在管内的流动阻力较小，进出口压差也较小，一般在 0.1～0.15 MPa 之间。

2．电加热锅炉

电加热锅炉是利用电能来产生蒸汽或热水的装置，在我国是继燃煤、燃油、燃气锅炉之后生产的无污染、噪声低、占地少、投资少的新型高效绿色环保锅炉产品。它采用高效的电阻式加热元件把电能转化成热能，是一种钢耗低、热效率高、结构紧凑、外形美观、性能优越的全自动控制炉，并且启动快、安全性好、操作容易，是一种具有很好发展前景的锅炉。

1）特点

该种锅炉采用与煤、油、气不同的加热方式，主要特点为：

（1）由于采用电阻式加热元件把电能转化为热能，因此适用于环保要求较高的大中城市和酸雨控制区，以及电力资源充足的地区。

（2）采用高效电热元件与介质直接接触，两者之间进行对流换热，换热系数高，热效率高，一般达 97%。

（3）可实现蓄能式运行，将电网低谷时的电能来加热水并保温储存，供白天使用。因为它充分合理地利用电网峰谷电价差，从而可以大幅度降低运行费用，做到节能、安全、可靠。

（4）采用 PLG 自动控制，实现"机电一体化"，属于智能型控制。

（5）可以整体快装，体积小，重量轻；锅炉本体与电控部分融为一体，外形美观大方。

（6）采用较大的电加热锅炉，电力消耗较多，在某些情况下供电设备需增容。

2）结构

电加热锅炉主要由锅炉本体、电加热管和电控系统组成。锅炉本体和常规锅炉的本体一样，没有特殊要求。

（1）电加热管与筒体（管板）连接形式有两种：一种为螺纹连接，另一种为法兰连接。螺纹连接更换电加热管不方便且密封性能较差；法兰连接是在筒体（管板）上焊接一定数量的接管法兰，电加热管组法兰通过螺栓与之连接，用一般密封材料即可，这种连接形式

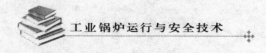

简单,拆换电加热管方便,密封性能好。

(2)电加热管有集束式、U形、W形、棒式等,如图 2-45 所示。每根管子中间有一根金属电热丝,其空隙部分紧密塞满具有良好导热性和绝缘性的结晶氧化镁,管子材料一般为不锈钢(见图 2-46),管子规格有 $\phi10$ mm、$\phi12$ mm、$\phi14$ mm、$\phi16$ mm、$\phi20$ mm、$\phi22$ mm 等。电加热管应满足耐用、安全、经济、使用更换方便及节约能源的要求。

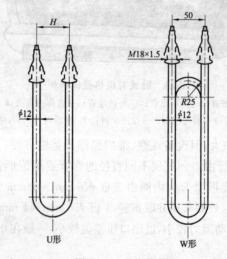

图 2-45　电加热管

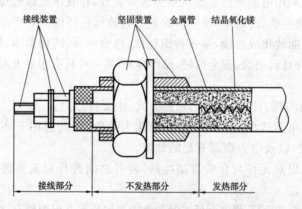

图 2-46　电加热管结构

(3)电控系统与锅炉本体组装成一体,具有抗高温、抗高湿、抗强电磁干扰等特点。目前电加热锅炉常采用 PLC 监控系统,其工作原理如图 2-47 所示。

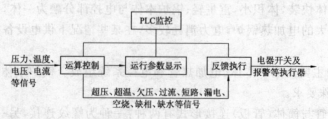

图 2-47　PLC 工作原理图

(4)电加热管的连接和布置。电加热管可以单根成排布置,采用 220 V 电压,如图

2-48所示。也可以将三根电热管组成一组,以组为单位布置,每组可以采用三角形(△)连接,也可以采用星形(丫)连接,采用 380 V 电压,如图 2-49 所示。

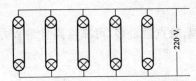

图 2-48 电加热管单根成排布置图

国外一些厂家也采用一些特殊的连接方式,如美国富尔顿电蒸汽锅炉采用四根电加热管一组的连接方式,其组装电加热管的法兰盘如图 2-50 所示。

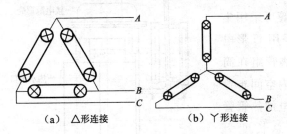

（a）△形连接　　（b）丫形连接

图 2-49 电加热管成组连接方式

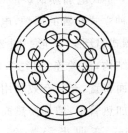

图 2-50 富尔顿电蒸汽
锅炉电加热管组装法兰

电加热管可以采用单组连线,也可以采用二组连线或三组连线的方式,如图 2-51 所示。

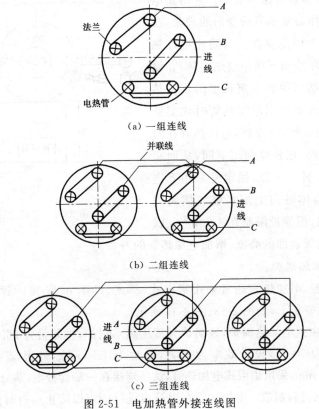

（a）一组连线

（b）二组连线

（c）三组连线

图 2-51 电加热管外接连线图

电加热管采用何种连接方式,可根据电锅炉的尺寸大小、形式、功率大小酌情选择。

PLC 与传统的继电器控制相比具有以下优点:

(1) 调试、修改方便。

(2) 采用"软继电器"原理,触点数量多,可靠性高且编程方便简单。

(3) 外形美观。

3) 类型

电加热锅炉可分为立式电加热锅炉、卧式电加热锅炉和蓄热式电加热锅炉。

(1) 立式电加热锅炉。

这种立式布置的锅炉,电加热管可采用集束式、棒式、U 形、W 形。图 2-52 采用 U 形电加热管结构,法兰连接形式,电加热管组在筒体上三面布置,充分有效利用筒体内空间布置更多电加热管组,增加换热面积。电加热管管径 12 mm,弯曲半径为 25 mm,总长度为 600 mm。加热管材料选用不锈钢,单管功率为 6 kW。该管组数量为 40 组,以三角形方式连接成一组,并整体焊在法兰盘上。为防止电加热管长时间工作而发生弯折变形的现象,在电加热管组间加上固定支撑。为防止电加热管组因根部水循环冲刷不畅而过热损坏,在设计电加热管时在端部留有一定长度的不发热段。为使筒体内水流冲刷电加热管时热交换均匀,并有效利用空间,一方面,电加热管在筒体径向上三面布置,充分地利用空间,从而布置更多的受热面;另一方面,回水管采用下进上出的形式,沿筒体轴向上配水增加横向扰动,利于对流换热,但流量限制在 4.5 m³/s 以下,以减少电加热管表面的磨损,增加电加热管的寿命。

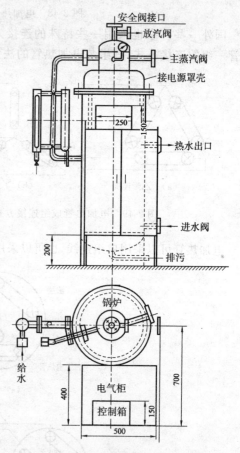

图 2-52 立式电加热锅炉

(2) 卧式电加热锅炉。

锅炉卧式布置,电加热管通常采用集束式、棒式、U 形和 W 形。管子可以布置在筒体,也可以布置在管板上,如图 2-53、图 2-54 所示。

图 2-53 为集束式电加热锅炉,该锅炉为常压热水锅炉,供热量为 960 kW,出水温度为 95 ℃,回水温度为 70 ℃,设计效率为 98%,质量为 1 755 kg,外形尺寸为 2 860 mm×1 432 mm×1 723 mm,采用集束式电加热管,法兰连接在一端管板上,共分 4 组,每组电功率为 245 kW,不锈钢材料制造。电加热管在锅筒内进行固定以防止运行时振动而损坏管子。

管子采用三角形接线法分 6 组逐渐投入,第 7 组留作备用,以便电加热管损坏时使用。

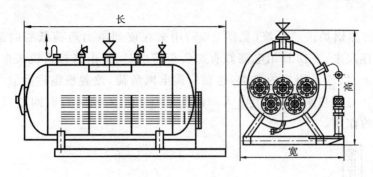

（a）结构

（b）外形

图 2-53 集束式电加热锅炉

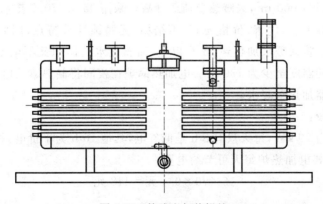

图 2-54 棒式电加热锅炉

图 2-53 为棒式电加热锅炉,供热量为 360 kW,工作压力为 0.7 MPa,出水温度为 95 ℃,回水温度为 70 ℃,设计效率为 97%,质量 1 520 kg,外形尺寸为 3 100 mm×1 032 mm×1 400 mm,采用棒式的电加热管,用螺纹连接在两端管板上,共 84 组。管子采用三角形连接方式,并留有数根管子备用,每组电功率为 4.5 kW,不锈钢材料制造。在锅筒内装有固定装置,以防运行时管子振动损坏。

（3）蓄热式电加热锅炉。

① 供热系统。

蓄热式电加热锅炉供热系统（见图 2-55）用来在夜间电力负荷低谷时运行，并将产生的热量储存起来，在次日用电高峰有热负荷需求时，再由自控系统根据实际需要将热量释放出来，以满足用户的要求，达到均衡电网负荷，改善机组运行效率，降低发电成本的目的。对用户来说，利用白天和夜间峰谷电价差及运行时间差可起到节约锅炉运行费用的作用。

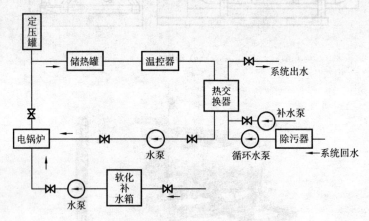

图 2-55 蓄热式电加热锅炉供热系统布置图

② 节能。

目前国内外电加热锅炉均以直热式为主，蓄热式还比较少，但有很大的发展前景。

以下是节约电费实例：在室外采暖计算温度 $-23\ ℃$，室内采暖计算温度 $17\ ℃$，采暖期 180 天，采暖面积 $1\,000\ m^2$，采暖热负荷 70 kW。采用 95 ℃/70 ℃ 热水采暖系统。因为软化水具有比热容大、无危害、价格便宜、不结垢、无腐蚀性等特点，因此可作为热载体。若要在热交换器中将采暖水加热到 95 ℃ 以上，而软化水的体积又不至于太大，那么软化水在电锅炉出口的温度至少为 130 ℃。电加热锅炉在夜间将储热罐及电加热锅炉中的软化水通过热交换器加热采暖水。

运行费用比较：

采暖热负荷为 70 kW，每天只有 8 h 是低谷电，其他 16 h 为平价电，每 kW·h 电相差 0.4 元，因此蓄热式电加热炉每天可节约电费：

$$16×70×0.4 \text{ 元}=448 \text{ 元}$$

每年可节约电费：

$$180×448 \text{ 元}=8.1 \text{ 万元}$$

因此，采用蓄热式电加热锅炉，每年可节约运行费用就有 8.1 万元，经济效益十分可观。

③ 电气控制。

a. 电控源。采用三相四线制供电方式，每组加热器的动力电源均使用动力电源隔离开关，分别给每组加热器供电。加热器共七组。

在动力控制柜上分别设有三相电流和三相电压监测。

每组加热器分别设有动力电源空气开关和交流接触器,用来控制电加热器的工作。

b. 控制方式。蓄热式电加热炉采用手动和自动两种控制方式。两种控制方式均通过 PLC 内部程序进行程序控制,并可通过操作面板上的切换开关进行工作方式的切换。

c. 控制信号的种类和采集。蓄热式电加热炉分别设有温度传感器和压力传感器,用于提供控制信号。温度传感器用于检测锅炉内软化水的出口温度和入口温度,检测采暖循环水的出口温度和入口温度,检测电加热器的壁温。压力传感器用于检测电加热炉及循环水的压力值,当压力低于设定值时,启动补水泵向系统内补水。

d. 信号指示和保护。系统上均设有电流和电压表监测,设有运行指示的仪表和信号灯。布置有温度监视仪表、压力监视仪表、电加热器熔断保护,可以实现超温、超压、过载、短路、断水、缺水等保护功能,可完全实现无人值守。

第三章　锅炉安全附件及仪表

　　锅炉上的附件主要指压力表、水位计、安全阀、汽水阀、排污阀等。它们是锅炉正常运行不可缺少的组成部件,其中压力表、水位计、安全阀是蒸汽锅炉操作人员进行正常操作的"耳目",是保证蒸汽锅炉安全运行的基本附件,对蒸汽锅炉运行极为重要,因此被称为三大安全附件。

　　锅炉仪表是指用来测温度、压力、流量等的仪表。

第一节　压力表

　　压力表是一种测量压力大小的仪表,可用来测量锅炉内实际的压力值。压力表指针的变化可以反映燃烧及负荷的变化。锅炉操作人员可根据压力表的指示数值来调节燃烧,使之适应外界负荷的变化,将锅炉压力控制在允许的范围内,达到安全运行的目的。因此,压力表常被锅炉操作人员比喻为"眼睛"。

一、压力表的结构与原理

　　压力表一般由感压部分、传送部分和显示部分组成。

　　锅炉上常用的压力表有弹簧管式压力表、液柱式压力表、远传式压力表及电接点式压力表等。

1. 弹簧管式压力表

　　工业锅炉上最常用的是弹簧管式压力表,如图3-1所示。它由弹簧弯管、连杆、扇形齿轮、小齿轮、指针、表盘、支座等组成。

　　弹簧弯管由金属管制成,管子截面呈扁圆或椭圆形,它的一端固定在支座上,与被测介质相通,称为固定端;另一端是封闭的自由端,与连杆呈铰链连接。连杆的另一端以铰链连接在扇形齿轮上,扇形齿轮与中心轴上的小齿轮啮合,表的指针在中心小齿轮的轴上,小齿轮和指针都固定在中心轴之上。

　　当弹簧管内受到压力时,扁圆或椭圆形的弹簧弯管断面有变圆膨胀的趋势,从而由固定端开始逐渐向外伸直,也就是使自由端向外移动,经过连杆带动扇形齿轮与小齿轮转动,使指针向顺时针方向偏转,这时指针就在压力表的刻度盘上指出一定数值。压力越高,弹簧弯管变形越大,指针偏转的角度也越大。当压力降低时,弹簧弯管力图恢复原状,加上游丝的牵制,指针返回到相应的位置。当压力消失后,弹簧弯管恢复到原来的形状,指针回到零位。

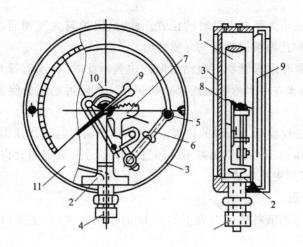

图 3-1　弹簧管式压力表

1—弹簧弯管；2—支座；3—外壳；4—接头；5—铰轴；6—连杆；

7—扇形齿轮；8—小齿轮；9—指针；10—游丝；11—刻度盘（表盘）

　　弹簧压力表的准确度在很大程度上取决于弹簧管的弹性，如果弹性变化就会引起很大的测量误差，因此必须定期校验。

　　压力表必须装设存水弯管后才允许与锅炉连接。使蒸汽或热水在存水弯管中冷却，防止高温蒸汽等介质直接进入压力表。存水弯管的内径，用铜管时不应小于 6 mm，用钢管时不应小于 10 mm。在存水弯管的下部，最好装有放水旋塞，以便停炉后放掉管内的积水。

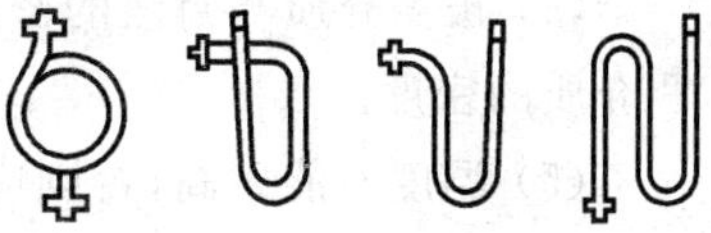

图 3-2　常见的存水弯管

　　存水弯管的常见形式如图 3-2 所示。

　　压力表与存水弯管之间应装有三通旋塞，以便冲洗管路和检查、校验、卸换压力表。其操作方法如图 3-3 所示。

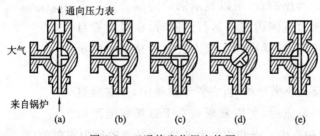

图 3-3　三通旋塞位置交换图

　　（1）图 3-3（a）是压力表正常工作时的位置。此时，锅炉介质通过存水弯管与压力表相通，压力表指示锅炉压力值。

　　（2）图 3-3（b）是检查压力表时的位置。此时，锅炉与压力表隔断，压力表与大气相通，压力表指针回到零位。然后再把三通旋塞转到图 3-3（a）的位置，如果压力表指针能回复到原来压力的刻度位置，证明压力表工作正常；否则，说明压力表已经失效，必须立即更换。

（3）图 3-3(c)是冲洗存水弯管时的位置。此时，锅炉与大气相通，而与压力表隔断，存水弯管内的积水和污垢被锅炉里的介质冲出。

（4）图 3-3(d)是存水弯管积存凝结水时的位置。此时，存水弯管与压力表和大气都断开，锅炉蒸汽或热水在存水弯管里逐渐冷却积存。然后再把三通旋塞转到图 3-3(a)的位置。

（5）图 3-3(e)是校验压力表时的位置。此时，锅炉同时与工作压力表、检验压力表相通。两块压力表指示的压力数值相差不得超过工作压力表规定的允许误差，否则说明工作压力表不准确，必须更换新表。

2. 液柱式压力表

工业锅炉上常用的液柱式压力表主要是 U 形管压力表，它主要用于测量气体微压、炉膛负压。

U 形管压力表主要由 U 形玻璃管、标尺、封液等组成。如图 3-4 所示。

对 U 形管液柱式压力表有下列要求：

（1）玻璃管应透明、表面光洁，管径应一致，且不小于 10 mm。

（2）封液和被测介质不允许发生物理或化学反应。

（3）封液流动性要好，并且要有清晰的液面。

（4）被测介质与封液的密度应不一致，一般封液的密度大于被测介质的密度。

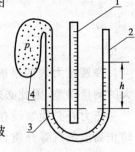

图 3-4　液柱式压力表
1—标尺；2—U 形管；
3—封液；4—被测介质

（5）温度不能太高，否则应进行修正。

3. 远传式压力表

如图 3-5 所示，远传式压力表是将弹簧管感受到压力变化时的自由端的位移通过霍尔元件转换成电压信号输出的压力计。显示仪表可以采用一般的毫伏计或电位差计，或将其电信号输送到控制台，用以显示锅炉的压力或控制锅炉在允许工作压力范围内安全运行。同时，在弹簧管自由端装有指针等机构，同样可以在压力表上直接显示出压力的大小。

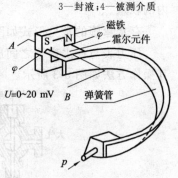

图 3-5　远传式压力表

霍尔元件本身是块半导体，当它置于磁场中，并在垂直磁场的方向上通以电流时，可以发现垂直于磁场和电流的方向上，导体的两侧产生一个相应的电动势，这种现象称为霍尔效应。

4. 电接点式压力表

电接点式压力表是在弹簧管式压力表的基础上增加了一套电控装置制成的。另外，在弹簧管式压力表上除原有的工作指针外又增设两根可调的给定指针，分别用于给定压力表的工作的上、下限值。在三根指针的后面都有电触头，当锅炉的工作压力达到给定指针所规定压力的上、下限值时，工作指针带动的电触头与给定指针的电触头相接触，使报

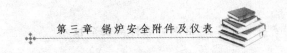

警电路接通而指示信号(灯或电铃)发出报警。

二、压力表的参数

(1) 准确度。

(2) 量程。

(3) 误差。

(4) 精度。压力表的精度等级是允许误差占表盘极限值的百分数。

三、安全技术要求

(1) 每台锅炉除必须装有与锅筒蒸汽空间直接连接的压力表外,还应在下列部位装设压力表:

① 给水调节阀前。

② 省煤器出口。

③ 过热器出口与主汽阀之间。

④ 强制循环锅炉锅水循环泵出、入口。

⑤ 燃油锅炉油泵进、出口。

⑥ 燃气锅炉的气源入口。

(2) 压力表精确度应当不低于 2.5 级,对于 A 级锅炉,压力表的精确度应当不低于 1.6 级。

弹簧式压力表的精度等级是以允许误差的百分率来表示的,一般分为 0.5、1.0、1.5、2.0、2.5、3.0、4.0 七个等级。

(3) 压力表应根据工作压力选用,压力表表盘刻度极限值应为工作压力的 1.5~3.0 倍,最好选用 2.0 倍。

(4) 压力表表盘大小应保证锅炉操作人员能清楚地看到压力指示值,表盘直径不应小于 100 mm。

(5) 选用的压力表应符合有关技术标准的要求,其校验和维护应符合国家计量部门的规定。压力表装用前应进行校验并注明下次的校验日期。压力表校验后应铅封。压力表的刻度盘上应划红线指示工作压力。

(6) 压力表与存水弯管之间应装设三通旋塞。压力表与锅筒之间应装存水弯管。

(7) 压力表有下列情况之一,应停止使用:

① 有限止钉的压力表在无压力时,指针转动后不能回到限止钉处;没有限止钉的压力表在无压力时,指针离零位的数值超过压力表规定允许误差。

② 表面玻璃破碎或表盘刻度模糊不清。

③ 封印损坏或超过检验有效期限。

④ 表内泄漏或指针跳动。

⑤ 其他影响压力表准确指示的缺陷。

(8) 蒸汽锅炉上的压力表装用后一年至少检验两次。

四、常见的故障原因及排除方法

1. 指针不动

指针不动故障原因及排除方法见表 3-1。

表 3-1　指针不动故障原因及排除方法

原　因	排除方法
(1) 旋塞未打开或开启位置不正确； (2) 旋塞、连接管或存水弯管被污物堵塞； (3) 指针与中心轴松动或指针卡住； (4) 弹簧管与表座焊口渗漏； (5) 扇形齿轮与小齿轮松动、脱开	(1) 拧开旋塞或调至正常位置； (2) 清洗压力表，吹洗管道，必要时更换旋塞或压力表； (3) 将指针紧固在中心轴上，消除指针卡住现象； (4) 焊补渗漏处； (5) 检修扇形齿轮和小齿轮，使其啮合

2. 指针回不到零位

指针回不到零位故障原因及排除方法见表 3-2。

表 3-2　指针回不到零位故障原因及排除方法

原　因	排除方法
(1) 弹簧弯管产生永久变形失去弹性； (2) 中心轮上的游丝失去弹性或脱落； (3) 旋塞、连接管或存水弯管堵塞； (4) 指针与中心轴松动，或指针卡住	(1) 更换压力表； (2) 更换游丝或重新安装； (3) 清洗压力表，吹洗管道，必要时更换旋塞或压力表； (4) 将指针紧固在中心轴上，或消除指针卡住现象

3. 指针抖动

指针抖动故障原因及排除方法见表 3-3。

表 3-3　指针抖动故障原因及排除方法

原　因	排除方法
(1) 游丝紊乱； (2) 中心轴弯曲，不同心； (3) 存水弯管内有水垢； (4) 弹簧弯管自由端与拉杆结合铰轴不活动或松动； (5) 小齿轮、扇形齿轮或铰轴等传动机构，中间有脏物或生锈； (6) 受周围震动的影响	(1) 检修游丝； (2) 更换压力表； (3) 吹洗泥垢； (4) 检修结合铰轴； (5) 清洗压力表； (6) 消除震动因素

4. 玻璃内表面出现水珠

玻璃内表面出现水珠故障原因及排除方法见表 3-4。

表 3-4 玻璃内表面出现水珠故障原因及排除方法

原　　因	排除方法
（1）弹簧弯管有裂纹； （2）弹簧弯管与表座焊口有泄漏； （3）玻璃表面与壳体结合处没有橡皮垫圈或垫圈损坏，使结合面密封性不好	（1）更换压力表； （2）焊补渗漏处； （3）加装或换橡皮垫圈

第二节　安全阀

安全阀的主要作用是将锅炉内压力控制在允许的范围内。当压力超过其规定值时，安全阀自动开启排出炉内介质，同时发生声响，提醒锅炉操作人员及时采取措施，使锅炉内压力下降。当压力降到允许范围后，安全阀又自行关闭，使锅炉始终处于正常工作压力下安全运行。

一、安全阀的形式及工作原理

工业锅炉常用的安全阀有弹簧式、杠杆式和脉冲式三种。根据不同使用要求可分为封闭式和不封闭式两种形式。封闭式即排出的介质不外泄，全部沿着管线排到指定地点，这种安全阀一般用于有毒的腐蚀性介质设备上。一般空气、蒸汽、水介质多用不封闭式安全阀。

1. 弹簧式安全阀

弹簧式安全阀有单弹簧式和双弹簧式两种。

弹簧式安全阀主要由阀座、阀芯、阀杆、弹簧和手柄等部件组成，如图 3-6 所示。

弹簧式安全阀工作原理是利用弹簧作用于阀芯的反作用力来平衡作用在阀芯上的蒸汽压力。当蒸汽压力超过弹簧的反作用力后，弹簧被压缩，阀芯抬起离开阀座排出蒸汽；当蒸汽压力小于弹簧的反作用力后，弹簧伸长，将阀芯往下压，使阀芯和阀座紧密结合，停止排汽。

2. 杠杆式安全阀

杠杆式安全阀有单杠杆和双杠杆两种，主要由阀体、阀芯、阀座、阀杆、重锤等构件组成，如图 3-7 所示。它是利用杠杆的原理制成的，通过杠杆和阀杆将重锤的重力矩（重锤的重量与重锤到支点距离的乘积）作用到阀芯上，将阀芯压在阀座上，使锅炉介质压力保持在允许范围之内。

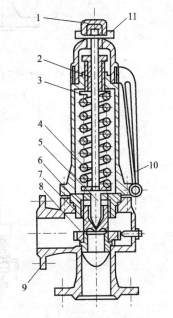

图 3-6　弹簧式安全阀结构

1—阀帽；2—调整螺母；3—弹簧压盖；
4—弹簧；5—阀杆；6—阀盖；7—阀芯；
8—阀座；9—阀体；10—手柄；11—销子

调节重锤与支点间的距离可以改变安全阀的开启压力。

3．脉冲式安全阀

脉冲式安全阀（见图3-8）就是一个大的安全阀与一个小的安全阀配合动作，通过辅阀的脉冲作用带动主阀的启闭。大的安全阀比较迟钝，小的安全阀比较灵敏。将通向主阀的介质与辅阀连通，当压力过高时，辅阀开启，介质从旁路进入主阀下面的一个活塞，推动活塞将主阀打开；压力回降时，辅阀关闭，主阀活塞下的介质压力降低，主阀瓣也跟着下降密合。

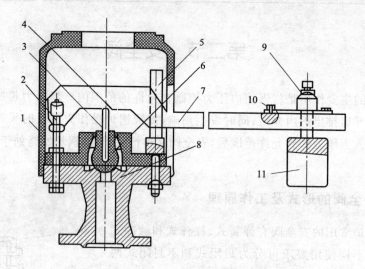

图3-7　杠杆式安全阀

1—阀罩；2—支点；3—阀杆；4—力点；5—导架；6—阀芯；7—杠杆；

8—阀座；9—固定螺丝；10—调整螺丝；11—重锤

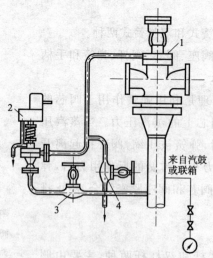

图3-8　脉冲式安全阀系统图

1—主安全阀；2—弹簧式脉冲阀；3—球形阀；4—节流阀

二、安全阀的参数

蒸汽锅炉的安全阀的主要参数是开启压力和排汽能力。排汽能力取决于安全阀阀座直径和阀芯的开启高度。根据开启高度不同,弹簧式安全阀可分为微启式和全启式两种。

微启式:开启高度为阀座直径的 1/40～1/20。

全启式:开启高度大于或等于阀座直径的 1/4。

1. 密封压力

密封压力是指安全阀阀芯处于关闭状态,并保持密封时的进口压力(通常称工作压力)。

2. 开启压力和回座压力

开启压力是指阀芯开始升起,介质连续排出的瞬间的进口压力;回座压力是指阀芯关闭,介质停止排出时的进口压力。

当开启压力≤1.0 MPa 时,其允许偏差为开启压力的±0.02 MPa;当开启压力>1.0 MPa时,允许偏差为开启压力的±2%。

安全阀的启闭压差(起座和回座的压差)一般按整定压力的 4%～7%计算,最大不超过整定压力的 10%。

3. 排汽能力

排汽能力是指安全阀阀芯安全开启时的介质排出量。排汽能力必须大于锅炉额定蒸发量。

三、安全技术要求

(1) 每台锅炉至少应装设两个安全阀(不包括省煤器安全阀)。符合下列规定之一的,可只装一个安全阀:

① 额定蒸发量小于或等于 0.5 t/h 的锅炉,额定热功率小于或等于 2.8 MW 的锅炉。

② 额定蒸发量小于 4 t/h 且装有可靠的超压联锁保护装置的锅炉。

可分式省煤器出口处、蒸汽过热器出口处、再热器入口处和出口处以及直流锅炉的启动分离器,都必须装设安全阀。

(2) 安全阀应铅直地安装在锅筒、集箱的最高位置。为了不影响安全阀的准确性和避免发生事故,在安全阀与锅筒或集箱之间,不允许装有取用蒸汽的出汽管和阀门。

(3) 安全阀装置。

① 杠杆式安全阀必须有防止重锤自行移动的装置,以及限制杠杆越出导架的装置。

② 弹簧式安全阀必须有提升手柄和防止随意拧动调整螺丝的装置。

(4) 几个安全阀如共同安装在一个与锅筒直接相连的短管上,则短管的通路截面积应不小于所有安全阀流通面积之和。

(5) 安全阀应装设排汽管,同时排汽管应予以固定。排汽管应直通安全地点,并有足够的流通截面积,以保证排汽畅通。

如果因排汽管露天布置而影响安全阀的正常动作,应加装防护罩。防护罩的安装应不防碍安全阀的正常动作与维修。

安全阀排汽管底部应装有接到安全地点的疏水管。在排汽管和疏水管上都不允许装设阀门。

省煤器的安全阀应装排水管,并通至安全地点。在排水管上不允许装设阀门。

(6)为防止安全阀的阀座与阀芯粘住,应定期对安全阀做手动排放试验。

四、安全阀调整及使用的注意事项

(1)蒸汽锅炉安全阀整定压力应按表3-5规定的数值进行调整和校验。

表3-5 蒸汽锅炉安全阀整定压力

额定工作压力/MPa	安全阀整定压力	
	最 低 值	最 高 值
$p \leqslant 0.8$	工作压力加0.03 MPa	工作压力加0.05 MPa
$0.8 < p \leqslant 5.9$	1.04倍工作压力	1.06倍工作压力
$p > 5.9$	1.05倍工作压力	1.08倍工作压力

注:表中的工作压力,是指安全阀装置地点的工作压力,对于控制式安全阀是指控制源接出地点的工作压力。

(2)热水锅炉上的安全阀按照表3-6规定的压力进行整定或者校验。

表3-6 热水锅炉安全阀的整定压力

最 低 值	最 高 值
1.10倍工作压力但是不小于 工作压力加0.07 MPa	1.12倍工作压力但是不小于 工作压力加0.10 MPa

(3)调整安全阀时,应注意的事项:

① 压力表指示应灵敏、准确、可靠。

② 锅炉上有关阀门应关闭。

③ 水位应保持在最低和正常水位线之间。

④ 未经调整的安全阀、重锤或弹簧应调到高于开启压力的位置以上。

⑤ 专人严密监视压力表、水位表及给水控制。

⑥ 调整人员应带好防护手套。

(4)使用安全阀的注意事项:

① 应定期作手动或放水试验,防止阀芯与阀座粘住。

② 严禁加重物、移动重物、将阀芯卡死、随意提高安全阀开启压力,以防安全阀失效。

五、常见故障、原因及排除方法

1. 安全阀漏气

安全阀漏气故障原因及排除方法见表 3-7。

表 3-7　安全阀漏气故障原因及排除方法

原　因	排除方法
(1) 阀芯与阀座接触面损坏; (2) 阀芯与阀座接触面有污物; (3) 杠杆安全阀的杠杆与支点偏斜,使阀芯和阀座接触不正; (4) 弹簧已疲劳; (5) 弹簧安装不铅直; (6) 弹簧的平面不平等原因,造成阀芯与阀座接触不正; (7) 排汽管产生的过大应力加在阀上	(1) 对阀芯与阀座更换或研磨; (2) 吹洗安全阀或解体清洗; (3) 重新校正,并吹洗安全阀,使阀芯回到正常位置; (4) 更换弹簧; (5) 重新校核安全阀的铅直; (6) 用扳手抬起阀芯,排汽后复位,若仍然不行则更换弹簧等有缺陷零件; (7) 将排汽管安置正确

2. 压力超过开启压力时安全阀不开启

安全阀超压不开启的故障原因及排除方法见表 3-8。

表 3-8　安全阀超压不开启的故障原因及排除方法

原　因	排除方法
(1) 阀芯与阀座粘连; (2) 调整不当,弹簧压得太紧或重锤向外移动; (3) 阀杆与外壳间隙小,鼓胀卡住; (4) 安全阀组装不正确,阀芯被卡; (5) 阀门口前有阻挡物; (6) 盲板未拆除蒸汽不通; (7) 安全阀与锅筒间有取用汽管; (8) 安全阀与锅筒连管阀门关闭; (9) 杠杆上加重物; (10) 阀芯与阀座密封不好因漏气降低阀芯压力	(1) 进行人孔排汽吹扫,不行则解体研磨; (2) 重新调整; (3) 调整阀杆与外壳间隙; (4) 解体安全阀重新组装; (5) 解体清除阻挡物; (6) 拆除盲板; (7) 拆除取用汽管; (8) 拆除截门或保证常开不误关; (9) 清除重物; (10) 清除漏气

3. 压力不到开启压力时安全阀开启

表 3-9　安全阀不到开启压力时开启故障原因及排除方法

原　因	排除方法
(1) 重锤向内移动; (2) 弹簧失去弹性; (3) 弹簧压紧不够,调整压力不准确或调整螺丝松动	(1) 重新调整重锤并固定; (2) 更换弹簧; (3) 重新调整弹簧压力,并固定调整螺丝

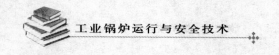

第三节　水位表

水位表是蒸汽锅炉的安全附件之一,用于指示锅炉水位高低,有助于锅炉操作人员监视锅炉水位动态,以便控制锅炉水位在正常幅度之内。

水位表是利用连通器的原理工作的。锅筒为一个容器,水位表为另一个容器,当两个容器连通时,按照连通器的原理,水位表中的水位必定和锅筒中的水位相等。但由于锅筒中的水处于沸腾状态,实际锅内的水位与水位表的水位是有一些误差的。

一、水位表的形式及构造

常见的水位表有玻璃管式水位表、玻璃板式水位表、双色水位表、低地位水位表及磁翻板液位计。

1. 玻璃管式水位表

玻璃管式水位表主要由汽旋塞、水旋塞、放水旋塞、玻璃管等部分组成,如图3-9所示。三个旋塞的作用是冲洗和检修水位表的。

锅炉内的水位高低,透过玻璃管显示出来。玻璃管的公称直径常见的有15 mm和20 mm两种。玻璃管直径过小,容易产生毛细现象,使所显示的水位不准确。

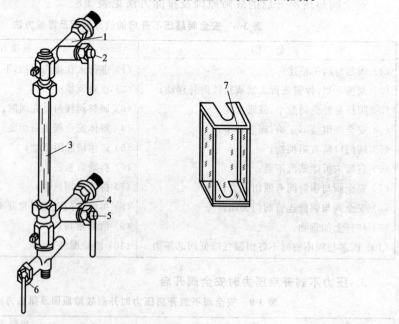

图3-9　玻璃管式水位表

1—汽连管;2—汽旋塞;3—玻璃管;4—水连管;5—水旋塞;6—放水旋塞;7—保护罩

水位表的引出管与锅炉连接,一般采用法兰连接。玻璃管中心线与上、下旋塞的垂直中心线应互相重合,否则玻璃管容易损坏。水位表应有防护罩,防止玻璃管炸裂时伤人。防护罩的形式最好用较厚的耐温钢化玻璃板将玻璃管罩住且不应影响观察水位。不能用普通玻璃板代替钢化玻璃板,否则当玻璃管损坏后会连同玻璃板一同破碎,增加危险性。也有用铁皮制成的防护罩。为了便于观察水位,在防护罩的前面开有宽 12 mm,长度与玻璃管可见长度相等的缝隙,在防护罩的后面留有较宽的缝隙,以便光线射入,使锅炉操作人员清晰地看到水位。

玻璃管式水位表结构简单,制造安装容易,拆换方便,在工作压力为 1.3 MPa 以下的小型锅炉上广泛使用。

2. 玻璃板式水位表

玻璃板式水位表适用于压力较高的锅炉。它由玻璃板、金属框盒、汽旋塞阀、水旋塞阀和放水旋塞阀等部件构成,如图 3-10 所示。特制的玻璃板一面有沟槽,安装时使沟槽与水、汽接触,利用沟槽能折射光线的原理,使得汽水界线更加清晰。

玻璃板式水位表有单面玻璃板和双面玻璃板两种形式。

单面玻璃板水位表主要是在钢制的壳子的前面镶上一块玻璃平板。玻璃平板的内表面刻有数条三角形内槽,由于光源在前面,光线通过水位表蒸汽部分的凹槽产生折射作用,所以蒸汽部分呈亮银色,而存水部分呈暗褐色,使水位能清楚地显示出来。

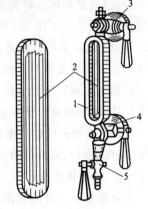

图 3-10 玻璃板式水位表
1—金属框盒;2—特制玻璃板;
3—汽旋塞;4—水旋塞;
5—放水旋塞

双面玻璃板水位表与单面的基本相同,不同的是在钢制框架的前后两面都镶有玻璃平板。玻璃平板多用有凹槽的,也有用平面的。由于光线照射(一般光源放在后面),水位表的蒸汽部分较暗,而存水部分反而较亮,从而使水位容易辨别。因为玻璃板带有一条条横向凹槽,所以一般是横向破裂,即使破裂也不易飞出碎片,故不需装设防护罩。

平板式水位表结构较复杂,但在锅炉运行中安全可靠,显示水位清晰,因而广泛应用在 0.39 MPa 以下的锅炉上。

3. 双色水位表

双色水位表是利用光学原理,直接显示液面位置的一次性仪表,由直读式就地水位计、照明设备和平面镜反射系统组成,其光学原理如图 3-11 所示。

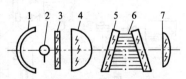

图 3-11 双色水位表原理图
1—反光镜;2—光源;3—滤光片;
4—柱面镜;5—平面镜;6—型腔;
7—影屏

光源发出的白炽光经滤光片(红绿滤色镜)后,形成红绿光束,经柱面镜聚光后,透过平面镜,进入型腔。当型腔内水、汽共存时,由于水、汽的折射率不同而使通过水、汽的光折射角度变化。调整光源和滤光片的位置,使通过水部分的绿光和通过汽部分的红光同时折射到影屏上,影屏上的红绿分界线就是水、汽的实际分界线。将双色水位表接到锅炉上,即可清晰地显示锅炉内液面的位置。特别是在判断满水和缺水时,双色水位表显示出了其优越性。

双色水位表有透射式和反射式两种。

4. 低地位水位表

当水位表距离操作位置的高度超过 6 m 时,为了便于监视水位,应增设低地位水位表。低地位水位表的种类很多,一般有液柱差压式和机械式两种。有的锅炉未装低地位水位表,而是利用反射装置,将锅筒内水位反射到控制室。现在已广泛采用在水位表处装置摄像机,从而可在锅炉控制室内电视画面上直接观察锅筒水位。

(1)液柱差压式低地位水位计是利用液体静压力原理,测量两个液柱的静压差。测量系统由装置在锅筒上的平衡容器与 U 形水位指示器两个主要部分构成。

利用差压原理做成的低地位水位计有指示器中液体相对密度大于 1 的重液式低地位水位计,相对密度小于 1 的轻液式低地位水位计,差压计式低地位水位计等(见图 3-12)。

(2)机械式低地位水位计常见的有浮筒式低地位水位计,由连通器、连通管、平板玻璃、浮筒、连杆、指针等组成(见图 3-13)。

5. 磁翻板液位计

磁翻板液位计结构原理如图 3-14 所示。

(1)基本型液位计。

液位计以磁性浮子为测量元件,浮子在测量管内随液位变化而上、下浮动,通过磁耦合作用,驱动指示器内红、蓝指示管翻转 180°。当液位上升时,指示管由蓝色转为红色;当液位下降时,由红色转为蓝色,从而实现液位的双色显示。当介质温度≥300 ℃时,采用白、蓝色指示管。

(2)报警器。

报警器由干簧管和防爆接线盒组成,紧固在测量管外侧。报警器由磁性浮子驱动,输出的报警开关信号传递给二次仪表,实现远距离液位上、下限报警及灯光显示。

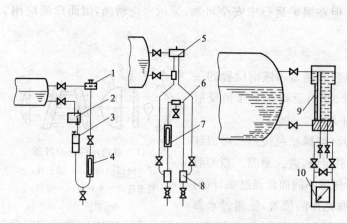

(a) 重液式低地位水位计 (b) 轻液式低地位水位计 (c) 差压计式低地位水位计

图 3-12 重液式、轻液式、差压计式低地位水位计

1—汽室;2—沉淀箱;3—溶液器;4—指示器;5—平衡器;6—倒 U 形管;

7—指示器;8—沉淀箱;9—平衡器;10—双波纹管差压计

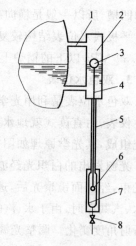

图 3-13 浮筒式低地位水位计

1—连通管;2—连通器;3—浮筒;

4—连杆;5—连接管;6—指针(重锤);

7—平板玻璃;8—放水旋塞

（3）变送器。

变送器由液位传感器和转换器两部分组成。传感器由装在 $\phi20$ mm 不锈钢管内的若干干簧管和电阻组成。

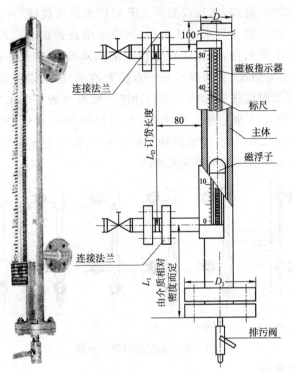

图 3-14　磁翻板液位计工作原理图

二、水位表运行时的冲洗

1. 水位表冲洗的目的

锅炉运行中含有杂质及盐类的水或蒸汽,当进入水位表的汽、水连管及水位表内时,如果不将这些杂质及盐类冲洗掉,会粘结和聚积在汽、水连管内壁上,时间长了,汽、水连管流通截面积会愈来愈小,这时水位表就不能真实地反映锅筒内的水位,甚至使水位表内出现假水位。另外,当汽、水旋塞或玻璃板(管)的填压部分不严密经常发生泄漏时,表内液体浓度增大,加快了液体内的杂质及盐类的凝聚,可导致汽、水连管的堵塞和沾污玻璃板(管),使水位表模糊不清,给运行操作人员观察水位造成很大的困难。

为了经常保持水位表的灵敏度,保证水位表工作的可靠性,锅炉在运行中,规定每班必须至少冲洗水位表一次。如果出现两只水位表指示的水位不一致时,则应立即找出原因。

2. 水位表的冲洗程序

在冲洗前,应首先将两只水位表相互对照水位,看是否一致,然后按程序进行冲洗。

冲洗的步骤如图 3-15 所示。

（1）打开放水旋塞,使汽、水连管及玻璃板(管)同时冲洗,如图 3-15(b)所示。

（2）关闭水旋塞,单独冲洗汽旋塞、汽连管和玻璃板(管),如图 3-15(c)所示。

(3) 打开水旋塞，再使汽、水连管和玻璃板(管)同时冲洗，如图 3-15(d)所示。

(4) 关闭汽旋塞，单独冲洗水旋塞、水连管和玻璃板(管)，如图 3-15(e)所示。

(5) 打开汽旋塞，关闭放水旋塞，使旋塞均匀处于工作位置，如图 3-15(f)和(a)所示。

冲洗完毕，关闭放水旋塞，水位应立即上升到原来的水位线，并轻微上下波动，当一只水位表冲洗好后，再与另一只水位表对照，判明水位是否正常。若与冲前对照的水位相差较多，或者水位上升很慢，则说明该水位表的放水旋塞或水连管有泄漏，或者水旋塞没有全开或有堵塞等情况；如果高于另一水位表的水位，则说明该水位表的汽连管可能有泄漏或堵塞，应及时设法排除或再进行冲洗。装有水表柱的水位表，还应防止水表柱底部的水垢泥渣积存堵塞通路。总之，应根据锅炉用水水质情况，确定每班冲洗次数，按操作程序认真冲洗水位表，经常保持水位表和汽水管道畅通无阻，保证水位表的灵敏可靠，严防造成假水位而引起严重缺水事故。

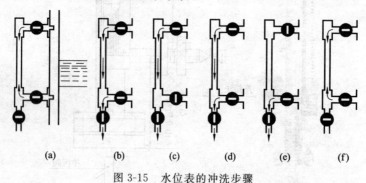

(a)　　　(b)　　　(c)　　　(d)　　　(e)　　　(f)

图 3-15　水位表的冲洗步骤

三、安全技术要求

(1) 每台锅炉至少应装两个彼此独立的水位表。但符合下列条件之一的锅炉可只装一个直读式水位表：

① 额定蒸发量小于或等于 0.5 t/h 的锅炉。

② 电加热锅炉。

③ 额定蒸发量小于或等于 2 t/h，且装有一套可靠的水位示控装置的锅炉。

④ 装有两套各自独立的远程水位显示装置的锅炉。

(2) 水位表应装在便于观察的地方。当水位表距离操作地面高于 6 000 mm 时，应加装远程水位显示装置。远程水位显示装置的信号不能取自一次仪表。

(3) 水位表应有下列标志和防护装置：

① 水位表应有指示最高、最低安全水位和正常水位的明显标志。水位表的下部可见边缘应比最高火界至少高 50 mm，且应比最低安全水位至少低 25 mm，水位表的上部可见边缘应比最高安全水位至少高 25 mm。

② 为防止水位表损坏时伤人，玻璃管式水位表应有防护装置(如保护罩、快关阀、自动闭锁珠等)，但不得妨碍观察真实水位。

③ 水位表应有放水阀门并接到安全地点的放水管上。

(4) 水位表的结构和装置应符合下列要求：

① 锅炉运行中能够吹洗和更换玻璃板（管）、云母片。

② 用两个及两个以上玻璃板或云母片组成一组的水位表，能够保证连续指示水位。

③ 水位表或水表柱和锅筒之间的汽水连接管内径不得小于 18 mm，连接管长度大于 500 mm 或有弯曲时，内径应适当放大，以保证水位表灵敏准确。

④ 连接管应尽可能的短，如连接管不是水平布置，汽连管中的凝结水应能自行流向水位表，水连管中的水应能自行流向锅筒，以防止形成假水位。

⑤ 阀门的流通直径及玻璃管的内径都不得小于 8 mm。

（5）水位表和锅筒之间的汽水连接管上，应装有阀门，锅炉运行时阀门必须处于全开位置。

（6）水位计安装运行 3 天后需紧固一次，以保证水位计较长时间使用。

四、常见故障、原因及排除方法

1. 旋塞泄漏

旋塞泄漏故障原因及排除方法见表 3-10。

表 3-10　旋塞泄漏故障原因及排除方法

原　因	排除方法
(1) 存在旋塞材质或加工缺陷； (2) 塞芯与塞座接触面磨损或腐蚀； (3) 填料不足或变质，充填压力不均匀	(1) 更换旋塞； (2) 研磨或更换旋塞； (3) 增加或更换填料，拧紧填料压盖

2. 水位停滞不动

水位停滞不动故障原因及排除方法见表 3-11。

表 3-11　水位停滞不动故障原因及排除方法

原　因	排除方法
(1) 水连管或水旋塞被水垢、填料等堵死； (2) 水旋塞被关	(1) 冲洗水连管与水旋塞或用细铁丝疏通； (2) 打开水旋塞

3. 玻璃板（管）内水位高于实际水位

玻璃板（管）内水位高于实际水位的故障原因及排除方法见表 3-12。

表 3-12　玻璃板（管）内水位高于实际水位的故障原因及排除方法

原　因	排除方法
(1) 汽旋塞被填料堵死； (2) 汽旋塞被误关； (3) 锅水因碱度偏高而起沫	(1) 冲洗汽旋塞； (2) 拧开汽旋塞； (3) 加强排污

4. 玻璃管炸裂

玻璃管炸裂的故障原因及排除方法。

表 3-13　玻璃管炸裂的故障原因及排除方法

原　因	排除方法
(1) 玻璃质量不好,或在割管时造成管端裂纹; (2) 水位表上下管座中心线偏斜; (3) 更新玻璃管后没有预热; (4) 受热玻璃管水突然溅了冷水,或管面被油污染; (5) 安装时未留膨胀间隙或填料压得过紧; (6) 冲洗方法不正确,猛开猛关	(1) 更换玻璃管; (2) 对正上下管座中心线成一条直线; (3) 按规程操作; (4) 防止玻璃管骤冷,清除油污; (5) 预留膨胀间隙,适当压紧填料; (6) 按冲洗程序操作,用力不得过猛

第四节　温度测量仪表

温度是热力系统的重要状态参数之一。在锅炉和锅炉房热力系统中,给水、蒸汽和烟气等介质的热力状态是否正常,风机和水泵等设备轴承的运行情况是否良好,都依靠温度测量仪表来进行监视。

一、温度测量仪表的结构

常用的温度测量仪表有玻璃温度计、压力式温度计、热电偶温度计、热电阻温度计和光学温度计等多种。

1. 玻璃温度计

1) 原理与结构

玻璃温度计是根据水银、酒精、甲苯等工作液体具有明显热胀冷缩的物理性质制成的。在工业锅炉中使用最多的是水银玻璃温度计和电接点水银温度计。

(1) 水银玻璃温度计。由测温包、膨胀细管和标尺等部分组成,一般有内标式和外标式(又称棒式)两种。内标式水银温度计的标尺分格刻在膨胀细管后面的乳白色玻璃板上。该板与测温包一起被封在玻璃保护外壳内。通常用于测量给水温度、回水温度、省煤器出口水温以及空气预热器进出口空气温度。外标式水银温度计具有较粗的玻璃管,标尺分格直接刻在玻璃管的外表面上,适用于实验室中测量液体和气体的温度。

水银玻璃温度计的优点是测量范围大($-30 \sim 500$ ℃),精度较高,构造简单和价格便宜等。缺点是易破损,示值不够明显,不能远距离观察。

(2) 电接点水银温度计。在水银温度计的膨胀细管内插入两根导线,当温度到达额定值时,水银将导线接通,由于电流的作用带动控制系统,或者使信号装置发出声光报警。

2) 安装使用要求

(1) 玻璃温度计的安装位置应便于观察,测量时不宜突然将其直接置于高温介质中。

由于玻璃的脆性,易损坏,安装内标式玻璃温度计时,应有金属保护套,保护套的连接要求端正,如图 3-16 所示。

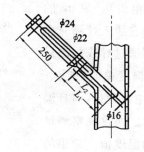 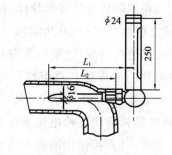

（a）在位置上安装　　　　（b）在弯头处安装

图 3-16　带保护套的温度计的安装

（2）为了使传热良好，当被测介质的温度低于 150 ℃时，应在金属保护套内填充机油，充油高度以盖住水银球为限；当被测介质的温度高于和等于 150 ℃时，应在金属保护套内填充铜屑。

2. 压力式温度计

1）原理与结构

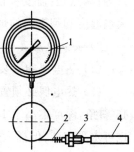

压力式温度计是根据温包里的气体和液体因受热而改变压力的性质制成的，一般分为指示式与记录式两种。前者可直接从表盘上读出当时的温度数值，后者有自动记录装置，可记录出不同时间的温度数值。压力式温度计主要由表头、金属软管和温包等构件组成（见图 3-17），温包内装有易挥发的碳氢化合物液体。测量温度时，温包内的液体受热蒸发，并且沿着金属软管内的毛细管传到表头。表头的构造和弹簧管式压力表相同，表头上的指针发生偏转的角度大小与被测介质的温度高低成正比，即指针在刻度盘上的读数等于被测介质的温度值。

图 3-17　压力式温度计
1—表头；2—金属软管；
3—接头；4—温包

压力式温度计适用于远距离测量非腐蚀性气体、蒸汽或液体的温度，被测介质压力不超过 5.9 MPa，温度不超过 400 ℃，在工业锅炉中常用来测量空气预热器的空气温度。它的优点是：温度指示部分可以离开测点，使用方便；缺点是：精度较低，金属软管容易损坏。

2）安装使用要求

（1）压力式温度计的表头应装在便于读数的地方。表头及金属软管的工作环境温度不宜超过 60 ℃，相对湿度应在 30%～80% 之间。

（2）金属软管的敷设不得靠近热表面或温度变化大的地方，并应尽量减少弯曲，弯曲半径一般不要小于 50 mm。外部应有完整的保护，以免受机械损伤。

（3）温包必须全部浸入被测介质中。

3. 热电偶温度计

1）原理与结构

热电偶温度计是利用两种不同金属导体的接点，受热后产生热电势的原理制成的测量温度仪表。热电偶温度计主要由热电偶、补偿导线和电气测量仪表（检流计）三部分组成(见图 3-18)。用两根不同的导体或半导体(热电极)ab 和 ac 的一端互相焊接,形成热电偶的工作端(热端)a,用它插入被测介质中以测量温度。热电偶的自由端(冷端)b、c 分别通过导线与测量仪表相连接。当热电偶的工作端与自由端存在温度差时,则 b、c 两点之间就产生了热电势,因而补偿导线上就有电流通过,而且温差越大,所产生的热电势和导线上的电流也越大。通过观察测量仪表上指针偏转的角度,可直接读出所测介质的温度值。常用的普通铂铑-铑热电偶(WRLL 型)最高测量温度为 1 600 ℃,普通铂铑-铂热电偶(WRLB)最高测量温度为 1 400 ℃,普通镍铬-镍硅热电偶(WREU)最高测量温度为 1 100 ℃。

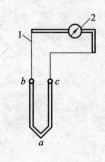

图 3-18 热电偶温度计
1—补偿导线;2—测量仪表

热电偶温度计的优点是:灵敏度高,测量范围大,无需外接电源,便于远距离测量和记录等;缺点是:需要补偿导线,安装费用较高。在工业锅炉上,常用来测量蒸汽温度、炉膛火焰温度和烟道内的烟气温度。

2) 安装使用要求

(1) 热电偶的安装地点应便于工作,不受碰撞、振动等影响。

(2) 热电偶必须置于被测介质的中间,并应尽可能使其对着被测介质的流动方向成 45°斜角,深度不小于 150 mm。测量炉膛温度时,一般应垂直插入。若垂直插入有困难,也可水平安装,但插入炉膛内的长度不宜大于 500 mm,否则必须加以支撑。

(3) 热电偶安装后,其插入孔应用泥灰塞紧,以免外部冷空气侵入后影响测量精度。用陶瓷保护的热电偶应缓慢插入被测介质,以免因温度突变使保护管破裂。

(4) 热电偶自由端温度的变化对测量结果影响很大,必须经常校正或保持自由端温度的恒定。

(5) 热电偶温度计保护套管的末端应超过流速中心线 5~10 mm。

4. 热电阻温度计

热电阻温度计是利用导体或半导体的电阻随温度变化而改变的性质制成的,通过测量金属电阻值大小,得出所测温度的数值。

热电阻常用材料有铂和铜,结构如图 3-19 所示。

热电阻外面一般要加保护套管,保护套管材料要耐温、耐腐蚀、承受温度剧变、密封性良好、具有足够的机械强度。

用热电阻测量 500 ℃ 以下的温度,具有比热电偶更高的测量精度。铂热电阻可以测量-200~650 ℃ 范围内的温度,铜热电阻可以测量-50~150 ℃ 范围内的温度。热电阻也能远距离测量和显示,安装方式同热电偶类似。热电阻与温度显示仪表通过导线连接而成为测温显示装置,用以测量气体、液体和蒸汽的温度。

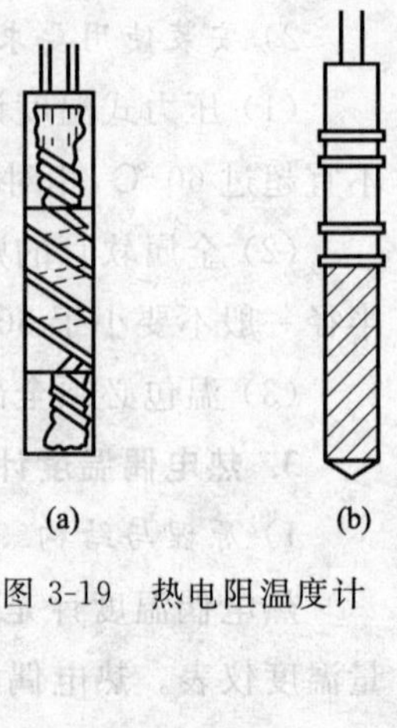

(a)　　(b)

图 3-19 热电阻温度计

5. 光学温度计

光学温度计是非接触式测温仪表,它是利用物体的光谱辐射亮度随温度的升高而增加的原理制成的。它的特点是反应速度快、滞后时间短。

光学温度计在锅炉中,主要用来测量炉膛火焰温度。测温时,先将物镜对准被测火焰,移动物镜筒,使被测火焰物像与灯丝在同一平面内。再慢慢地调节电阻大小,以使火焰与灯丝具有相同的亮度,即灯丝顶端消失不见,如图3-20所示,这时毫伏计即指出被测火焰的表面温度。

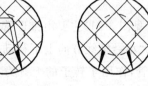

(a) 灯丝太暗　　　(b) 灯丝太亮　　　(c) 隐丝(正确)

图 3-20　光学温度计的亮度调整

光学温度计有隐丝式和恒亮式两种,分别可以测量900~3 000 ℃和900~1 500 ℃范围温度。

二、对温度仪表的安全技术要求

(1) 为测量蒸汽锅炉的下列温度,应在相应部位装设测温仪表测其温度。

① 过热器出口,再热器进、出口的汽温。

② 由几段平行管组组成的过热器的每组出口的汽温。

③ 铸铁省煤器出口的水温。

④ 锅炉空气预热器烟气进口的烟温。

⑤ 过热器的入口烟温。

⑥ 燃油锅炉燃烧器的燃油入口油温。

在锅炉的给水管道上,应装设温度计插座。有过热器的锅炉,还应装设过热蒸汽温度的记录仪表。

(2) 在热水锅炉进、出水口均应装设温度计。温度计应正确反映介质温度,并应便于观察。锅炉出口应装置超温警报器。

额定供热量大于或等于7 MW的热水锅炉,安装在锅炉出水口的测量温度仪表应是记录式的。

(3) 有表盘的温度测量仪表的最大量程,应为所测正常温度的1.5~2倍。

(4) 温度测量仪表的校验和维护,应符合国家计量部门的规定。

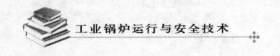
第五节　流量测量仪表

流量是锅炉性能的重要指标之一，也是进行锅炉房经济核算必不可少的数据。测量瞬时流量的仪表称为流量计。

常用的流量计有转子式流量计、流速式流量计、差压式流量计和涡轮流量计。

一、转子式流量计

转子式流量计(见图 3-21)主要由锥形管和转子两部分组成，转子在上粗下细的锥形管内可以随着流量大小沿轴线方向上下移动。当被测介质的流速自下而上通过锥形管，作用于转子的上升力大于浸在介质中的转子的重力时，转子便上升，从而在转子与锥形管内壁之间形成环形隙缝。环形隙缝面积随着转子的上升而增大，介质的升力即随之减少，转子的上升速度便相应减缓，直到上升力等于浸在介质中的转子的重力时，转子便稳定在某一高度上。流体通过转子流量计时，随着流量的增加，作用在转子上的压差有稳定的变化。因此，转子的位置高度即可作为介质通过测量管的流量量度。

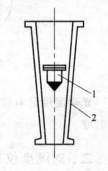

图 3-21　转子式流量计
1—转子；2—锥形管

转子式流量计有玻璃转子流量计和金属转子流量计两种。玻璃转子流量计的优点是：结构简单，维护方便，压力损失小；缺点是：精度低，并受介质的参数(重度、粘度等)影响较大，常用于锅炉水处理设备上。金属转子流量计能测量液体、气体和蒸汽介质的流量，其优点是：精度较高，使用范围广，可以远传，并可指示、记录和累计；缺点是：结构复杂，成本较高。

二、流速式流量计

流速式流量计主要由叶轮和外壳两部分组成。当介质流过时推动叶轮旋转，因为叶轮的转速与水流速度成正比，所以测出叶轮的转数，就可以知道流量的大小，如图 3-22 所示。

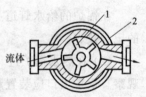

图 3-22　叶轮湿式流量计
1—叶轮；2—外壳

日常使用的自来水水表即属于这种类型。水表必须水平安装，标度盘向上，不得倾斜，并使表壳上的箭头方向与水流方向一致。它适用于温度不超过 40 ℃，压力不超过 0.98 MPa 的洁净水。

三、差压式流量计

差压式流量计也叫节流式流量计，由节流装置、引压管和差压计三个部分组成，适宜于测量液体、气体和蒸汽的流量，其连接系统如图 3-23 所示。

节流装置是差压式流量计的测量元件,装在管道里能造成流体的局部收缩,如图 3-24 所示。

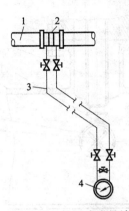

图 3-23 差压式流量计

1—管道;2—节流装置;3—引压管;4—差压计

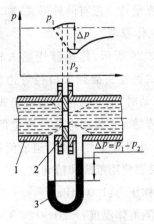

图 3-24 节流装置

1—管道;2—孔板;3—U 形管差压计

当流体流经节流装置时,流动截面收缩后再逐渐扩大,直到充满管道的整个截面。因此,在流动截面收缩到最小时,流速加大而静压力降低,于是在节流装置的前后造成与流量成一定关系的压力降,即 $Q=K\sqrt{\Delta p}$。用差压计测出这个压力降,即压差,就能得到流量的大小。

节流装置有标准和非标准的两类。标准节流装置中有标准孔板、标准喷嘴、标准文丘利管等。标准喷嘴精度高于孔板,压力损失小于孔板。各种标准的节流装置的结构如图 3-25 所示。孔板就是中心开孔的薄圆盘,它是最简单又最常用的一种节流装置。

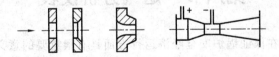

图 3-25 各种节流装置

标准节流装置已经标准化了,并与差压计配套,成批生产。与节流装置配合使用的差压计有玻璃管差压计(如 U 形管压力计)、浮子差压计、环称差压计、钟罩差压计、膜式差压计、波纹管差压计等。差压计可以指示、累计液体、气体和蒸汽的流量,指示、累计时,其单位一般是 kg/h、t/h、m³/h 等。

节流装置通常都是安装在水平管道上,有时也可以装在垂直或倾斜的管道上。节流装置要求装在两个法兰之间,装置前后应与法兰保持一定距离。直管道内壁应光滑,装置中心与管道中心应一致,保证流体充满整个截面。节流装置的引出导管要求接在管道截面的下半面,与水平管道中心线的角度小于 45°,否则,尽管差压流量计在计算、设计、加工、配套方面都准确,也测不准。

四、涡轮流量计

涡轮流量计一般有两种形式，即有截止阀型和无截止阀型。

（1）工作原理。

如图 3-26 所示，传感器用插入杆将一个较小的切向式涡轮头插到大口径管道的预定深度处，流体流动时，推动涡轮头的切向式叶轮旋转，使磁阻式传感元件发出电脉冲流量信号，配用指示仪表，即可测量经大口径管道的流量和总量。

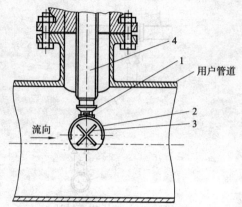

图 3-26　涡轮流量计工作原理
1—检测线圈；2—涡轮头外壳；3—叶轮；4—插入杆

（2）仪表使用范围和精确度。

① 公称压力：1.0 MPa。

② 被测液体温度：$-20\sim120$ ℃。

③ 环境温度：$-20\sim70$ ℃。

④ 对直管段长度要求：传感器入口直管段长度不应小于 $20D$（D 为内径），出口直管段长度不应小于 $7D$，以确保测量精确度。

若不能保证直管段要求长度，应在现场进行标定，采用现场标定的仪表系数 KDS。

⑤ 传感器与显示仪表配套，测量液体体积总量的误差，不超过总量显示值的 $\pm2.5\%$。

第六节　烟气分析仪表

烟气成分的测量在保证锅炉安全经济运行方面具有很重要的意义。目前测量烟气成分的仪表有氧化锆氧量计、奥氏分析器、烟气全分析仪、热导式二氧化碳分析仪和热磁式氧气分析仪。

一、氧化锆氧量计

采用氧化锆氧量计测量锅炉排烟中的含氧量，运行人员根据含氧量的多少及时调节锅炉燃烧的风与煤的比例，以保证锅炉经济燃烧。

1. 结构及工作原理

氧化锆氧量计由氧化锆测氧元件和二次仪表等组成。

（1）氧化锆测氧元件的结构（见图 3-27）。

氧化锆测氧元件是一个外径约为 $\phi10$ mm，壁厚为 1 mm，长度为 $70\sim100$ mm 的管子，管子材料是氧化锆（ZrO_2），在管子内外壁上烧结上一层长度约为 26 mm 的多孔铂电极。用直径约为 $\phi0.5$ mm 的铂丝作为电极引出线，在氧化锆管外装有加热装置，使其工作在恒定温度（750～780 ℃）下。

（2）氧化锆的测氧原理。

在一定温度下，当氧化锆管内、外流过不同氧浓度的混合气体时，在氧化锆管内、外铂电极之间会产生一定的电势，形成氧浓差电势，如果气管壁内侧氧浓度一定（通空气），根据氧浓差电势的大小，即可知另一侧气体的氧浓度。这就是氧化锆氧量计的测氧原理。

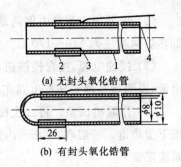

（a）无封头氧化锆管

（b）有封头氧化锆管

图 3-27　氧化锆管的结构
1—氧化锆管；2,3—外、内铂电极；
4—电极引出线

2. 氧化锆氧量计的二次仪表

氧化锆氧量计的二次仪表由两部分组成：一是氧量运算及显示部分，二是测氧元件温度控制部分。

氧量运算器的作用是将测氧元件输出的毫伏信号进行放大和经过反对数运算后显示出被测含氧量。同时经 V/I 转换器转换后输出 4～20 mA DC 信号，供记录表或自动控制系统使用。为方便检验和调试，仪表内设有标准毫伏信号（如 5％O_2 的毫伏信号）通过自校按钮使仪表显示出自校状态下相应的含氧量（如 5％）以检验二次仪表本身是否正常。

温度控制器采用晶闸管控制电路，来自氧化锆探头的热电偶的温度信号与冷端补偿信号相加，然后与温度设定值进行比较，其结果送入晶闸管触发电路，改变加热电路晶闸管的导通角，以控制加热，达到恒温目的。

3. 氧化锆氧量计的安装与调试

1）测点选择

目前大多数氧化锆氧量计都制造成带有恒温装置的直插型，所以对安装位置温度的要求不太严格，只要求烟气流动好和操作方便，一般选在省煤器前（见图 3-28）。

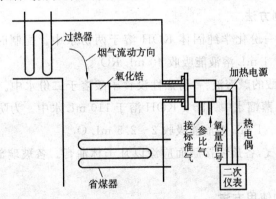

图 3-28　氧化锆氧量计安装示意图

2）安装前的检验

安装氧化锆氧量计前应对其进行检查和静态试验。

（1）外观应完好无损、配件齐全。

（2）用万用表测热电偶两端的电阻值，应为 5～10 Ω；信号线两端应为 10 MΩ 以上，加热炉两端应为 140～170 L。

（3）接通电源，按自检按钮，应能显示某一氧量值（一般为 5%±0.2%）并相应地输出电流，说明运算器与转换电路正常。

（4）作联机试验。将二次仪表与氧探头一一对应地接好线。检查无误后开启电源，按下加热键。一般在 30 min 内恒温在 780 ℃±10 ℃。此时可显示加热炉温度，说明温控系统正常。

（5）通入标准气体，标准气体流量控制在 300～500 mL/min。如超出允许误差范围，则应根据产品说明书要求进行调整，使其指示出标准气体的含氧量。校验完毕后将标准气体口堵好。

3）氧量计的校验

检查接线无误后即可开启电源。将氧探头升温至 780 ℃，当温度稳定后，按下测量键。仪表应指示出烟气含氧量，此时可能指示出很高的含氧量（超过 21%）。这是正常现象，是由于探头中水蒸气和空气未赶尽。可用洗耳球慢慢地将空气吹入空气入口，以加速更新参比的空气，一般半天后仪表指示即正常。

燃烧稳定时，在最佳风煤比例下，氧量指标一般应在 3%～5% 之间变化。

二、奥氏分析器

奥氏分析器是利用化学吸收法，按容积测定气体成分的仪器。在锅炉试验中常用于直接测定烟气试样中 RO_2 及 O_2 的体积分数。

通常第一个吸收瓶内充 KOH 的水溶液，用以吸收 RO_2；第二个吸收瓶内为焦性没食子酸的碱溶液，用以吸收 O_2。

1. 吸收剂的配制方法

（1）KOH 溶液：一份化学纯固体 KOH 溶于两份水中。配制时将 75 g KOH 溶于 150 mL 的蒸馏水中。1 mL 溶液能吸收 40 mL RO_2。

（2）焦性没食子酸的碱溶液：一份焦性没食子酸溶于二份水中。配制时取 20 g 焦性没食子酸溶于 40 mL 蒸馏水中。55 g KOH 溶于 110 mL 水中。为防止空气氧化，两者混合可在吸收瓶内进行。1 mL 溶液能吸收 2～2.5 mL O_2。

为防止分析器漏气，各旋塞接触面应涂以凡士林油膏。各玻璃部件的连接应用弹性好的软橡皮管。

2. 奥氏分析器的使用方法

（1）使用前必须检查仪器，应严密不漏。检查严密性的方法，首先是将吸收瓶的药液液位提升到旋塞 4、5（见图 3-29）之下的标线处，关闭旋塞后液位不应下降。其次是关闭三通旋塞 9，尽量提高或放低平衡瓶 11，量管中液位经 2～3 min 不发生变化。

（2）取样方法。

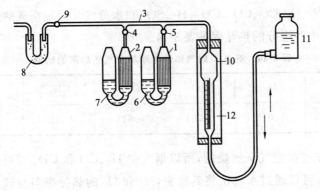

图 3-29　奥氏分析器示意图

1、2—吸收瓶；3—梳形管；4、5—旋塞；6、7—缓冲瓶；8—过滤器；9—三通旋塞；

10—量管；11—平衡瓶（水准瓶）；12—水套管

① 分析器与取样管接通后，应利用旋塞 9 和平衡瓶 11 的连续动作吸取烟气试样，并加以排样，以冲洗整个系统，使不残存非试样气体。

② 正式吸取试样时，使量管中的液位降到"0"刻度线以下，并保持平衡瓶水位与量管水位一致，关闭旋塞 9，等 2 min 左右，待烟气冷却再对零位，通常是提高平衡瓶使量管内液位凹面的下缘对准"0"刻度线。

③ 分析时，应首先使烟气试样通入吸收瓶 1，吸收 RO_2，其步骤是：先抬高平衡瓶，后打开旋塞 5，将烟气送入吸收瓶 1，往复抽送 4～5 次后，将吸收瓶内药液液位恢复至原位，关闭旋塞 5，对齐量管与平衡瓶的液位，读取气样减少的体积。

④ 在 RO_2 被吸收后，用同样方法利用吸收瓶 2 吸收 O_2，但至少应往复抽送 6～7 次，吸收 O_2 后得到的读数是 RO_2+O_2 的体积，因此 O_2 的体积分数就是这次与上次读数之差额。分析的顺序必须是先分析 RO_2，再分析 O_2，因焦性没食子酸溶液不仅能吸收 O_2，且吸收 CO_2。

⑤ 在进行量管排气时，应先将平衡瓶提高，再旋转旋塞 9 通大气，接着关闭旋塞才能放低平衡瓶，避免吸入空气。

三、烟气全分析仪

目前市场上国内外品牌的烟气全分析仪较多，而在工业锅炉上直接测量烟气中的氧量、二氧化碳、一氧化碳却很少采用。一般只在工业锅炉进行热工试验时采用，测量烟气中的二氧化碳、一氧化碳、氧量等。根据测量的数值计算锅炉尾部烟道漏风系数，以及锅炉化学未完全燃烧和锅炉排烟热损失。

四、热导式二氧化碳分析仪

热导式气体分析是根据混合气体的总热导率与所含各种气体的热导率不同，而混合气体的热导率取决于各种气体成分的体积分数来制成的。

烟气中含有 N_2、O_2、CO、CO_2、CH_4、H_2、SO_2 和水蒸气。假定空气的热导率为 1，则在同一温度下，烟气中各组分的热导率见表 3-14。

表 3-14 在 0 ℃时气体热导率与空气热导率的比值

空气	N_2	O_2	CO	CO_2	CH_4	H_2	SO_2
1	0.998	1.015	0.964	0.614	1.318	7.318	0.344

由于锅炉是在过量空气下燃烧的，所以烟气中 H_2、CO 和 CH_4 等可燃性气体很少存在，甚至没有，SO_2 可以通过水洗法将其除去，N_2 和 O_2 的热导率与空气很接近，因此，烟气的热导率基本上取决于 CO_2 的含量，即

$$\lambda \approx p_{CO_2} \lambda_{CO_2} + (1 - p_{CO_2}) \lambda_{空气}$$

如果能测量烟气的热导率 λ，二氧化碳与空气的相对热导率 λ_{CO_2} 是已知的，则根据上式就间接地测量了二氧化碳的含量 p_{CO_2}。由于热导率测量较复杂，实际上都将烟气与空气热导率的差异转换为电阻的变化，可以通过测量电阻的办法来测量二氧化碳的含量。

五、热磁式氧气分析仪

热磁式氧气分析仪可用来连续自动分析各种混合气体中的含氧量。锅炉常用的是热磁式氧气分析仪。

热磁式氧气分析仪是利用氧的高顺磁特性而工作的。所谓顺磁性就是受磁场吸引的性质。

氧的磁化率比其他气体高很多，因此，混合气体的磁化率几乎完全取决于所含氧气的多少，故可根据混合气体的磁化率间接测量氧的含量。

由于混合气体磁化率绝对值很小，难于直接测量，磁性氧气分析仪是将磁化率的测量转换为热敏元件的温度间接进行测量的。

OZS 系列热磁式氧气分析仪中实现测量的主要部件是气体分析室。分析室中两块具有一定间隙的磁铁，在间隙中产生不均匀磁场，磁铁间隙中还放置一个通电加热到 250 ℃的热敏感元件。当被测气体沿取样管进入分析室时，由于氧具有顺磁性而吸向磁极，在运动过程中被敏感元件加热，氧分子受热温度提高以后，磁性降低，受磁场的作用力也相应减小，这样就被后面温度较低受磁场引力较大的氧分子逐出磁场，这个过程的不断进行就在热敏元件的周围形成了连续不断的热磁对流。热磁对流使热敏元件温度降低，而且被分析气体的含氧量越高、温度越低，其电阻改变越大，因此，可以根据此阻值的改变测量气体中的含氧量。

第七节　安全保护装置

为了防止锅炉在某些不正常运行状况下出现事故,除安装必要的测量仪表和安全阀外,还必须加装自动保护装置,以便在出现某些事故苗头时,及时报警和自动停止运行等。

一、水位警报器

1. 水位警报器的作用及原理

为了保持锅炉水位正常,防止发生缺水或满水事故,对蒸发量大于和等于 2 t/h 的锅炉,除装设水位表外,还必须装设高低水位警报器,报警信号需能区分高、低水位。它的作用是:当锅炉内的水位高于最高安全水位或低于最低安全水位时,能自动发出声和光报警,提醒锅炉操作人员迅速采取措施,防止缺水或满水事故发生。

水位警报器利用锅筒和警报器内的水位同升同降,带动浮子的上下运动,连通电路,发生声音;或利用水能够导电,直接用水位变化来连通电路。所以水位报警器应垂直安装,而且对锅炉水质也有要求。

2. 水位警报器的形式与结构

水位警报器有安装在锅筒内和锅筒外两种,前者因检修困难而趋于淘汰,后者常用的有浮筒式、浮球式、电极式和磁铁式四种。

1) 浮筒式水位警报器

浮筒式水位警报器有几种类型,其中较常见的一种如图 3-30 所示,主要组成部分为报警汽笛,高、低水位针形阀,连杆,高、低水位浮筒。

当锅炉处于正常水位时,高位浮筒悬浮于蒸汽空间之中,低位浮筒完全浸没于水中,两个浮筒各自对应的杠杆分别处于平衡状态,针形阀关闭。水位低于一定程度,低位浮筒部分露出水面,浮力减小;水位高到某一位置,高位浮筒部分浸入水中,浮力产生。以上两种情况,杠杆的平衡都将遭到破坏,使针形阀开启,报警汽笛发出警报声。

其他的几种类型只是高、低水位浮筒的位置略有不同。有的将高位浮筒部分浸没,不过原理仍是利用水位变化引起的浮力变化,这一点是不变的。水位警报器通过气、水连管与锅筒连通,形成连通器。旧式水位警报器直接安装在锅筒内,现已很少使用。

2) 浮球式水位警报器

浮球式水位警报器结构如图 3-31 所示,主要组成部分为浮球、传动杆、杠杆、阀门和汽笛。正常水位时,浮球飘浮在水面上,距浮球上、下各一段距离设有传动杆。当水位过低或过高时,浮球接触传动杆并产生作用力,破坏杠杆平衡,发生警报。

3) 电极式水位警报器

电极式水位警报器的工作原理是借助锅水的导电性,使继电器回路闭合,连接继电器触点,输出信号作为报警及控制之用。

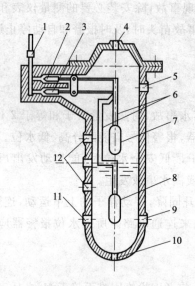

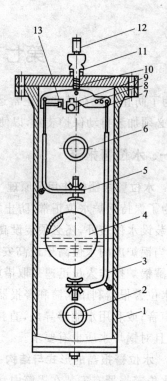

图 3-30　浮筒式水位警报器

1—报警汽笛；2—高水位针形阀；3—低水位针形阀；

4—气连管；5—水位表气连管接口；6—连杆；

7—高水位浮筒；8—低水位浮筒；9—水位表水连管接口；

10—放水管接口；11—水连管；12—试水考克接口

图 3-31　浮球式水位警报器

1—外壳；2—水连管；3—下传动杆；

4—浮球；5—上传动杆；6—气连管；

7—杠杆；8—棱形支座；9—支架；10—阀门；

11—笛座；12—汽笛；13—调节螺母

电极式水位报警器主要由电气部分、水位警报器主体两部分组成，如图 3-32 所示。电气部分包括电源变压器、整流器及灵敏继电器，这些装置都集中装在锅炉电器控制箱内；水位警报器主体部分包括电容器、连接管座、电极和密封元件等。当水位上升（或下降）至给定的数值时，电极与锅水接触（或脱开），此时继电器回路闭合（或断开），引出继电器触点与控制回路中的电源导通，即可达到报警及保护的目的。在报警器内，第一值是高水位，电极比正常水位线高 80 mm；第二值是低水位，电极比正常水位线低 70 mm，发出声、光警报；第三值是低极限水位，比正常水位低 90 mm，除发出警报外，并立即停炉（停止炉排及鼓、引风机和给水泵）。

高低水位电极的末端分别在锅炉最高、最低安全水位处。电极式水位警报器可以自动控制水位。

电极式水位报警器使用日久，常易出现水滴粘连在电极端点上而错误报警。这主要是由于电极端头的特殊弧形，日久被磨损或水质不变使电极端头附有水垢所造成的，故应注意锅炉水质并定期清理电极端头。

4）磁铁式水位警报器

磁铁式水位警报器又称"浮子式水位警报器"，结构如图 3-33 所示。它的主要组成部分为永磁钢组、浮球、三个水银开关和调整箱组件。浮球与永磁钢组连成一体,永磁钢组位于连杆头部,体积较小。当锅筒内水位发生变化时,浮球带动永磁钢组上下移动。当永磁钢组到达某个水银开关的对应位置时,开关受磁力吸引闭合,接通警报器发出警报。

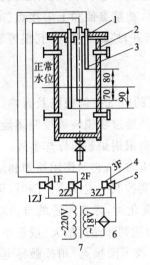

图 3-32 电极式水位警报器

1—绝缘子;2—筒体;3—电极;4—继电器;

5—放大器;6—整流器;7—变压器

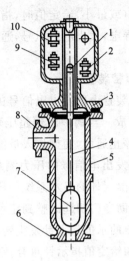

图 3-33 磁铁式水位警报器

1—永磁钢组;2—极限低水位开关;3—调整箱组件;

4—浮球组件;5—壳体;6—水连管法兰;7—浮球;

8—气连管法兰;9—低水位开关;10—高水位开关

3. 使用水位警报器的注意事项

水位警报器缺水和满水时发出的警报声不同,如此设计易于锅炉操作人员判断事故类型,但也容易导致判断错误,以致采取错误的措施。必须分清报警声音的类型,并辅以观察水位表的水位,才能保证准确、及时地发现事故。

二、超温超压报警器

1. 超温报警器

超温报警器由能发出电讯号的温度测量仪表,必要的电气控制线路及音响、灯光报警信号组成。当热水锅炉出现锅水温度超过规定或汽化时,它能发出警报,使锅炉操作人员采取措施,消除锅水汽化及超温现象,以避免热水正常循环的破坏和产生超压现象。

常用的能发出电信号的温度测量仪表是一种电接点压力式温度计,其电气原理如图3-34 所示。

电接点压力式温度计的测温部分的原理和结构与压力式温度计一样,而显示部分的内

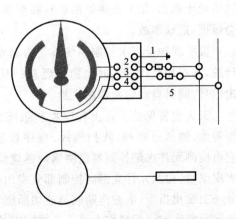

图 3-34 电接点压力式温度计电气原理图

1—接地点;2—下限给定值接点;3—上限给定值接点;

4—示值指示针接点;5—信号继电器

部除一根温度指示针外,还装两根上、下限接点的给定值指针。当我们需要控制一定温度范围时,可把给定指示针借助专用钥匙调整到给定值位置。当温度变化时,温包内的压力发生变化,通过毛细管传给弹簧弯管而使动接点的示值指示针移动,当被测介质的温度达到和超过最大(或最小)给定值时,指示针和给定值针重合,动接点便和上限接点(或下限接点)相接触导电,发出电的讯号,通过电气线路闭合(或断开)控制回路,达到报警和连锁保护目的。

2. 超压报警装置

超压报警装置由能发出电信号的压力测量仪表,必要的电气控制线路及音响、灯光、报警信号等组成。当锅炉出现超压现象时,能发出警报,并通过联锁装置控制燃烧,如停止供应燃料、停止通风,使操作人员能及时采取措施,以免造成锅炉超压爆炸事故。

常用的能发出电信号的压力测量仪表是一种电接点压力表,它的作用原理和结构与电接点压力式温度计的显示系统一样,也有三根针。当需要控制一定压力范围时,可把给定值指示针借助专门钥匙调整到定值位置。当压力发生变化时,弹簧弯管的自由端发生移动,使动接点的示值指示针发生转动;当被测介质的压力达到和超过最大(或最小)给定值时,指示针和给定值指示针重合,动接点便和上限接点(或下限接点)相接触导电,发出电信号,通过电气线路闭合(或断开)控制回路,达到报警和联锁保护的目的。

这种装置还可以用在燃油、燃气的燃料供应管路上。当压力低于规定值时,通过执行机构自动切断燃料的供应。

三、熄火报警保护装置

锅炉安全技术监察规程要求,用煤粉、油或气体作燃料的锅炉,应装设点火程度控制和熄火保护装置。

实践证明,燃用易燃易爆燃料时,由于运行中存在某些因素,如操作不当或者燃烧工况突变,有时会出现运行锅炉瞬时熄火的现象,此时燃料供给系统没停,照常供给燃料,炉膛还处于高温,熄灭后供给的燃料在炉膛内产生挥发,当达到爆炸极限浓度时,遇高温就会爆燃,造成事故。

报警保护及点火控制系统就是为消除这种事故而设计的,其作用是代替人时刻监视燃料一旦灭火时立即发出信号,同时自动切断燃料供给。

灭火报警保护及点火程序控制系统由火焰监测器、报警器、燃料速断阀、吹扫通风、程序控制等部分组成。它由检测元件火焰控制器监测锅炉燃烧情况。当出现熄火现象时,检测元件立刻向控制部分发出电信号,控制部分马上发出指令,电磁速断阀迅速切断燃料供给,并发出声光报警通知锅炉操作人员。目前国内外用熄火保护电路原理如图3-35所示。

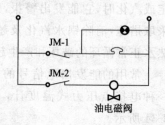

图 3-35　熄火保护电路原理图
RM—火焰监测器;JM—继电器

四、防爆门

防爆门的作用是当炉膛或烟道内部发生爆炸时,由于压力突然升高而使防爆门开启或破裂,泄出高压烟气,以避免造成炉墙开裂、倒塌事故。

额定蒸发量小于或者等于 75 t/h 的燃用煤粉、油或者气体的水管锅炉,未设置炉膛安全自动保护系统时,炉膛和烟道应当设置防爆门,防爆门的设置不应当危及人身安全。

1. 常用的防爆门类型

1) 重力式防爆门

重力式防爆门由门盖、转轴、导烟筒等部件组成,如图 3-36 所示。

重力式防爆门依靠门盖的自重使其常处于关闭状态,当炉内烟气的推力大于自重产生的平衡力时,门盖被推开,泄出炉内烟气;当炉内压力恢复正常后,依靠门盖自重自动复位。

重力式防爆门的密封性能较差,适用于负压运行的炉膛和烟道。

2) 弹簧式防爆门

弹簧式防爆门利用弹簧的初始压力作用在防爆门的门盖上,当炉膛内或烟道内可燃气体爆燃而引起烟气压力升高时,作用在门盖上的力增大,迫使弹簧压缩,使门盖与门座之间形成缝隙,气体由缝隙冲出,泄压。泄压后,防爆门门盖在弹簧的作用下自动复位,如图 3-37 所示。

弹簧式防爆门结构紧凑,密封性能好,整个结构和密封面垂直布置,节省空间,重量轻,特别适用于微正压运行的燃油、燃气锅炉。

3) 破裂式防爆门

破裂式防爆门把承压能力低于锅炉围护结构的爆破膜用法兰紧固在防爆门框上,当炉膛内压力升高时,爆破膜破裂,达到泄爆的目的。它密封性能好,但爆破膜破裂后不能自行复原,需停炉更换。选用什么材料和多厚的爆破膜,应根据爆破压力、温度和介质腐蚀情况来确定,如图 3-38 所示。

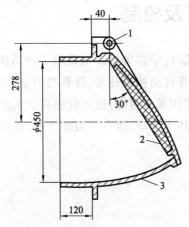

图 3-36 圆形重力式防爆门
1—转轴;2—门盖;3—导烟筒

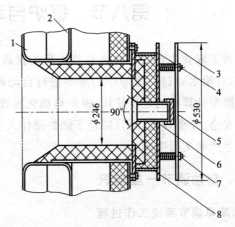

图 3-37 弹簧式防爆门
1—回燃室后管板;2—锅壳后管板;3—平衡环;4—门盖板;
5—看火孔;6—膨胀珍珠岩;7—弹簧、螺栓、螺母;8—耐火纤维

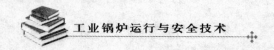

破裂式防爆门适用于微正压燃烧的燃油、燃气锅炉和煤粉锅炉制粉系统的防爆门。

4）水封式防爆门

水封式防爆门把一个和炉膛或烟道连通的管道插入盛水的水槽中，当炉内压力升高时，水被冲出而泄压，泄压后重新向水槽中注水即可使防爆门复位，如图3-39所示。

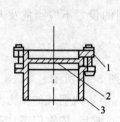

图 3-38　破裂式防爆门

1—夹紧装置；2—爆破膜；3—门框

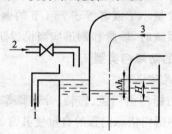

图 3-39　水封式防爆门

1—溢流管；2—注水管；3—炉膛或烟道出口

2. 安装注意事项

（1）防爆门一般布置在燃烧室、锅炉出口烟道、省煤器烟道、引风机后部水平烟道或倾斜小于 30°的烟道上。

（2）防爆门的数量和总面积，应根据炉型、炉膛容积、安装位置等因素确定。一般蒸发量小于 60 t/h 的锅炉，装在燃烧室上部的防爆门的总面积至少为 0.2 m²；在每段烟道上的防爆门，总面积至少为 0.4 m²；从引风机到烟囱之间需装防爆门的烟道，总面积至少为 0.5 m²。

（3）防爆门应装在不致威胁操作人员安全的地方，其附近不应有易燃、易爆物品。

（4）防爆门的门盖与门座的接触面宽度一般为 3～5 mm，应保证严密不漏；门盖应定期手动试验，以防锈死。

第八节　锅炉自动调节及控制

随着工农业生产的发展和科技水平的提高，在锅炉运行中越来越多地采用了自动调节仪表，对给水、汽压、燃油（气）量等进行自动调节。随着自动控制技术、计算机的发展，特别是微型计算机的逐步使用，锅炉自动化装置的广泛使用成为可能，这不仅提高了锅炉的运行安全、经济效果，而且减轻了锅炉操作人员繁重的体力劳动，改善了劳动条件，促进了安全生产和文明生产。

一、自动调节一般知识

1. 简单调节系统工作过程

水箱水位调节系统的简单工作过程如图3-40所示。这是依靠一套自动调节装置来保持水箱水位不变或变化很小的。当进水量和出水量相等时，水位保持不变。如果某一时刻由于某种原因使出水量突然增大一数值，造成出水量与进水量不相等，则水位开始下降,浮子跟着下降,直到使下面一个电气接点接通,驱动电动机开大进水阀,增大进水量,水位逐渐回升。当水位上升到初始值时,电气接点断开,这时进水量和出水量重新达到相等,这样整个调节系统又处于平衡状态。

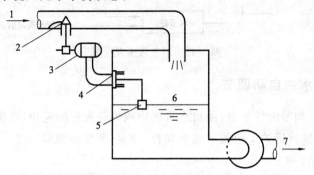

图 3-40 水箱水位调节系统

1—进水(流入量);2—进水线(调节机构);3—电动机(执行机构);
4—电接点(放大元件);5—浮子(感受元件);6—水位(被调量);7—出水(流出量)

2. 被调量

表征生产过程是否正常进行的物理量称为被调量,如锅炉汽包水位、蒸汽压力、炉膛负压等。当这些物理量偏离所希望维持的数值时,表示生产过程离开了规定的工况,必须加以调节。

3. 调节对象

被调节的生产设备称为调节对象,如锅炉、水箱等。

4. 扰动

使被调量发生变化的因素为扰动。如对锅炉燃烧这个调节对象来说,可能是外界用汽量变化,也可能是流入量(如煤种)等因素发生变化,而引起调节系统不平衡。这里外界负荷变化称为外部扰动,而流入量的变化则称为内部扰动。

5. 调节

外加控制作用使被调量保持为规定值或按一定规律变化称为调节。如果依靠人工来实现这种控制作用,称为人工调节;如果依靠仪器仪表来实现这种控制作用,则称为自动调节。

6. 调节机构

调节流量的工具称为调节机构。对一个调节系统来讲,一般流入量是指调节功能需要控制的流量,所以调节机构都装在系统的流入侧。流出量是根据外界负荷决定的,所以把改变流出量的工具称为调节机构。

7. 调节系统

调节对象和调节器相互作用形成一闭合系统称为调节系统。为了便于分析研究调节系统,可用方框图 3-41 来表示。当因某种原因使被调量偏离规定值时,便有信号输入调节器,而由调节器输出信号去调节流入量,使被测量保持在规定值。

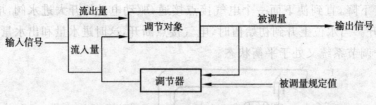

图 3-41　调节系统方框图

二、锅炉给水的自动调节

锅炉给水自动调节的任务是：使给水量适应锅炉蒸发量的变化，并维持锅筒水位在允许的范围之内。《蒸汽锅炉安全技术监察规程》规定，额定蒸发量大于 4 t/h 的锅炉，应装设自动给水调节器。

给水自动调节系统有单冲量、双冲量和三冲量三种，以锅筒水位为被调参数，以给水流量为调节参数，执行机构是电动给水调节阀。

1. 单冲量给水调节系统

单冲量给水调节系统如图 3-42 所示。调节器只根据水位一个信号去改变给水调节阀的开度。这种系统无法克服假水位，当负荷变化或给水压力变化等原因引起给水量变化时，水位不可避免地会出现较大的波动。因此，该系统只适用于小型、水容量较大的和负荷较稳定的锅炉。

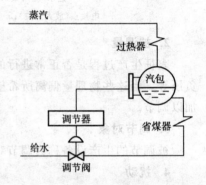

图 3-42　单冲量给水调节系统

2. 双冲量给水调节系统

双冲量给水调节系统如图 3-43 所示。所谓双冲量，即调节器接受两个信号——水位信号和蒸汽流量信号。当负荷变化引起水位大幅度波动时，蒸汽流量这个信号的引入起着超前的作用（即前馈作用），它可以在水位还未出现波动时提前使给水调节阀动作，从而减少水位的波动。

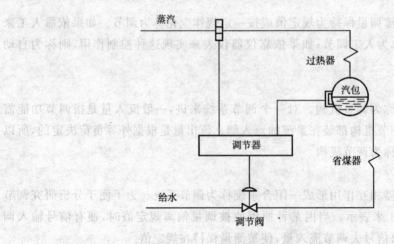

图 3-43　双冲量给水调节系统

双冲量调节系统虽然比单冲量调节系统有很大改进,但仍不能满足负荷多变、给水压力波动频繁的要求,因此,其应用也受到限制。

3. 三冲量给水调节系统

三冲量给水调节系统如图 3-44 所示。在这个系统里调节器要接受三个信号——蒸汽流量信号、水位信号和给水流量信号。其中水位信号为主控信号,蒸汽流量信号的主要作用是克服假水位的影响。给水流量信号的功能有两个:一是克服给水阀门压降自发变化对水位的影响;二是增强调节过程的稳定性。水位信号起校正作用。

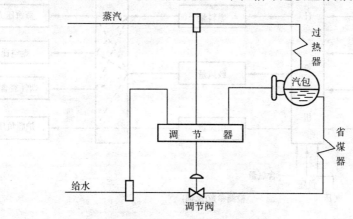

图 3-44 三冲量给水调节系统

在锅炉给水三冲量水位控制系统中,蒸汽流量和给水流量相配合,可消除系统的静态偏差。锅炉给水的自动调节广泛采用三冲量给水调节系统。

三、锅炉燃烧过程的自动调节

1. 燃烧过程自动调节的任务与要求

(1)任务。

① 保持蒸汽压力不变。锅炉燃烧过程自动调节的基本任务是使供入燃料的发热量与输出蒸汽带走的热量相平衡。这个进出热量的平衡情况是用蒸汽压力来表征的,故蒸汽压力调节又称为热负荷调节。这是保证锅炉和用汽设备正常工作和经济运行的必要条件。

② 保持规定的过量空气系数。为了得到经济的燃烧工况,必须保持燃烧量和送风量之间的合适比例,这个比例指标可用过量空气系数 α 来表示。保持规定的 α 值亦即保持烟气中规定的 CO_2 体积分数或氧体积分数,这个调节也称燃烧经济调节。

③ 保持炉膛负压(对负压锅炉而言)。锅炉运行中送风量和引风量是否相适应是以炉膛上部的负压作为被调量来表征的。保护炉膛负压在规定值是确保锅炉安全运行的重要参数之一。

(2)对燃烧过程自动调节的要求是:在稳定负荷时,应使燃料量、送风量和引风量各自保持相对不变,及时消除由于燃料质量等变化而引起的内部扰动;在负荷变动时,应使燃料送风量、引风量成比例变化。

锅炉燃烧系统是一个复杂的调节系统,其鼓风量、引风量、燃料量、蒸汽压力、燃料和空气量的比例、烟气氧含量、炉膛负压这七个因素都与燃烧过程有关,而七个因素之间又相互关联,如图3-45所示。分析它们的相互关系可见蒸汽压力和烟气含氧量是系统中起主导作用的参数。因此,锅炉过程自动调节系统则以蒸汽压力为主要参数直接控制燃料量,使蒸汽压力保持恒定。

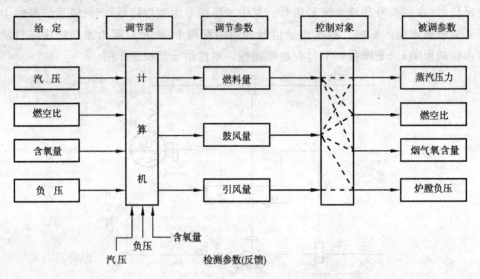

图 3-45　SHL 型燃煤锅炉燃烧系统影响因素关联图

2. 燃烧过程自动调节方案

1）燃烧锅炉燃烧自动调节系统

图3-46是链条炉排锅炉燃烧过程自动调节系统设计方案之一。通过这个调节方案可使蒸汽压力、炉膛负压、烟气含氧量保持在规定的范围内,实现锅炉稳定燃烧和安全经济运行。

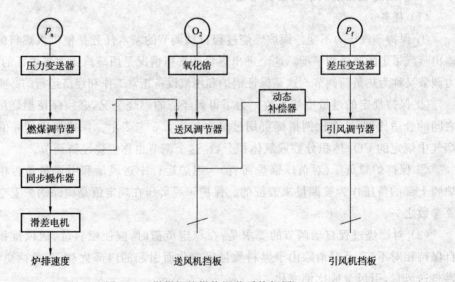

图 3-46　燃煤锅炉燃烧调节系统框图

（1）热负荷调节系统。

锅炉出口压力 p_a 为被调参数信号，在一定煤层厚度下，对应不同负荷，自动调节炉排速度，使蒸汽压力恒定。当锅炉出口蒸汽压力受负荷干扰变化时，如果压力降低，热负荷控制系统则提高炉排速度，增加燃煤量，以适应负荷需要，反之，则相反。

（2）送风调节系统。

送风调节系统实际上是一个双冲量调节系统，即除了烟气含氧量信号直接控制风门开度以外，当蒸汽压力变化时也要相应控制风门的开度。例如蒸汽压力下降时，调节器发出信号先加大风门，同时按给定的空气和燃料的比例加大燃料量，这样来实现蒸汽压力保持恒定；反之，当蒸汽压力高于给定值时则先减少燃料量，同时，按燃料和空气的比例关小风门。送风调节器根据风量信号来调节风道挡板。

（3）引风调节系统。

炉膛负压 p_f 为被调参数信号，在各种负荷下，使炉膛负压保持在一定范围内。炉膛负压信号取自炉膛上部，通过差压变送器送入负压调节器，根据炉膛负压与设定值偏差，从而控制引风机的入口挡板，以得到相应的引风量，即引风机风门的开度根据炉膛负压进行调节。

2）燃油锅炉燃烧自动调节系统（见图 3-47）

取锅炉蒸汽出口压力作为冲量，经比例式压力调节器将压力冲量变成电气信号，通过操作输出驱动执行机构改变回油调节阀开度，从而改变油喷嘴的进油量。回油调节阀不同的开度对应不同的回油压力，利用回油压力为冲量经压力调节器驱动电动执行机构，改变送风调节挡板开度或风机的电机频率，从而自动维持一定风油比例。

风、油开度改变的同时，各自均将反馈信号返给调节器，以使调节系统重新处于平衡。

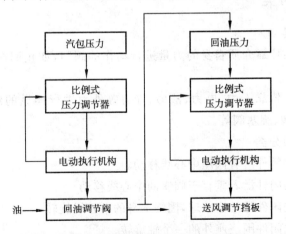

图 3-47　燃油锅炉燃烧自动调节系统方框图

微正压燃油锅炉的自动调节系统要保证锅炉在微正压下运行。

3）燃用天然气锅炉燃烧自动调节（见图 3-48）

取锅炉出口蒸汽压力作为冲量，经比例式压力调节器将压力冲量变成电气信号。通过操作输出驱动执行机构改变天然气流量调节阀开度，从而改变天然气喷嘴的天然气量，再利用天然气压力为冲量,经压力调节器驱动电动执行机构改变送风调节挡板开度,从而自动维持一定风、天然气比例。风、天然气开度改变的同时,各自均反馈信号返给调节器,以使调节稳定重新处于平衡。

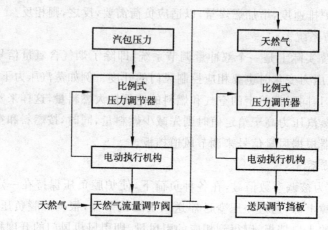

图 3-48　燃气锅炉燃烧自动调节系统方框图

第九节　常用阀门

阀门是锅炉设备上不可缺少的配件。锅炉在运行中,锅炉操作人员通过操作各种阀门,对锅炉各工作系统进行控制和调节。

一、阀门的分类

1. 按动力分类

(1)自动阀门:依靠介质自身的力量进行动作的阀门,如止回阀、减压阀、安全阀、疏水阀等。

(2)驱动阀门:依靠人力、电力、液力、气力等外力进行操纵的阀门,如截止阀、节流阀、闸阀、蝶阀、球阀、旋塞阀等。

2. 按结构特性分类

(1)截止型:关闭件沿着阀座中心线移动。

(2)闸门型:关闭件沿着垂直于阀座的中心线移动。

(3)旋塞型:关闭件是柱塞或球,围绕本身的中心线旋转。

(4)旋启型:关闭件围绕座外的一个轴旋转。

(5)蝶型:关闭件是圆盘,围绕阀座内的轴旋转。

3. 按用途分类

(1)开断:用来切断或接通管路介质,如截止阀、闸阀、球阀、旋塞阀等。

(2)调节:用来调节介质的压力或流量,如减压阀、调节阀等。

(3)分配:用来改变介质的流向,起分配作用,如三通旋塞、三通截止阀等。

（4）止回：用来防止介质倒流，如止回阀。

（5）安全：在介质压力超过规定数值时，降压并排放多余介质，以保证设备安全，如安全阀。

（6）阻气排水：留存气体，排除凝结水，如疏水阀。

二、常用阀门

1. 闸阀

闸阀是启闭件（闸板）由阀杆带动，沿阀座密封面做升降运动的阀门。闸阀属截断类阀门，不宜作调节流量或压力使用，其特点是阻力小，结构长度较短，介质可以双向流动，没有方向限制，如图 3-49 所示。

闸阀分明杆和暗杆两种。明杆闸阀可从外观判断阀门的开启程序，螺杆便于清洗和润滑，适用于室内或有一定腐蚀性介质的管道上；暗杆闸阀的螺杆在阀体内，开闭时螺杆和手轮均不上升、不下降，适用于非腐蚀性介质，安装在日常操作位置受限制的位置上。

图 3-50 为快开齿条式闸阀。它由闸板、弹簧、齿条、阀座、小齿轮和阀体等部件组成。弹簧的作用在于利用其自身的弹性力推开双闸板，使闸板紧贴阀座，保持结合面严密不漏。操作时只要将它的手柄转动 180°，即可达到迅速开启关闭的目的。该阀门常用作锅炉定期排污阀。

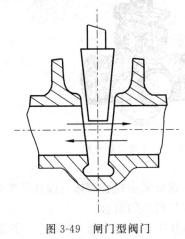

图 3-49 闸门型阀门

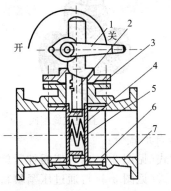

图 3-50 快开齿条式闸阀
1—手柄；2—齿条；3—阀盖；4—闸板；
5—弹簧；6—阀座；7—阀体

2. 截止阀

截止阀是启闭件（阀芯）由阀杆带动，沿阀座中轴线做升降运动的阀门。截止阀亦属于截断类阀门，不宜用来调节介质的流量和压力，但在实际使用上也经常起调节作用，如图 3-51 所示。

图 3-52 所示为斜置球形截止阀，阀杆和阀芯相连，与通路形成一个角度，旋转手轮将阀芯抬高后，介质基本上是直线流动，不但阻力小，而且不会积存污物，广泛应用于锅炉排污系统。

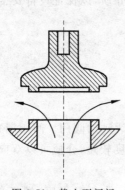

图 3-51　截止型阀门

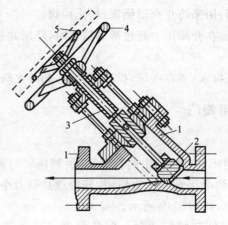

图 3-52　斜置球形截止阀

1—阀体;2—阀芯;3—阀杆;4—大手轮;5—小手轮

3. 旋塞阀

它依靠旋塞体绕阀体中心线旋转,以达到开启与关闭的目的。它的作用是切断、分配和改变介质流向,操作时,只需旋转 90°,适用于低压小口径和介质温度不高的场合,不适宜于调节流量。

旋塞按通道分直通式(见图 3-53)和三通式(见图 3-54)等。

图 3-53　直通式旋塞阀

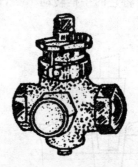

图 3-54　三通式旋塞阀

旋塞按密合形式分:

(1)紧定式(见图 3-55):它依靠拧紧旋塞体下面的螺母来实现旋塞体与阀体的密合。

(2)填料式(见图 3-56):通过压紧填料迫使旋塞体与阀体的密合。

(3)自封式(见图 3-57):旋塞体与阀体的密合依靠介质自身的力量,介质进入倒置的旋塞体上的小孔,又转向进入旋塞体大头下方,将其向上推紧,下面弹簧起预紧作用。

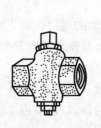

图 3-55　紧定式旋塞阀

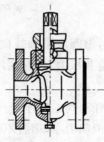

图 3-56　填料式旋塞阀

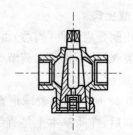

图 3-57　自封式旋塞阀

4. 止回阀

止回阀是指启闭件借助于阀前、阀后介质的压力差而自动启闭，以防介质倒流的一种阀门。

止回阀阀体上标有箭头，表示介质流动的方向。

止回阀分为升降式和旋启式两种。

1）升降式止回阀

升降式止回阀主要由阀盖、阀芯、阀杆和阀体等部件组成，如图3-58所示。在阀体内有一个圆盘形的阀芯，阀芯连着阀杆，阀杆与阀盖之间留有间隙，使阀芯能做上、下升降运动，达到开启和关闭的目的。当给水压力大于锅炉内介质压力与阀芯的自重之和时，给水顶起阀芯进入锅炉；当给水压力低于锅炉内介质压力与阀芯的自重之和时，阀芯将自动压在阀座上，阻止锅水倒流。

升降式止回阀结构简单，密封性能好，安装维修方便；但汽水介质通过时阻力大，阀芯容易被卡住，只能水平安装。

2）旋启式止回阀

旋启式止回阀由阀盖、阀芯、阀座和阀体等部件组成，如图 3-59 所示。

摆杆的一端固定在摆轴上，另一端与阀芯固定，阀芯与摆杆可一起自由摆动，用以关闭和开启管道的通路。当给水压力高于锅炉内介质压力时，给水便推开阀芯进入锅炉；当给水压力低于锅炉内介质压力时，锅炉内介质压力将阀芯紧紧地压在阀座上，阻止汽、水介质倒流。

旋启式止回阀结构简单，汽、水介质流通时阻力小，可以水平或垂直安装；但锅炉内介质压力较低时，密封性能差，因此，不宜用于工业锅炉的给水系统。

5. 节流阀

节流阀又称针形阀，它是指借助于启闭件（阀芯）改变通路截面积，以调节流量和压力的阀门。

节流阀的构造与截止阀相似，但阀杆与启闭件是制造成一个整体。由于阀芯的升降与通道面积成正比，能实现介质流量和压力的精确调节，如图3-60所示。

节流阀适用于锅炉连续排污系统，在氨和氟利昂制冷系统及气动仪表系统中应用较多。

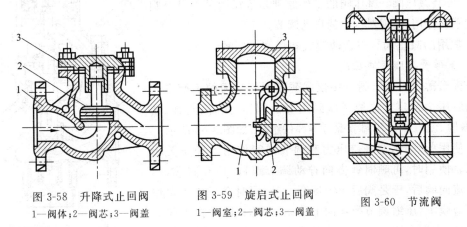

图 3-58 升降式止回阀　　　　图 3-59 旋启式止回阀　　　　图 3-60 节流阀
1—阀体；2—阀芯；3—阀盖　　　1—阀室；2—阀芯；3—阀盖

6. 蝶阀

蝶阀是启闭件（蝶板）围绕阀座内的固定轴旋转90°，以实现开启和关闭的阀门。蝶阀通过改变阀板的旋转角度,可以分级控制流量,因而具有较好的调节性能,并且启闭迅速,如图 3-61 所示。

蝶阀结构简单、体积小、重量轻,外形尺寸较相同公称直径的其他阀门小,可以垂直、水平或斜向安装。但大直径蝶阀的启闭一般采用电动、液压传动或涡轮传动,必须垂直安装。

蝶阀的阀板比较单薄,一般采用橡胶密封圈,因此,只能用于压力和温度较低的介质。

7. 球阀

球阀是由启闭件(带圆形通孔的球体)随阀杆绕球体垂直中心线旋转 90°,以实现开启或关闭的阀门。图 3-62 所示为 Q11F-16 型内螺纹球阀。

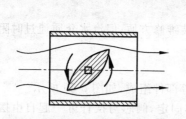

图 3-61 蝶型阀门

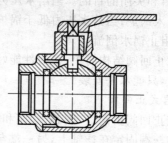

图 3-62 内螺纹球阀

球阀结构简单、体积小、重量轻、密封性能良好,且流动方向不受限制,适用于水、燃气、油品等工作介质。

8. 减压阀

减压阀通过阀芯的节流作用,将介质压力降低并借助阀后压力的直接作用,使阀后压力自动保持在一定范围内。减压阀常用于蒸汽系统的减压。为使几台不同工作压力的锅炉在同一条蒸汽母管内送出,就必须在压力较高的锅炉与蒸汽母管连接的输汽管段上装置减压阀。如果锅炉送出的蒸汽压力高,而某些工艺流程或用汽设备需要的蒸汽压力较低,也要装减压阀。减压阀的工作原理是依靠两种力量对阀芯的平衡作用,实现对压力的自动调节。

常用的减压阀有弹簧薄膜式和活塞式两种。

1)弹簧薄膜式减压阀

弹簧薄膜式减压阀直接依靠薄膜两侧受力的平衡来保持阀后压力恒定。这种减压阀主要由阀体、阀杆、阀盖、阀芯、薄膜、调节弹簧和调节螺钉等部件组成,如图 3-63 所示。

使用前,阀芯在进口压力和调节弹簧作用下处于关闭状态。使用时,可顺时针方向拧动调节螺钉,顶开阀芯,使介质流向阀后,于是阀后压力逐渐上升,同时介质压力也作用在薄膜上,压缩调节弹簧向上移动,阀芯也随之向关闭方向移动,直到介质压力与调节弹簧作用力平衡,这时阀后压力保持恒定。如果阀后压力上升超过了所规定的压力,原

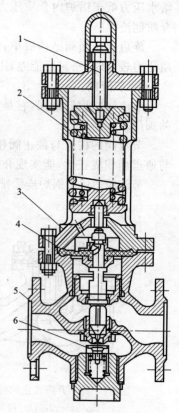

图 3-63 弹簧薄膜式减压阀
1—调节螺钉;2—调节弹簧;3—阀盖;
4—薄膜;5—阀体;6—阀芯

来的平衡被破坏,薄膜下方的压力上升,推动薄膜向上移动,并带动阀芯向关闭方向运动,于是流动阻力增加,阀后压力降低,并达到新的平衡;反之,如果阀后压力低于所规定的压力,阀芯就向开启方向运动,于是阀后压力又随之上升,达到新的平衡。所以,弹簧薄膜式减压阀可以使阀后压力始终保持在一定的范围内。

弹簧薄膜式减压阀灵敏度较高,但薄膜行程小,而且容易损坏,使其工作温度和压力都受到了限制。

弹簧薄膜式减压阀适用于较低温度、压力的水、空气等介质。

2)活塞式减压阀

活塞式减压阀通过活塞来平衡压力。它由阀体、阀盖、阀杆、主阀芯、副阀芯、活塞、膜片和调节弹簧等部件组成,如图 3-64 所示。

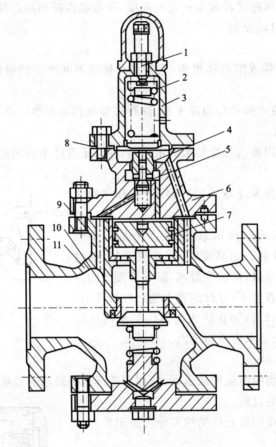

图 3-64　活塞式减压阀
1—调整螺钉;2—调节弹簧;3—阀盖;4—副阀座;5—副阀芯;6—阀盖;
7—活塞;8—膜片;9—主阀芯;10—主阀座;11—阀体

当调节弹簧在自由状态时,主阀芯和副阀芯由于阀前压力的作用和它们下面有弹簧顶着而处于关闭状态。拧动调整螺钉,顶开副阀芯,介质就由进口通道经副阀芯进入活塞上方。由于活塞的面积比主阀芯大而受力后向下移动,使主阀芯开启,介质流向出口,并同时进入膜片下方,阀后压力逐渐上升至所需的压力并与弹簧平衡。阀后压力保持在一定的误差范围之内。如果阀后压力升高，将使原来的平衡遭到破坏，此时膜片下面的介质压力大于调节弹簧的压力，膜片即向上移动，副阀芯随之向关闭方向运动，使流入活塞上方的介质减少，压力亦随之下降，引起活塞与主阀芯上移，减小了主阀芯的开度，出口压力也随之下降，达到新的平衡。反之，出口压力下降，主阀芯向开启方向移动，阀后压力又随之上升，达到新的平衡。

活塞式减压阀体积小、活塞行程大，但活塞与气缸的摩擦力较大，因而灵敏度较低，加工制造也困难，适用于压力较高的介质。

9. 浮球阀

浮球阀安装在水箱或水池的进水管口上，能自动控制水箱的水位保持一定的高度。当水箱水位降低时，浮球便会随水面下降，此时会带动连杆和阀芯动作，使浮球阀开启进水；当水位上升时，浮球随之浮起至一定的高度，并带动连杆和阀芯反向移动，使浮球阀关闭，以此实现水位的自动控制。

10. 疏水阀

疏水阀也叫疏水器或阻汽排水阀，它是自动排放不断产生的凝结水并阻止蒸汽泄漏的阀门。

按照工作原理，疏水阀可分为浮子型、热膨胀型和热动力型三类。

1）浮子型疏水阀

浮子型疏水阀利用蒸汽与冷凝水的重力差，使浮子升降来启闭阀芯，实现阻汽排水的目的。

按浮子结构又可分为浮球式、钟形浮子式和浮桶式三种。

图 3-65 为浮球式疏水阀示意图，其浮子是一个圆球，当凝结水液面上升到一定高度时，浮球被浮起，通过杠杆作用将出口阀瓣开启，排出冷凝水；随着冷凝水的排除，液面下降，浮球跟着落下，浮球的重力通过杠杆作用，将阀瓣紧紧地压在出口上，防止进入阀体内的蒸汽从出口流走，所以排出去只是水而没有蒸汽。

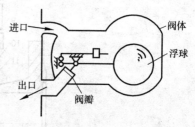

图 3-65 浮球式疏水阀示意图

2）热膨胀型疏水阀

热膨胀型疏水阀也叫恒温型疏水阀，它利用蒸汽与冷凝水的温度差使膨胀元件动作，达到开启和关闭阀芯的目的。

热膨胀型疏水阀按膨胀元件结构可分为波形管式和双金属片式两种。

图 3-66 所示为波形管式疏水阀结构，密闭的波形管用导热性能良好的黄铜制成，其内充装易挥发的液体，如氯乙烷、乙醇等。

当阀体内积存凝结水时，温度下降，波形管内挥发性物质呈液态，波形管内压力减小，波形管收缩，带动阀芯上升，打开阀门，将凝结水排出；随着凝结水的排除，蒸汽

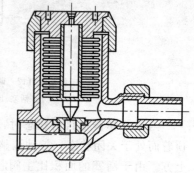

图 3-66 波形管式疏水阀

进入阀体,温度升高,波形管内液体挥发膨胀,波形管带动阀芯下降,关闭通路,蒸汽不能通过,起到阻汽排水作用。

3)热动力型疏水阀

热动力型疏水阀利用蒸汽和凝结水不同的热力性质及其静压和动压的变化而使阀芯动作,以达到疏水隔汽的作用,如图 3-67 所示。未使用时,阀片靠自重落到阀座上,疏水阀处于关闭状态。当冷凝水进入阀内时,冷凝水的静压将阀片抬起,冷凝水连续排出;随着冷凝水逐渐排净,蒸汽进入阀体内,并以高速从阀片下方流过,使阀片下方静压降低,阀片上下形成压差,阀片自动落到阀座上,疏水阀处于关闭状态,阻止蒸汽排出;当冷凝水再次进入阀体内时,阀片又被抬起,疏水阀又开始排除冷凝水。

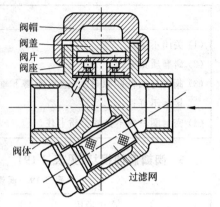

图 3-67 热动力型疏水阀

三、常见故障、原因及排除方法

1. 阀门本体漏(见表 3-15)

表 3-15 阀门本体漏故障原因及排除方法

产生原因	排除方法
(1)制造时,浇铸不好,有砂眼或裂纹,造成机械强度降低; (2)阀体补焊中拉裂	(1)对怀疑裂纹处磨光,用 4% 硝酸溶液浸蚀,如有裂纹便可显示出来; (2)对有裂纹处用砂轮磨光或铲去裂纹的金属层,进行补焊

2. 阀杆及其配合的螺丝套筒的螺纹损坏或阀杆头折断、阀杆弯曲(见表 3-16)

表 3-16 阀杆及其配合的螺丝套筒的螺纹损坏或阀杆头折断、阀杆弯曲故障原因及排除方法

产生原因	排除方法
(1)操作不当,用力过猛或用大钩子关小阀门; (2)螺纹配合过松或过紧; (3)操作次数过多、使用年限太久	(1)改进操作,一般不允许用大钩子关闭小阀门; (2)制造产品时要合乎公差要求,选择材料要适当; (3)重新更换配件

3. 阀盖结合面漏(见表 3-17)

表 3-17 阀盖结合面漏故障原因及排除方法

产生原因	排除方法
(1)螺栓紧力不够或紧偏; (2)阀门盖垫片损坏; (3)结合面不平	(1)螺栓应对角紧,每个紧力一致,结合面间隙一致; (2)更换新垫; (3)解体,重新研磨结合面

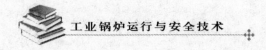

4. 阀瓣(闸板)与阀座密封面漏(见表 3-18)

表 3-18 阀瓣(闸板)与阀座密封面漏故障原因及排除方法

产生原因	排除方法
(1) 关闭不紧; (2) 研磨质量差; (3) 阀瓣与阀杆间隙过大,造成阀瓣下垂或接触不好; (4) 密封圈材料不良或杂质卡住	(1) 重新开启或关闭,用力不得过大; (2) 改进研磨方法,解体,重新研磨; (3) 调整阀瓣与阀杆间隙或更换阀瓣; (4) 重新更换或堆焊密封圈,消除杂质

5. 阀瓣腐蚀损坏(见表 3-19)

表 3-19 阀瓣腐蚀损坏故障原因及排除方法

产生原因	排除方法
阀瓣材料选择不当	(1) 按介质性质和温度选用合格阀瓣材料; (2) 更换合乎要求的阀门,安装符合介质的流动方向

6. 阀瓣、阀杆脱离造成开关不良(见表 3-20)

表 3-20 阀瓣、阀杆脱离造成开关不良故障原因及排除方法

产生原因	排除方法
(1) 修理不当或未加并帽垫圈,运行中由于汽水流动,使螺丝松动而阀瓣脱离; (2) 运行时间过长,使销子磨损或疲劳损坏	(1) 根据运行经验和检修记录,适当缩短检修间隔; (2) 阀瓣与阀杆的销子要合乎规则,材料质量要合乎要求

7. 阀瓣、阀座有裂纹(见表 3-21)

表 3-21 阀瓣、阀座有裂纹故障原因及排除方法

产生原因	排除方法
(1) 合金钢接合面堆焊时有裂纹; (2) 阀门两侧温度差太大	(1) 对有裂纹处应补焊,按规定进行热处理后,车光并研磨; (2) 控制温差

8. 阀座与壳体间泄漏(见表 3-22)

表 3-22 阀座与壳体间泄漏故障原因及排除方法

产生原因	排除方法
(1) 装配太松; (2) 有砂眼	(1) 将阀座取下,对泄漏处补焊后,车加工再嵌入阀座精车,或直接更换阀座; (2) 补焊砂眼处,车光、研磨

9. 填料盒泄漏(见表 3-23)

表 3-23　填料盒泄漏故障原因及排除方法

产生原因	排除方法
(1) 填料材质不当;	(1) 选合格填料;
(2) 加填料方法不对;	(2) 按规定加接口斜切 45°,相邻两圈接口错开 80°~90°;
(3) 填料压盖未压紧或压偏;	(3) 调整压盖,均匀用力拧紧压盖螺栓;
(4) 阀杆表面光洁度差或变成椭圆	(4) 修磨阀杆

10. 阀杆升降不灵或开关不动(见表 3-24)

表 3-24　阀杆升降不灵或开关不动故障原因及排除方法

产生原因	排除方法
(1) 冷态下关得太紧,受热后胀住或开太大;	(1) 用力缓慢试开,或开足并紧时再关 0.5~1 圈;
(2) 填料压得过紧;	(2) 稍松填料压盖螺丝试开;
(3) 阀杆与填料压盖间隙过小而胀住;	(3) 适当扩大阀杆与填料压盖的间隙;
(4) 阀杆与阀杆螺母丝扣损坏;	(4) 更换阀杆与螺母;
(5) 填料压盖紧偏卡住;	(5) 重新调整压盖螺栓,拧均;
(6) 通过高温介质时,润滑不良,阀杆严重锈蚀	(6) 高温介质通过的阀门应采用纯净石棉粉作润滑剂

第四章　锅炉附属设备

第一节　供水系统主要设备

为了保证锅炉正常与安全运行,必须有可靠的给水设备。给水设备的容量必须大于锅炉的蒸发量,给水压力必须高于锅炉的工作压力。

给水设备有蒸汽往复泵、电动离心泵和注水器等,目前主要使用的是电动离心泵。小型工业锅炉也有使用压力式水箱代替给水设备的。

一、蒸汽往复泵

蒸汽往复泵简称往复泵或汽动泵,是利用蒸汽驱动活塞做往复运动的给水泵,有立式与卧式、单缸与双缸等多种型式。

1. 蒸汽往复泵的原理与结构

蒸汽往复泵主要由蒸汽机、活塞式水泵两部分组成。

蒸汽机的工作原理如图4-1所示。从锅炉来的蒸汽,由进汽口经配汽室和左汽路引入汽缸的左侧,推动活塞向右运动。活塞右侧的废汽,经右汽路从排汽口排出。当活塞运

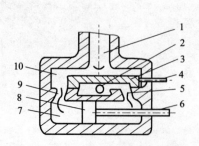

图4-1　蒸汽机工作原理示意图

1—进汽口;2—排汽口;3—滑动阀;4—连杆;
5—右汽路;6—活塞杆;7—汽缸;8—活塞;
9—左汽路;10—配汽室

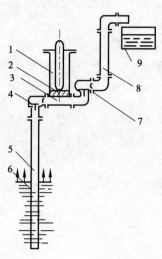

图4-2　水泵工作原理示意图

1—水缸;2—活塞;3—压水管;4—吸水阀;
5—吸水管;6—水源;7—压水阀;8—上水管;
9—水箱

动到右端时，滑动阀移动到左端，将左汽路遮住，右汽路同时被打开。蒸汽随即进入汽缸的右侧，推动活塞向左运动。活塞左侧的废汽，经左汽路从排汽口排出。这样，蒸汽推动活塞不停地往复运动，活塞的往复运动又带动活塞杆，使水泵活塞做相同的往复运动，从而使水泵周期性地吸水与出水。

水泵的工作原理如图 4-2 所示。当水泵尚未工作时，吸水管内充满空气。开始工作后，水缸内的活塞被蒸汽机带动向上运动，使水缸在活塞下面的容积随之增大而形成负压。这时，压水阀关闭，吸水阀开启，水受大气压力作用进入压水管内。当活塞再向下运动时，水缸下部的压力增大，使吸水阀关闭，压水阀开启，压水管内的水被压入水箱。

卧式双缸蒸汽往复泵的结构如图 4-3 所示。

为了简化传动机构，蒸汽机活塞和水泵活塞安装在同一根活塞杆上。由于左端的汽缸活塞面积大于右端的水缸活塞面积，所以用锅炉蒸汽推动汽缸活塞连带推动水缸活塞，可使给水获得较高的压力进入锅炉。

当蒸汽往复泵的蒸汽汽缸中活塞两边的空间轮流进汽和排汽时，就会使活塞做前后往复运动。一般往复泵的汽缸活塞面积比水缸活塞面积大 2～

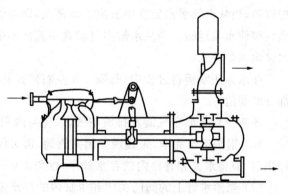

图 4-3 卧式双缸蒸汽往复泵

2.5 倍，如不计损失，当锅炉蒸汽压力推动活塞时，水缸活塞上会产生 2～2.5 倍锅炉蒸汽的压力。

2. 双缸蒸汽往复泵的工作特点

两个汽缸通过牵动装置连接，使两个活塞的运动方向恰好相反。当一个汽缸内的活塞行程接近终了而速度降低的时候，另一个汽缸内的活塞即开始运动，所以能够连续不断地向锅炉给水，又因为两个活塞的位置总是相反的，当上一活塞处于"死点"位置时，另一个活塞上面的进汽口就开始进汽，推动活塞运动，所以活塞不论在什么位置，只要开启进汽阀，水泵就能启动工作。

双缸蒸汽往复泵，其两缸行程应不超过额定行程的 5%。蒸汽往复泵一般用调节进汽量的方法调节流量。蒸汽往复泵运行时，蒸汽压力偏低会产生水泵不动作的故障。

蒸汽往复泵的最大理论吸水高度为 10 m，即一个大气压。但由于管道阻力和严密性等影响，实际吸水高度一般不超过 7 m。吸水高度还随水温升高而降低，当水温超过 70 ℃时，就不能自行吸水。这时，需对给水施加压力，才能将其压入吸水管内。

蒸汽往复泵的优点是：工作可靠，启动容易，水量调节方便，操作维护简单。缺点是：消耗蒸汽较多，工作时有间隙性，使给水有一定的脉冲。传动机构复杂，成本高，出水不均匀，多以备用水泵形式设置于工业锅炉房，也有小型锅炉房以它作为主给水设备的。

3. 往复泵流量调节方法

（1）旁路调节。将泵出口多余流体经旁路管排回收入管，通过调节旁路管阀门开度大小来调节排出管流量。

（2）通过调节进汽阀的开度来改变往复泵的往复次数从而调节流量。

4. 蒸汽往复泵的操作步骤与使用注意事项

（1）油杯内的润滑油应足够，填料箱中的填料应松紧合适。

（2）先开启通到锅炉给水管上的阀门，再开启通到水源（水箱或水池）进水管上的阀门。

（3）开启汽缸底部的泄水旋塞排放存水，开启水缸上部的空气旋塞排放空气。

（4）汽缸废汽管应畅通，如管上装有阀门应予开启，以备排放废汽。

（5）滑动阀不得处于正中间位置，否则难以启动水泵。稍开蒸汽阀，使蒸汽缓慢进入配汽箱，当从汽缸泄水旋塞中冒出干燥蒸汽，即暖管结束后，先关闭泄水旋塞，再逐渐开大蒸汽阀使水泵运转。当从水缸空气旋塞中流出不带气泡的水流时，即可关闭空气旋塞，使水泵向锅炉进水。

在水泵正常运行过程中，每隔 3 h 左右向油杯内加油一次，以保持销子、连杆和滑动部分的润滑。

还应定期开启空气旋塞排放空气，以免泵内积存空气影响进水。

（6）锅炉进水完毕，先缓慢关闭蒸汽阀，再关闭进水管和给水管上的阀门。冬季锅炉停用后，应将水泵和管路内的存水放净，以免冻坏设备。

（7）当给水管上的阀门关闭和水缸内的存水未放净时，不得将泵启动，否则会使水压很快升高而损坏水泵。

（8）长期处于备用的蒸汽往复泵，应定期空载启动，以保持运动部件可靠运转。

（9）往复泵的滚动轴承最高温度不得超过 70 ℃。

（10）作为备用泵，蒸汽往复泵的流量应满足所有运行锅炉在额定蒸发量时 40%～60% 的需水量。

（11）蒸汽往复泵试运转时在工作压力下连续运转不少于 8 h。

（12）蒸汽往复泵的纵横向不水平度不超过 0.1/1 000。

5. 蒸汽往复式给水泵常见的故障、原因及排除方法

蒸汽往复式给水泵常见的故障、原因及排除方法见表 4-1。

表 4-1　蒸汽往复式给水泵常见的故障、原因及排除方法

故　障	原　因	排除方法
完全不出水	（1）进水管或底阀阻塞； （2）吸水高度太大； （3）吸水管或盘根不严，漏进空气，吸水阀关不严，灌不进引水； （4）给水温度过高； （5）给水管阀门没有打开； （6）水箱缺水，水缸发热； （7）机械传动部分卡住	（1）清理进水管或底阀； （2）适当降低吸水高度； （3）检修吸水管、吸水阀或盘根； （4）适当降低给水温度； （5）打开给水管阀门； （6）向水缸加水并冷却水缸； （7）检修机械传动部分

故　　障	原　　因	排除方法
出水量不足	(1) 进水管或底阀阻塞； (2) 吸水高度较大； (3) 吸水管细而长； (4) 输送热水时进水压头小； (5) 盆形阀与阀座之间被杂物阻塞； (6) 汽缸活塞或汽阀磨损过度	(1) 清理进水管或底阀； (2) 适当降低吸水高度； (3) 适当改进吸水管； (4) 增加水量，加大压头； (5) 清除阻塞物； (6) 研磨或更换汽缸活塞及汽阀
水泵运行时有撞击声或振动	(1) 水里有空气； (2) 进水管水流波动； (3) 输送热水没有足够的压头； (4) 活塞或活塞杆的连接稳销脱落； (5) 往复速度太快； (6) 主轴承、十字头、活塞销、曲轴等太松	(1) 检查漏气的部位； (2) 保持水箱水位和进水管口水流的稳定； (3) 增大压头； (4) 检查紧固稳销； (5) 适当降低速度； (6) 检查，加以紧固

二、电动给水泵

1. 给水泵的主要参数

电动给水泵的主要性能参数有流量、扬程、允许气蚀余量、允许吸上真空高度、轴功率、效率、转速等。

1）流量

流量是指泵在单位时间内输送流体的体积，常用符号 Q 表示，单位是米³/小时（m^3/h），泵的流量与泵的种类、吸入口直径及转速有关。

2）扬程

扬程是单位重量液体通过泵获得的能量增值，常用符号 H 表示，单位是帕（Pa）。工程单位用米水柱表示，即指泵在理论上能提升的液体高度。泵的扬程大小与叶轮直径、转速及级数有关。叶轮直径越大，转速越高，级数越多，则扬程越大。同一台水泵扬程的大小与叶轮直径的平方成正比。

多级水泵的总扬程为组成该泵的单级泵扬程之和。

3）允许气蚀余量

泵在输送液体时，抽吸入口的总能量低于泵吸入液体的阻力（因为有管路的阻力损失）。

另外，当泵吸入口的能量低于吸入液面温度下水的汽化压力时，液体汽化产生气体伴同液体一起进入泵，使泵产生气蚀振动与冲击，严重时使泵停止运行，因此要使泵正常运转，其吸入口液体能量一定要超过液体吸入温度下的汽化压力值，这个超出汽化压力的最小极限值称为泵的气蚀余量，用 Δh 表示。

水泵产生气蚀的主要原因是此处水压力低于对应的饱和压力，造成汽化，形成气蚀。当水泵的吸水管路漏气时，可能会造成气蚀或水泵不出水。

4）允许吸上真空高度

允许吸上真空高度是指泵安装在吸入液面之上，泵抽液体入泵的能力。数值上等于

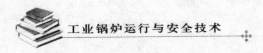

泵的吸上扬程的最大值。用 H_s 表示,单位为米(m)。

5) 轴功率和有效功率

轴功率是指泵的输入功率。它表示动力机输送给水泵的功率。用 N 表示,单位是 kW。

有效功率是指泵的输出功率。它表示单位时间内流过水泵的介质从水泵得到的能量,用 N_e 表示,单位是 kW。可根据水泵的流量和扬程计算,即

$$N_e = \rho QH / 102$$

6) 效率

效率是指水泵有效功率和轴功率之比值。它是反映水泵对动力的利用情况的一项技术经济指标。用 η 表示,表达式为:

$$\eta = \frac{N_e}{N} \times 100\%$$

由此可得出水泵的轴功率:

$$N = N_e / \eta = \rho QH / (102\eta)$$

7) 转速

转速是指泵轴每分钟旋转的次数。用 n 表示,单位是 r/min。

2. 电动给水泵的分类

按泵轴位置可分为立式泵和卧式泵两类。

按叶轮数量可分为单级泵和多级泵。

按出水压力可分为低压、中压和高压泵。高压离心式水泵的扬程高于 160 m。

按吸入口数量可分为单吸离心泵和双吸离心泵。双吸离心泵其流量为单吸的 2 倍。

3. 水泵的特性

1) 水泵的流量、扬程、功率与转速的关系

水泵流量 $Q(\text{m}^3/\text{h})$、扬程 $H(\text{m})$、功率 $N(\text{kW})$ 和叶轮转速 $n(\text{r/min})$ 之间有如下关系:

$$\frac{Q}{Q'} = \frac{n}{n'}; \ \frac{H}{H'} = \frac{n^2}{n'^2}; \ \frac{N}{N'} = \frac{n^3}{n'^3}$$

式中,带"′"者为水泵不同工况下的运行参数。

2) 水泵有效功率的计算

$$N_e = QH\rho g$$

式中:N_e——泵的有效功率,kW;

ρ——水的密度,$\rho = 1\,000 \text{ kg/m}^3$;

g——重力加速度,m/s²。

3) 水泵配套电机功率的计算

$$N_{电} = KN_{轴}$$

式中:$N_{电}$——配套电机的轴功率,kW;

K——安全系数;

$N_{轴}$——水泵的轴功率,kW。

$$N_{配}\eta_{传} = KN_{轴}$$

式中:$N_{配}$——水泵的配套功率,kW;

K——备用系数;

$\eta_{传}$——传动效率。

4）水泵性能曲线

上述几种水泵运行参数之间的关系，常由厂家通过性能实验以水泵性能曲线形式给出。

图 4-4 为水泵性能曲线，一般表明了扬程、效率、功率与流量之间的关系。

对于离心式水泵，工作特性曲线（也称扬程曲线，H-Q 曲线）有三种：一种为平坦型曲线，最佳扬程（效率最高）与最高扬程（$Q=0$）相差 12％左右；另一种为陡降型曲线，最佳扬程与最高扬程相差 40％左右；第三种为驼峰型曲线，当流量减小时，扬程上升达最大值，流量继续下降，扬程开始下降，当流量为 0 时，扬程达较小值。

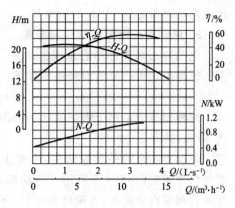

图 4-4　单级泵的性能曲线

通常情况下，水泵流量愈大其功率愈大。流量在某一区段内效率最高。一般推荐效率最高的区段作为水泵的工作区段。

5）水泵的比转速

由于离心式水泵和轴流式水泵的流量和扬程差别很大，叶轮级数不同，结构形式多种多样，其尺寸关系变化较大，无法将它们直接进行比较。所以，为了比较具有不同扬程和流量的各种水泵，我们可以采用比转数 n_s 的概念。

将某台水泵的尺寸，几何相似地缩小成扬程为 1 m，流量为 0.075 m³/s，水力效率和容积效率与原来的水泵相等的标准泵，此时标准泵的转速称为比转数 n_s。

对于单级单吸的水泵，n_s 为：

$$n_s = 3.65 \frac{n\sqrt{Q}}{H^{3/4}}$$

式中：n——水泵的转速，r/min；

Q——水泵的流量，m³/s；

H——水泵的扬程，m。

如果是双吸式水泵，比转数 n_s 应以下式计算：

$$n_s = 3.65 \frac{n\sqrt{Q/2}}{H^{3/4}}$$

如果是多级泵，比转数 n_s 应以下式计算：

$$n_s = 3.65 \frac{n\sqrt{Q/2}}{(H/Z)^{3/4}}$$

式中：Z——泵的级数。

相似的泵比转速相同。可以从电动给水泵的比转速大小上大致了解泵的性能和构造情况。

4. 给水泵的选择

（1）离心式水泵在选用时应以锅炉在最大负荷下的给水量及与此相应的压力为准。

（2）在选用泵的流量时，可用额定负荷时的流量乘以一个大于 1 的流量储备系数，得出泵的流量。

（3）锅炉房最少应有两台独立工作的给水泵，每台流量均应满足所有运行锅炉在额定蒸发量时所需的110%的给水量。

5. 电动离心水泵的结构与原理

电动离心泵简称离心泵或电动泵,是利用电力驱动叶片旋转而产生离心作用的给水泵。现将电动离心泵的型号举例如下:

$$40DG—40×5$$

这种型号表示用于锅炉的(G)电动(D)离心给水泵,吸水口直径为40 mm,单级扬程为40 m,共有5个叶轮。

电动离心泵的外形像蜗牛,主要由叶片、叶轮、外壳和吸水管等构件组成,如图4-5所示。电动离心泵在启动之前,必须往吸水管和泵内灌满水,否则叶轮空转,不能自行吸水。当叶轮以1 500或3 000 r/min的高速旋转时,在离心力的作用下,水从叶轮中心甩向壳壁,使水泵内产生真空,水源水便在大气压力作用下从吸水管进入泵内。被叶轮甩出的水具有一定的压力,从而顶开给水止回阀进入锅炉。水泵的叶轮直径越大,出水压力也越大。只有一个叶轮的水泵称为单级离心泵,一般可产生5～8 kgf/cm²(1 kgf/cm² = 98.07 kPa)的压力。出水压力的大小还与转速的平方成正比,但是叶轮转速不可能无限制地提高。

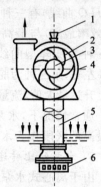

图4-5 单级电动离心泵
1—漏斗;2—叶片;3—叶轮;
4—外壳;5—吸水管;6—滤阀

如果需要更高的出水压力,可在水泵主轴上顺序装置数个叶轮,并用隔板将它们彼此隔开,再用连接管把各组泵体依次串接起来,成为多级离心泵,使出水压力逐级递增。压力较高的锅炉一般采用多级离心泵。

离心泵运行时会产生轴向推力。对于单级泵来说,可采用平衡孔、平衡管和双吸式叶轮等方法来消除轴向推力;对于多级泵来说,采用平衡盘来消除轴向推力。

在电动离心泵上应配备下列附件:

(1) 在通到锅炉的给水管上应有截止阀和止回阀。

(2) 在水泵出口处应有压力表。

(3) 在水泵外壳上应有空气阀。

(4) 应有向泵壳内灌水的漏斗或水管。

(5) 若水泵用于抽水,应有测量吸水管负压的真空计。

(6) 在吸水管末端应有吸水阀和过滤网。

电动离心泵与蒸汽往复泵相比,具有给水连续均匀、体积小和重量轻等优点;但操作不方便,运行费用较高,在小水量和高压头时效率较低。

6. 电动离心泵的操作步骤与注意事项

(1) 传动轴与水泵轴的旋转方向应一致,叶轮转动应灵活无金属相撞声,轴承盒内润滑油应充足,填料和填料盖松紧程度应适当。

(2) 开启空气阀门,并通过漏斗或水管向泵壳内灌水,直至空气阀中流出不带气泡的水后,关闭空气阀。如果泵的位置低于水箱液面,可不预先灌水。

(3) 先完全开启进水阀,再开动电动机,使水泵叶轮旋转。当压力表指针升到规定的压力值时,缓慢开启出水阀,并逐渐调至所需的水量。

（4）在正常运转时，经常检查水泵和电动机。例如，轴封处应有微量水漏出，以保持润滑和冷却；轴承温度不应超过 60 ℃，如果温度太高应停泵检查，在未查明原因之前不得用水或油冷却。

离心式水泵启动后应注意电机电流不应大于额定电流。电动给水泵运行中应每隔半小时检查一次泵的振幅值，要求不大于 0.06 mm，并做记录。

（5）停止水泵运转时，在缓慢关闭出水阀后，立即停止电动机，水泵连续运转时间不应超过 3 min。再关闭进水阀，开启空气阀。冬季应将水泵和管路内的存水放净，以免冻坏设备。

7. 电动离心泵的常见故障、原因及排除方法

电动离心泵常见的故障、原因及排除方法见表 4-2。

表 4-2　电动离心泵常见的故障、原因及排除方法

故　障	原　因	排除方法
水泵不出水	（1）水泵或吸水管有空气； （2）底阀深入水中的深度不够； （3）吸水管、底阀和泵壳有泄漏，灌不满水； （4）转速太低或皮带太松； （5）水泵反转； （6）叶轮、吸水管、底阀被污物阻塞； （7）吸水管路阻力过大	（1）排出吸水管内空气； （2）增加底阀在水中的深度； （3）消除泄漏并灌满水； （4）调整转速，拉紧皮带； （5）调整转向； （6）检查泵体，清除污物； （7）检查或更换吸水管
运转中出水量减少或扬程降低	（1）转速降低； （2）水中有空气； （3）水位下降，吸水压头增加； （4）叶轮、吸水管或底阀被污物阻塞； （5）叶轮密封环损坏	（1）提高泵的转速； （2）排除水中空气； （3）向水源增加水量； （4）检查泵体，清除污物； （5）更换密封环
轴承过热或损坏	（1）润滑不好，轴承缺油； （2）轴弯曲或轴承损坏； （3）轴承间隙太小； （4）水泵与电动机不同心	（1）向轴承加油； （2）校正轴或更换轴承； （3）调整轴承间隙； （4）调准两轴中心线
水泵振动或运行中有噪音	（1）水泵与电动机不同心； （2）叶轮碰外壳； （3）轴弯曲或轴承损坏； （4）进、出水管的固定装置松动； （5）吸水高度太大，给水温度高	（1）调准两轮中心线； （2）检查泵体，清除碰壳现象； （3）校正或更换轴与轴承； （4）拧紧固定装置的螺栓； （5）降低吸水高度和给水温度
功率消耗过大	（1）盘根太紧； （2）叶轮损坏； （3）出水量大	（1）调整盘根； （2）更换叶轮； （3）降低流量

三、压力式水箱

压力式水箱属于压力容器，承受与锅炉相等的工作压力。其安装位置必须高于锅炉，如图 4-6 所示。利用水箱与锅炉之间位差产生的静压，将水箱内的水注入锅炉。

压力式水箱的工作过程如下：

（1）水箱进水。关闭进汽阀和给水阀，开启空气阀，使水箱不受压。然后开启进水阀向水箱进水。待进水完毕，关闭进水阀和空气阀。

（2）水箱受压。开启进汽阀，使锅炉蒸汽进入水箱，水箱压力表指针逐渐上升，直至与锅炉工作压力相等。

（3）向锅炉给水。开启锅炉给水阀，水箱内的水自动顶开止回阀进入锅炉。

压力式水箱特点如下：

压力式水箱设备简单，操作方便，可使给水得到预热。但是只能间断给水，特别是水箱的结构和强度必须符合有关规定，并且应与锅炉同样进行维护和检验。因此，压力式水箱仅适用于小型低压蒸汽锅炉。

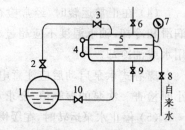

图 4-6 压力式水箱
1—锅筒；2—锅筒副汽阀；3—进汽阀；
4—水位表；5—水箱；6—空气阀；
7—压力表；8—进水阀；9—放水阀；
10—锅炉给水阀

四、热水泵

热水锅炉网路循环水泵，因材质不同而适用于不同温度的热水，一般分为两类：Ⅰ类循环泵的适用水温不超过 150 ℃，Ⅱ类循环泵的适用水温不超过 400 ℃。

常用热水循环泵的型号有下列两种。

一种型号表示方法为：

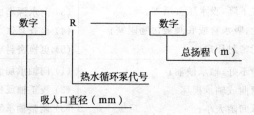

例如，80R-60 型热水循环泵的主要参数是：水泵吸入口直径为 80 mm，总扬程为 60 m。

另一种型号表示方法为：

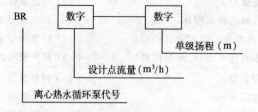

例如，BR100-60 型离心热水循环泵的主要参数是：流量为 100 m³/h，单级扬程为 60 m。

1. 对循环水泵的选择要求

（1）循环水泵的流量，应根据设计温差、用户耗热量和管网热损失等因素确定。在锅炉出口管段与循环水泵进口管段之间装设旁通管时，还应计入流往旁通管的循环水量。

（2）循环水泵的扬程不应小于下列各项之和：

① 热水锅炉或热交换器内部系统的压力降。

② 供、回水干管的压力降。

③ 最不利用户内部系统的压力降。

(3) 并联工作的循环水泵,其使用特性曲线宜相同。

(4) 循环水泵的台数,应根据供热系统规模和运行调节方式确定,一般不应少于两台。在其中任一台停止运行时,其余水泵的总流量应满足最大循环水量的需要,并且应有防止突然停泵后锅炉超温、锅水汽化和水击的可靠措施。

2. 对补给水泵的选择要求

(1) 补给水泵的流量,除应满足热水系统的正常补给水量外,还应能满足因事故增加的补给水量,一般为正常补给水量的 4～5 倍。

(2) 补给水泵的扬程,不应小于补水点压力加 3～5 m。

第二节　烟风系统的主要设备

锅炉在运行过程中,需要短时间内燃烧大量燃料,这就需要供给大量的氧气(空气),所以锅炉在运行中,必须进行通风。锅炉的通风方式有自然通风和机械通风两种。

自然通风就是利用烟囱内的热烟气和外界的冷空气的密度差所形成的抽力(自拔风)来进行的通风。烟囱愈高抽力愈大,烟囱的高度除满足克服烟风系统的阻力外,还要满足国家规定的"锅炉烟尘排放标准"的最低高度。

机械通风就是利用风机设备进行的通风。机械通风的方式有三种:一是负压通风,就是在锅炉与烟囱间设引风机引风,炉膛内的烟气压力呈负压状态。它的优点是锅炉房环境卫生条件好;不足是吸入冷空气,使空气过剩系数增加,排烟热损失增加,从而使锅炉热效率有所降低。这种通风适用于小型锅炉。二是正压通风,就是在锅炉前用鼓风机送风,烟膛内的烟气压力呈微正压状态。烟风系统的全部阻力由鼓风机和烟囱来克服。由于微正压,燃烧得到强化。这种通风应用较广泛。三是平衡通风,就是在锅炉前用鼓风机送风,锅炉与烟囱间设引风机引风,炉膛内的烟气压力呈平衡状态。用鼓风机来克服风道、空气预热器和燃烧器的阻力,利用引风机来克服炉膛出口的阻力。这种通风综合了正负压通风的优点,锅炉烟道全部处于合理的负压工作,但负压值小,漏风量小,锅炉效率相应提高,锅炉房卫生条件也得到改善。这种通风应用于大中型锅炉。下面就机械通风中常用的离心式风机加以介绍。

一、离心式风机的分类及性能

1. 锅炉用离心式风机分类的方式

按压头分有低压风机(全压值小于 980 Pa)、中压风机(全压值在 980～2 940 Pa)、高压风机(全压值大于 2 940 Pa)。

按风机入口进风方式分为单面进风离心式风机、双面进风离心式风机。

按风机作用分为鼓风机和引风机。

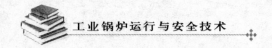

2. 离心式风机的基本参数

基本参数有风量、压头、效率、转速、轴功率等。

风量是指风机每小时送风或排风的体积，以 m^3/h 表示。

压头是指风机出入口风压的差值，以 Pa 表示。与离心式水泵一样，离心式风机的压头与叶轮直径、转速和流体密度有关。

效率是指风机有效功率与轴功率比值的百分数。新式风机可达 90% 以上。

转速是指风机叶轮每分钟旋转的次数，以 r/min 表示。锅炉用风机一般都在 980 r/min 以下。

轴功率是指电动机输送给风机的功率，以 kW 表示。

风机最主要的参数是风量、压头和效率。在额定负荷下，烟风道的压力和流量确定后，即可选择风机。

二、离心式风机的工作原理及结构

如果将气体看成不可压缩的流体，离心式风机与离心式水泵的原理是相同的，结构也是相似的。即电机带动风机叶轮转动时，迫使叶轮间的空气做旋转流动，从而使气体产生离心力被抛向叶片外，由风机出口排出。这时，叶轮中的空间形成了真空，风机入口处的空气在大气压力作用下进入叶轮内。由于风机叶轮是连续转动的，所以风机产生了连续不断的吸、排空气作用。离心式风机所产生的全压力随风量变化发生比较平稳的变化，但与轴流式风机相比，效率较低。

离心式风机的结构如图 4-7 所示。它主要由机壳、叶轮、传动部件、集流器和调节装置组成。

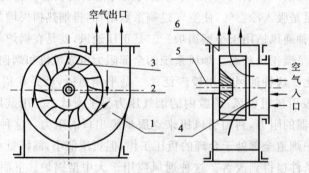

图 4-7　离心式风机

1—机壳；2—叶轮；3—叶片；4—吸气口；5—转轴；6—排气口

1. 机壳（蜗壳）

机壳是风机的外壳。它是根据风机叶轮的大小，按结构正方形方法绘制的蜗旋室，通常是宽度不变，其断面沿叶轮转动方向逐渐扩大，呈蜗牛形，故称蜗壳。

2. 叶轮

叶轮是风机的主要部件。它由前盘、后盘（双进的称中盘）、叶片和轮毂等组成。常见的结构形式如图 4-8 所示。

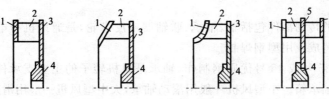

图 4-8 叶轮结构形式

1—前盘;2—叶片;3—后盘;4—轮毂;5—中盘

叶片的形状、装置角度和质量与风机的效率、耗电量、安全运转等关系密切。常见的几种叶片的形状为:前弯式(风机叶片出口安装角度大于 90°),如图 4-9 所示,这种叶片的风机风压高,结构紧凑,出口损失高,气流动损失大,而效率低,耗电量大;后弯式(风机叶片出口安装角度小于 90°),如图 4-10 所示,这种叶片的风机效率高,但风压低,耗电量小,目前采用较多;直叶式,如图 4-11 所示,这种叶片的风机制造安装容易,但耗电量大,转速慢,效率低,近年来采用极少;机翼式,如图 4-12 所示,这种叶片是在后弯式叶片的基础上经改进的新型叶片,叶片断面呈飞机机翼断面形。这种叶片的风机,效率高,运行平衡,耗电量少,进口阻力小,是近年来推广的高效风机。

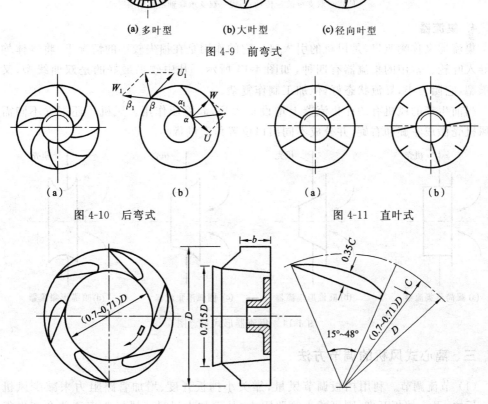

(a) 多叶型　　　　**(b)** 大叶型　　　　**(c)** 径向叶型

图 4-9　前弯式

（a）　　　　　　　　（b）　　　　　　　　（a）　　　　　　　　（b）

图 4-10　后弯式　　　　　　　图 4-11　直叶式

图 4-12　机翼式叶片

3．传动部件

离心式风机的传动部件包括轴、轴承、联轴器或皮带轮,是通风机与电动机连接的构件。机座用铸铁铸成或用型钢焊制。

风机的轴由 35 号或 45 号优质钢制作,轴承是风机转子的主要支承件。常用整体轴承箱或两个单体轴承箱。小型风机一般用滚动轴承,大中型风机一般用滑动轴承。

离心式风机与电动机的连接方式共有六种,如图 4-13 所示。其中 A 式比较可靠、紧凑、经济、噪音低,它适用于小型风机。

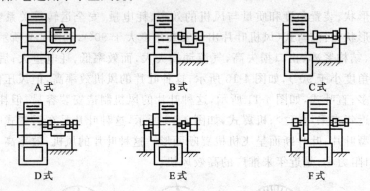

图 4-13　离心式通风机的传动方式简图
A 式—直联传动;B 式、C 式—悬臂支承皮带传动;D 式—悬臂支承联轴器传动
E 式—双支承波带传动;F 式—双支承联轴器传动

4．集流器

集流器又称喇叭口,是风机的引入口。它的作用是在损失较小的情况下,将气体均匀地导入叶轮。常用的集流器有四种,如图 4-14 所示。其中效果最好的是双曲线型,又称喷嘴型,它阻力小,导流状态好,但加工制作复杂。

当前生产的风机有的在集流器上增设扩大环,起稳压作用。风机厂还根据不同需求将风机壳做成左旋和右旋,并分成不同出口位置角度供货。

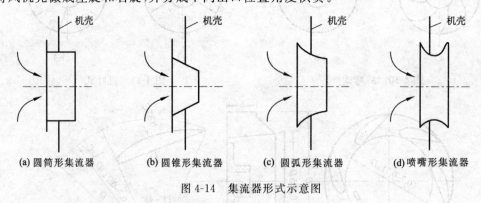

(a) 圆筒形集流器　　(b) 圆锥形集流器　　(c) 圆弧形集流器　　(d) 喷嘴形集流器

图 4-14　集流器形式示意图

三、离心式风机的调节方法

(1) 节流调节。利用挡板调节风量,靠关小挡板开度、增加管路阻力来减少风机流量。反之,开大挡板开度,则可减小管路阻力,从而加大风量。风机节流调节会产生很大

的节流损失,但由于操作方便简单,因此小型锅炉广泛采用。

(2)改变转数。利用变频调节改变电动机转数,或采用液力联轴器改变风机的转数,调节风机流量。此时靠降低风机转数,使风机压头变小来减少风机的风量;反之,提高转数会提高风机压头,从而增大风机风量。风机变速调节不会产生节流损失。

(3)改变导向器叶片开度。改变导向器叶片开度也可改变风机压头,达到改变风量的目的,因为导向器的主要作用是使气流进入风机叶轮以前预先转向,从而可以改变风压。

四、风机的操作步骤与使用注意事项

(1)启动之前应先检查风机的防护设备,要求齐全,壳体内无杂物,入口挡板开关灵活,电气设备正常,地脚螺栓紧固,润滑油充足,冷却水管畅通等。

(2)用手盘车检查,主轴和叶轮应转动灵活,无杂音。

(3)关闭入口挡板,稍开出口挡板,用手指重复操作开、停按钮,风机叶轮转动方向应与要求相符。

(4)稍开入口挡板,启动风机。此时要注意电流表的指针迅速跳到最高值,但经5~10 s后又退回到空载电流值。如果指针不能迅速退回,应立即停用,以免电动机过载损坏。如果重新启动时仍然如此,则应查明原因,待故障排除后再行启动。

(5)待风机转入正常运行,逐渐开大挡板,直至规定负荷为止。正常运行时应保持轴承箱内的油位在轴位置的三分之二处,轴承温度不超过 40 ℃。

(6)如果风机在运行中振动,摩擦不很严重,可降低负荷,查清原因,尽快排除故障。

(7)风机在运行中出现轴承温度剧烈上升现象时,应立即停止运行。

五、风机的常见故障及排除方法

常见的风机故障、原因及排除方法见表4-3。

表 4-3 常见的风机故障、原因及排除方法

故　障	原　因	排除方法
风压及风量不足	(1)进、出风道挡板或网罩阻塞; (2)送风管道破裂或法兰泄漏; (3)叶轮、机壳和密封圈磨损; (4)旋转方向不对或转数不够	(1)检查并排除杂物; (2)焊补破裂口或更换法兰热片; (3)更换或焊补损坏部位; (4)改变转向或增加转数
转子和外壳相碰	(1)叶轮与轴松动或叶轮变形; (2)风机窜轴,使转子与外壳接触; (3)机壳变形	(1)紧固叶轮与轴或更换叶轮; (2)将窜轴量矫正至允许值; (3)矫正并加固机壳,降低排烟温度
电动机发热电流过大	(1)电源电压过低或单相断路; (2)联轴器连接不正	(1)调整电源,使之恢复正常; (2)重新调整找正
轴承发热	(1)轴承损坏或质量不好; (2)轴承安装不正; (3)轴承润滑油不足或质量低劣; (4)冷却水管路堵塞	(1)更换轴承; (2)重新找正; (3)加添润滑油或更换轴承; (4)清理疏通冷却水管路

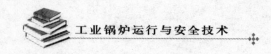

续表

故 障	原 因	排除方法
地脚螺丝松动	(1) 基础浇灌质量不良; (2) 地脚螺钉质量不合要求; (3) 安装不良	(1) 重新浇灌; (2) 更换螺钉; (3) 重新紧固螺帽
风机振动	(1) 风机轴与电机轴不同心或者联轴器不正; (2) 叶轮变形或者叶轮上的铆钉松动; (3) 基础不稳固或者地脚螺栓松动; (4) 轴子不平衡; (5) 轴承损坏	(1) 拆开校正同心度; (2) 更换叶轮或者加固叶轮; (3) 增大基础或者紧固螺栓; (4) 更换转子; (5) 更换轴承

第三节　燃油系统的主要设备

一、燃油流程

目前燃油锅炉燃油流程,应用最广泛的是回油调节流程,其流程方框图如下:

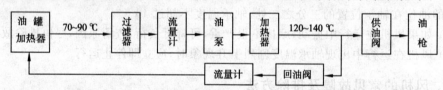

回油调节流程的优点是,负荷调节比大。锅炉在低负荷时,供油压力不变,回油阀开大,回油量增加,进入炉膛的燃油减少,达到降低锅炉负荷的目的。在低负荷回油调节时,也能保证正常燃烧。回油调节流程的不足是,在运行时,需经常注意油罐的油温,防止回油量增多而导致油温增高,引起"突沸"冒顶跑油。

二、燃油设备

通过燃油流程,我们对燃油设备的种类大致有所了解,其中主要设备分述如下。

1. 油罐

油罐是储存加热燃油的设备。为了满足锅炉正常运行的需要,油罐必须满足下列要求:

(1) 数量至少要两个以上。主要是便于计量、清扫。

(2) 容积要留有余地。其充装量要控制在总容量的 85% 以内,主要是为了防止由于温度升高造成跑油外泄。

(3) 油罐内要设加热器。主要是为了降低粘度,从而保证燃油在管内、泵内正常流动,保证杂质水分沉淀分离。

(4) 油罐上还设有必要的附件,如人孔、阻火器、油位计等。

2. 燃油过滤器

装设燃油过滤器(见图 4-15)的目的是清除燃油中的杂物,以保护油泵和燃烧器油喷嘴以及油量调节阀,有效地防止油喷嘴堵塞和磨损等。

燃油过滤器一般装在燃油泵的吸入侧,必须装设两台,一台运行,另一台备用。装一个切换阀,以备排除故障和清扫时用。

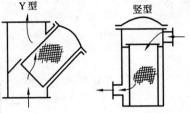

图 4-15　燃油过滤器结构图

燃油过滤器的清扫,至少每日一次,燃油过滤器的前后应装设压力表(或差压表)。当进出口的压力差达到 0.02 MPa 以上时,必须清扫燃油过滤器金属网。

过滤网孔大小的选择规则如下:

(1) 过滤网孔为 0.6~1.2 mm 时,小孔的总截面积为普通内截面积的 10~30 倍。

(2) 出口侧过滤器的孔径比进口侧小时,小孔的总截面积为进口侧小孔总截面积。

3. 油泵

燃油在系统中的动力来自油泵,相当于人体内的血液流动和心脏的关系,所以油泵在燃油系统中,起着举足轻重的作用。锅炉燃油泵至少设置两台,一用一备,以保证系统安全可靠运行。目前最常用的油泵主要有螺杆式和齿轮式两种,现分述如下。

(1) 螺杆式油泵。

常用的螺杆式油泵是 3G 型三螺杆油泵,是转子型容积泵。它的构造主要为扁长筒式泵壳,泵壳内有三根螺杆,中间一根为主动螺杆,其他两根为从动螺杆,螺杆两端设轴套和轴封。中等以上流量的螺杆泵,泵壳内还设单独的衬套,泵壳两端垂直方向设有进口和出口。

使用螺杆式油泵要注意如下几方面问题:

① 安装油泵时,进油管长度要尽量短,弯头要尽量少,以减少阻力,防止噪音和振动。一般在油泵的出口一侧装有安全阀,保证得到要求的稳定油压和防止意外故障。

② 燃油不能有杂质,泵前要设滤油器。

③ 避免低温启动,防止固油的粘度太大时造成油泵不出油的现象,以及电机超负荷或损坏油泵,但温度也不宜超过 80 ℃。

④ 避免"干泵"启动,首次启动的泵,要先充满燃油后,再启动。

⑤ 避免反转,油泵电机新接线时,要脱开联轴器,检查电机和油泵的旋转方向是否一致。

⑥ 在启动前,必须全部打开进、出油阀。出口侧应设有安全阀,压力超出时,部分燃油通过安全阀流回吸入侧。

⑦ 油泵启动后,要注意电流表、压力表的数值,如超出规定值,要停泵找原因。

⑧ 轴密封处滴油,属正常现象。如大量泄漏,软填料密封的,要调紧填料压盖或更换填料;端面密封的,要停泵修理。

⑨ 停炉扫线时,要避免蒸汽通过泵内,保持油封防腐。

(2) 齿轮式油泵。

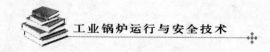

常用的齿轮式油泵型号有 2CY 和 CB 型。它的构造主要为泵壳,泵壳内有两个齿轮,其中一个是主动齿轮,一个是从动齿轮,主动齿轮通过泵轴、联轴器和电机连接,如图 4-16 所示。

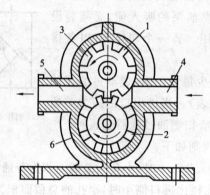

图 4-16　齿轮油泵

1—主动齿轮;2—从动齿轮;3—工作室;4—入口管;5—出口管;6—泵壳

使用齿轮式油泵的注意事项与螺杆式油泵基本相同,只是对油温的要求更严格一些,一般不超过 60 ℃。

第四节　燃气系统的主要设备

在燃气比较富裕的区域,中小型锅炉,应首先考虑用燃气作燃料。它除了可以充分利用本区域内的过剩资源外,还有设备简单、操作运行方便等优点。

一、燃气流程

燃气锅炉燃气流程顺序如下:① 外网或调压站;② 锅炉房总调节阀;③ 干管分控制阀;④ 锅炉切断阀;⑤ 流量孔板;⑥ 锅炉快速切断电磁阀;⑦ 工作阀;⑧ 燃烧器快速切断电磁阀;⑨ 燃烧器控制阀;⑩ 燃烧器。

在工作阀与锅炉快速切断电磁阀之间,设压力表、温度计和停炉放空阀(管)。在流量孔板之前接入吹扫管道。在每台锅炉的进气支管和每只燃烧器前的配管上设有快速切断电磁阀,其作用是在发生事故时能迅速切断供气,确保安全。快速切断电磁阀可根据锅炉设备情况与锅炉风机、熄火保护装置联锁,实现程序控制和燃烧自动保护。

二、燃气设备

1. 气动调节器

气动调节器的作用是使气压保持稳定。它由气动薄膜和调节阀两部分组成。气动薄膜承受由调节器输出的风压并获得能量使阀杆移动;调节阀通过阀门开度的变化来改变介质通过的能力。

气动调节器的分类有:气开式,即有信号时压力阀开,无信号时阀关;气关式,即有信

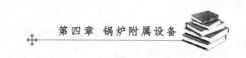

号时压力阀关,无信号时阀开。

对气动调节器的安装要求有:① 要垂直安装在水平管道上;② 要装置旁通管路;③ 阀体上的指示方向要与介质流动方向一致;④ 调节器要满足适用的温度范围。

2. 填料过滤器

过滤器的作用是使介质通过和填料接触,除掉固体或液体的尘粒,达到净化介质的目的。

填料过滤器中的填料应选用强度高、纤维长的材料,如玻璃纤维、马鬃等。填料在装入过滤器前应浸透油以提高过滤的效率。

3. 流量计

流量计的作用是测定所耗燃气的体积或质量。

测量体积流量一般选用差压式流量计或容积式流量计。差压式流量计适用于大流量的输气系统;容积式流量计适用于小流量的输气系统。

4. 气燃烧器

气燃烧器是直接将燃气投入炉膛并燃烧的设备。燃气不需要雾化,只要使燃气与空气按比例充分混合,就可实现均匀燃烧。

按空气供给方式,气燃烧器的种类有:① 自然供风燃烧器,空气靠炉膛负压吸入;② 引射式燃烧器,空气靠高速喷射的燃气吸入;③ 鼓风式燃烧器,空气靠机械鼓风供给。

按燃烧方式,气燃烧器的种类有:

① 扩散式燃烧器,燃烧所需的空气不预先与燃气混合,一次空气系数为 0;

② 大气式燃烧器,燃烧所需的部分空气预先与燃气混合,一次空气系数为 0.4～0.7;

③ 无焰式燃烧器,燃烧所需的全部空气预先与燃气混合,一次空气系数为 1.05～1.10。

1)自然供风燃烧器

一段管子,一端封闭,成排钻出排火孔,燃气在压力作用下由排火孔流出,依靠燃气与空气的扩散作用和空气混合而燃烧。由于燃气与空气未预先混合,故一次空气系数为 0。这是最简单的一种燃气燃烧器,适用于小型锅炉。

2)引射式燃烧器

按其所吸入的一次空气的比例不同,又分为大气式和无焰式两种。大气式燃烧器一次空气系数为 0.4～0.7,靠燃气喷出时的动能将引射吸入燃烧所需的部分空气与燃气预先混合,然后在第二次空气供给的条件下进行燃烧。目前,市场上出售的燃气炉具中的燃烧器即属此种类型。无焰燃烧器一次空气系数为 1.05～1.10,是靠燃气喷出时的动能,通过引射器吸入燃烧所需的全部空气,并将燃气与空气充分混合后,由排火孔进入火道。在刚点燃着火时,还能看到蓝色火焰,但不久火道就被加热,从而提高了燃烧速度,燃烧过程在炽热的火道中瞬时完成,即呈无焰燃烧。这种燃烧,需中压燃气。

3)鼓风式燃烧器

主要由配风器、燃气分流器和火道组成,空气用机械加压方式供给,在配风器与燃气分流器作用下,空气与燃气充分混合,进入火道燃烧。此种燃烧器单个热负荷最高,调节比大,空气可以预热,并能适应较低燃气压力,所以适用于各种燃气锅炉。

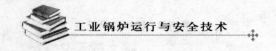
第五节 上煤设备

锅炉常用的上煤装置有电动葫芦吊煤罐、斗式提升机(分为单斗和多斗两种)、埋刮板运输机、带式输送机等。

一、电动葫芦吊煤罐

电动葫芦吊煤罐主要由垂直提升电动机、水平运行电动机、控制箱、卷筒、钢丝绳、吊煤罐等部件组成,如图4-17所示。吊煤罐有方形和圆形两种,底部是一个活动的钟罩,可以控制其开、闭以达到盛煤和卸煤之目的,其容积为0.4～1.0 m³。

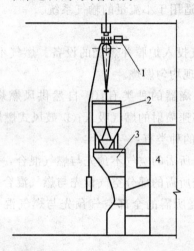

图4-17 电动葫芦吊煤罐
1—电动葫芦;2—吊煤罐;3—煤斗;4—锅炉

电动葫芦吊煤罐是一种既能承担水平运输又能承担垂直运输的简易间歇上煤装置,操作简便,占地面积小,适用于额定耗煤量4 t/h以下的锅炉房。

二、单斗提升机

单斗提升机的形式分为:料斗有翻斗式和底开式两种,运动轨道有垂直式和倾斜式两种。

图4-18为翻斗式上煤装置示意图。垂直翻斗上煤装置可以将煤直接从炉前提升上来,并倒入炉前煤斗中。它的特点是占地面积小,运行机构简单;但它是间断运煤,运输能力有限,维修工作量也较大,钢丝绳一般数月就要更换一次。

翻斗式上煤装置的主要技术性能列于表4-4中。

表4-4 翻斗式上煤装置的主要技术性能

料斗有效容积/m³	料斗提升速度/(m·s⁻¹)	提升高度/m	电机功率/kW
0.23	0.26	≤2	1.7

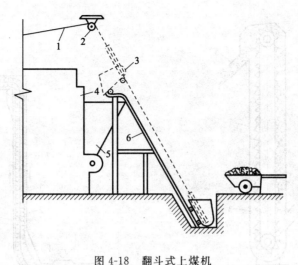

图 4-18　翻斗式上煤机

1—钢丝绳；2—滑轮；3—料斗；4—锅炉；5—炉前煤斗；6—导轨

底开式单斗提升机与前者不同，煤是从料斗的底部落入煤斗的。料斗本身由两部分组成，上部分是活动斗，下部分是支承座。当料斗在最低位置上时，料斗成水平位置，开始装煤；当料斗升到顶部时，活动斗和底部分开，煤就从活动斗底部落入炉前煤斗中。

单斗式提升机的轨道上下端一般都有触点行程开关，运行时料斗能自动停车。料斗容量不大，一般装煤 200 kg 左右。倾斜式轨道和水平线的夹角不大于 60°，提升高度通常 <3 m。

由于单斗提升机的结构简单，制作安装方便，操作管理容易，因此，在往复炉排炉和小型链条炉等耗煤量较小的锅炉房中，使用比较普遍。

如果将滑轨横置在炉前煤斗的上方，也可以实现同时对两台锅炉的给煤。

三、多斗提升机

多斗提升机是一种连续输送设备，只能做垂直提升。它常和皮带运输机联合使用。

图 4-19 是多斗提升机的工作示意图。煤由下部入口进入，并不断地落入向上运动的小料斗中，小料斗随着胶带的传动将煤提升到一定程度后，从另一侧倒下。

多斗提升机的牵引机构有链板式和橡胶带式。锅炉房中常用的是橡胶带式，即 D 型斗式提升机。

多斗提升机的优点是占地面积小，设备造价比较便宜，但运行不十分可靠。

四、埋刮板运输机

埋刮板运输机也是一种连续的给煤机械，不但能做水平运输和垂直提升，而且能实现多点给煤和多点卸料，如图 4-20 所示。

埋刮板运输机结构简单，布置灵活，整个输送机构放置在密封的金属壳体内，有利于改善操作条件和环境卫生。

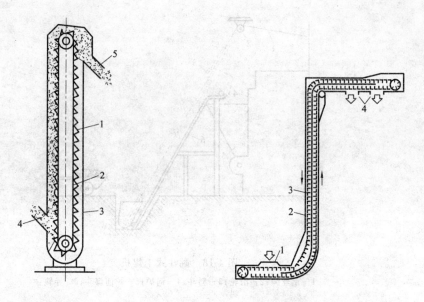

图 4-19 多斗提升机工作示意图　　　　图 4-20 埋刮板运输机示意图

1—料斗；2—胶带；3—机壳；4—进料口；5—出料口　　　1—进料口；2—外壳；3—刮板；4—出料口

锅炉房常用 Z 型埋刮板运输机，其槽道断面积为 120 mm×100 mm，输送能力为 5 m³/h 左右，提升高度为 7.0 m，水平输送长度为 13.7 m，刮板链条运行速度为 0.2 m/s。它只适用于输送散状的物料，并且颗粒直径不大于 30 mm。这种埋刮板运输机最适合用在有 3～4 台锅炉、总容量为 20 t/h 的锅炉房。

较大型的埋刮板运输机还有 ZMS250×16 型，最大输送能力可达 20 m³/h，提升高度为 18 m，最大输送长度为 45 m。

五、带式输送机

带式输送机是一种既能做水平运输又能做倾斜（倾斜角不应大小 18°）运输的连续运煤设备。带式输送机运输能力高，运行可靠，但占地面积较大，投资大。

带式输送机主要由头部驱动装置、传动带、尾部装置及机架等部件组成，如图 4-21 所示。

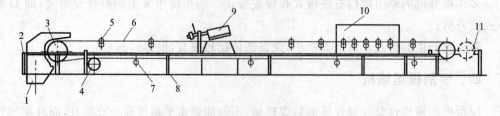

图 4-21 带式输送机示意图

1—头罩；2—头架；3—传动装置；4—改向滚筒；5—上托辊；6—传动带；

7—下托辊；8—支腿；9—卸料器；10—导向槽；11—尾架

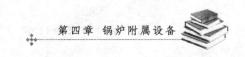

带式输送机的带宽有 500 mm、650 mm 和 800 mm 三种,带速 0.8～1.25 m/s,每小时运煤量为 30～160 t,适用于单炉容量不小于 6 t/h 的大型锅炉房。

第六节　除渣系统主要设备

锅炉房常用的除灰渣方式有四种:① 人工除灰渣;② 机械除灰渣,一般用于链条炉;③ 水力除灰渣,多用于煤粉炉;④ 气力除灰渣,是用一定压力的空气来输送灰渣,多用于沸腾炉。下面详细介绍前三种除灰渣方式。

一、人工除渣设备

人工除渣工具主要是手推翻斗车,如图 4-22 所示。

除灰人员需每班进行一次或数次除渣工作,用工具将炉排上的煤渣层击开,将炉渣直接扒到除灰间地面上,或者放入炉排下的灰车中,用水浇湿,然后运出锅炉房外。

一般工业锅炉在炉排下有渣斗,炉渣都落到渣斗内,渣斗下有闸门。排渣时先把手推车放在渣斗下,然后从离渣斗稍远的地方打开闸门,灰渣即可很快装满小车。有的锅炉则将灰渣排至炉排下的一个密闭室内,用水浇灭后,打开密闭室的大门,将灰渣用人力清除出去。人工除渣,不管采用哪种措施,最重要的问题是防止烫伤。一般在渣斗中都装有浇水喷嘴,出渣前,要将喷嘴打开,将灰渣浇上水。如无浇水喷嘴,则在打开除渣门时要特别小心。当灰斗中缺乏空气时,未完全燃烧的灰渣并不继续燃烧,而是处于白炽

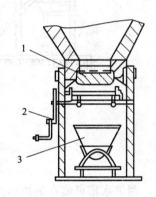

图 4-22　手推翻斗车
1—放渣闸门;2—闸门控制机构;
3—翻斗小车

状态,此时灰渣斗中还可能存有可燃气体。当打开闸门时,进入的空气可能使其产生激烈的燃烧,甚至爆燃,火苗或窜出 1～2 m。故除渣人员应穿戴规定的防护用具,打开闸门时,要小心谨慎,防止烫伤。

为了可靠工作,灰渣中的灼热灰渣,应事先用水浇灭,并防止结块。

用手推车运灰渣时,必须将炉渣浇湿,否则有复燃的可能。灰车内如有未浇灭的灰渣或未浇湿的灰渣,在运输中不得经过居民区和森林地带。

使用人力除渣时,除渣室不宜设在地面标高以下的地下室内。除渣室应平整无杂物及易燃物,照明与通风良好。灰渣斗离地面应不小于 2 m,如手推车与机械除渣同时使用,则应不小于 2.5 m。出完灰渣立即用水将地面冲刷干净。

在人工清除空气预热器及除尘器下灰斗中的小灰时,要注意按时清除以防堵塞。放灰时,由于干燥的小灰有如水流的特性,要注意控制,预防瞬间大量小灰流出污染锅炉房。人工除渣劳动强度大,在熄灭灰渣时产生的烟气和飞起的灰渣会污染环境,影响工人身体健康。因此,应通过技术革新,努力实现除渣机械化。

二、机械除渣设备

机械除渣常用设备有刮板除渣机、螺旋除渣机、马丁除渣机等,其运行主要是采用刮板、螺旋输送机、胶带等方式,把灰渣从斗坑或灰坑运到锅炉房外。

1. 刮板除渣机

图 4-23 为刮板除渣机示意图。刮板连于两根平行链条之间,链条在改变方向处装有压轮。刮板和链条均浸没于水封槽内,槽内经常保持一定的水位。刮板在受渣段为水平位置,刮板向前移动经斜坡而送至出渣口,湿灰渣经斜坡而得以脱水。

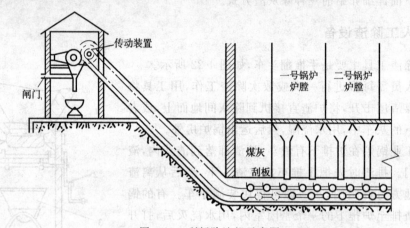

图 4-23 刮板除渣机示意图

刮带水槽可装在锅炉房地面以下,不致影响锅炉房的整体布置,除渣口浸没于水中,可防冷风进入炉内,也可以防止出渣时的水蒸气、飞灰及有害气体扩散于锅炉房内。这种除渣器构造较简单,体积也不大,大、中型工业锅炉多采用此种除渣机。但因链条易磨损,容易卡住,故刮板及链条需使用耐磨并且具有较高强度的钢材制作。有时由于小灰未被水湿透,易在水面上积存而不下沉,需人工清除。这时刮板除渣机装置的链条回程已不在水槽内,而在水槽的下部空间。

2. 重型框链除渣机

重型框链除渣机是一种既可以做水平运输又可以做倾斜运输的连续输送灰渣的设备。它主要由支架、主动轮、框链、托辊、从动轮、减速机、尾部拉紧装置及灰槽等部件组成,如图 4-24 所示。

锅炉落渣管直接插入灰渣沟水位面以下,形成水封,灰渣直接落入有水封的灰渣沟内,以防冷空气由排渣口窜入炉内。重型框链设置在灰渣沟内,主动轮带动框链紧贴在铺有铸石板的灰渣沟内滑动,主动轮由电动传动装置驱动旋转,连续不断地将落在框链上的灰渣刮至室外渣场或渣斗内。

重型框链除渣机运行可靠,卫生条件好,加工和检修方便,但钢材耗量大,链条及转动部分的机件易磨损。

重型框链除渣机适用于单炉容量 6 t/h 及其以上大型锅炉。

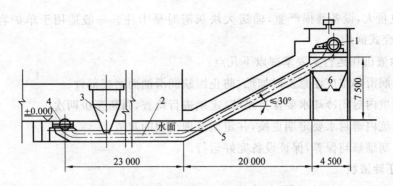

图 4-24　重型框链除渣机

1—驱动装置；2—框链；3—落灰斗；4—尾部拉紧装置；5—灰槽；6—灰渣斗

3. 圆盘除渣机

圆盘除渣机由驱动装置、除渣器、除渣槽等几个部分组成，如图 4-25 所示。

圆盘除渣机运转时，电动机通过减速器带动主轴及除渣轮旋转，灰渣经落渣管落入带有水封的除渣槽中，在循环水中冷却后由除渣轮刮至机前运渣设备，送至渣场。

圆盘除渣机运行稳定；占地少；由于转速低，故机械磨损小；电耗低。但该设备无碎渣装置，易被大块焦渣卡住，不宜除强结焦性煤的灰渣。

适用于单炉容量 6 t/h 及其以上的层燃锅炉。

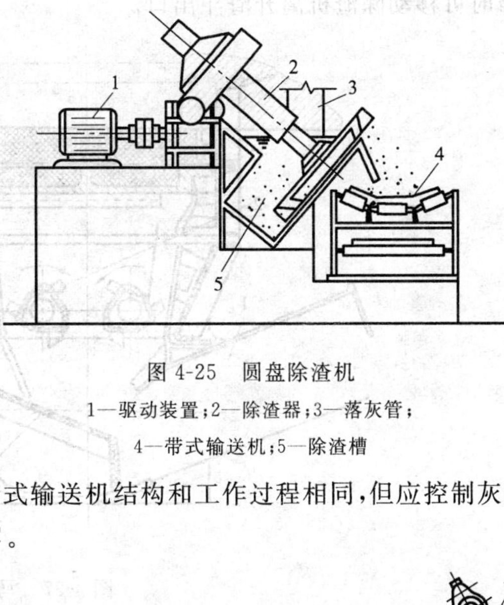

图 4-25　圆盘除渣机

1—驱动装置；2—除渣器；3—落灰管；

4—带式输送机；5—除渣槽

4. 带式输送机

用于除灰渣的带式输送机与输煤用的带式输送机结构和工作过程相同，但应控制灰渣温度，任何时候都不允许灰渣温度超过 50 ℃。

5. 螺旋除渣机

螺旋除渣机也称绞笼，是一种既可做水平输送又可做倾斜输送的连续式除渣机。它由驱动装置、出渣口、螺旋轴、筒壳、进渣口等部分组成，如图 4-26 所示。

螺旋除渣机利用旋转的螺旋轴将被输送的灰渣沿固定的筒壳内壁推移，从而将灰渣输送出去。螺旋轴直径为 200 ~ 400 mm，转速为 30 ~ 75 r/min。

螺旋除渣机下部和灰渣斗均浸没在水中，以保证锅炉严密不漏风，且环境卫生条件好，占地面积

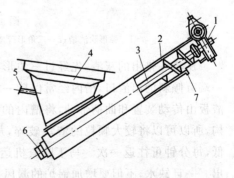

图 4-26　螺旋除渣机

1—驱动装置；2—筒壳；3—螺旋轴；4—渣斗；

5—供水管；6—轴承；7—出渣口

小。但耗电量大,设备磨损严重,输送大块灰渣时易卡住。一般适用于单炉容量不大于4 t/h 的锅壳式锅炉。

螺旋除渣机在运行上要掌握以下几点:

(1)各润滑部位应注意及时加油,防止因缺润滑油而磨损部件。

(2)灰坑内封闭冷却水要保持足够,定期进行检查,每班至少两次。

(3)灰坑内密封水要定期更换,并定期清理沉积的灰渣。

(4)定期维修与保养,保证设备完好运行。

6.马丁除渣机

在解决灰渣连续运输问题时,大块及温度高的灰渣会造成一般机械除灰的主要困难。这时可以用装在锅炉排渣口下的马丁除渣机来解决。

马丁除渣机(见图 4-27)由弧形推渣槽、三角形碎渣齿轮、推渣板、传动装置和控制闸门等部件组成。全部设备悬挂在锅炉渣斗下的槽钢框架上。除渣槽的上部装有滚轮,检修时可移动除渣机离开渣斗出口。

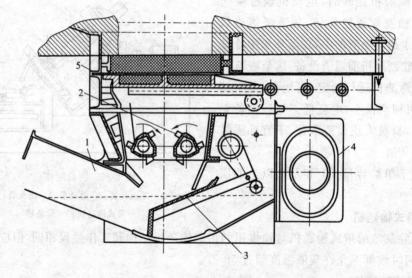

图 4-27 马丁除渣机

1—弧形除渣槽;2—三角形碎渣齿轮;3—推渣板;4—传动装置;5—控制闸门

从渣斗排出的灰渣,先经过三角形碎渣齿轮挤碎,再落入弧形的除渣槽内,槽的向上一端有倾斜的出渣口,槽内经常保持一定的水位,以作渣斗出口的水封和排渣的沉淀。推渣板由传动装置和曲柄带动,将槽内的灰渣推至出渣口处。该型除渣机由于装有碎渣机构,所以可以将较大颗粒的渣块破碎,从而保证推渣板正常工作。推渣板的工作速度较低,每分钟可往返一次。马丁除渣机运行时,除渣槽内要连续供水,使溢流口经常有水溢出。一旦缺水,不但要增加锅炉的漏风,而且要增加除渣板的运行阻力。除渣机运行突然卡住停运时,一是被掉落的炉排片、耐火砖卡住;二是因碎渣齿轮、推渣板变形烧损所致。因此,出现故障要及时加以消除。

马丁除渣机结构紧凑、体积小、运行可靠,适应于结焦性强的煤,能够适应大块和高温

灰渣的运输。

马丁除渣机有定型产品,JSm-2 型马丁除渣机每小时出渣可达 2 t。

三、水力除渣设备

图 4-28 为一个沉淀池的低压水力除渣系统。

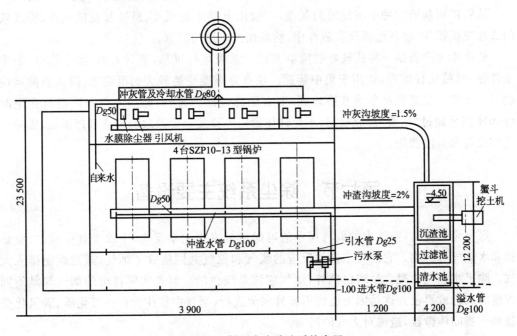

图 4-28　低压水力除渣系统布置

锅炉炉排排出的和除尘器收集的细灰,均由水力冲往灰渣沉淀池,最后由抓斗吊车抓往运灰卡车运走。冲渣水经过滤后再由循环泵将水打回冲渣沟,循环使用。

为保证低压水力除渣系统运行正常,灰渣与冲渣的重量比宜为 1:20～1:30。灰渣泵的出口水压不低于 0.29～0.34 MPa(3～3.5 kgf/cm²)。

灰渣泵应尽可能靠近清水池,并应有备用泵。灰渣沟为钢筋混凝土结构,为了防止磨损,在灰渣沟底部和沟壁两侧应镶有辉绿岩衬板。灰渣沟的镶板半径一般在 150～250 mm 范围内。为了使灰渣流动畅通,灰渣沟的起端深度和沿途坡度都有一定的要求。冲沟起端深度不小于 0.5 m,冲渣沟的坡度不小于 1.5%。冲灰沟起端深度不小于 0.4 m,冲灰沟的坡度则不小于 1%,冲灰沟的转弯处应平缓光滑。其曲率半径采用 2 m。冲灰沟内水流速度一般为 3～4 m/s。

由于灰渣沟坡度不大和沟内有的部位灰水混合物的流速较低,因而沟内特别是落渣、相交和转弯的部位,会出现灰渣沉积的现象。因此,需在沟内装设激流喷嘴,通过喷射高速水流的功能,扰动沉积在沟底的灰渣,以保证灰渣沟内灰渣流动畅通。从激流喷射出来的水流,还起到调节除渣系统灰水浓度的作用。

灰渣沟沿途激流喷嘴要安设得高一些,一般安设在距灰渣沟镶板底面高度 300 mm 处,以防渣块较大时卡在喷嘴处。喷嘴的直径应根据冲灰、冲渣的要求选择,在工业锅炉

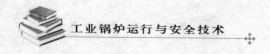

房中一般为 8、10、12 mm。运行中合理调度冲灰用水,以达到节水节电的目的。为此,连续除渣的灰渣沟,在保证排除灰渣量的前提下,可适当提高灰水浓度,视灰渣沟中灰渣通过情况及时调节和关闭激流喷嘴的阀门数量。

沉淀池一般分三部分,即:沉渣池、澄清池、清水池。沉淀池的有效容积宜按 1~2 昼夜的最大灰渣排除量考虑。

从锅炉房灰渣沟冲至沉淀池的灰渣,一般用电动单轨抓斗、悬臂起重机抓斗、桥式或门式起重机抓斗,将灰渣抓至灰渣斗中,然后用汽车运出厂区。

低压水力除渣是一种比较好的除渣方式。系统运行可靠,节省人力,操作简单,卫生条件好,机械化程度高,适用于集中装运。缺点是需要建造较大的沉淀池,湿灰渣的运输也不大方便。尤其是在冬季寒冷地区,要有防冻设施。另外,除渣水与灰渣混合多呈酸性,pH 值易超过"三废"排放规定,不允许任意向外排放。要采取回收或处理措施,需要一定的投资和运输费用。

第七节 除尘系统主要设备

煤完全燃烧时,空气中的氧与煤中的可燃成分发生化学反应,生成二氧化碳、二氧化硫和水蒸气等产物。它们与未参加反应的氧气和氮气共同构成了烟气,通过烟囱排入大气。除了水蒸气冷凝会呈现白色外,烟气应该是淡色的。但是实际排出的烟气却是不同程度的灰色或黑色。这是因为燃烧不容易完全进行,烟气中往往含有一氧化碳、碳氢化合物和一些固体微粒,造成对大气的污染。

烟气中夹带的固体微粒,通常分为以下两种:

一种是粒径在 0.05~1 μm 之间的炭黑,一般称为烟。煤在火床上被干馏、汽化后产生的碳氢化合物,在高温缺氧的条件下会进行热分解,生成炭黑。炭黑的粒径小,重量轻,能在空气中飘浮很长时间,而形成黑烟。由于炭黑是燃烧不完全的产物,因此,为了消灭炭黑,减轻烟囱冒黑烟,必须正确选择燃烧设备,合理组织燃烧,以及不断提高操作技术水平,使煤在炉膛内能够充分完全燃烧。

另一种是直径较大的飞灰和未燃尽的炭粒,一般称为尘。烟气中含尘量的多少,受煤种、炉型、燃烧条件等因素影响很大。为了减少含尘量,除了应采取降低烟气流速、加厚煤层等改善燃烧的措施外,特别应在锅炉后部设置除尘设备,将烟气中的尘粒捕集后再排入大气。

锅炉排放烟气中含尘量的多少,用"烟尘浓度"(质量浓度)来衡量,它表示在每一标准立方米排烟体积内含有烟尘的质量,单位是毫克/标米³(mg/Nm³)。我国《锅炉大气污染排放标准》(GB 13271—2001)规定:市区、郊区、工业区、县以上城镇最大允许烟尘浓度为 400 mg/Nm³。但是,绝大多数锅炉的烟尘实际排放浓度,都远远超过这个规定。例如一台蒸发量 20 t/h 的抛煤机锅炉,一昼夜由烟囱排入大气的烟尘可达 3~4 t,一年即超过 1 000 t。这时烟尘散落在工厂周围,污染了大气,恶化了环境,影响了人民健康,危害是十分严重的。

一、除尘器的分类

除尘器按其结构和作用原理可分为如下四种类型：

（1）机械式除尘器。

（2）洗涤式除尘器。

（3）过滤式除尘器。

（4）电气式除尘器。

二、除尘器的结构与原理

1. 机械式除尘器

机械式除尘器主要是利用重力、惯性力或离心力的作用进行分离、捕集烟气中尘粒。这类除尘设备构造简单，工作可靠，但是效率较低，钢材耗量大，经济性较差。

1）重力除尘器

含尘气体在运动过程中，利用尘粒自身的重力来捕集尘粒。由于重力沉降速度太小，一般只适用于分离 50 μm 以上的尘粒。除尘效率很低，如干式重力除尘效率约为 50%～60%；湿式重力除尘效率约为 60%～80%。其阻力降通常是 100～150 Pa。

2）惯性除尘器

含尘气体进入除尘器内时，碰撞灰棚板而改变方向，由于惯性力的作用，使尘粒从气体中分离而被捕集，这类除尘器可处理高温含尘烟气，一般适宜捕集十几微米到数十微米的尘粒。设备简单，效率低，如百叶窗式除尘器的效率约为 60%～80%。烟气阻力降约 200～500 Pa。

3）旋风式除尘器

含尘气体切向进入旋风式除尘器，旋转运动产生的离心力把灰粒从气体中分离出来，沿器壁落下，予以捕集。

（1）多管式旋风除尘器。

多管式旋风除尘器的结构如图 4-29 所示。它是由多个立式旋风子组成的组合体（旋风子最多不宜超过 120 只），含尘烟气从总管 5 进入，随后分散通过各旋风子 1，尘粒从旋风子排出口 6 排出，汇集于总集灰斗 7。净化烟气可从 3 或 4 排放。

多管式旋风除尘器可在正压或负压系统中使用，最大允许压力为 ±2 500 Pa，除尘器入口烟温不得超过 400 ℃。其除尘效率一般是 60%～70%，若尘粒粒径较大，有时可达 80%。设备所需钢材耗量较大，每净化 1 000 m³/h 的烟气量，耗用 150～200 kg 钢材。它的主要缺点是：结构件易磨损，旋风子内易堵塞，近年来已较少采用。

（2）多管卧式旋风除尘器。

图 4-30 为多管卧式旋风除尘器示意图。该除尘器由 5 个单元组成，即一个未净烟气室Ⅰ，两个灰尘沉降室（带集灰斗）Ⅱ，以及两个净烟气室Ⅲ所组成。其工作原理是：含尘烟气先通过斜置的钢丝滤网，除去较大的尘粒，以免阻塞除尘器的小缝隙，然后通过百叶窗式调节门进入未净烟气室，并分别沿切线方向进入各个旋风子 1，迫使含尘气体在其内部做高速旋转运动。由于离心力的作用，在旋风子圆锥体端部的灰尘浓度不断增加，这部

分高浓度的烟气从此锥体端部的小灰孔 2 和 3 进入灰尘沉降室,此时大部分尘粒在重力作用下沉降至灰斗。被分离出尘粒的烟气经中心孔 4 吸入旋风子中心(因旋风子的中心部分是负压区),促使该烟气再次转入分离其中尘粒的循环过程,有利于微小尘粒的再次捕集,所以该类除尘器有较高的除尘效率。通常,被除尘的烟气流速大于 20 m/s 时,其效率约为 98.7%,运行中负荷变化时,除尘效率基本不变。

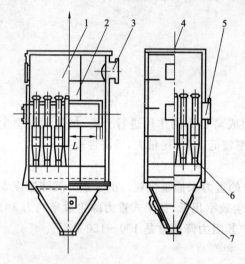

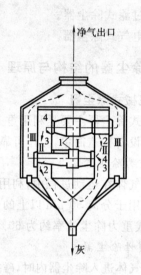

图 4-29 多管式旋风除尘器

1—立式旋风子;2—钢结构外壳;3、4—净化烟气排放口;

5—含尘烟气入口总管;6—旋风子尘粒排出口;

7—总集灰斗

图 4-30 多管卧式旋风除尘器

Ⅰ—未净烟气室;Ⅱ—灰尘沉降室;

Ⅲ—净烟气室

2. 洗涤式除尘器

洗涤式除尘器又称水膜式除尘器。含尘烟气与水膜接触,被水粘附后捕集,因尘粒不可能被烟气二次带出,故除尘效率较高。洗涤式除尘器的种类如下。

1) 立式水膜除尘器(也称磨石水膜除尘器)

图 4-31 为两种立式水膜除尘器外形图。含尘烟气从切向进入筒体形成急剧的旋转,在离心力作用下,尘粒被甩向壁面,与壁面上连续不断的水膜相接触,被水膜粘附后捕集。

进口烟速过高或过低、筒体直径太大、筒体高度不适当或成型水膜不连续都会严重影响除尘效率。所以,进口烟速一般取 13～22 m/s;筒体直径宜小,且筒体高度不小于直径的 5 倍,都会获得较高的效率。为保证水膜连续均匀,要求水压需恒定在 30～50 kPa 之间,其效率约为85%～90%。

2) 文氏管除尘器

文氏管除尘器的结构如图 4-32 所示。含尘

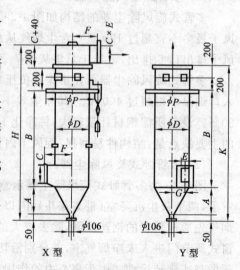

图 4-31 立式水膜除尘器图

烟气由进风管 1 进入收缩管 3 后,烟气被压缩加速,迫使它以高速通过缩颈喉管 4。在收缩管 3 内装有一个端部开有许多小孔的喷水装置 2,此处喷出的除尘清水被高速烟气冲击而粉碎成微小细滴,其液滴直径在几百微米以下。这些液滴有着极大的接触表面积,使得含尘烟气中挟带的尘粒,在文氏管中绕流这些液滴运动时,被巨大的惯性力抛到液滴上面而被捕集。上述过程在喉管 4、扩散管 5 和连接风管 6 中连续进行着。然后,气液两相工质切向进入旋风分离器中,含尘液滴从气相中分离而被捕集,含尘污水由出口 10 排放,净化烟气从 9 排放。

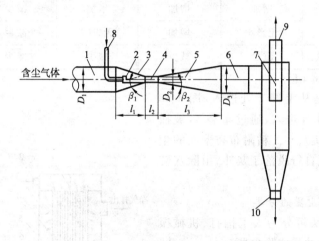

图 4-32 文氏管除尘器

1—进风管;2—喷水装置;3—收缩管;4—喉管;5—扩散管;

6—连接风管;7—旋风分离器;8—除尘清水入口;

9—净化烟气出口;10—含尘污水出口

文氏管除尘器能捕集 1 μm 以下的细微尘粒,且结构较简单,造价低廉,运行和维护管理简便。其除尘效率可高达 99%。缺点是阻力损失较大,约需 1 000~1 400 Pa,耗水量甚大。

3. 过滤式除尘器

在过滤式除尘器中,含尘气体通过过滤材料时分离出烟气中尘粒,这是一种高效除尘设备。此类除尘器中常用的有颗粒除尘器、滤尘器和布袋式除尘器。后者最适宜于电站应用。

1) 布袋式除尘器的工作机理

在布袋式除尘器中,含尘气体通过编结或毡织的袋状滤布时产生筛选、粘附、扩散和静电作用,定时对袋状滤布予以振打,达到分离和捕集尘粒的目的。布袋除尘原理和除尘效率的关系见表 4-5。

布袋式除尘器的结构示意图如图 4-33 所示。图中显示的是一种内滤式正压运行的工作情况。图 4-33(a)与图 4-33(b)只是含尘烟气进气的部位不同而已。

表 4-5　布袋除尘原理和除尘效率的关系

除尘原理	筛　分	惯　性	粘　附	扩　散	静　电
原理示意图					
过滤速度增加	无影响	增加	无影响	减少	
粉尘粒径增大	增加	增加	增加	减少	
粉尘密度增加	无影响	增加	无影响	减少	
滤布纤维直径增大	减少	减少	减少	减少	

注：⊘纤维截面；o粉尘粒子

图 4-33（a）是从上端 2 处进入，图 4-33
（b）是从下部灰斗处进入，通过布袋 4，被捕
集的尘粒汇集于集灰斗。粘附布袋壁面的尘
粒，经定时振打或自行脱落于灰斗，由除灰装
置排出。

2）布袋式除尘器的分类

按照清灰方法可分为人工拍打、机械振
打、气环反吹和脉冲袋式除尘器。

按照含尘烟气进气方式分为内滤式和外
滤式。前者含尘烟气由袋内向外流动，尘粒
在袋内被捕集。后者含尘烟气从布袋外向袋
内流动，尘粒在袋外被分离，为防止布袋吹瘪
需内置骨架。

布袋形状可分为圆袋和扁袋两种。后者
排列紧凑，可在较小的空间内比前者设置较

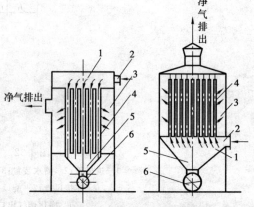

(a) 上进气布袋式除尘器　(b) 下进气布袋式除尘器

图 4-33　布袋式除尘器结构示意图
1—烟气分配室；2—含尘烟气进口；3—筒体；
4—布袋；5—灰斗；6—除灰装置

多的过滤面积。按布袋除尘器在引风机前或后的位置，可分成负压或正压两种方式运行。
正压运行时含尘烟气被压入布袋，结构较简单，但引风机腐蚀和磨损严重。负压运行时含
尘烟气吸入布袋净化后，再通过引风机，故引风机不易腐蚀和磨损，但结构复杂。

3）布袋的材质

布袋的材质是布袋除尘器的关键。有天然纤维和化学纤维两大类。

天然纤维分无机天然纤维和有机天然纤维。前者仅石棉一种。后者有羊毛、蚕丝、驼
毛、兔毛等，以及植物纤维，如棉花、麻等，其工作温度＜100 ℃，不宜用于火力发电站。

化学纤维也有无机化学纤维和有机化学纤维两类，品种较多，火力发电站中常用的是
中碱玻璃纤维。一般布袋材料的耐温性能见表 4-6。

4）布袋式除尘器的工作特性

（1）适用于捕集不粘结、非纤维性的尘粒，可处理含尘质量浓度为 0.000 1～1 000 g/m³，
粒径为 0.01～200 μm 的含尘烟气。

表 4-6　布袋材料耐温性能

过滤材料名称	耐温性能/℃	过滤材料名称	耐温性能/℃
玻璃纤维	200～300	木棉	120
耐热尼龙	230	聚酯	120
硝酸纤维	260	聚酰胺(尼龙)	110
聚四氯乙烯	260	聚丙烯	100
金属纤维	450	毛织物	90

（2）除尘效率很高，一般可达 99%～99.4%。

（3）除尘烟气阻力较高，通常为 1 100～2 500 Pa。

（4）选用布袋材质时，必须考虑所处理的烟气最高工作温度。

（5）不宜处理含水、含油等粘结性较大的尘粒。

4．电气式除尘器

1）工作原理

电气式除尘器的工作部件主要由电晕电极和沉降电极组成。电气式除尘器是利用高压电晕放电，使气体中的灰粒带上电荷，然后在电场力作用下使带电灰粒从烟尘中分离出来，电晕电极又称为阴极线或放电极，由不同形状截面的金属导线制成，接至高压直流电源的负极。沉降电极又称为阳极板或集尘极，由不同形状的金属板制成并接地，如图 4-34 所示。

当电极系统上所施加的高压直流电压超过临界电压时，就会出现电晕放电现象，电子发射到电晕极表面邻近的气体层内。电子被气体分子所吸附后，使电极间的气体电离，在电晕区以外的气体中有电子和负离子。当烟气通过电极间的空间时，烟气中的尘粒与负离子相碰撞和扩散，使尘粒带了负电。带了负电的尘粒在电场

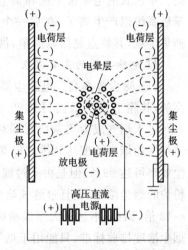

图 4-34　板式集尘极的电场示意图

力的作用下趋向沉降电极。带负电的尘粒与沉降电极接触后失去电荷，成为中性的尘粒黏附于沉降电极表面，然后借助于振打装置使沉降极抖动，尘粒脱落进入电除尘器下面的集灰斗中。电气式除尘器结构如图 4-35 所示。

2）电气式除尘器的分类

电气式除尘器按含尘烟气的流向可分立式和卧式两种。立式含尘烟气自下往上与电极平行流动，占地面积小，高度大，但检修不便，气流分布不均，沉积在电极上的尘粒易二次飞扬。卧式烟气垂直于电极做水平方向流动，占地面积大、高度低、维护方便，可按需设置电场，利于分别捕集不同粒径的尘粒，电极上的尘粒也较少产生二次飞扬。

按清灰方式分干式和湿式两类。干式从烟气中捕集的尘粒呈干燥状态，操作温度高于烟气露点 20～30 ℃，可采用机械、电磁、压缩空气等振打装置进行清灰。湿式捕集的尘粒呈泥浆状，含尘烟气需降温处理，一般降到 40～70 ℃再进入除尘器，设备需采取防腐蚀

措施,定期供水来清洗电晕板,以降低尘粒比电阻,使除尘容易进行。因湿式除尘无尘粒二次飞扬,所以除尘效率很高。

按沉尘板的结构形式可分为管式和板式电气式除尘器。前者,沉尘极为圆管、蜂窝管、多段喇叭管及扁管等形状,电晕极装在管子中心,两极间距(导板间距)均相等,电场强度的变化也较均匀,具有较高的电场强度,但清灰比较困难,仅适用于立式电气除尘器。后者,沉尘极以平板状组成,为了增强极板的刚度和减少电极上的尘粒再飞扬,一般将极板做成网、棒帏、管帏、袋式、鱼鳞、槽形或波形等形状。该除尘器清灰较方便,制作、安装和检修也较方便,但电场强度变化不够均匀。

按电极在除尘器内的配置可分为单区式和双区式两类。单区式的电晕极系统和集尘极在前一个区域内装电晕极系统以产生离子,在后一个区域中装集尘极系统以捕集尘粒,其特点是结构简单,供电电压较低。

3)电除尘器的主要优点

(1)除尘效率高。电除尘器是各种除尘器中效率最高的,其除尘效率最高可达99.9%,即使是煤中灰分的90%进入烟气成为飞灰的煤粉炉,采用电除尘器也可以使烟气的烟尘浓度达到排放标准。过滤式除尘器虽然除

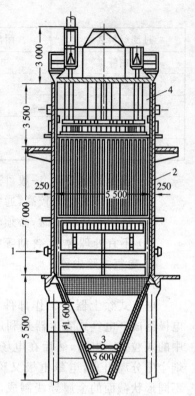

图4-35 电气式除尘器装置
1—烟气入口;2—电极组;
3—出灰斗;4—烟气出口

尘效率可达99%,但是由于过滤式除尘器要求入口含尘质量浓度为$3\sim15\ g/m^3$,低于煤粉炉的烟尘浓度,而且过滤式除尘器的阻力高达$1\ 000\sim1\ 200\ Pa$,是电除尘器阻力的$10\sim12$倍,因此,不适于大型煤粉炉。其他各种除尘器的除尘效率较低,难于满足煤粉炉的烟尘浓度排放标准,只能用于烟气中飞灰含量较少的链条炉。

(2)烟气处理量大,烟气流动阻力小,可以通过增加电除尘器工作单元和体积的方法来增加烟气处理量。烟气在电除尘器内既不是靠烟气高速旋转产生的离心力除尘的,也不是靠过滤除尘的,而是靠烟尘荷电后在电场力的作用下,驱使烟尘沉积于集尘极的表面上除尘的。由于烟速很低,所以,烟气流动阻力很小,通常小于$100\ Pa$。阻力小,引风机的耗电量就低。

(3)对烟气中烟尘颗粒范围适应性较好,能收集$100\ \mu m$以下的不同粒径的粉尘,特别是能除掉粒径为$0.01\sim5\ \mu m$的超细粉尘。

(4)对烟尘浓度的适应性较好,通常可处理含尘质量浓度为$730\ g/m^3$的烟气。

(5)运行费用低。因为烟气流速低,除尘器的磨损轻,维修工作量少,阻力小,引风机的电费支出少。

虽然电除尘器的优点很多,但是电除尘器也有一些缺点:烟气流速低,设备体积大,占地面积较多,系统较复杂,配套设备多,不但投资大,而且对设备的制造、安装质量及维护

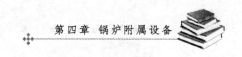

保养要求较高。

从以上可以看出,电除尘器的优点明显多于缺点,特别适合于大容量煤粉锅炉采用。随着对环境保护重要性认识的提高,烟尘质量浓度排放标准越来越严格,中、小容量的煤粉炉也越来越多地采用电除尘器。

三、除尘器的选用要点

(1)工业锅炉宜采用干法除尘,排出的尘粒必须有妥善的存放场地,防止造成二次扬尘,继续污染环境。如果采用湿法除尘,应防止除尘器和后部排烟系统腐蚀,在寒冷地区还应采取防冻措施。

(2)除尘器的容量必须与锅炉的排烟量相适应,并且留有一定的裕量,最好通过计算来确定。

(3)设置除尘器后,一般都要增加排烟阻力,因此需要对原有风机的功率进行核算。

(4)除尘器的质量必须符合要求,各部分的接缝和烟道接口一定要严密,防止漏入空气。

(5)布置在室内的除尘器,当表面温度超过 50 ℃时,应进行保温,并保证烟气温度高于其露点温度 10～20 ℃。

(6)在除尘器运行期间,要经常检查锁气器是否灵活可靠。在定期检修锅炉的同时,必须检修除尘设备,以保持除尘器的完好。

第八节　锅炉其他附属设备

一、取样冷凝器

为了测量锅炉的锅水和蒸汽的品质,需在锅炉上设置取样点。为了防止蒸汽和锅水取样时由于减压蒸发而带来的取样误差,它们的取样管应连接在如图 4-36 所示的取样冷凝器上。这样做也可防止直接取样时发生烫伤事故。

锅水取样点一般可选在冲洗水位表的放水管处,也可选在锅炉和表面排污管的放水管处。

蒸汽取样点一般选在汽包主汽阀阀座上,考虑到该处加装蒸汽取样管难度较大,取样点也可选在锅炉主汽管的垂直管段上。但是,取样管前必须有 6 倍以上主汽管直径的直管段。

进行蒸汽取样时,为使蒸汽取样管取出试样的含水率与蒸汽中的含水率一致,要采取使蒸汽取样管中的蒸汽流速和蒸汽主管道中流速相等的等速取样方法。

蒸汽取样管上取样孔的直径一般为 2～3 mm。取样孔的数量,当主汽管直径小于 150 mm 时,不少于 3 个;当主汽管直径大于 150 mm 小于或等于 250 mm 时,不少于 5 个。

蒸汽、锅水取样管与冷凝器的连接形式如图 4-37 所示。

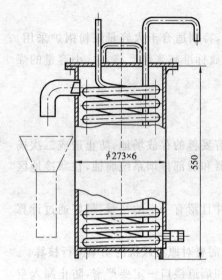

图 4-36　取样冷凝器

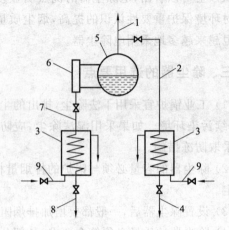

图 4-37　取样系统

1—主汽管；2—蒸汽取样管；3—冷凝器；4—蒸汽试样；5—锅筒；
6—水位表；7—锅水取样管；8—锅水试样；9—冷却水管

在热平衡试验中,对于锅水和蒸汽,一般是间隔一定的时间取样一次,整个热平衡试验期间要取几个样品。但是运行锅炉的热平衡试验允许锅炉负荷随生产的需要而变动,这就产生了所取试样是否具有代表性的问题。为了解决这个问题,可以采取连续取样的方法进行取样。即用一个较大的容器连续收集整个试验期间的样品,一次进行分析化验即可。分析化验结果代表了整个试验期间的平均值。

蒸汽和锅水取样应注意以下三个问题:

(1)蒸汽或锅水样品必须通过冷凝器冷却到 30~40 ℃,取样管道必须用不影响样品质量的耐腐蚀材料制成。

(2)盛装样品的容器最好用玻璃和陶瓷制品,采样前先将容器洗刷干净,采样时再用试样冲洗 3 次后,方可正式装入试样。

(3)蒸汽和锅水的取样必须同时进行。

锅炉热平衡试验期间,蒸汽和锅水的取样量较多时,要对所取样品量进行计算,以备进行热平衡计算时扣除这部分取样量的影响。

二、分汽缸

从锅炉房通往各热用户的蒸汽管,都应由分汽缸接出,这样既有利于集中管理,又可避免在蒸汽母管上开孔过多。

分汽缸是根据蒸汽的压力、蒸汽量、连接管子的根数和尺寸进行设计的。一般分汽缸的直径可按蒸汽通过分汽缸的流速不超过 20~25 m/s 来进行计算确定。

锅炉引来蒸汽从蒸汽管进入分汽缸后,由于流速突然降低,蒸汽中的水滴分离出来,因此,分汽缸应有 0.005 的坡度,在分汽缸的最低点应安装疏水器,以排除这些水分。

分汽缸应安装在便于管理和控制的地方。当靠墙布置时,在靠墙一面应留有一定的距离,以便于检修。一般分汽缸保温层外壁到墙壁应有 500 mm 左右的距离,分汽缸前应留有足够的操作位置,一般自阀门手柄外侧算起,要有 1.0~1.4 m 的操作空间。

接至分汽缸的蒸汽管可以不装阀门,但自分汽缸接出的蒸汽管均应设置阀门。分汽缸上可以不设置安全阀,但应设置压力表。过热蒸汽管上还应设置温度计。

分汽缸的构造如图 4-38 所示。

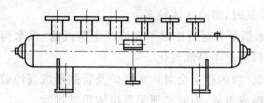

图 4-38 分汽缸

三、排污膨胀器

为了节省燃料,提高效率,连续排污水的热量都经过排污膨胀器进行回收。在膨胀器内,高温高压的排污水在扩容而减压减温下二次蒸发,产生的二次蒸汽常被输入热力式除氧器作为热源。膨胀器排出的热水可以通过热交换器将待软化的生水加热后,再流入扩散器或冷水井而排入下水道。

排污膨胀器是定型产品,其构造如图 4-39 所示。锅炉房有多台锅炉并联运行时,也可以设置定期排污膨胀器以节约能源。

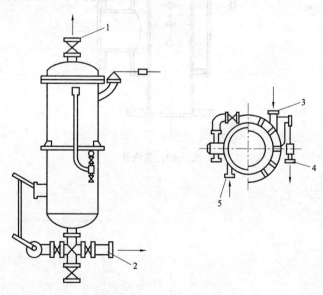

图 4-39 排污膨胀器
1—蒸汽出口;2—废热水出口;3,5—排污水进口;4—放气管

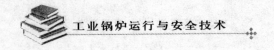

四、集汽罐

热水采暖系统中的气体有三个来源。

（1）系统充水前系统管路中是充满空气的。

（2）系统运行过程中，由于温度增高，溶解在水中的气体（主要是氧气和氮气）析出，尤其是在补充水未经除氧时，游离气体较多。

（3）按照要求，热水锅炉在运行中是不允许产生蒸汽的（汽水两用炉除外），但由于热偏差及循环不良等原因，会产生局部汽化。

这些气体（主要是氧气）的存在会对热水锅炉及管路形成腐蚀破坏，严重时，还会使锅炉及网路中形成气塞，酿成事故，因而必须采取措施将其排除。

为排除充水前系统中的空气，在网路最高点和用户系统最高点应设集汽罐（也可由高位膨胀水箱排除）。

热水锅炉因局部汽化而产生的少量蒸汽，可通过锅炉房内出水管上最高点设置的集汽罐加以排除。

集汽罐结构如图 4-40 所示。

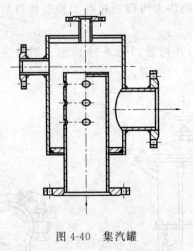

图 4-40　集汽罐

第五章 燃煤锅炉燃烧设备

第一节 燃烧方式

燃料在燃烧设备中的燃烧方式,大致分为层状燃烧、悬浮燃烧、沸腾燃烧和汽化燃烧四种。

一、层状燃烧

层状燃烧又称火床燃烧,仅适用于固体燃烧,是小型锅炉的主要燃烧方式。燃烧设备有火上添煤的手烧炉排炉,火前添煤的链条炉排炉、往复炉排炉和振动炉排炉,以及火下添煤的下饲式加煤炉和抽板顶煤明火反烧炉等。

层状燃烧能适应不同煤种的燃烧特性,煤粒无需特殊加工,在炉膛里都能较好地着火。但空气与煤层混合不良,燃烧反应较慢,经常冒黑烟。

二、悬浮燃烧

悬浮燃烧又称火室燃烧,适用于固体、液体或气体燃料,是大、中型锅炉的主要燃烧方法。燃烧设备有煤粉炉、燃油炉和燃气炉等。当固体燃烧时,必须将其磨成粉末,由空气携带经过喷燃器送入炉膛,在悬浮状态下燃烧。

悬浮燃烧着火迅速,燃烧反应完全,热效率较高,容易实现自动化。但设备庞杂,运行要求高,不适宜间断运行。

三、沸腾燃烧

沸腾燃烧适用于各种煤,我国现多用于烧劣质煤。其燃烧特点介于层状燃烧与悬浮燃烧之间。燃烧时必须将煤块加工成平均直径约 2 mm 的颗粒,由给煤设备送入炉膛,在沸腾状态下燃烧。

沸腾燃烧设备的蓄热量大,燃烧反应强烈,特别适用于一般层状和悬浮燃烧所不能燃用的高灰分、低挥发分和低热值的劣质煤,如石煤、煤矸石等。但其耗电量大,埋管磨损严重,运行要求高。

与沸腾燃烧方式相近,还有一种流化燃烧方式,其炉膛底部也设置沸腾床,运行时床上形成泡状气流,托起燃料燃烧,故又称鼓泡床。这种方式燃烧温度在 1 000 ℃ 以下,可大大减少严重致癌物质氮的氧化物的生成,并可方便地采取脱硫措施,以利于环境保护,故大有发展前途。

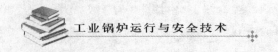

四、汽化燃烧

汽化燃烧主要是指投入炉膛内的煤，同时进行汽化和直接燃烧，适用于蒸发量 1 t/h 以下的锅炉。燃烧设备有简易煤气炉。

汽化燃烧设备结构简单，管理方便，比较好地解决了消烟除尘问题。但不适用于低挥发分的煤，出渣时劳动强度大，对运行安全的要求严格。

第二节　手烧炉

一、手烧炉的结构

手烧炉的炉排有固定炉排和摇动炉排两种。

1. 固定炉排

固定炉排通常由条状炉条组成，少数由板状炉条组成。因为铸铁能耐较高的温度，不易变形，价格便宜，所以炉条都用普通铸铁或耐热铸铁制成。

条状炉条可由单条、双条或多条组成，如图 5-1 所示。立式锅壳锅炉的炉排外形是圆的，为便于装卸，大多用三条大炉条拼成。炉排的通风截面积比（炉排的通风孔隙面积和与炉排总面积之比）约为 20%～40%，冷却条件较好，适于燃烧高挥发分、有粘结性的煤。由于孔隙大，通风阻力小，一般无需送风机，但漏煤较多。

板状炉条是长方形的铸铁板，如图 5-2 所示。板面上开有许多圆形或长圆形上小下大的锥形通风孔，以减少嵌灰和漏煤，板下部有增加强度和散热的筋。炉排的通风截面积比约为 10%～20%，适于燃烧低挥发分、低熔点的煤。

2. 摇动炉排

摇动炉排由许多可以转动的炉排片组成，如图 5-3 所示。每块炉排片下面都连有转动短杆，各转动短杆再用总拉杆连在一起，并由炉前的手柄来控制。通常将炉排片转动角度 30°左右的称为摇动炉排，转动角度 60°左右的称为翻动炉排。

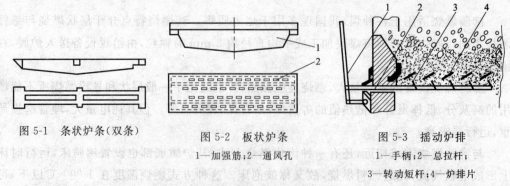

图 5-1　条状炉条（双条）　　　图 5-2　板状炉条　　　图 5-3　摇动炉排

1—加强筋；2—通风孔　　　1—手柄；2—总拉杆；

3—转动短杆；4—炉排片

当需要松动煤层时，只要将手柄轻轻推动几下，便可使炉排底部的灰渣层松动，从而减小通风的阻力。出渣时，将手柄推动角度加大，使炉排片转动 30°以上的倾斜角，炉排片之间的距离拉开 100 mm 以上的宽度,灰渣即从炉排片间隙落入灰渣斗。

摇动炉排与固定炉排比较,减轻了出渣时的繁重体力劳动,但炉排间隙容易被大渣块卡住,因此不适用于结焦性强的煤,最适用于高灰分的煤,因为高灰分的煤形成的灰渣比较疏松,容易通过摇动炉排除掉。

二、手烧炉的燃烧特点

煤在炉排上的燃烧分层情况如图 5-4 所示。空气从炉排下部进入炉膛,首先接触到具有一定温度的炉排,既起到冷却炉排的作用,又起到加热空气的作用,然后穿过灰渣层,空气温度继续提高,接着与赤热的焦炭相遇,空气中的氧与碳化合成二氧化碳,同时放出大量热量,这一层称为氧化层。燃烧生成的二氧化碳继续上升,与上面赤热的焦炭发生还原反应,生成一氧化碳,这一层称为还原层。还原层生成的一氧化碳仍是可燃气体,与煤中的挥发分共同升到炉膛空间继续燃烧。在还原层上部,是刚刚投入的新煤。

实际上,燃烧分层的界限并不像图 5-4 所示的那样明显。当空气量充足时,还原层很薄,产生的一氧化碳很少,炉膛空间主要是煤中挥发分的燃烧。当空气量较少时,氧化层不能使碳与氧很好化合,生成较多的一氧化碳。当炉膛空间空气严重不足时,一氧化碳不能继续燃烧,挥发出来的碳氢化合物就在高温缺氧的条件下进行热分解,生成大量炭黑,由烟囱排出后污染大气。

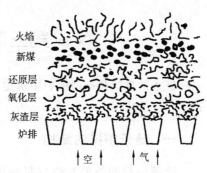

火焰
新煤
还原层
氧化层
灰渣层
炉排

空 气

图 5-4 手烧炉的燃烧分层

手烧炉炉膛应具有一定的容积,炉膛高度主要根据煤种来确定。使用挥发分含量高的煤,炉膛要适当高一些,以使挥发分和一氧化碳获得完全燃烧。有时限于锅炉结构,无法增加炉膛容积,则需要有针对性地加以改造。如在锅炉前部另砌一个外置式炉膛,或在现有炉膛后部用耐火砖砌筑水纹花洞,以延长烟气流程,提高炉膛温度,促进空气与可燃气体的良好混合燃烧。但是,也有人片面以为使燃煤越接近锅炉受热面,吸热情况越好,也就越能省煤,因而不适当地提高了炉排位置,缩小了炉膛容积,结果使煤中的热能不能充分释放出来,反而浪费了煤炭。

三、手烧炉的优缺点

1. 手烧炉的优点

(1)着火条件优越。燃料为双面着火,新煤下部受燃烧层的高温加热,上部受炉膛烟气和砖墙的辐射热加热,温度很快升高,首先蒸发出水分,继之分解出挥发分,并开始着火燃烧。

(2)燃烧时间充足。因为是人工投煤和定期除渣,所以煤在炉排上的燃烧时间可以根据实际需要确定,以利完全燃烧。

(3)煤种适应性广。因为着火条件优越,燃烧时间又充足,所以煤种不受水分和挥发分含量的影响,高水分、低挥发分的煤都可以较快着火燃烧。

2. 手烧炉的缺点

（1）劳动强度大，只适用于低压小容量锅炉。

（2）燃烧周期性地不协调。手烧炉大多采用自然通风，依靠烟囱的抽力形成炉膛负压，从炉排下面吸入所需要的空气，所以，进入炉膛内的空气量主要取决于煤层的厚度。但是，手烧炉是间断投煤，煤层的厚度经常改变。当新煤刚投入时，煤层最厚，通风阻力很大，吸入炉膛的空气量就少。但这时煤中分解出来的可燃气体和焦炭的燃烧，却需要较多的空气量，因此空气量供不应求，以致燃烧不完全，并出现烟囱冒黑烟的现象。随着挥发分和焦炭的不断燃烧，煤层逐渐减薄，所需空气量较少，但这时通风阻力相应减少，炉排吸入空气量增多，所以又出现了空气过剩。由于吸入的空气量与燃烧过程所需要的空气量周期性地不协调，造成不完全燃烧损失过高，降低锅炉热效率。

因此，从改善劳动条件、节约燃料、消烟除尘等方面考虑，手烧炉的使用应受到严格限制。蒸发量大于和等于 1 t/h 的锅炉，应采用机械燃烧，使之符合高效、低耗、文明生产的要求。

第三节　链条炉排锅炉

链条炉排炉是小型锅炉中历史悠久、结构可靠、运行稳定的一种机械化燃煤设备，获得了广泛的应用。

一、链条炉排的结构

链条炉排的外形好像皮带运输机，其结构如图 5-5 所示。煤从煤斗内依靠自重落到炉排上，随炉排自前向后缓慢移动。煤闸板的高度可以自由调节，以控制煤层的厚度。空气从炉排下面引入，与煤层运动方向相交。煤在炉膛内受到辐射加热，依次完成预热、干燥、着火、燃烧，直到燃尽。灰渣则随炉排移动到后部，经过挡渣板（俗称老鹰铁）落入后部灰渣斗排出。链条炉的老鹰铁可以延长灰渣在炉排后部停留时间，达到烤焦目的，从而减少灰渣中含碳量；老鹰铁的另一个作用是减少炉尾部漏风。链条炉排的种类很多，按其结构形成一般可分链带式、横梁式和鳞片式三种。

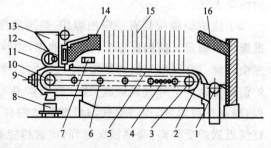

图 5-5　链条炉排结构

1—灰渣斗；2—挡渣板；3—炉排；4—分区送风室；
5—防焦箱；6—风室隔板；7—看火检查门；8—动力电机；
9—拉紧螺栓；10—主动轮；11—煤斗封板；12—煤闸板；
13—煤斗；14—前拱；15—水冷壁；16—后拱

1. 链带式炉排

链带式炉排属于轻型炉排，适用于蒸发量 10 t/h 以下的锅炉，其炉排片连接结构如图 5-6 所示。炉排片分为主动炉排片和从动炉排片两种，用圆钢拉杆串联在一起，形成一条宽阔的链带，围绕在前链轮和后滚筒上。主动炉排片传递整个炉排运动的拉力，因此其厚度比从动炉排片厚，由可锻铸铁制成。一台蒸发量 4 t/h 的锅炉，由主动炉排片组成的主动链条共有三条（两侧和中间），直接与前轴（主动轴）上的三个链轮相啮合。从动炉排片，由于不承受拉力，可由强度低的普通灰口铸铁制成。

链带式炉排的优点是：比其他链条炉排金属耗量较低，结构简单，制造、安装和运行都较方便。缺点是：炉排片用圆钢串联，必须保证加工和装配质量，否则容易折断，而且不便于检修和更换；长时间运行后，由于炉排片互相磨损严重，使炉排间隙增大，漏煤损失多。

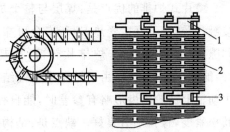

图 5-6 链带式炉排片连接结构

1—主动炉排片；2—从动炉排片；3—圆钢拉杆

2. 横梁式炉排

横梁式炉排适用于蒸发量 20～40 t/h 的锅炉。其结构与链带式炉排的主要区别在于采用了许多刚性较大的横梁，如图 5-7 所示。炉排片装在横梁的相应槽内，横梁固定在传动链条上。传动链条一般是两条（当炉排很宽时，可装置多条），由装在前轴（主动轴）上的链轮带动。

横梁式炉排的优点是：结构刚性大，炉排片受热不受力，而横梁和链条受力不受热；比较安全耐用；炉排面积可以较大；运行中漏煤、漏风量少。缺点是：结构笨重，金属耗量多，制造和安装要求高；当受热不均匀时，横梁容易出现扭曲、跑偏等故障。

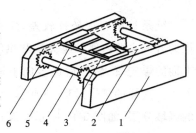

图 5-7 横梁式炉排结构

1—框架；2—链条；3—横梁；
4—主轴；5—炉排片；6—链轮

3. 鳞片式炉排

鳞片式炉排适用于蒸发量 10～60 t/h 的锅炉。其炉排面通常由 4～12 根互相平行的链（类似自行车上的链条结构）组成。每根链条用铆栓将若干个由大环、小环、垫圈、衬管等元件组成的链条串在一起，如图 5-8 所示。炉排片通过夹板组装在链条上，前后交叠，相互紧贴，呈鱼鳞状，其工作过程如图 5-9 所示。当炉排片行至尾部向下转入空程以后，便依靠自重依次翻转过来，倒挂在夹板上，能自动清除灰渣，并获得冷却。各相邻链条之间用拉杆与套管相连，使链条之间的距离保持不变。

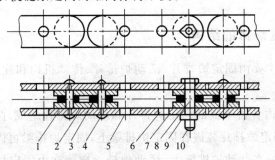

图 5-8 鳞片式炉排的链条结构

1—大环；2—小环；3—垫圈；4—铆栓；5—大孔（穿拉杆）；
6—小孔（装夹板）；7—套管；8—螺栓；9—螺帽；10—开口销

鳞片式炉排的优点是：煤层与整个炉排面接触，而链条不直接受热，运行安全可靠；炉排间隙甚小，漏煤很少；炉排片较薄，冷却条件好，能够不停炉更换；由于链条为柔性结构，当主动轴上链轮的齿形略有参差时，能自行调整其松紧度，保持啮合良好。缺点是：结构复杂，金属耗量多；当炉排较宽时，炉排片容易脱落或卡住。

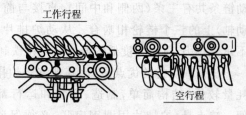

图 5-9　鳞片式炉排工作过程

二、链条炉排的燃烧特点

链条炉的着火条件较差，煤种适应性不好。煤的着火主要依靠炉膛火焰和拱的辐射热，因而上面的煤先着火，然后逐步向下燃烧，属于单面着火。这样的燃烧过程，在炉排上就出现了明显的区域分层，如图 5-10 所示。煤进入炉膛后，随炉排逐渐由前向后缓慢移动。在炉排的前部，是新煤燃烧准备区，主要进行煤的预热和干燥。紧接着是挥发分析出并开始进入燃烧区。在炉排的中部，是焦炭燃烧区，该区温度很高，同时进行

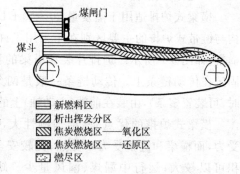

图 5-10　链条炉燃烧的区域分层

着氧化和还原反应过程，放出大量热量。在炉排的后部，是灰渣燃尽区，灰渣中剩余的焦炭继续燃烧，通常称为烤焦。

第四节　倾斜式往复炉排锅炉

倾斜式往复炉排炉，又称为推动炉排炉、推饲炉排炉或机械化阶梯炉排炉，是出现较早的一种机械化燃煤设备，在锅炉改造中又逐步得到发展、完善，日益受到用户的欢迎。

一、倾斜式往复炉排的结构

倾斜式往复炉排主要由固定炉排片、活动炉排片、传动机构和往复机构等部分组成，如图 5-11 所示。

炉排整个燃烧面由各占半数的固定炉排片和活动炉排片组成，两者间隔叠压成阶梯状，倾斜 15°～20°。固定炉排片装嵌在固定炉排梁上，固定炉排梁再固定在倾斜的槽钢支架上。活动炉排片装嵌在活动炉排梁上，活动炉排梁搁置在由固定炉排梁两端支出的滚轮上。所有活动炉排梁的两侧下端用连杆连成一个整体。

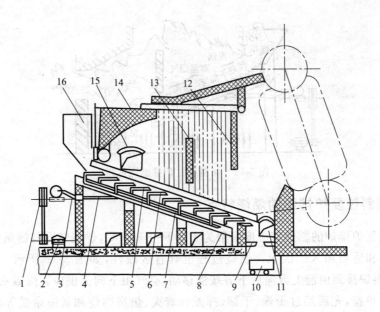

图 5-11　往复炉排结构

1—传动机构；2—电动机；3—活动杆；4—连杆推拉轴；5—固定炉排片；

6—活动炉排片；7—连杆；8—槽钢支架；9—余燃炉排片；10—灰渣车；

11—炉灰门；12—后隔墙；13—中隔墙；14—前拱；15—看火门；16—煤斗

当电动机启动后，经传动机构带动偏心轮转动，偏心轮通过活动杆、连杆推拉轴、连杆，使活动炉排片在固定炉排片上往复运动。活动炉排的往复运动是间歇动作。往复行程一般为 30～70 mm，煤随之向下后方推移。电动机由时间继电器控制，根据锅炉不同负荷及煤种的要求调节开停时间。

在炉膛后部的灰渣坑上面，有的设置燃尽炉排（又称余燃炉排）。灰渣在此炉排上基本燃尽其中的可燃物 然后将炉排翻转，倒出全部灰渣。由于燃尽炉排漏风严重，调风又复杂，所以多改用水封灰坑，进行定期或连续排渣。

倾斜往复炉排在使用挥发分多、着火快的煤种时，容易在煤斗出口处燃烧，并从煤斗往外冒烟。为了消除这一缺陷，可在煤闸板处通入二次风，将火焰吹向炉膛。但比较彻底的解决办法是改进煤斗下面的给煤装置，使煤离开煤斗后再经过推饲板，送入炉膛较深位置后再燃烧。倾斜往复炉排炉和链条炉一样，为使煤顺利着火和加强炉内气体混合，也需要布置炉拱。针对往复炉排炉的具体情况，一般可采用较为简单的倾斜前拱。烧烟煤和褐煤时，有的不设低而长的后拱，而用中拱或中隔墙来配合前拱，帮助新煤着火。中拱或中隔墙，可以是完全竖直的，如图 5-12 所示，也可以是下部竖直，上部前倾。烧烟煤时常用竖直的后隔墙，有的还设挡渣拱，即在后墙上伸出一段小拱，向燃尽区辐射热量，使余煤充分燃尽。

图 5-12　倾斜往复炉排燃烧过程

二、倾斜往复炉排炉的燃烧特点

倾斜往复炉排炉的燃烧室温度一般为 1 200～1 300 ℃,燃烧情况与链条炉相似,也采用分段送风和适当加入二次风。燃烧过程也具有区段性,如图 5-12 所示。煤从煤斗下来,沿着倾斜炉排面由前上方向后下方缓慢移动,空气由下向上供应。煤着火所需要的热量主要来自炉膛,先后经过干燥、干馏、挥发分着火、焦炭燃烧和灰渣余燃等各个阶段,都与链条炉相同。

倾斜往复炉排区别于链条炉排的一个主要特点是炉排与煤有相对运动。当活动炉排向后下方推动时,部分新煤被推饲到已经燃着的煤的上部。当活动炉排向前上方返回时,又带回一部分已经燃着的煤返到尚未燃烧的煤的底部,对新煤进行加热。这种着火条件与手烧炉相近,而优于链条炉。炉排的往复运动具有拨火作用。煤在被推动过程中,不断受到挤压,从而破坏焦块与灰壳。同时煤又缓慢翻滚,使煤层得到松动与平整,有利于燃烧。往复炉排炉具有部分燃料无限制着火的特点。

三、倾斜往复炉排的优缺点

1. 倾斜往复炉排的优点

(1) 与链条炉排比较,适于燃烧水分和灰分较高、热值较低的劣质煤和一般易结焦的煤,煤种适应性强。

(2) 当供给的空气量较合理,漏风量少时,灰渣中的含炭率一般在 18%～20%,比手烧炉的炉渣含炭率低 5%～10%,可以节煤和减少冒黑烟。

(3) 结构简单,制造容易,金属耗量低,耗电量较少。

2. 倾斜往复炉排的缺点

(1) 由于炉排倾斜,因而使得炉体高大。

(2) 对煤的粒度要求较严,直径一般不宜超过 50 mm,否则难以烧透。

(3) 高温区炉排片长期与赤热煤层接触,容易烧坏。

(4) 对锅炉负荷变化的适应性较差,仅适用于蒸发量 40 t/h 以下的锅炉。

第五节 水平往复炉排锅炉

水平往复炉排是在倾斜往复炉排的基础上发展起来的。与倾斜往复炉排相比,具有增强对煤层的耙拨作用和降低炉体高度两大特点。适用于小容量的锅炉,特别是用于改造小容量的手烧炉为机械化燃烧,可收到节约燃料和消烟除尘的显著效果。

一、水平往复炉排的结构

水平往复炉排的结构与倾斜往复炉排基本相同,也由固定炉排片和活动炉排片两部分交错组成。所不同的是,各组炉排片都在一个水平面上,炉排片形状也有所改变,如图5-13所示。

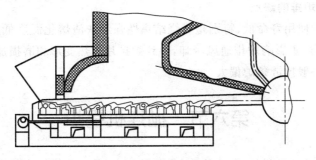

图 5-13 水平往复炉排

由于炉排是水平的,所以炉排片不是水平,而是向上翘起的,以便推煤。炉排片排列起来如锯齿状,共分五种:

(1)板状炉片,安装在煤斗下。

(2)有缝炉排片,安装在主燃烧区。

(3)无缝炉排片,安装在预燃区和燃尽区。

(4)固定烤焦炉排片。

(5)活动烤焦炉排片,安装在后部出渣处。由于炉排结构简单,制造容易,尤其便于维修,所以给使用带来很大方便。

水平往复炉排的风室隔风板紧靠固定炉排梁,密封性较好。活动连杆与隔风板的间隙容易控制,因此风室之间窜风量小,有利于燃烧。

二、水平往复炉排炉的燃烧特点

由于活动炉排片来回耙动煤层,使煤层受到循环挤压、翻动和塌落,因此产生以下效果:

(1)将煤层上面燃烧的焦炭翻到底层,有利于新煤迅速着火。

(2)耙动中能不断去掉炭粒的"灰壳",增加炭与空气的接触,同时提高煤层的透气性,给燃烧和燃尽创造良好的条件。

(3)耙动中能捣碎焦块,因此可以燃烧结焦性较强的煤种。

（4）在燃烧中,煤层虽翻动强烈,但因煤块互相拥挤推阻,煤层不易产生风口与火口,即使偶然产生,也会被周围的煤块迅速填堵,而无需人工拨火。

三、水平往复炉排的优缺点

1. 水平往复炉排的优点

（1）炉体高度比倾斜式往复炉排炉低,锅炉房空间可缩小。

（2）煤层均衡松动前进,无风口、火口,送风穿过煤层时速度比较均匀,飞灰量显著减少。

（3）煤层呈波浪式,其表面积比炉排水平表面积大 30%～50%,故烟气离开煤层表面的流速相对减缓,使飞灰带出量比链条炉减少约 9%。

（4）由于炉排着火性能好和燃烧效率高,因此,炉膛温度高,燃烧比较充分,飞灰含碳量低。

2. 水平往复炉排的缺点

（1）炉排片的使用寿命低,特别是燃烧结焦性强和灰渣熔化温度低的煤种时,由于焦炭熔融粘成一片,严重影响炉排通风冷却,导致炉排片过热变形和磨损加剧。

（2）漏煤量一般比链条炉偏大。

第六节　抛煤机锅炉

抛煤机锅炉(简称抛煤炉)至今有 50 余年的历史,是工业锅炉中较有发展前途的一种燃烧设备。

一、抛煤炉的结构

抛煤炉通常有两种结构,一种是由抛煤机配合手摇翻转炉排,适用于蒸发量 10 t/h 以下的锅炉。另一种是由抛煤机配合倒转链条炉排,适用于蒸发量 20 t/h 以上的锅炉。

抛煤机的结构按照抛煤的动力来源,大致有以下三种:机械抛煤机,如图 5-14(a)所示;风力抛煤机,如图 5-14(b)所示;风力-机械抛煤机,如图 5-14(c)、(d)所示。

(a)机械抛煤机　　(b)风力抛煤机　　(c)风力-机械抛煤机　　(d)风力-机械抛煤机

图 5-14　抛煤机工作示意图

1—给煤装置;2—击煤装置;3—下煤板;4—风力拨煤装置

目前使用较多的是风力-机械抛煤机,其结构主要有推煤活塞、射程调节板、转子、风道等部分,如图 5-15 所示。

煤依靠自重从煤斗落到射程调节板上,再由推煤活塞推到抛煤转子入口处,被转子上顺时针旋转的桨叶击出,与从下部拨煤风嘴喷出的气流混合,并被抛向炉排。

由于机械的力量能将大颗粒的煤抛得较远,而风力则使小颗粒的煤吹向远处,所以,煤在整个炉排面上的分布比较均匀。改变推煤活塞的行程或往复次数,同时调节抛煤转子的速度,即可调节抛煤量,以适应锅炉负荷变化。

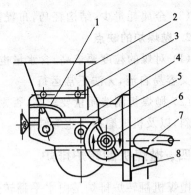

图 5-15 风力-机械抛煤机
1—推煤活塞;2—煤斗;3—煤间板;
4—射程调节板;5—冷却风出口;6—抛煤转子;
7—二次风喷口;8—播煤风嘴

二、抛煤炉的燃烧特点

抛煤炉正常运行时,进入炉膛的煤粒落在炉排上燃烧。而煤屑由于风力的作用,在炉膛空间悬浮燃烧。因此,抛煤炉的燃烧方式基本属于层状-悬浮燃烧。

抛煤炉与煤粉炉相比,由于煤屑比煤粉粗,与空气的混合差,因此着火温度要求高,完全燃烧所需要的时间也长。加之,抛煤炉一般没有前、后拱,气流搅动混合不良,烟气流程短,若燃烧调节不当,容易从炉膛带出较多的炭粒和飞灰,既磨损对流受热面,污染环境,又降低锅炉热效率,浪费燃料。

为了获得良好的燃烧效果,可以采取以下措施:

(1)适当配比煤粒。燃烧颗粒度的组成,要求直径 6 mm 以下、6～13 mm、13～19 mm 的各占三分之一,以保持整个炉排面上的煤层厚度均匀。煤的颗粒度大时会增加固体未完全燃烧热损失。

(2)全理分配风量。炉排下的一次风量应占总风量的 $80\%\sim90\%$,风压约 490 Pa;拨煤风嘴的风量约占总风量的 10%,风压约 $686\sim784$ Pa,以控制炉膛内的过剩空气量。正常情况下,燃烧室内的负压保持在 $20\sim40$ Pa。

(3)增设飞灰回收再燃装置。即利用高速喷出的空气流将烟道下部集灰斗收集的飞灰吹送到炉膛中再次燃烧。这样必须另配专用风机,风量约占总风量的 $5\%\sim10\%$,风压约 3 430 Pa。

(4)正常情况下,抛煤机上的灰渣层达到 $75\sim120$ mm 要进行清炉。

三、抛煤炉的优缺点

1. 抛煤炉的优点

(1)煤种适用范围广。不但可以适用褐煤和贫煤,而且粘结性强、灰熔点低的煤也能很好燃烧。

(2)调节灵敏,适应负荷变化的能力强。由于抛煤炉一般采用薄煤层燃烧工况,调节给煤量就能改变整个炉膛的燃烧工况,迅速适应负荷变化。

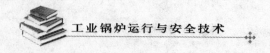

（3）金属耗量少，结构轻巧，布置紧凑，操作简便。

2. 抛煤炉的缺点

（1）对煤的粒度要求高，含水量也要控制。当煤中水分过高时容易成团堵塞；水分过少时又容易自流，无法正常运行。

（2）抛煤机制造质量要求高，否则在运行中会存在煤在炉前起堆、抛程不远、抛煤角度倾斜，以及机械磨损严重等缺陷。

四、抛煤机翻转炉排炉

抛煤机翻转炉排炉是由水平翻转炉排和抛煤机组合而成的，适用于蒸发量在 10 t/h 以下的锅炉。其燃烧特点是双面引燃，着火条件优越，燃料在炉排上形成薄煤燃烧，平均厚度为 20～50 mm 左右，燃烧过程猛烈，这些使得它具有良好的煤种适应性，并且炉子调节灵活，对负荷变动有很强的适应能力。

抛煤机翻转炉排炉的主要优点是着火优越，燃料适应性好，调节灵活；主要缺点是污染较严重，不完全燃烧损失较大，清炉操作任务繁重。

第七节　煤粉炉

煤粉炉是先将煤块磨制成煤粉，再用气流吹入炉膛，在悬浮状态下燃烧的一种燃烧设备。它属于室燃炉，主要燃烧设备有炉膛和燃烧器。

一、煤粉炉的特点

与层燃炉相比，煤粉炉有以下特点：

（1）锅炉蒸发量可以充分提高。由于层燃炉中的煤是在炉排面上燃烧，因此要提高锅炉蒸发量，就必须相应增加给煤量，也就是要扩大炉排面积。这样，使锅炉在平面布置上占地面积很大，造成结构不合理。而煤粉炉由于是悬浮燃烧，炉膛可以向空间充分发展，以适应锅炉蒸发量的提高。但煤粉炉不能像层燃炉那样可以压火，因此只有在稳定工况下连续运行，才能获得较好的燃烧效果。

（2）对煤种适应性广。煤块磨成细粉后，表面积剧增，如一个直径 20 mm 的煤块磨成 40 μm 的细粉，其表面积将增加约 500 倍。这就有效地改善了与空气的混合，加快着火和强烈燃烧。煤粉炉要求煤粉火焰中心温度达 1 400～1 600 ℃ 或更高，煤粉一般在几秒钟内即能燃尽，因此适应多种燃煤，即使是灰分和水分较多的劣质煤，也能达到较高的燃烧效率。但煤粉燃烧后飞灰较多，增加了消烟除尘的工作量。

（3）容易实现机械化、自动化。煤粉的流动性较好，便于用气流在管道内输送，而且对锅炉负荷变化的调整反应灵敏，因此容易实现燃烧过程的机械化和自动化。但同时要求锅炉操作人员有较高的操作技术水平。

（4）适用于不同蒸发量的锅炉。层燃锅炉的蒸发量一般限制在 75 t/h 以下，而煤粉锅炉不仅普遍用于大容量、高温、高压的电站锅炉，在工业锅炉中也被广泛采用。但磨煤机易磨损,耗电多且检修工作量大。

(5)有煤粉爆炸的危险。当煤粉沉积在炉膛、烟道和管道的死角时,都有可能引发爆炸事故。因此,应在容易爆炸的部位装设防爆门。

二、煤粉细度与供风量

煤粉粗细对燃烧有较大影响。粗煤粉不易烧透,使飞灰中含碳量增加,降低热效率。细煤粉容易着火和燃烧,但煤粉过细时,会增加制粉的耗电量和对设备的磨损,降低磨煤机效率,还容易引起煤粉自燃或运输系统爆炸。因此,煤粉细度应该适当。一般对于难着火的煤,例如无烟煤或贫煤,煤粉应细一些;对于容易着火的煤,例如挥发分高的烟煤,煤粉可稍粗一些。煤粉炉的煤粉细度一般为 $100\ \mu m$ 以下。

煤粉细度是衡量煤粉品质的重要指标。所谓煤粉细度,是指煤粉经过筛子筛分后,残留在筛子上面的煤粉质量占筛分前煤粉总质量的百分值,以"R"来表示。R 值越大则煤粉愈粗。以常用的 70 号筛子为例,此号筛子每厘米长度上有 70 个筛格,每个筛孔内边宽度是 $90\ \mu m$(即 R_{90}),因而小于 $90\ \mu m$ 的煤粉都能通过筛子,大于 $90\ \mu m$ 的煤粉则留在筛子上面。如果筛分前总共有 $100\ g$ 煤粉,筛分后有 $18\ g$ 留在筛子上面(即 $82\ g$ 通过筛子),则写成 $R_{90}=18\%$。显然 R_{90} 越小煤粉越细。

煤粉炉的烟气流速很高,煤粉在炉膛中的停留时间一般只有 $2\sim3\ s$,因此要使煤粉燃烧完全,就必须保证炉膛有足够高的温度,一般应保持在 $1\ 000\ ℃$ 以上。根据理论计算,如果空气供应充足,一粒直径 $0.1\ mm$ 的无烟煤煤粉,在温度 $1\ 000\ ℃$ 时燃尽时间约需 $7\ s$,在 $1\ 250\ ℃$ 时约需 $1.8\ s$,在 $1\ 500\ ℃$ 时约需 $0.6\ s$。所以,炉膛温度越高,煤粉燃烧速度越快,燃烧效率也就越高。

煤粉炉的供风,分为一次风和二次风两种。一次风的作用是将煤粉输送到炉膛内,并供给煤粉着火所需要的空气量。为了使煤粉迅速着火,一次风最好用热风,而且风量不宜太大,只需将煤中挥发分燃完即可,否则会降低煤粉浓度,影响着火。但对于挥发分含量较高的煤,一旦着火,大量的挥发分便迅速分解出来,此时必须供应足够的一次风量。对于不同的煤种,一次风量占总供风的百分比为:无烟煤和贫煤,约占 $20\%\sim25\%$;烟煤,约占 $25\%\sim45\%$;褐煤,约占 $40\%\sim45\%$。煤粉炉中二次风所占的比例较大,它是为了使煤粉燃烧完全而直接送入炉膛的,通常都采用热风,以提高炉膛温度,保证燃烧稳定。

三、制粉设备

煤粉炉本身结构虽然简单,但是需要有一套制粉设备。制粉设备包括磨煤机和制粉系统。磨煤机按转速分为三种,即:

(1)低速磨煤机,转速为 $15\sim25\ r/min$,如筒式钢球磨煤机,俗称球磨机。

(2)中速磨煤机,转速为 $50\sim300\ r/min$,如中速平盘磨煤机、中速环球磨煤机等。

(3)高速磨煤机,转速为 $750\sim1\ 500\ r/min$,如锤击式磨煤机、风扇式磨煤机(简称风扇磨)等。

1. 磨煤机的结构

常用的磨煤机有锤击式磨煤机、风扇式磨煤机和筒式球磨机三种。

1）锤击式磨煤机

锤击式磨煤机的煤粉喷口以下为竖井形式，所以又称为竖井式磨煤机，其工作原理如图5-16所示。经过预先除铁、破碎后的小煤块（一般直径为10～15 mm），从进煤口落入磨煤机底部后，被由两侧进风口进入的热风烘干，并被高速转动的铁锤击碎。破碎后的煤粉被空气吹入竖井，其中细粉被气流直接带入炉膛燃烧，粗粉由于重力作用，被分离落回磨煤机，重新粉碎至所需要的细度。当煤粉的粗细度不符合要求时，可以通过调节挡板进行控制。

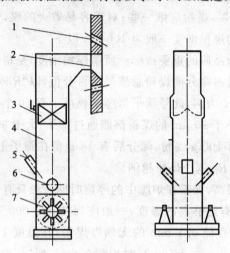

图5-16　锤击式磨煤机工作原理示意图

1—二次风口；2—煤粉喷口；3—调节挡板；4—竖井；5—进煤口；6—进风口；7—磨煤机

锤击式磨煤机的优点是：结构简单，制造容易，占地面积小，金属耗量少。缺点是：锤头磨损严重，不适宜磨制硬度较大的煤块，制出的煤粉较粗，有时满足不了要求。

2）风扇式磨煤机

风扇式磨煤机的外壳与风机相似，其结构如图5-17所示。在叶轮上装有8～12块冲击板，机壳内衬有护板。冲击板和护板都由高锰合金钢制成，以提高耐磨性能。小煤块进入磨煤机后，被从烟道内抽出的高温烟气（磨煤机本身具有抽力）加热烘干，一方面被高速转动的冲击板打碎，另一方面由于煤块之间及与护板互相挤撞而破碎。制成的煤粉随气流进入磨煤机上部的粗粉分离器，合格的细粉被吹入炉膛燃烧，被分离出来的粗粉又返回磨煤机，重新粉碎至所需要的细度。

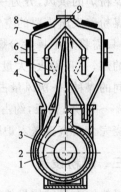

图5-17　风扇式磨煤机

1—机壳衬板；2—冲击板；3—叶轮；

4—回煤斗；5—调节挡板；6—检查门；

7—粗粉分离器；8—防爆门；9—煤粉出口

风扇式磨煤机的优点，除了与锤击式磨煤机相同外，还能产生1 470～1 960 Pa的风压，起到风机的作用。又因其安装在炉前的位置较锤击式远一些，因而一次风的管道较长,有利于锅炉房的布局。缺点是:磨硬质煤时设备磨损严重,冲击板更换麻烦,煤粉均匀度较差。

3）筒式球磨机

筒式球磨机一般简称为球磨机,其结构主要由筒壳、钢球、电动机和减速机构组成,如图 5-18 所示。筒壳是用钢板制成的圆筒,外面有固定的大齿轮圈,里面有铸钢制成的波纹形衬板。钢球用锰钢制成,直径在 30～60 mm 之间,盛装在筒壳内,约占圆筒容积的20%～30%。

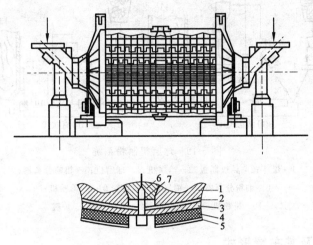

图 5-18　筒式球磨机

1—衬板；2—石棉板垫料层；3—筒体；4—毛毡；
5—钢板外壳；6—压紧块；7—螺栓

电动机主轴经过减速后,转速一般达到 18～25 r/min,带动大齿轮圈和筒壳回转。钢球被波纹形衬板按筒壳回转方向带到一定的高度后,呈抛物形落下。依靠钢球下落的冲击力量,以及钢球在上升时与煤粒的互相倾轧滑动,逐渐将煤磨碎。

筒式球磨机的优点是:补充钢球不用停机,运行可靠,维护检修方便,使用寿命长。缺点是:运转时噪音大,制粉系统复杂。目前有的单位试用硬质橡胶衬板代替钢衬板,可降低噪音,减轻重量,节省电耗。

2. 制粉系统

球磨机的制粉系统有储仓式和直吹式两种,如图 5-19 所示。

1）储仓式制粉系统

储仓式制粉系统如图 5-19(a)所示。小煤块由煤斗通过给煤机进入球磨机的进口管道与热风混合,被加热干燥。制成的煤粉被气流带入粗粉分离器。被分离出来的粗粉,经过锁气器(防止煤粉倒流和管道漏风)和回粉管返回球磨机重新磨碎。合格的细粉随气流进入细粉分离器进行粉风分离,煤粉落入煤仓,再经给粉机与排粉机抽来的热风混合,然后由燃烧器喷入炉膛,与由热风道送入的二次风在炉膛内混合燃烧。从细粉分离器分离出来的空气中,还含有少量的细煤粉,被排粉机抽出后也送入炉膛燃烧。

2）直吹式制粉系统

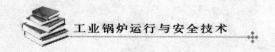

直吹式制粉系统如图5-19(b)所示。在储仓式制粉系统的基础上取消了细粉分离器、煤粉仓和给粉机等设备。由粗粉分离器出来的合格煤粉,随气流经排粉机直接进入燃烧器喷入炉膛燃烧。

直吹式制粉系统与储仓式制粉系统比较,其优点是:省掉了不少设备,缩短了管道长度,减少了系统阻力。缺点是:一旦球磨机发生故障,锅炉无法维持运行;一次风温度较低,不利于煤粉着火和燃烧。

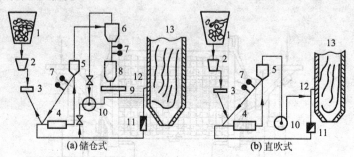

图 5-19　球磨机制粉系统

1—煤斗;2—调煤插板;3—给煤机;4—球磨机;5—粗粉分离器;

6—细粉分离器;7—锁气器;8—煤粉仓;9—给粉机;

10—排粉机;11—热风道;12—燃烧器;13—炉膛

四、喷燃器及其布置形式

喷燃器是煤粉炉最主要的燃烧设备,其作用是将制粉系统送来的煤粉和空气喷入炉膛,并使它们得到良好混合与迅速燃烧,以及均匀充满整个炉膛。按其气口的性质,煤粉喷燃器可分为直流式和旋流式两大类别。

1. 燃烧器的结构

常用的燃烧器有蜗壳式和蘑菇形两种,属于旋流式燃烧器。

1) 蜗壳式燃烧器

蜗壳式燃烧器由大小两个蜗壳组成,如图5-20所示。煤粉和一次风由小蜗壳送入炉膛。二次风由大蜗壳送入炉膛。由于煤粉会磨损设备,所以小蜗壳用铸铁制造,以提高耐磨性,而大蜗壳内只流动气体,不易磨损,可用薄钢板制造。蜗壳具有导向作用,使气流形成涡流,所以由蜗壳式燃烧器喷出的气流呈螺旋形前进,同时呈锥形扩散,使煤粉稳定地燃烧。

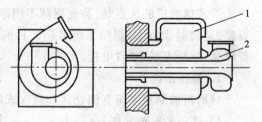

图 5-20　蜗壳式燃烧器

1—大蜗壳;2—小蜗壳

蜗壳式燃烧器对煤种的适应性较广,常用于烟煤和褐煤,有时也用于无烟煤和贫煤。

2) 蘑菇形燃烧器

蘑菇形燃烧器的结构如图5-21所示。它与蜗壳式燃烧器的主要区别在于,取消了小蜗壳,而在燃烧器出口的中心增设了蘑菇形的扩散器。一次风依靠扩散器使煤粉气流扩散，二次风经蜗壳造成旋转进入炉膛。扩散器的前后位置由调节手柄控制。扩散器离喷口越近，扩散的角度就越大，高温烟气回流区也越大，越利于煤粉着火。扩散器的锥角视煤种而定，一般对于无烟煤或贫煤可采取120°，对于烟煤可取90°，对于褐煤可取60°。

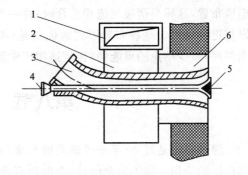

图 5-21　蘑菇形燃烧器
1—二次风入口；2—二次风蜗壳；3—一次风及煤粉入口；
4—调节手柄；5—蘑菇形扩散器；6—二次风喷口

2. 燃烧器的布置形式

燃烧器在炉墙上的布置形式，直接关系到煤粉着火的时间、煤粉燃尽的程度、锅炉运行的经济性和可靠性。

常见的燃烧器布置形式有前墙布置、侧墙布置、炉顶布置和四角布置四种。

（1）前墙布置。前墙布置形式是将燃烧器水平布置在炉膛前墙下方，如图 5-22（a）所示，这种布置形式因受炉膛深度限制，只适用于中、小型煤粉炉。如将炉膛高度增加，可在前墙上下平行布置 2～4 排，每排 2～3 只燃烧器，这样无需变动炉膛深度，就可提高锅炉蒸发量。当锅炉负荷降低时，又可相应停用部分燃烧器，同样可以维持正常燃烧。这种布置形式，火焰先平行向后喷射，然后再转向上部呈"L"形，火焰较长，能较好地充满炉膛。所以，前墙布置形式又称为"L"型火焰布置形式。

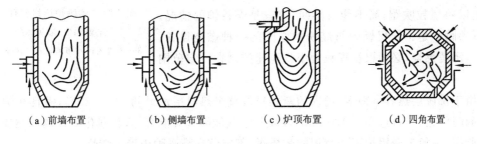

（a）前墙布置　　　　（b）侧墙布置　　　　（c）炉顶布置　　　　（d）四角布置

图 5-22　燃烧器布置形式

（2）侧墙布置。侧墙布置形式是将燃烧器布置在炉膛两边的侧墙上，如图 5-22（b）所示。煤粉和空气从相对的方向同时喷出，并互相碰撞，有利于空气和煤粉的搅动，使其混合均匀。这种布置形式对煤种的适应性好，大多用于炉膛较深，蒸发量较大的锅炉。

（3）炉顶布置。炉顶布置形式是将燃烧器布置在炉膛顶部前上方，如图 5-22（c）所示。煤粉和空气由上向下喷射，火焰先向下压，然后又向上翻起，形成"U"形火焰。这种布置形式的火焰较长，有利于燃烧无烟煤和贫煤。但上部火焰较短，使可燃物不易燃尽，还由于火焰向下压，使炉膛下部的温度较高，容易结焦，因此很少采用。

（4）四角布置。四角布置形式是将燃烧器布置在炉墙的四个角上，如图 5-22（d）所示。四股气流互相切于炉膛中心的一个"假想圆"，空气和煤粉在激烈的旋转同时充分混合，并使火焰充满炉膛。这种布置形式多用于大型煤粉炉，有时也用于小型煤粉炉。

除了上述四种基本布置形式外，还有采用混合布置形式的。如同时采用炉顶布置和

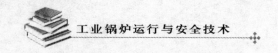

前墙布置,这样当两股气流相汇合时,进一步起到搅动作用,加强了空气和煤粉的混合,使燃烧更加强烈。这种布置形式的优点是:火焰能充满整个炉膛,燃烧稳定;能防止煤粉冲击炉底,减少结焦的可能性,比较适用于炉膛狭窄的小型煤粉炉。

第八节　沸腾锅炉

沸腾燃烧是近 20 年来迅速发展起来的新的燃烧方法。在中小型锅炉上已经获得相当广泛的应用。据不完全统计,全国现有沸腾锅炉的蒸发量为 2~120 t/h,共有 3 000 台以上,对于解决锅炉燃用劣质煤取得了很大成绩。

一、沸腾炉的燃烧原理

沸腾炉的燃烧原理如图 5-23 所示。将煤破碎至一定大小的颗粒送入炉膛,同时由高压风机产生的一次风通过布风板吹入炉膛。炉膛中的煤粒因所受风力不同,可处于三种不同状态:当风力较小,还不足以克服煤层重量时,煤粒基本处于静止状态,这就是层燃炉的情况;当风力较大,能够将煤粒吹起,并在一定的高度内呈现翻腾跳跃,煤层表面好像液面沸腾,又称为流化状态,这就是沸腾炉的情况;当风力继续增大,足以将煤粒吹跑,而不能再落回,这就是煤粉炉的情况。显然,沸腾炉是介于层燃炉与煤粉炉之间的一种燃烧设备。为获得沸腾燃烧,必须根据煤粒大小将风速控制在一定范围之内。

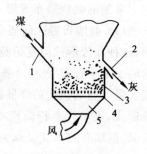

图 5-23　沸腾炉燃烧原理
1—给煤管;2—溢灰口;
3—沸腾区;4—布风板;5—风室

由于沸腾层热容量很大,送入的新煤只占整个热料层重量的 5%~20%,而且在炉内停留的时间很长,可达 80~100 min,煤粒与空气能够充分混合,这就强化了传热和燃烧过程。所以,一般工业锅炉不能燃用的劣质煤,都能够在沸腾炉内稳定燃烧。

二、沸腾炉的炉膛结构

沸腾炉的炉膛结构主要由布风系统、沸腾段和悬浮段等组成,如图 5-24 所示。

1. 布风系统

布风系统由风室、布风板和风帽三部分组成。

(1) 风室。风室位于炉膛底部,主要作用是使高压一次风均匀通过布风板吹入炉膛。风室必须严密不漏,否则会降低风压,影响锅炉正常运行。风室还应留有人孔,以便清除落入风室内的灰渣等杂物。

(2) 布风板。布风板位于风室上部,其作用相当于炉排,既要承受料层的重量,又要保证布风均匀、阻力不大。一般用 15~20 mm 厚的钢板制成。板上按等边三角形排列开孔和安装风帽,板面上敷设耐火涂料保护层以防烧坏。为了定期排放沉积在炉底的石块和灰渣,板上还需适当开有出灰孔,以接装冷灰管。

（3）风帽。风帽的作用主要是使风室的高压风均匀吹入炉膛，保证料层良好沸腾，其次是防止煤粒堵塞风孔。风帽的结构形式很多，图 5-25 是常见的几种。它们的样子类似空心蘑菇，直接插入布风板开孔上，然后用耐火涂料密封绝热。在每个风帽上开有 8～14 个直径 4～8 mm 的通风孔，并使孔内风速在 30～40 m/s 之间，保证沸腾层稳定工作。风帽在炉膛压火或结焦时，内部没有空气通过，容易烧坏，因此通常选用耐热铸铁制造。

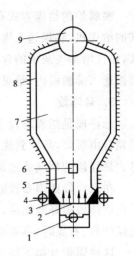

图 5-24　沸腾炉的炉膛结构

1—风室；2—布风板；3—风帽；

4—集箱；5—沸腾段；6—溢灰口；

7—悬浮段；8—水冷壁管；9—锅筒；

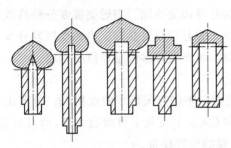

图 5-25　常见风帽结构

2. 沸腾段

沸腾段又称沸腾层，是料层和煤粒沸腾所占据的炉膛（从溢灰口的中心线到风帽通风孔的中心线）部分，通常下端呈柱体垂直段，上端呈锥形扩散段，以减少飞灰带出量。沸腾段的高度要适宜，过低时，未完全燃烧的煤粒会从溢灰口排出；过高时，为了维持正常的溢流，就要加大通风量，增加电耗，并加剧了煤屑的吹走量。因此，在砌筑炉体时，沿溢灰口高度方向应留一个活口，以便根据不同煤种的沸腾高度，随时调整溢灰口的高度。

布置在沸腾段的受热面，是将管束全部淹埋在沸腾料层之中，故称为埋管受热面。一般有竖管、斜管和横管三种布置形式，如图 5-26 所示。

(a) 竖管式　　　　(b) 斜管式　　　　(c) 横管式

图 5-26　沸腾段受热面布置

埋管受热面的数量要适当，如布置过少，沸腾段温度过高，容易结焦；如布置过多，沸腾段温度过低，燃烧不稳定，甚至灭火。沸腾段温度不应超过灰熔点，一般控制在 750～1 050 ℃ 之间为宜。由于埋管处于高速区域，受高温粒子的撞击，磨损严重，从而影响沸腾炉的安全经济运行。为了解决磨损问题，一方面可以定期更换埋管磨损最严重的部分。因此，沸腾炉在结构上应考虑到便于切割和焊接埋管的施工条件；另一方面可以在埋管磨损最严重的部位加焊鳍片、抓钉，或者涂敷耐热耐磨材料，以提高该部位的耐磨性。

沸腾炉的给煤方式有负压给煤和正压给煤两种。负压给煤是用皮带运煤机或其他形式的给煤机,将煤送入沸腾段上面的负压区,给煤口的位置在溢灰口的对面。这种给煤方式,往往增加飞灰中的含碳量,因此目前较少采用。正压给煤是利用螺旋机械或风力将煤直接送入沸腾段内,给煤口位置在风帽顶上方 100～150 mm 高度处。

3. 悬浮段

悬浮段是指沸腾段上面的炉膛部分。其作用主要是使被高压一次风从沸腾段吹出的煤粒自由沉降,落回到沸腾段再燃。其次是延长细煤粒在悬浮段的停留时间,以便悬浮燃尽。悬浮段的烟气流速越小越好,一般应控制在 1 m/s 左右。

在悬浮段四周布置的水冷壁管,称为悬浮段受热面。当燃烧挥发分较高的褐煤时,为了在悬浮段很好地燃尽,一般不布置或少布置悬浮段受热面。当燃烧挥发分少、发热量低的煤矸石、石煤时,不要求在悬浮段再燃烧,可布置较多的悬浮段受热面。

这种锅炉有如下特点:

(1)沸腾炉炉膛出口设有分离器,将烟气中带有未燃尽的煤粉(屑)分离出来,经回流筒又进入沸腾床重新燃烧。这一结构不仅减少了飞灰中可燃物含量,而且对燃料的颗粒度要求降低。因此流动床沸腾炉可简化煤的粉碎设备。

(2)可直接将石灰石加入燃烧室,实现炉内高效脱硫。控制炉内温度在 850 ℃ 左右,并合理调节二次风,可以抑制和减少 NO_x 的产生,无需特别的脱硫和脱氮氧化物装置而解决环保问题。

(3)燃烧室采用水冷壁形式受热面,省略一般沸腾炉的埋管,使结构简化,并减少了受热面磨损、腐蚀。

这种流动床的锅炉,大型的在国外已超过 2 000 t/h,小型的在 10～20 t/h 上也可以采用。

第六章　锅炉水处理

锅炉是承受一定温度和一定压力的热能动力设备，它以水作为工质，而一般生水中含有大量杂质，在高温下易产生水垢，影响传热，浪费燃料，同时会使锅炉造成腐蚀和产生苛性脆化，危及安全，严重时有可能发生爆炸事故。因此锅炉给水一定要经过处理达到合格标准才能使用，目的是防止结垢、腐蚀，保证安全。锅炉水处理对锅炉安全、经济运行和节约燃料有着重要意义，它是锅炉运行中的一项重要的技术基础工作，锅炉使用单位和运行操作人员都必须贯彻执行《工业锅炉水质》(GB/T 1576—2008)，认真做好锅炉水处理工作。

第一节　锅炉用水基础知识

一、锅炉用水的分类

(1) 原水。原水就是未经过任何处理的水。原水主要来自江河、井水或城市自来水。

(2) 给水。直接进入锅炉的水称为锅炉给水。给水通常由回水、补给水和疏水等组成。

(3) 软化水。除去全部或大部分钙、镁离子后的水。

(4) 锅水。锅炉运行中，存在于锅炉中并吸收热量产生蒸汽或热水的水。

(5) 冷却水。锅炉运行中用于冷却锅炉某一附属设备的水。

(6) 排污水。为了改善蒸汽品质和防止锅炉结垢，从排污阀门排出的锅水。

二、水中的杂质

锅炉用水，无论是地面水还是地下水，都不同程度地含有各种杂质。这些杂质都会给锅炉的安全经济运行带来很大危害。

1. 按物态分类

(1) 固态杂质。包括悬浮固体、胶溶固体、溶解于水的盐类和有机质微粒。

(2) 液态杂质。主要指油脂、工业废液、酸液等。

(3) 气态杂质。主要是氧气和二氧化碳等。

2. 按其粒径大小分类

可分悬浮物质、胶体杂质、溶解性杂质。

1) 悬浮物质

泥土、砂粒和动植物腐烂后生成的有机物等不溶性杂质，常以 10^{-4} mm 左右的颗粒悬浮

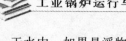

于水中。如果悬浮物直接进入锅炉,会在锅筒内沉积,而影响传热性能,使金属过热疲劳而损坏。特别是粒径细微的悬浮物质,在锅炉运行中还会产生泡沫和汽水共腾,影响品质。

2) 胶体杂质

胶体是分子和离子的集合体,粒径在 $10^{-5} \sim 10^{-4}$ mm 之间。天然水中的胶体,一类是硅、铁、铝等矿物质胶体;另一类是由动植物腐烂后的腐殖质形成的有机胶体。由于胶体表面带有同性电荷,它们的颗粒之间互相排斥,不能彼此粘合,不能自行下沉,所以可在水中稳定存在。若不除去水中的胶体物质,将会使锅炉结成难以去除的坚硬水垢,并使锅水产生大量泡沫,污染蒸汽品质。

3) 溶解性杂质

水中溶解的物质主要是指气体和矿物质盐类,粒径在 10^{-6} mm 以下。水中溶解的气体都以分子状态存在,能够引起锅炉腐蚀的气体主要是氧气、二氧化碳、硫化氢等;水中含量最多的阳离子杂质有:钠离子(Na^+)、钙离子(Ca^{2+})、镁离子(Mg^{2+}),还有少量的钾离子(K^+)、铵离子(NH_4^+)、铁离子(Fe^{3+})、锰离子(Mn^{2+})等;水中含量最多的阴离子有:氯离子(Cl^-)、硫酸根(SO_4^{2-})、碳酸氢根(HCO_3^-),还有极少量的碳酸根(CO_3^{2-})、氟离子(F^-)、硝酸根(NO_3^-)、亚硝酸根(NO_2^-)等。其中能在锅炉内结成水垢的阳离子是钙离子(Ca^{2+})、镁离子(Mg^{2+})。

三、杂质对锅炉的危害

水中杂质如果不经过处理直接用作锅炉给水,对锅炉危害极大,归纳起来可产生以下三种危害:一是在锅炉内结垢,形成水渣;二是造成锅炉金属腐蚀;三是恶化蒸汽品质。

1. 工业锅炉水垢的形成及危害

实践经验表明,如果锅炉给水硬度不合格,运行一段时间后,在锅炉受热面上就会结生一些不溶性固态附着物,这种现象通常称为结垢。工业锅炉中常结生碳酸盐水垢。锅炉受热面上结生的水垢,有一次水垢和二次水垢之分,一次水垢是生成水垢的钙、镁盐类直接在锅炉受热面上析出的产物,而二次水垢则是钙、镁盐类在锅炉水中形成水渣以后重新附着在受热面上的产物。

1) 水垢形成的原因

(1) 钙、镁的重碳酸盐类的热分解。水在锅内加热的过程中,水中暂硬(重碳酸盐硬度)由于热分解,使易溶于水的物质转变为难溶于水的物质而析出沉淀。若不及时排出会附着在锅炉受热面上形成水垢。

$$Ca(HCO_3)_2 \xrightarrow{\triangle} CaCO_3 \downarrow + CO_2 \uparrow + H_2O$$

$$Mg(HCO_3)_2 \xrightarrow{\triangle} \underset{+}{MgCO_3} + CO_2 \uparrow + H_2O$$
$$H_2O$$
$$\longrightarrow Mg(OH)_2 \downarrow + CO_2 \uparrow$$

(2) 锅水的不断蒸发浓缩。由于水在锅炉中不断蒸发,钙、镁盐类在锅水中被不断浓缩,当超过它的溶解度时,就会析出沉淀。当某一物质的水溶液离子积大于其浓度积时,该物质就会从水中析出形成沉淀物。

（3）钙、镁盐类溶解度降低。某些钙、镁盐类的溶解度随着水温升高反而下降，如图6-1所示，因此水温升高后，它们的溶解度降低，达到过饱和状态后，便会从水中沉淀析出。

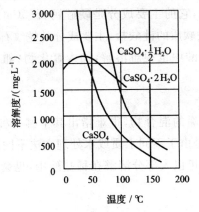

（a）硫酸钙溶解度与温度的关系

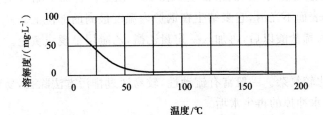

（b）碳酸钙溶解度与温度的关系

图 6-1 钙盐溶解度与温度关系

2）水垢的种类

由于给水和锅水的组成不同，以及结生水垢的具体条件不同，使水垢在成分上有很大差别，如按其化学组成，水垢可以分为下面几种。

（1）碳酸盐水垢。

碳酸盐水垢其主要成分为钙、镁的碳酸盐，以碳酸钙（$CaCO_3$）为主，达 50% 以上。碳酸盐水垢多为白色的，也有微黄白色的。由于结生的条件不同，可以是坚硬致密的硬质水垢，也可以是疏松的软质水垢，多结生在温度比较低的部位，如锅炉的省煤器、进水口等。一般热水锅炉结生的多是碳酸盐水垢。

碳酸盐水垢遇稀盐酸时，可以大部分溶解，并生成大量的气泡（CO_2），溶液内所剩的残渣量很少。

（2）硫酸盐水垢。

硫酸盐水垢其主要成分是硫酸钙（$CaSO_4$），达 50% 以上，又称石膏水垢。硫酸盐垢多为白色，也有微黄白色的，特别坚硬、致密，手感滑腻。此种水垢多结生在温度最高、蒸发强度最大的蒸发面上。

硫酸盐水垢在稀的热盐酸中溶解极慢，当向溶液加入 10% 的氯化钡（$BaCl_2$）以后，能生成大量的白色沉淀硫酸钡（$BaSO_4$）。

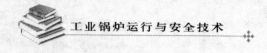

（3）硅酸盐水垢。

硅酸盐水垢成分比较复杂，水垢中的二氧化硅（SiO_2）含量可达 20％以上。硅酸盐水垢多为淡褐色，也有灰白色的，水垢表面带刺，它是一种十分坚硬的水垢。此种水垢容易在锅炉温度最高的部位结生，它的主要成分是硬硅钙石（$5CaO \cdot 5SiO_2 \cdot H_2O$）或镁橄榄石（$2MgO \cdot SiO_2$）；另一种是软质的硅酸盐，主要成分是蛇纹石（$3MgO \cdot 2SiO_2 \cdot 2H_2O$）。

硅酸盐水垢在热的稀盐酸中也很难溶解，加入氟化物（如 NaF、NH_4F、HF 等），可以缓慢溶解。

（4）混合水垢。

混合水垢是上述各种水垢的混合物，很难指出其中哪一种是最主要的成分。混合水垢色杂可以分出层次，主要是由于不同水质或水处理方法不同而结生的，多结生在锅炉高低温区的交界处。混合水垢可以大部分溶解在稀盐酸中，也会产生气泡（CO_2），溶解后有残留水垢碎片或泥状物。

（5）含油水垢。

含油水垢的成分很复杂，但油脂含量多在 50％以上。含油水垢多呈黑色，有坚硬的，也有松软的，水垢表面不光滑，它多结生在锅炉内温度最高的部位上。

含油水垢加入稀盐酸以后，再加入一定量乙醚，乙醚层呈现浅黄色。

（6）泥垢。

泥垢的成分比较复杂。一般富有流动性，较易通过排污方法除去，易粘结在锅炉蒸发面上，形成难以用水冲掉的再生水垢。

3）水垢对锅炉的危害

（1）造成锅炉受热面金属壁超温，降低锅炉使用寿命。

当锅炉管壁上结有水垢时，水垢的导热系数很差，使炉管从火焰、烟气吸收的热量不能很好地传递给水，从而使受热面壁温升高，超过低碳钢的使用允许温度，金属强度下降。造成炉管鼓包以致爆破。

此外，炉管内部结垢后管内流通截面减少，阻力增加，严重时会破坏正常的锅炉水循环和冷却，造成炉管烧坏。

（2）排烟温度升高，锅炉效率降低，浪费燃料，严重时降低锅炉出力。

（3）锅炉受热面结垢，需要清垢或酸洗，缩短运行时间。

2. 工业锅炉常见的腐蚀

锅炉在使用过程中，受压元件内外侧都会产生腐蚀。不但锅炉产生的烟尘、灰渣等对锅炉元件有腐蚀作用，而蒸汽也对锅炉元件产生腐蚀。

金属表面在周围介质的作用下，由于化学或电化学作用的结果而产生的破坏称为腐蚀。

化学腐蚀是指金属与周围介质的分子或原子直接发生化学反应，生成一种新的物质，使金属受到破坏的现象。锅炉设备发生的化学腐蚀，最典型的是在高温情况下钢材的水蒸气腐蚀、亚硝酸盐分解引起的锅炉金属腐蚀，以及在周围介质的作用下所发生的酸性和碱性腐蚀等。当锅炉水的 pH 值小于 8 时，会对受热面金属产生酸性腐蚀；当锅炉水的

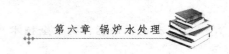

pH 值大于 13 时,会对受热面金属产生碱性腐蚀。

金属在腐蚀过程中伴有局部电流的现象,称为电化学腐蚀。如金属遇水发生腐蚀,此时,水为电解质溶液。

根据腐蚀发生的部位可分为均匀腐蚀和局部腐蚀。均匀腐蚀是金属在腐蚀介质作用下,整个金属表面都受到腐蚀,金属厚度的减薄程度大致相等。局部腐蚀是在金属表面的个别部分产生腐蚀,形成局部凹坑,腐蚀速度比均匀腐蚀快得多。

根据腐蚀的原因,腐蚀又可分为以下几类。

1) 氧腐蚀

给水中溶解氧是引起工业锅炉设备腐蚀的最重要的因素之一,氧腐蚀是一种电化学腐蚀。当锅炉金属受到水中溶解氧腐蚀时,常常在其表面形成许多小鼓包,直径在 1~30 mm 不等,这种腐蚀特征,称为溃疡腐蚀。氧的溃疡腐蚀的鼓包表面和颜色由黄褐色到红色不等。次层是黑色粉末物(Fe_3O_4),有时在腐蚀产物最里层紧靠金属表面处,还有黑色一层,这是 FeO,当将这些腐蚀产物清除后,便会出现因腐蚀而造成的凹坑。

氧腐蚀主要发生在上锅筒水位线附近以及给水管道和省煤器上。最不易发生氧腐蚀的部位是蒸汽管道。

锅炉停用时的腐蚀多数为氧腐蚀。

防止停用时的氧腐蚀有以下措施:① 干燥法;② 加入缓蚀剂;③ 隔绝氧化法;④ 干风保护法。

2) 二氧化碳腐蚀

一部分二氧化碳与水反应生成碳酸。水的 pH 值会降低,这种水能使金属表面产生酸性腐蚀,并随水温的升高而加快腐蚀速度。如果水中还有溶解氧,则腐蚀更加强烈,会给锅炉造成更大的危害。这种腐蚀多发生在用 H^+-Na^+ 离子交换软化水补给水的锅炉和蒸汽管道以及回水管处等。对用钠离子交换软化水作补给水的锅炉,在除氧器后的给水管道中,一般没有游离二氧化碳腐蚀的危险,因为该软化水有足够的碱度,pH 值不至于降低很多。至于 H^+-Na^+ 离子交换水,由于残余碱度很小,所以只要在除氧器后的给水中残留少量游离二氧化碳,就会使 pH 值低于 7。因此,在除氧器以后的设备中会发生游离二氧化碳的腐蚀。

二氧化碳酸性腐蚀为均匀腐蚀,通常发生在凝汽器和除氧器之间的凝结水系统和疏水系统。

3) 盐类腐蚀

由于锅水的温度高,给水所含的盐类可能水解生成相应的酸,这也可引起腐蚀。但工业锅炉并不多见。不过当采用钠离子交换法,在再生时发生误操作或有关阀门不严,而引起废盐碱液串入给水系统时,这些废盐水中的 $MgCl_2$ 在锅炉内水解生成 HCl,将会造成锅炉的严重腐蚀。

蒸汽中含有盐类杂质过多,会引起锅炉的金属腐蚀。

4) 苛性脆化

苛性脆化是锅炉金属的一种特殊腐蚀形式。锅炉的铆接或胀接部位,因局部应力集

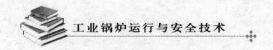

中,机械应力加上热应力和游离碱含量过高而浓缩,产生晶间裂纹的脆化现象,称为苛性脆化。又称晶间腐蚀或碱性腐蚀。

这种腐蚀发生在金属晶料的边界上,削弱了金属晶料间结合力,使金属所能承受的压力人为降低,当金属的承压能力降到一定程度时,就会发生极危险的锅炉爆炸事故。

金属苛性脆化发生原因:

(1) 锅水中含有大量的碱性物质(游离 NaOH)。

(2) 锅炉铆缝处或胀口处不严密,锅水从该处渗漏并蒸发、浓缩。

(3) 金属内部存在应力(接近屈服点)。

苛性脆化常发生在锅炉锅筒的铆钉孔或胀管管孔处,在锅筒的钢板上或铆接用的覆板上发生苛性脆化时,裂纹在铆钉孔的周围呈辐射状。有的由一个铆钉孔延伸到另一个铆钉孔。这种裂纹不只是在金属表面,而且穿过金属壁。胀管孔渗漏时,除管孔金属会发生脆化裂纹外,管子也易产生横向裂纹。

相同条件下,锅炉汽包的焊接口比胀接口更易发生苛性脆化。

5) 氢脆

氢脆是指在高温高压下,当氢与钢接触时渗透到钢材内部,氢与钢材中的渗碳体发生化学反应使钢材脱碳生成甲烷,形成局部变化和应力集中,产生晶间裂纹严重降低钢材的力学性能。

6) 疲劳腐蚀

疲劳腐蚀是指金属在受到热应力、弯曲应力等交变应力的作用下,同时又受到介质的腐蚀作用,金属壁面产生穿晶或沿晶裂纹。

7) 硫腐蚀

锅炉不仅水汽侧会发生腐蚀,烟气侧也会发生腐蚀。烟气侧的腐蚀又分为高温腐蚀和低温腐蚀。由于烟气中硫和硫化物的存在,高温情况下,产生硫酸盐腐蚀和硫化物腐蚀;低温情况下产生硫酸腐蚀。工业锅炉中最常见的硫腐蚀为低温腐蚀。

3. 蒸汽污染的原因及危害

1) 蒸汽污染的原因

工业锅炉的蒸汽污染的原因有机械携带和溶解携带。饱和蒸汽中有水滴,而水滴中含有杂质,即机械携带;某些杂质能直接被蒸汽溶解,即溶解携带;蒸汽污染根源在于锅炉给水中含有杂质。

影响蒸汽品质的主要因素是锅水浓度,其次是锅炉负荷、锅筒水位和锅炉压力等。

(1) 锅水浓度。

在锅炉内沸腾的水中有很多气泡,当气泡上升脱出水面瞬间破裂时,会分解出很多细小而分散的小水滴。当锅水浓度低和锅炉水位、负荷、压力正常稳定时,这些小水滴并不容易被蒸汽大量带走。因为水滴本身有一定的重量,当它们溅出水面升到一定高度时,会荡回到水中。

当锅水不断蒸发,浓缩,锅水含盐浓度逐渐增加。锅水的表面张力也不断增大。在锅水沸腾的表面便会产生大量的泡沫层。随着锅水浓度的增加,气泡的厚度也不断加厚。

锅筒的有效空间则减小,气泡破裂时所溅起的细小水滴就会很容易被向上流动的蒸汽带出,从而使蒸汽品质恶化。严重时会产生汽水共腾现象,并带出大量的锅水。

(2)锅炉负荷。

如果锅炉负荷增大,即锅炉内单位蒸汽空间每小时通过的蒸汽量增加,蒸汽在锅筒中的上升速度就会增加,便有足够的能量把水面上高度分散的小水滴带出,使蒸汽品质恶化,特别是负荷波动或超负荷运行时,即使锅水含盐浓度不大,也会出现汽水共腾的严重后果。

(3)锅炉水位。

锅炉水位过高,锅筒的蒸汽空间便会缩小,相应的单位体积空间通过的蒸汽量也就增大,蒸汽流速增大,加之水滴的自由分离空间减小,会使水滴随蒸汽带出,也会使蒸汽品质恶化,水位波动也会造成蒸汽瞬间带水。

(4)锅炉压力。

当锅炉压力突降时,相同质量的蒸汽体积便会增大,单位空间体积所通过的蒸汽体积也就增加。这样,细小的水滴也容易被带出,而影响蒸汽品质。

2)蒸汽污染的危害

(1)锅水起沫所致的蒸汽带水,会使锅炉水位计水位紊乱,造成锅炉干锅或满水。严重时可引起锅炉爆炸。

(2)锅水溅入过热器内,降低过热蒸汽温度,同时锅水带入的盐类会在过热器中结晶析出生成盐垢,易使过热器管过热甚至爆破。

(3)影响用汽设备的正常工作和产品质量,增加设备维修工作量。

(4)蒸汽大量带水,而使蒸汽阀门积结盐垢,致使阀门动作不灵。

3)改善蒸汽品质的措施

(1)提高给水质量。

(2)在汽包内装置汽水分离器。汽水分离器可以减少饱和蒸汽带水,降低蒸汽中的湿分。

(3)对蒸汽进行清洗。蒸汽清汽装置可以减少蒸汽中的机械携带量。

(4)进行锅炉排污。

(5)采用分段蒸发方法。

为防止受热面结垢,防止锅炉本体和附属设备的腐蚀,防止过热器积盐,锅炉用水必须进行水处理,必须监督锅炉用水的水质。

第二节 锅炉水质标准

一、工业锅炉水质标准

2008年国家重新修订颁发的《工业锅炉水质》(GB/T 1576—2008),规定了工业锅炉运行时的水质标准。此标准适用于额定出口蒸汽压力小于 3.8 MPa,以水为介质的固定式蒸汽锅炉和汽水两用锅炉,也适用于以水为介质的固定式承压热水锅炉和常压热水锅炉。

1. 采用锅外水处理的自然循环蒸汽锅炉和汽水两用锅炉水质

蒸汽锅炉和汽水两用锅炉的给水一般采用锅外化学水处理,水质应符合表 6-1 规定。

表 6-1 采用锅外水处理的自然循环蒸汽锅炉和汽水两用锅炉水质

项目	额定蒸汽压力/MPa		$p \leqslant 1.0$		$1.0 < p \leqslant 1.6$		$1.6 < p \leqslant 2.5$		$2.5 < p < 3.8$	
	补给水类型		软化水	除盐水	软化水	除盐水	软化水	除盐水	软化水	除盐水
给水	浊度/FTU		≤5.0	≤2.0	≤5.0	≤2.0	≤5.0	≤2.0	≤5.0	≤2.0
	硬度/(mmol·L⁻¹)		≤0.030	≤0.030	≤0.030	≤0.030	≤0.030	≤0.030	≤5.0×10⁻³	≤5.0×10⁻³
	pH 值(25 ℃)		7.0~9.0	8.0~9.5	7.0~9.0	8.0~9.5	7.0~9.0	8.0~9.5	7.5~9.0	8.0~9.5
	溶解氧ᵃ/(mg·L⁻¹)		≤0.10	≤0.10	≤0.10	≤0.050	≤0.050	≤0.050	≤0.050	≤0.050
	油/(mg·L⁻¹)		≤2.0	≤2.0	≤2.0	≤2.0	≤2.0	≤2.0	≤2.0	≤2.0
	全铁/(mg·L⁻¹)		≤0.30	≤0.30	≤0.30	≤0.30	≤0.30	≤0.10	≤0.10	≤0.10
	电导率(25 ℃)/(μS·cm⁻¹)				≤5.5×10²	≤1.1×10²	≤5.0×10²	≤1.0×10²	≤3.5×10²	≤80.0
	全碱度ᵇ/(mmol·L⁻¹)	无过热器	6.0~26.0	≤10.0	6.0~24.0	≤10.0	6.0~16.0	≤8.0	≤12.0	≤4.0
		有过热器		≤14.0		≤10.0		≤12.0	≤8.0	≤12.0	≤4.0
	酚酞碱度/(mmol·L⁻¹)	无过热器	4.0~18.0	≤6.0	4.0~16.0	≤6.0	4.0~12.0	≤5.0	≤10.0	≤3.0
		有过热器		≤10.0		≤6.0		≤8.0	≤5.0	≤10.0	≤3.0
锅水	pH 值(25 ℃)		10.0~12.0	10.0~12.0	10.0~12.0	10.0~12.0	10.0~12.0	10.0~12.0	9.0~12.0	9.0~11.0
	溶解固形物/(mg·L⁻¹)	无过热器	≤4.0×10³	≤4.0×10³	≤3.5×10³	≤3.5×10³	≤3.0×10³	≤3.0×10³	≤2.5×10³	≤2.5×10³
		有过热器			≤3.0×10³	≤3.0×10³	≤2.5×10³	≤2.5×10³	≤2.0×10³	≤2.0×10³
	磷酸根ᶜ/(mg·L⁻¹)				10.0~30.0	10.0~30.0	10.0~30.0	10.0~30.0	5.0~20.0	5.0~20.0
	亚硫酸根ᵈ/(mg·L⁻¹)				10.0~30.0	10.0~30.0	10.0~30.0	10.0~30.0	5.0~10.0	5.0~10.0
	相对碱度ᵉ		<0.20	<0.20	<0.20	<0.20	<0.20	<0.20	<0.20	<0.20

注:① 对于供汽轮机用汽的锅炉,蒸汽质量应执行 GB/T 12145—2008 规定的额定蒸汽压力 3.8~5.8 MPa 汽包炉标准。
　　② 硬度、碱度的计量单位为一价基本单元的物质的量浓度。
　　③ 停(备)用锅炉启动时,锅水的浓缩倍率达到正常后,锅水的水质应达到本标准的要求。

a. 溶解氧控制值适用于经过除氧装置处理后的给水。额定蒸发量大于或等于 10 t/h 的锅炉,给水应除氧。额定蒸发量小于 10 t/h 的锅炉如果发现局部氧腐蚀,也应采取除氧措施。对于供汽轮机用汽的锅炉,给水含氧量应小于或等于 0.050 mg/L。
b. 对蒸汽质量要求不高,并且无过热器的锅炉,锅水全碱度上限值可适当放宽,但放宽后锅水的 pH 值(25 ℃)不应超过上限。
c. 适用于锅内加磷酸盐阻垢剂。采用其他阻垢剂时,阻垢剂残余量符合药剂生产厂规定的指标。
d. 适用于给水加亚硫酸盐除氧剂时,除氧剂残余量应符合药剂生产厂规定的指标。
e. 全焊接结构锅炉,可不控制相对碱度。

2. 单纯采用锅内加药水处理的自然循环蒸汽锅炉和汽水两用锅炉水质

额定蒸发量小于或等于 4 t/h,并且额定蒸汽压力小于或等于 1.3 MPa 的自然循环蒸汽锅炉和汽水两用锅炉可以单纯采用锅内加药处理,但加药后的汽、水质量不得影响生产和生活,其给水和锅水水质应符合表 6-2 的规定。

表 6-2 单纯采用锅内加药处理的自然循环蒸汽锅炉和汽水两用锅炉水质

水 样	项 目	标准值
给水	浊度/FTU	≤20.0
	硬度/(mmol·L⁻¹)	≤4.0
	pH 值(25 ℃)	7.0~10.0
	油/(mg·L⁻¹)	≤2.0
锅水	全碱度/(mmol·L⁻¹)	8.0~26.0
	酚酞碱度/(mmol·L⁻¹)	6.0~18.0
	pH 值(25 ℃)	10.0~12.0
	溶解固形物(mg·L⁻¹)	≤5.0×10³
	磷酸根[a]/(mg·L⁻¹)	10.0~50.0

注:① 单纯采用锅内加药处理,锅炉受热面平均结垢速率不得大于 0.5 mm/a。

② 额定蒸发量小于或等于 4 t/h,并且额定蒸汽压力小于或等于 1.3 MPa 的蒸汽锅炉和汽水两用锅炉同时采用锅外水处理和锅内加药处理时,给水和锅水水质可参照本表的规定。

③ 硬度、碱度的计量单位为一价基本单元的物质的量浓度。

a. 适用于锅内加磷酸盐阻垢剂。采用其他阻垢剂时,阻垢剂残余量应符合药剂生产厂规定的指标。

二、热水锅炉水质

1. 采用锅外水处理的热水锅炉水质

采用锅外水处理的热水锅炉的给水和锅水水质应符合表 6-3 的规定。

表 6-3 采用锅外水处理的热水锅炉水质

水 样	项 目	标准值
给水	浊度/FTU	≤5.0
	硬度/(mmol·L⁻¹)	≤0.60
	pH 值(25 ℃)	7.0~11.0
	溶解氧[a]/(mg·L⁻¹)	≤0.10
	油/(mg·L⁻¹)	≤2.0
	全铁/(mg·L⁻¹)	≤0.30
锅水	pH 值(25 ℃)[b]	9.0~11.0
	磷酸根[c]/(mg·L⁻¹)	5.0~50.0

注:硬度的计量单位为一价基本单元的物质的量浓度。

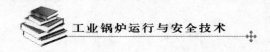

a. 溶解氧控制值适用于经过除氧装置处理后的给水。额定功率大于或等于 7.0 MW 的承压热水锅炉给水应除氧；额定功率小于 7.0 MW 的承压热水锅炉如果发现局部氧腐蚀,也应采取除氧措施。

b. 通过补加药剂使锅水 pH 值(25 ℃)控制在 9.0～11.0。

c. 适用于锅内加磷酸盐阻垢剂。采用其他阻垢剂时,阻垢剂残余量应符合药剂生产厂规定的指标。

2. 单纯采用锅内加药处理的热水锅炉水质

对于额定功率小于或等于 4.2 MW 承压热水锅炉和常压热水锅炉(管架式热水锅炉除外),可单纯采用锅内加药处理,但加药后的汽、水质量不得影响生产和生活,其给水和锅水水质应符合表 6-4 的规定。

表 6-4　单纯采用锅内加药处理的热水锅炉水质

水　样	项　目	标准值
给水	浊度/FTU	≤20.0
	硬度[a]/(mmol·L⁻¹)	≤6.0
	pH 值(25 ℃)	7.0～11.0
	油/(mg·L⁻¹)	≤2.0
锅水	pH 值(25 ℃)	9.0～11.0
	磷酸根[b]/(mg·L⁻¹)	10.0～50.0

注:① 对于额定功率小于或等于 4.2 MW 的水管式和锅壳式的承压热水锅炉和常压热水锅炉,同时采用锅外水处理和锅内加药处理时,给水和锅水水质也可参照本表的规定。

② 硬度的计量单位为一价基本单元的物质的量浓度。

a. 适用与结垢物质作用后不生成固体不溶物的阻垢剂,给水硬度可放宽至小于或等于 8.0 mmol/L。

b. 适用于锅内加磷酸盐阻垢剂。加其他阻垢剂时,阻垢剂残余量应符合药剂生产厂规定的指标。

3. 贯流和直流蒸汽锅炉水质

贯流和直流蒸汽锅炉应采用锅外水处理,其给水和锅水水质应符合表 6-5 的规定。

表 6-5　贯流和直流蒸汽锅炉水质

项目	锅炉类型	贯流锅炉			直流锅炉		
	额定蒸汽压力/MPa	$p≤1.0$	$1.0<p≤2.5$	$2.5<p<3.8$	$p≤1.0$	$1.0<p≤2.5$	$2.5<p<3.8$
给水	浊度/FTU	≤5.0	≤5.0	≤5.0			
	硬度/(mmol·L⁻¹)	≤0.030	≤0.030	$5.0×10^{-3}$	≤0.030	≤0.030	$5.0×10^{-3}$
	pH 值(25 ℃)	7.0～9.0	7.0～9.0	7.0～9.0	10.0～12.0	10.0～12.0	10.0～12.0
	溶解氧/(mg·L⁻¹)	≤0.10	≤0.050	≤0.050	≤0.10	≤0.050	≤0.050
	油/(mg·L⁻¹)	≤2.0	≤2.0	≤2.0	≤2.0	≤2.0	≤2.0
	全铁/(mg·L⁻¹)	≤0.30	≤0.30	≤0.10			

项目	锅炉类型	贯流锅炉			直流锅炉		
	额定蒸汽压力/MPa	$p \leqslant 1.0$	$1.0 < p \leqslant 2.5$	$2.5 < p < 3.8$	$p \leqslant 1.0$	$1.0 < p \leqslant 2.5$	$2.5 < p < 3.8$
给水	全碱度[a]/(mmol·L^{-1})				6.0~16.0	6.0~12.0	≤12.0
	酚酞碱度/(mmol·L^{-1})				4.0~12.0	4.0~10.0	≤10.0
	溶解固形物/(mg·L^{-1})				≤3.5×10^3	≤3.0×10^3	≤2.5×10^3
	磷酸根/(mg·L^{-1})				10.0~50.0	10.0~50.0	5.0~30.0
	亚硫酸根/(mg·L^{-1})				10.0~50.0	10.0~30.0	10.0~20.0
锅水	全碱度[a]/(mmol/L)	2.0~16.0	2.0~12.0	≤12.0			
	酚酞碱度/(mmol·L^{-1})	1.6~12.0	1.6~10.0	≤10.0			
	pH 值(25 ℃)	10.0~12.0	10.0~12.0	10.0~12.0			
	溶解固形物/(mg·L^{-1})	≤3.0×10^3	≤2.5×10^3	≤2.0×10^3			
	磷酸根[b]/(mg·L^{-1})	10.0~50.0	10.0~50.0	10.0~20.0			
	亚硫酸根[c]/(mg·L^{-1})	10.0~50.0	10.0~30.0	10.0~20.0			

注:① 贯流锅炉汽水分离器中返回到下集箱的疏水量,应保证锅水符合本标准。

② 直流锅炉汽水分离器中返回到除氧热水箱的疏水量,应保证给水符合本标准。

③ 直流锅炉给水取样点可设定在除氧热水箱出口处。

④ 硬度、碱度的计量单位为一价基本单元的物质的量浓度。

a. 对蒸汽质量要求不高,并且无过热器的锅炉,锅水全碱度上限值可适当放宽,但放宽后锅水的 pH 值(25 ℃)不应超过上限。

b. 适用于锅内加磷酸盐阻垢剂。采用其他阻垢剂时,阻垢剂残余量应符合药剂生产厂规定的指标。

c. 适用于给水加亚硫酸盐除氧剂。采用其他除氧剂时,除氧剂残余量应符合药剂生产厂规定的指标。

第三节　锅外化学水处理

锅外水处理是指原水在进入锅炉前,将其中对锅炉运行有害的杂质经过必要的工艺进行处理的方法。常用的锅外水处理方法如下。

一、石灰法化学水处理

将生石灰(CaO)加水熟化,制成石灰乳[Ca(OH)$_2$],并将其加入原水中,与原水中的暂硬及游离的二氧化碳作用,生成难溶于水的化合物 Mg(OH)$_2$ 和 CaCO$_3$,经过沉淀后析出。石灰化学处理能消除水中的暂硬,并起到了一定的除碱和除盐作用。

单纯的石灰法化学水处理只能消除水中的暂硬,在实际应用中常常采用石灰-纯碱法和石灰-氯化钙法。石灰-纯碱化学水处理是在水中同时投加石灰和纯碱(Na$_2$CO$_3$),石灰-纯碱法可同时降低水中碳酸盐硬度、非碳酸盐硬度,并起到了一定的除碱和除盐作用。水的软化程度比单独用石灰处理好,原水总残留硬度可降至 $0.3\sim1.0$ mmol/L。石灰-氯化钙法是在水中同时投加石灰和氯化钙($CaCl_2$),用来降低水的暂时硬度和负硬度(钠盐碱度)的化学处理方法。

如上所述,石灰法、石灰-纯碱法和石灰-氯化钙法化学水处理所使用的药剂是石灰、纯碱或氯化钙,而且用量比较大。这些药剂在反应前都要经过配制和投加过程,加入水中以后,也还需经过混合、反应、沉淀和过滤过程。图 6-2 所示为工业锅炉常用的石灰法化学处理工艺流程。药剂(石灰、纯碱或氯化钙)和水在混合器中作用后生成沉淀,并流入沉淀池中使泥渣沉降,清水则流入装有石英砂滤料的过滤池过滤,经过滤后的降硬、降碱水流入水箱。沉淀池中沉降下来的泥渣定时排除;过滤池中的滤料使用到一定程度要进行反洗,以保证水的过滤效果符合要求。

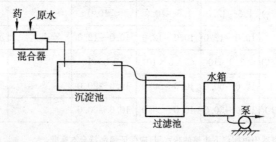

图 6-2　石灰法化学水处理流程

二、水的离子交换处理

离子交换水处理,就是将进入锅炉之前的水,通过离子交换剂进行交换反应,除去水中的离子态杂质。离子交换法是当今广泛采用的除硬、除碱和除盐方法。

1. 离子交换除硬(软化)原理

利用离子交换法消除或减少存在于锅炉给水中的 Ca^{2+} 和 Mg^{2+} 含量,以防锅炉受热面结垢的方法,称为除硬。为达此目的,常采用钠离子交换处理。

原水经钠离子交换剂进行离子交换反应,其化学反应式(以钙盐为例)为:

$$Ca(HCO_3)_2+2RNa =\!=\!= R_2Ca+2NaHCO_3$$

$$CaSO_4+2RNa =\!=\!= R_2Ca+Na_2SO_4$$

$$CaCl_2+2RNa =\!=\!= R_2Ca+2NaCl$$

当交换器内离子交换剂全部变成 Ca 型和 Mg 型,丧失了交换能力时,称为交换剂失效(老化)。失效后的离子交换剂用质量分数为 $5\%\sim8\%$ 的 NaCl(食盐)溶液进行还原(再生),即用 Na^+ 离子把交换剂中的 Ca^{2+} 和 Mg^{2+} 置换出来,使变换剂恢复成 RNa 型。其化学反应式为:

$$R_2Ca+2NaCl =\!=\!= 2RNa+CaCl_2$$

$$R_2Mg+2NaCl =\!=\!= 2RNa+MgCl_2$$

经钠离子交换处理后的水质具有下列特点:

(1)原水中的 Ca^{2+} 和 Mg^{2+} 得到消除,达到了除硬的目的。

（2）原水中的碱度在离子交换前后没有变化,仅仅是 $Ca(HCO_3)_2$ 和 $Mg(HCO_3)_2$ 碱度变成了钠盐碱度,而且物质的量相等。因此,钠离子交换达不到除碱的目的。

（3）经钠离子交换后,出水中的含盐量略有增加。原水中的钙盐、镁盐经钠离子交换后变成了钠盐。而 Na^+ 的摩尔质量略高于 $1/2Ca^{2+}$、$1/2Mg^{2+}$,所以出水含盐量略有增加。

（4）当原水硬度（YD）$\geqslant 5$ mmol/L 时,采用单级钠离子交换系统无论从技术上还是从经济上分析,都不尽合理,此时应采用双级钠离子交换系统,即将第一级钠离子交换软化后的水作为第二级钠离子交换器的进水,再经第二级钠离子交换器软化处理,使水质更好。

2. 离子交换器类型

目前,用于锅炉水质处理的钠离子交换器有顺流再生、逆流再生和浮动床三种形式。

1）顺流再生钠离子交换器

顺流再生是指在离子交换器运行交换和再生时,水的流向和再生液的流向一致,原水和再生液都是自交换器上部进入并向下流动,从下部排出。

顺流再生离子交换器由交换器本体、进水装置、排水装置、再生液分配装置、排汽管、反洗管、阀门等部件组成,如图 6-3 所示。

目前国产离子交换器按筒体直径分为:$\phi500$ mm、$\phi750$ mm、$\phi1\,000$ mm、$\phi1\,200$ mm、$\phi1\,500$ mm、$\phi2\,000$ mm、$\phi2\,500$ mm、$\phi3\,000$ mm 等多种规格。圆形筒体由钢板卷圆后焊接而成;上下封头由液压机锻压而成;封头与筒体为焊接连接。使用树脂的交换器,内部需涂刷防腐涂料。交换器本体一般能承受 $0.4\sim0.6$ MPa 的压力。

顺流再生钠离子交换器运行操作步骤分为:反洗、再生、正洗和交换。图 6-4 所示为顺流再生离子交换器运行操作示意图。

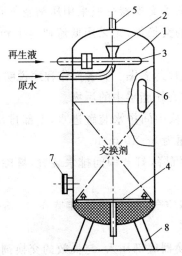

图 6-3 顺流再生离子交换器结构图
1—交换器本体;2—进水装置;
3—再生液分配装置;4—排水装置;
5—排汽管;6—观察孔;7—人孔;8—支柱

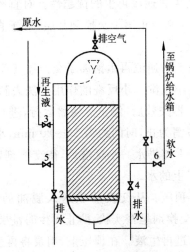

图 6-4 顺流再生离子交换器操作示意图
1—反洗进水阀;2—上部排水阀;
3—进再生液阀;4—下部排水阀;
5—进水阀;6—出水阀

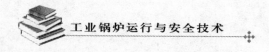

2) 逆流再生钠离子交换器

为了克服顺流再生钠离子交换器存在的缺点,出现了逆流再生钠离子交换器。

逆流再生钠离子交换器是指运行交换(制水)时,水流自上而下,再生时再生液自下而上的工艺流程。再生时,交换器底部的交换剂总是先和新鲜的再生液接触,因此,能够得到较高的再生程度;而含反离子较多的再生液与上部失效程度较大的交换剂接触,由于离子平衡关系,仍然能继续进行还原反应,使再生剂得到充分利用。制水时,水中待去除的离子含量随着水流向下愈来愈少,而愈向下交换剂的再生程度愈高,这就使得交换反应持续进行下去,保证了出水质量好。至于再生程度最差的上层交换剂,由于它首先与原水接触,而此时水中待去除的离子浓度最大,完全可以与交换剂进行离子交换反应,使这部分交换剂也得到充分利用。

逆流再生离子交换器的本体、进水装置、底部排水装置等与顺流再生离子交换器基本相同,其区别在于:

(1) 再生液由下部进入交换器,利用底部排水装置进再生液。

(2) 对于大直径逆流再生离子交换器,为了防止再生时乱层,需在顶部设进压缩空气管,以便通入压缩空气顶压。

(3) 在静止交换剂层表面设置中间排液装置,其主要作用是排出再生废液和顶压的空气、排出冲洗水、小反洗时进水。

(4) 在中间排水装置以上设置压脂层,其主要作用是防止再生液和置换水向上流时,引起树脂乱层,在运行中还能对进水起到过滤作用。目前压脂层所用材料与交换剂相同,厚度一般为 150~200 mm。

逆流再生钠离子交换器运行中,最重要的一点是再生和反洗时离子交换剂不能乱层,否则就会失去逆流再生的优越性。对直径较大的离子交换器一般采用压缩空气顶压(简称气顶压)来防止离子交换剂乱层;对于直径较小的交换器,则采用低流速再生和反洗来防止乱层。

图 6-5 为逆流再生钠离子交换器气顶压操作程序示意图。其各操作程序说明如下:

(1) 小反洗。小反洗的作用是洗去制水时积聚在压脂层中的污物。

交换器失效后,停止交换器运行,进行小反洗,从中间排水装置进水,上部排出,直至排出水澄清为止,时间约需 15~20 min,小反洗流速为 5~10 m/h。

(2) 上部排水。小反洗后,待交换剂颗粒自然沉降,打开中间排水装置,排除中间排水装置以上的水。

(3) 顶压。从交换器顶送入脱油的净化压缩空气,气压稳定维持在 0.03~0.05 MPa,使交换剂呈密实状,防止再生时乱层。

(4) 进再生液。在顶压下,用泵将再生液从交换器底部压入,与失效的交换剂进行还原反应,以恢复其交换能力。废液从中间排液装置排出,再生液流速为 4~6 m/h,再生时间约 30~60 min。

(5) 置换反洗(又称逆流冲洗)。当再生液进完后,关闭进再生液的阀门,从交换器底部进水,使交换器内尚未反应完的再生剂继续进行还原反应,以保证交换剂得到充分再生;并初步洗去储存在交换剂层内的再生废液,从中间排液装置排出。置换反洗应采用处理后的水,用水质好的水进行反洗才能保证交换器底部交换剂的再生程度。置换反洗水流速为 5~6 m/h,时间一般为 30~40 min。

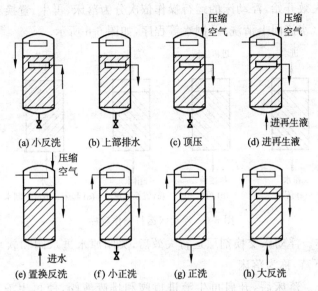

图 6-5　逆流再生钠离子交换器气顶压操作程序示意图

置换反洗结束后,先关底部进水阀,再停止顶压,以免乱层。

(6)小正洗。置换反洗和顶压停止后,开启上部进水阀和中间排水装置排水阀,以放尽交换剂层内剩余空气,并洗去压脂层中的再生废液。

小正洗时间一般为 10~15 min,流速 7~10 m/h。

(7)正洗。小正洗结束后,关闭中间排水装置排水阀,开启底部排水阀门,以 15~20 m/h 的水流速度从上而下进行冲洗,以彻底洗去交换剂层中的再生废液,直至出水达到合格为止。

(8)交换运行(制水)。正洗合格后,关闭底部排水阀,开启出水阀,向外供符合水质标准的软化水。

(9)大反洗。逆流再生交换器从再生到运行失效的过程称为一个周期,一般经过 10~20 个周期的运行,需要进行一次大反洗,从交换器底部进水,上部排水,以松动整个交换剂层并洗去其中的污物、杂质及破碎的交换剂颗粒。大反洗时水流速度由小逐渐增大,使交换剂层膨胀,但勿使正常的交换剂颗粒冲出,大反洗应洗至排出水澄清为止。

经过大反洗后,交换剂层被完全打乱,为了使交换剂再生彻底,大反洗后的这一次再生,再生剂用量应比平时再生多 50% 左右。

3) 浮动床钠离子交换器

浮动床水处埋是逆流再生的另一种形式,原水由底部进入浮动床,经下部分配装置均匀地进入树脂层(也称床层),靠上升水流将整个树脂层以密实的状态向上浮起至顶部(称为起床),同时水在向上流动的过程中完成离子交换反应,处理后的合格水(软水)经上部分配装置引出交换器本体外。当交换剂层失效后,停止进水使树脂层整体下落(称为落床）。因此，它具有如下优点：① 出水质量高、盐耗低；② 交换器内树脂装得较满（交换器上部自由空间高度小于 100 mm），水垫层很薄，软水流速较高且树脂不乱层，可以提高单位面积上的小时出水量。

自交换剂层失效开始，浮动床的运行操作依次分为落床、再生、置换和正洗（水流向下清洗）、起床、顺洗（水流向上清洗）及制水等程序，如图 6-6 所示。

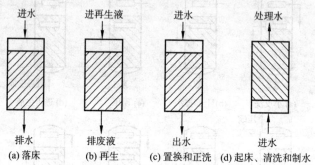

图 6-6　浮动床运行操作程序

（1）落床操作。浮动床交换剂层运行失效后，关闭原水进水阀和软水出水阀，树脂依靠自身的力逐层下落，称为落床。

（2）再生操作。落床后，开启再生液进口阀和排废液阀，使再生液自上而下流经床层，与交换剂进行还原反应，生产的废液由下部排废液阀排出。

（3）置换操作。再生液进完后，关闭再生液进口阀，稍开正洗水进口阀，用与进再生液相同的流速进行置换，置换时必须使用软水，置换废水仍由下部排废液阀排出。

（4）正洗操作。置换完毕后，关闭排废液阀，全开正洗水进水阀和下部排水阀，进行正洗。

（5）起床、清洗和运行操作。正洗结束后关闭正洗水进口阀和下部排水阀，开启下部进水阀和上部排水阀，用高流速水将整个树脂层平稳地托起，称为起床（或称为成床），为了保证起床时树脂呈压实状态和不乱层，水流速度要高，一般控制在 20～30 m/h，起床时间为 2～3 min。树脂起床后，即可调整至正常流速进行清洗，清洗到出水合格后，即可开启浮动床出水阀，关闭上部排水阀，投入正常运行。

（6）树脂清洗操作。浮动床运行一段时间后，在树脂内截留了较多的悬浮杂质及破碎树脂。为此，树脂需要定期进行清洗。由于交换器内基本充满了树脂，没有反洗空间，必须将部分或全部树脂卸入专用的体外清洗罐内清洗。一般运行 15～20 周期清洗一次。

清洗好的树脂送回交换器内再生，第一次再生时再生剂用量是正常再生剂用量的 1～2 倍，以保证达到原来的出水质量和周期制水量。

4）全自动软水器

近年来随着燃油、燃气锅炉的广泛应用，全自动离子交换软水器的种类和数量也越来越多，国产的全自动软水器均采用浮动床技术。目前无论是进口还是国产的全自动软水器，都是以强酸性阳离子交换树脂（RNa 型）作交换剂，只能除去原水中的硬度，不能除碱和除盐，其交换和再生原理及再生步骤与同类型的普通钠离子交换器相同，只是全部工艺流程通过预先设定,由控制器自动完成而已。通常全自动软水器都是根据树脂所能除去硬度的交换容量,推算出运行时间或周期制水量来人为设定再生周期的。现有的全自动软水器都没有自动监测出水硬度的功能,因此在运行过程中,仍需操作人员定期进行取样化验,以检验出水质量。对于全自动软水器来说,正确设定并合理调整控制器的再生周期是非常重要的。如果设定不合适,就有可能当树脂已经失效时却尚未开始再生,造成锅炉给水不合格;或树脂尚未失效却早已进行再生,造成再生剂和自耗水量的浪费。

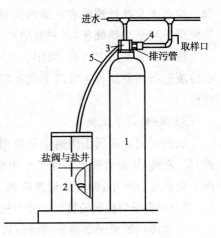

图 6-7　全自动软水器示意图
1—钠离子交换器;2—盐液罐;
3—控制器;4—流量计;5—吸盐液管

全自动软水器一般包括交换、盐液、控制三个系统,如图 6-7 所示。

(1) 交换系统大多由一个或两个钠离子交换器组成。当采用一个交换器时,再生期间供水中断;当采用两个交换器时,运行期间两个交换器同时制水,一台再生时,另一台继续制水,保证不间断供水。

(2) 盐液系统通常由溶盐罐、盐液澄清罐、盐液泵、盐液阀、转子流量计等组成。

(3) 控制系统由微机(有的为继电器控制系统)、多功能集成阀(或称旋转多路阀)、电动机、齿轮等组成。对于全自动软水器而言,软水器的性能主要取决于控制器的特性,即控制系统质量直接影响到交换系统的出水质量和再生剂的比耗等技术指标。

常用的全自动软水器按控制器对运行终点及再生的控制不同,分为时间控制型(简称时间型)和流量控制型(简称流量型)两种。

3. 离子交换除碱

给水碱度愈大,锅炉排污量愈大,锅炉热损失也就愈大。因此,对于天然水源中碱度较高的地区,锅外水处理的任务除了除硬以外,还需除碱。工业锅炉常用的除碱(同时除硬)的方法有以下三种。

1) 氢-钠离子交换法

原水经过氢离子交换剂后,水中的硬度和碱度消失了,但产生了与原水中非碳酸盐硬度物质的量相等的酸量。因此,单独经过氢离子交换处理后的水是不能直接进入锅炉的,必须与钠离子交换联合处理,称为氢-钠离子交换,使经氢离子交换后产生的游离酸与经钠离子交换后产生的碱相互中和,从而达到除硬、除碱的目的。

失效后的氢离子交换剂,用 1%～2% 体积分数的硫酸(H_2SO_4)或 5% 体积分数的盐酸(HCl)作还原剂进行还原,使交换剂恢复成 RH。

氢离子交换过程中生成 CO_2。因此,在氢-钠离子交换系统中,除了设置氢离子交换器和钠离子交换器外,还要设置 CO_2 除气器。

2) 铵-钠离子交换法

原水流经铵离子交换剂后,水中的硬度消失了,除碱效果必须在锅内受热分解后才体

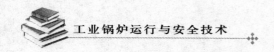

现。铵离子交换处理的水在锅内受热后,产生了强酸,危害锅炉安全运行。因此,不能单独使用铵离子交换处理,必须与钠离子交换联合处理,系统中无须设置 CO_2 除气器。

铵离子交换剂失效后,采用 $2.5\% \sim 3\%$ 的 $(NH_4)_2SO_4$ 水溶液或 $5\% \sim 10\%$ 的 NH_4Cl 水溶液进行还原。再生后离子交换剂层恢复成 RNH_4 型,又开始了一个新的水处理工作流程。

3)氯-钠离子交换法

氯离子交换剂属于阴离子交换剂。原水流经氯离子交换剂后,水中的各种酸根离子被 Cl^- 置换,从而有效地消除了水中的碱度,但不能除去水中的硬度,将氯离子交换与钠离子交换配合使用,即可达到既除碱又除硬的目的。氯-钠离子交换都是以串联方式进行的,因为钠离子交换剂的抗污染能力强,通常布置在前面。其离子交换化学反应式如下。

原水流经钠离子交换器,除硬(以钙盐为例)反应为:

$$CaSO_4 + 2RNa \Longrightarrow R_2Ca + Na_2SO_4$$
$$Ca(HCO_3)_2 + 2RNa \Longrightarrow R_2Ca + 2NaHCO_3$$

此水再流经氯离子交换器,除碱反应为:

$$RCl + NaHCO_3 \Longrightarrow RHCO_3 + NaCl$$
$$RCl + Na_2SO_4 \Longrightarrow R_2SO_4 + 2NaCl$$

当氯离子交换器的出水残余碱度超过允许值时,两交换器同时用食盐水溶液进行再生。氯离子交换剂的再生反应为:

$$RHCO_3 + NaCl \Longrightarrow RCl + NaHCO_3$$
$$RSO_4 + 2NaCl \Longrightarrow 2RCl + Na_2SO_4$$

氯-钠离子交换无须设置原水分配和出水混合装置,无须设置除二氧化碳器,且两种交换剂采用共同的再生剂,再生系统简单,操作方便。但氯离子交换剂的交换容量较低。价格较贵;处理后的水中氯离子含量增加,会腐蚀铁质及铜质部件。因此,氯-钠离子交换法适用于处理碱度高而氯离子含量低的原水。

三、电渗析法水处理

电渗析法水处理是一种电化学除盐方法,属隔膜分离技术。在直流电场的作用下,利用阴、阳离子交换膜对溶液中阴、阳离子具有选择透过性的特性,从而使溶液中的阴、阳离子定向地由淡水槽通过膜转移到浓水槽,达到除盐的目的。

电渗析装置由阳膜、阴膜交替组成许多平行的水槽,并在两侧设置一对通直流电的阴、阳极板,如图 6-8 所示。

在电场力的作用下,溶解在水中盐的阴、阳离子,分别向阳、阴两极移动。由于阳膜只能渗透阳离子,阴膜只能使阴离子通过,结果就使各槽中阴、阳离子数量发生变化,失去阴、阳离子的水槽即为淡水槽,含盐量降低了;得到阴、阳离子的水槽即为浓水槽,其中水的含盐量增加,而且淡水槽和浓水槽相间隔地排列,将淡水汇集起来,即为除盐水。浓水汇集排除或浓缩处理。在近电极的水槽需要通入原水,不断排除电离过程中生成的反应物质,以保证电渗析法水处理正常进行。

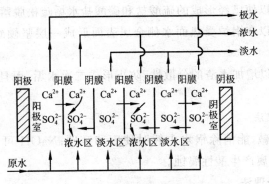

图 6-8　电渗析法水处理装置示意图

　　并联的浓、淡水池的数量应根据待处理水量设计,处理的水量愈大,则要求浓、淡水槽数量愈多,但两极之间的电压降要成比例地增大。因此,浓、淡水槽数量不能太多。水槽的流程长度对处理水质有极大影响,流程愈长,处理的水质愈好。

　　电渗析法水处理是不彻底的,达不到锅炉水质标准,宜作为锅炉给水的预处理。

第四节　锅内加药水处理

一、锅内加药水处理方法

　　锅内水处理是通过向锅内或锅炉给水中投加一定量药剂,使锅水中的结垢物质转变成松散的沉渣,然后通过定期排污将其排出锅外,从而减轻和防止锅内结生水垢。该种方法是通过向锅炉给水中投药在锅内完成水质处理,所以也称为锅内加药水处理。

　　锅内加药水处理技术设备简单,投资少,操作方便,运行维护容易,所生杂质为不溶于水的泥渣,对自然环境不会造成污染。只要药剂选择合适,药量计算准确,投药及时,并认真做好排污工作,加强水质监测和运行管理,就会收到较好的防垢效果。但该方法对排污要求严格,排污水量和热损失较大,防垢效果不够稳定,不易做到锅炉无垢运行。适用于低压、小容量锅炉。

　　锅内加药水处理常用的方法有:钠盐处理法、复合防垢剂处理法等。

1. 钠盐处理法

常用的药剂有碳酸钠、磷酸三钠和氢氧化钠,以碳酸钠用得最普遍。

1) 纯碱处理法

碳酸钠(Na_2CO_3)又名纯碱,能有效地消除或降低锅水中的永久硬度。碳酸钠是保持锅水碱度和 pH 值的主要物质。

2) 磷酸盐处理法

采用磷酸盐对锅水进行处理时,常用的药剂是磷酸三钠($Na_3PO_4 \cdot 12H_2O$),它在锅水中的作用有:

(1) 磷酸三钠可以有效地消除或降低钠水中的钙、镁硬度。

（2）磷酸三钠可以使已经形成的硫酸盐和碳酸盐水垢疏松脱落。

（3）磷酸三钠可以在锅炉受热面水侧金属表面形成一层坚硬致密的磷酸铁保护膜，从而起到防腐作用。

（4）磷酸三钠可以增加水渣的分散性，防止形成二次水垢，而且便于水渣通过排污系统排除。

3）氢氧化钠处理法

氢氧化钠又名火碱，能消除锅水中暂时硬度和镁硬；NaOH 可以保持锅水的碱度和 pH 值，防止受热面金属产生酸性腐蚀。

2. 复合防垢剂处理法

复合防垢剂是根据各种防垢剂的不同作用，将两种以上的防垢剂按照一定的比例配制，以发挥更好的防垢效果。

常用的复合防垢剂有以下几种：

（1）纯碱-磷酸三钠复合防垢剂。

（2）磷酸三钠-氢氧化钠复合防垢剂。

（3）氢氧化钠-栲胶复合防垢剂。

（4）碳酸钠-腐殖酸钠复合防垢剂。

（5）碳酸钠、磷酸三钠、氢氧化钠、腐殖酸钠、栲胶复合防垢剂，简称四钠一胶复合防垢剂。

（6）碳酸钠、磷酸三钠、氢氧化钠、栲胶复合防垢剂，简称三钠一胶复合防垢剂。

以三钠一胶复合防垢剂为例，说明复合防垢剂的防垢机理。

（1）碳酸钠在锅水沸腾条件下，与钙生成水渣状碳酸钙，而不黏附在锅炉受热面上。从而防止了硫酸钙与硅酸钙水垢的生成。

（2）磷酸三钠能与水中的钙反应生成分散状的磷酸钙，当锅内 $[PO_4^{3-}]$ 和 $[OH^-]$ 较大时，还可生成水渣状的碱式磷酸钙，可使老垢脱落，并与锅炉的金属表面作用，生成磷酸亚铁保护膜，以防金属受热面腐蚀。

（3）氢氧化钠能除去水中的镁硬度，生成水渣状的氢氧化镁沉淀。碳酸钙因吸附 OH^- 而表面带负电，从而不易相互黏结，处于分散、稳定状态，而且带有负电荷的碳酸钙微粒不易被金属表面吸附而结垢，使锅水保持一定的碱度，防止金属酸性腐蚀。

（4）栲胶能在金属表面上生成丹宁酸铁的保护膜，防止金属受热面腐蚀；栲胶还能使锅水中悬浮固形物和水渣凝聚，形成大颗粒絮状物，沉淀于锅筒下部；栲胶与水中氧化合，防止氧的去极化作用，以减轻锅内电化学腐蚀。

二、锅内加药水处理操作要点

1. 合理选择药剂，正确配制药剂，充分溶解药剂

进行锅内水处理，一定要因炉因水选择合适的药剂。对于复合配方的药剂，要根据给水水质及锅水水质要求，调整好各种药剂的配制比例。配制好药剂后，要采用恰当的方法溶解药剂。溶解药剂时，要充分搅拌，最好采用机械搅拌装置，对于难溶解的药剂，可单独

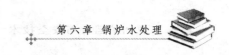

用温水溶解。有锅外化学水处理的,最好用软化水溶解药剂,以免生成较多的沉淀物;无锅外化学水处理的,用原水溶解药剂时,应使药液有充分的澄清时间。

2. 定时定量加药

锅内加药最好保持均匀、连续,对于间断加药的,要按照规定的加药间隔时间,准时加药。加药时要称量准确,切忌加药忽多忽少,这样不但收不到预期的防垢效果,而且可能适得其反。加药前,应先排污,以免浪费药剂。

3. 定期排污

锅内加药必然使锅水含盐量增加,水渣增多,如不及时排污会有恶化蒸汽品质及形成二次水垢的危险。低压小容量锅炉,一般都无连续排污装置,而采用定期排污。因此,定期排污的时间和排污量,除了要与加药相配合外,还应选择锅炉低负荷时进行,以力求用较小的排污量换取较好的排污效果。

4. 定期化验

锅水品质直接影响着锅炉的结垢情况和腐蚀速度,决定着锅内水处理的加药量,因此,对锅水要定期定时化验其硬度、碱度、氯离子含量和 pH 值,以便及时调整加药量。

5. 定期检查,及时清理

锅内加药处理并不能完全保证锅内无垢,应经常对锅炉内部进行检查,通过检查,一方面可以清除已脱落的老垢和积存的水渣,另一方面可以检查防垢效果,鉴定防垢剂质量,调整加药量和排污量。第一次检查应在锅炉加药后一个月进行,如果效果好,以后检查的时间间隔可以酌情延长。

第五节　锅炉给水除氧

锅炉的腐蚀主要是电化学腐蚀和化学腐蚀,以电化学腐蚀为主,这两种腐蚀均为局部腐蚀,即在金属表面上产生溃疡腐蚀或点状腐蚀,严重时使管壁穿孔,造成事故。影响锅炉腐蚀的因素有三个方面:① 金属成分与表面状态;② 外界条件(压力、温度、介质运动速度、热负荷、设备结构等);③ 溶液成分及浓度,其中溶解氧的影响最大,氧腐蚀在锅炉金属壁面上形成许多小的鼓泡,其直径为 $1\sim20$ mm,鼓泡表面的颜色由黄褐色到砖红色,次层是黑色粉末,把这些腐蚀去除后,金属表面出现腐蚀陷坑,这种腐蚀称为溃疡性腐蚀。前两个因素与设备材质及制造工艺关系较大,而第三个因素则与水处理关系密切。因此,给水除氧就成为避免锅炉腐蚀的主要措施。

目前工业锅炉常用的除氧方法有热力除氧、化学除氧、解析除氧三种。

一、热力除氧

1. 热力除氧的原理和种类

气体在水中的溶解度与水的温度有关,水温愈高,其溶解度就愈小;气体的溶解度还与水面上气体的分压力有关,某种气体的分压力愈小,这种气体在水中的溶解度就愈小。热力除氧就是利用气体这一溶解定律,引入具有一定压力的蒸汽将容器中的水加热到沸腾,在升温过程中气体在水中的溶解度不断降低,溶解于水中的氧气及其他气体不断逸出来,并及时将其排出。因此,热力除氧不仅能除氧,还能除去溶解于水中的二氧化碳、氨和硫化氢等其他气体。

热力除氧在除氧器内进行。根据除氧器内蒸汽压力的不同,热力除氧又分为大气压力式、真空式和压力式热力除氧三种方式。

1) 大气压力式热力除氧器

大气压力式热力除氧器中工质的压力稍高于大气压力,一般采用 0.02 MPa(表压力),相应的饱和温度为 104 ℃。大气压力式热力除氧器便于控制和操作,当除氧水量波动不大时,运行稳定,除氧效果好,是工业蒸汽锅炉经常采用的除氧方式。但大气压力式热力除氧器耗用蒸汽量大,经除氧后给水温度升得较高,对于工业锅炉不利于发挥省煤器的节能作用;除氧器的体积较大,除氧器水箱通常布置得较高。因此,其在小型锅炉上的应用受到一定的限制。

2) 真空式热力除氧器

真空式热力除氧器是利用低温水在真空状态下达到沸腾,以实现除氧的目的。水中溶解氧与水的温度、压力的关系见表 6-6。

表 6-6　水中含氧量(mg/L)

水面上绝对压力/MPa	水温/℃									
	0	10	20	30	40	50	60	70	80	90
0.08	11	8.5	7.0	5.7	5.0	4.2	3.4	2.6	1.6	0.5
0.06	8.3	6.4	5.3	4.3	3.7	3.0	2.3	1.7	0.8	0.0
0.04	5.7	4.2	3.5	2.7	2.2	1.7	1.1	0.4	0.0	0.0
0.02	2.8	2.0	1.6	1.4	1.2	1.0	0.4	0.0	0.0	0.0
0.01	1.2	0.9	0.8	0.5	0.2	0.0	0.0	0.0	0.0	0.0

进入除氧器的含氧水温度应较除氧器真空下运行相对应的饱和温度高 3~5 ℃,以使其成为过热水。当过热水喷入真空式除氧器后,能自行蒸发、沸腾,水中所含氧气等气体能自行析出。真空除氧的真空度是依靠蒸汽喷射器或水喷射器抽射形成的。真空式热力除氧器的绝对压力通常为 0.004~0.03 MPa 之间,相应的饱和温度为 30~60 ℃。

真空式热力除氧器可以不用蒸汽作为动力;真空式热力除氧器除氧水温度低,因而锅炉给水温度低,可以充分发挥省煤器的作用,并能有效地降低排烟温度,有助于提高锅炉热效率。因此,真空式热力除氧适用于小型蒸汽锅炉和热水锅炉的给水除氧。

真空式热力除氧器的水箱必须设置在较高的位置(10 m 以上),以维持给水泵前一定的正压,又由于它是在低于大气压下进行除氧,故要求除氧系统有很好的密封性能,如除氧头、除氧水箱、阀门、管道、给水泵吸入口等都必须严密,因此,在应用上受到一定的限制。

3) 压力式热力除氧器

压力式热力除氧器中的介质压力在 0.2 MPa(表压力)以上,多用于电站锅炉的给水除氧。

2. 热力除氧器的构造及除氧过程

用以进行热力除氧的设备称为热力除氧器。热力除氧器由除氧头(除氧塔)和除氧水箱组成,如图 6-9 所示。除氧头的任务是完成水的加热至沸腾并从中析出氧气和其他气体。蒸汽与水的接触面积愈大,加热和分离效果愈好。除氧水箱的任务是储存已除过氧的水和兼作锅炉给水箱,储存在水箱中的水应始终保持沸腾状态,以防已析出的氧气又重新溶解于水中。为此需从除氧水箱底部引入再沸腾蒸汽管,用蒸汽直接加热除氧水以弥补水箱的散热损失。

各种热力除氧器的水箱的构造基本都相同,而除氧头的构造则不同。常用的热力除氧器有两种形式。

1) 淋水盘式热力除氧器

淋水盘式热力除氧器是工业锅炉中应用最早的一种热力除氧器,其除氧头如图 6-10 所示。含氧水由上部引入,流经若干层带筛孔的淋水盘,水经筛孔分散成许多股细微的水流,层层下淋。加热蒸汽从下部引入穿过水流向上流动,水和蒸汽逆向流动,相互之间有很大的接触面积,水迅速被加热,沸腾,并使水中溶解氧和其他气体迅速析出,随着少量蒸汽自上部排汽阀进入排气冷却器,蒸汽冷凝成凝结水回收,分离出来的氧气及其他气体由排汽管排出。已除过氧的水自流落入下部水箱中。

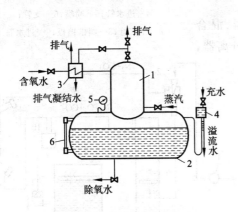

图 6-9 大气式热力除氧器

1—除氧头;2—除氧水箱;3—排气冷却器;
4—安全水封;5—压力表;6—水位计

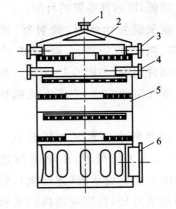

图 6-10 淋水盘式热力除氧器除氧头

1—排汽管;2—挡水板;3,4—含氧水入口;
5—淋水盘;6—蒸汽进口

2) 喷雾填料式热力除氧器

喷雾填料式除氧器包括喷雾和填料二级加热除氧。除氧头上部设置有进水管,其上装有几排互相平行的喷水管,喷水管上有特制的喷嘴。待除氧水经进水管、喷水管流向喷嘴,通过喷嘴被雾化成雾状细微水滴。来自除氧头下部的蒸汽向上流动,与水雾相混合,使水迅速加热,并进行第一级除氧。

经初步除氧的水,在继续向下流动时,与除氧头中部的填料层相接触,并在为数众多的 Ω 形不锈钢环填料表面形成水膜。填料层下部设置进汽分配器,蒸汽经分配器引入,将填料层中的水膜加热、沸腾,氧气及其他气体即可充分析出,完成第二级除氧。

析出的氧和其他气体,随少量蒸汽由除氧头顶部排汽管排出。已除过氧的水自流落入下部除氧水箱中。

图 6-11 所示为喷雾填料式热力除氧器的除氧头结构。

喷雾填料式热力除氧器结构简单,维护方便,在同等出力的情况下比淋水盘式除氧器体积小、除氧效果好,对负荷和水温的变化有较好的适应能力。因而,应用很广泛,目前已基本上取代了淋水盘式热力除氧器,成为工业锅炉中用得最多的一种大气式热力除氧器。

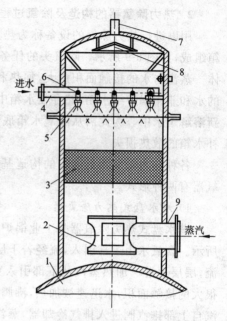

图 6-11 喷雾填料式热力除氧器除氧头
1—除氧水箱;2—蒸汽分配器;3—填料;
4—进水管;5—喷嘴;6—支管;
7—排汽管;8—圆锥挡板;9—进水管

二、解析除氧

解析除氧是使含氧水与不含氧气体强烈混合,由于水面上充满了不含氧气体,氧气的分压降为0,水中的溶解氧就大量地扩散到气体中去,从而使水中含氧量降低,以达到除氧的目的。

解析除氧装置由水泵、喷射器、扩散器、混合管、解析器、挡板、反应器、水箱、浮板、气水分离器、水封箱等部件组成,如图6-12所示。反应器设置在烟气温度 $500 \sim 600\ ℃$ 的锅炉烟道内。

含溶解氧的水经水泵加压至 $0.3 \sim 0.4\ MPa$ 后,送入喷射器,由喷嘴高速喷出。水的压力能变成动能(速度能),致使喷嘴周围形成负压,将反应器内的无氧气体(N_2+CO_2)吸入喷射器,并在扩散器和混合管中与水强烈混合,水中的溶解氧大量向气体中扩散,进入解析器(除气筒)进行气水分离,挡板用以改善分离过程,可以减少气带水,提高气水分离效果。分离出来的含氧气体($N_2+CO_2+O_2$),经气水分

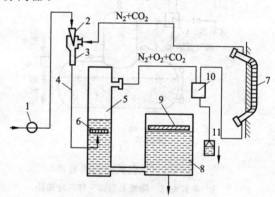

图 6-12 解析除氧装置
1—水泵;2—喷射器;3—扩散器;4—混合管;
5—解析器;6—挡板;7—反应器;8—水箱;
9—浮板;10—气水分离器;11—水封箱

离器,进一步进行气水分离,分离出来的水经水封箱排掉,脱水后的气体进入反应器与灼热的木炭相遇,木炭与氧作用形成CO_2,故从反应器出来的是无氧气体。上述过程反复进行,反应器中木炭逐渐消耗,需定期增添。

除氧水由解析器流入开式水箱,为了防止其与空气接触而使空气中氧气扩散到除氧水中,水箱水位面上应设置木质浮板或塑料密封球覆盖。

解析除氧装置简单,容易制造,设备投资少;运行中只消耗木炭,成本低;给水常温除氧,省煤器的作用可以充分发挥。但解析除氧器只能除氧,不能去除其他气体,而且使水中 CO_2 含量增加。

反应器的加热温度对解析除氧效果影响很大,最佳加热温度为 $500 \sim 600 ℃$,但随着锅炉负荷的变化,烟气温度波动幅度很大,造成解析除氧装置运行极不稳定,达不到应有的除氧效果。为了解决这一问题,目前国内不少厂家生产的解析除氧装置是用电炉来加热反应器,自动调节和控制温度,除氧效果好,但运行费用增加了。

三、化学除氧

通过氧化反应消耗水中溶解氧而使水中含氧量降低的除氧方法,称为化学除氧。

化学除氧包括钢屑除氧、海绵铁粒除氧、药剂除氧、催化树脂除氧等。

1. 钢屑除氧

含氧水通过钢屑除氧器,其中的钢屑被氧化,从而使水中的溶解氧降低,而达到除氧的目的。其化学反应式为:

$$3Fe + 2O_2 =\!\!=\!\!= Fe_3O_4$$

钢屑除氧器的结构如图 6-13 所示。

除氧器内所装碳钢钢屑应先用 $3\% \sim 5\%$ 的碱液清洗表面油垢,再用 $2\% \sim 3\%$ 的硫酸溶液处理 $20 \sim 30 \ min$,最后用热水冲洗,装入除氧器时要压紧,使钢屑装填密度达到 $1.0 \sim 1.2 \ t/m^3$。

钢屑除氧的反应速度与温度有关,水温为 $80 ℃$ 时,水与钢屑所需接触时间 $3 \ min$,因此,进口含氧水温度宜控制在 $80 ℃$ 以上;水中含氧量愈高,流经除氧器的水速则愈低,一般天然水中含氧量约为 $3 \sim 5 \ mg/L$,流经除氧器的水流速度宜采用 $15 \sim 25 \ m/h$。

钢屑除氧设备简单,运行方便,但其除氧效果是不稳定的,新换的钢屑除氧效果较好,以后则逐渐下降,这种方法仅能除去水中 50% 的含氧量,宜和其他除氧方法联合使用。

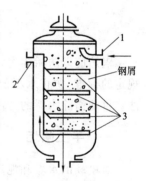

图 6-13 钢屑除氧器
1—进水口;2—出水口;
3—多孔隔板

2. 海绵铁粒除氧

海绵铁粒除氧是常温过滤式铁粉除氧的一种形式。滤料的主要成分为含有微量催化剂的海绵铁粒,无毒无味,是一种高含铁量的多孔性物质,吸附能力很强。当常温含氧水通过滤料层时,水中的氧与铁反应生成 $Fe(OH)_3$,$Fe(OH)_3$ 呈黄绿色絮状物,用水反冲洗即可冲走。因此,滤料层可反复使用,定期补充消耗量。但除氧水中铁离子含量增加了,因此,在该型除氧器后应设一级钠离子交换器,以除去水中的铁离子。

海绵铁粒除氧器除氧效果好,出水含氧量可降到 $0.05 \ mg/L$,适应负荷变化的能力强,即出水量波动时不影响除氧效果;属常温除氧,省煤器进水温度低,可充分利用省煤器,以降低锅炉排烟温度;除氧器和给水泵安装在同一高度,无需增加厂房高度;微机控制多功能平面集成阀以实现多罐同时产水和逐罐轮流反洗。它更适用于热水锅炉的除氧。

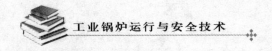

3. 药剂除氧

将药剂加入水中与溶解于水中的氧发生化学反应,生成无腐蚀性的物质,从而除去水中溶解氧的方法,称为药剂除氧。

由于药剂是直接加入给水中,增加了给水的含盐量。因此,一般很少单独用它处理给水,只作为热力除氧的辅助除氧措施,以除去水中剩余的、为数不多的溶解氧。

工业锅炉中常用亚硫酸钠,其除氧化学反应式为:

$$2Na_2SO_3 + O_2 === 2Na_2SO_4$$

应用时可按 10 kg 工业亚硫酸钠除掉 1 kg 溶解氧进行控制。

使用时应将亚硫酸钠在加药箱内配制成质量分数为 2%～10% 的水溶液,用活塞泵压入锅筒或给水母管(压水管)中。

4. 催化树脂除氧

催化离子交换树脂除氧是将水溶性的钯覆盖到强碱型阴离子交换树脂上,形成钯树脂。当含氧水加入氢气通过钯树脂时,水中的溶解氧与氢经树脂催化作用在低温下化合成水。

这种除氧方法反应产物是水,不带盐类和其他杂质,因此,可用于无离子水除氧。

第六节　锅炉水垢的清除

锅炉应以防垢为主,给水要因炉、因水、因地制宜地采用相应的水处理措施,达到国家规定的标准,防止水垢的结生,这是积极的态度。只有在不得已的情况下,才用清垢的方法。目前清除水垢的方法有手工除垢、机械除垢和化学除垢三种。

一、手工除垢

对松软的水垢和泥渣,可用水力冲洗清除。不能用水力清除的,可用手锤和刮刀、铲刀、钢丝刷等专用工具清除。在进入锅炉内除垢之前,必须将与并列运行锅炉相连接的所有汽、水管道可靠地隔断,将人孔、手孔全部打开,使空气流通,必要时还需采用机械通风,同时要安排专人监护,以确保安全。在敲铲水垢时,应尽量不损伤金属表面。手工除垢效率低,劳动强度大,停炉时间长,除垢范围受限制,只适用于除垢面积小,人进入后可以活动操作的小型火管锅炉。

二、机械除垢

机械除垢主要采用电动洗管器和风动铲、削工具,有时还配合水力进行。用洗管器除垢,应沿管子上下(或前后)往复移动,不要固定在某一位置,使局部金属受到严重磨损。洗管器的刀头应根据水垢的厚度选用,原则上是先用小刀头,然后逐步加大。如果一开始就用大刀头,容易扭断软管轴,还会使管子受到损伤。机械除垢简便易行,成本低,但劳动强度大,易损坏受热面金属,因此,只适用于除垢面积小,而且能够用机械铲到水垢的中小型锅炉。

三、化学除垢

化学除垢通常有酸洗和碱洗两种。

1. 酸洗

酸洗除垢法常用盐酸作清洗剂,对清除碳酸盐水垢有显著效果。如果清洗以硅酸盐为主要成分的水垢,需要添加适量的氢氟酸。

盐酸除垢的机理是:盐酸能与水垢中的钙、镁碳酸盐和氢氧化物发生化学作用,生成易溶于水的氯化物和二氧化碳气体。同时,盐酸还能溶解锅炉金属表面上的部分氧化物,从而破坏金属与水垢的连接,使水垢脱落下来。

2. 碱洗

碱洗除垢有碱煮法、纯碱-栲胶法和火碱喷射法等多种。

(1) 碱煮法。

碱煮法除垢效果不如酸洗法,但可使水垢松软后便于用机械方法除掉。对于用盐酸难以清除的水垢,可以先用碱煮法进行预处理,以提高酸洗效果。

常用的碱煮药剂,对于硫酸盐水垢、硫酸盐和硅酸盐混合水垢,多采用纯碱和火碱。对于各种水垢,均可采用磷酸三钠。

碱煮用药量,取决于锅炉的结构和水垢的厚度。一般锅炉 1 m³ 水容量用纯碱 10～20 kg,火碱 2～4 kg,磷酸三钠 3～5 kg。

碱煮操作是将配置好的碱液注入锅炉,在常压或保持正常运行压力的三分之二进行煮炉。碱煮时间一般为 24～40 h,碱煮后要尽快将沉积在锅炉底部的泥渣冲洗干净,防止泥渣重新硬化而难以清除。

(2) 纯碱-栲胶法。

纯碱-栲胶法是将纯碱(2 kg)和栲胶(8 kg)与 1 t 水一起加入锅炉内,在较低压力下煮 1～2 天后排出废液,再用清水将沉积在锅炉底部的泥渣冲洗干净。如煮一次效果不好,可以连续进行 2～3 次,此法适用于结有碳酸盐水垢的低压火管锅炉。

(3) 火碱喷射法。

将 50%～60% 的浓火碱溶液加热至 80 ℃ 左右,然后利用喷射器从人孔或手孔向锅筒、炉管等积垢处喷射。在喷射后如再用火稍微加热则除垢效果更好。经过 2～3 h 后,再用温水喷射,以洗去火碱和脱落的水垢片。

除上述酸洗和碱洗两种除垢方法外,最近又研制成功"安全除垢剂",可以同时清除锅炉内的水垢、油垢和锈垢,具有缓蚀、无毒、使用方便等优点,如能普遍推广,将为锅炉除垢节能开辟新的途径。

第七章　工业锅炉运行

第一节　锅炉的烘炉和煮炉

一、烘炉

1. 烘炉的目的及作用

炉墙是用成型材料砌筑、浇注或涂抹而成的,这就给炉墙结构内部带进大量的水分。炉墙内部的水分必须在锅炉试运行以前排除,这个排除炉墙中水分的过程,即称为烘炉。如果炉墙升温速度过快,很可能使炉墙出现裂缝、错位、凸起等不正常的变形。这是因为升温过快,炉墙内部水分急剧变为蒸汽,超过了墙体空隙及砖组织微孔体积,而又无法排出,导致较大压力,挤坏灰缝;此外当炉墙烘烤温度不均匀时,引起炉体各部分热膨胀不一致,也会使炉墙受到破坏。

2. 烘炉前的准备工作

(1) 锅炉本体及其附属装置、工业管道全部安装完毕,水压试验合格,炉墙砌筑和管道保温防腐全部结束,并经检验合格。炉膛、烟风道膨胀缝内部清理干净,无杂物,外部脏物已清除干净。

(2) 烘炉所需的风机、水泵等附属设备已试运完毕,能随时投入运行。热工及电气仪表安装完毕,校验合格。

(3) 锅筒和集箱上的膨胀指示器已经装好并调到零位,如设备未带有膨胀指示器,应在锅筒和集箱上便于检查的地方装设临时性膨胀指示器。

(4) 在炉墙施工阶段及砌筑完后,应打开各处门孔,进行自然干燥,达到时间要求。

(5) 按技术文件的要求选好炉墙的测温点和取样点,并准备好温度计及取样工具,如设备技术文件中对测温点无特殊规定,应设在如下位置:燃烧室侧墙中部,炉排上方1.5～2 m处;过热器或相应炉膛口两侧墙中部;省煤器或相应烟道后墙中部。

(6) 有旁通烟道的省煤器应关闭主烟道挡板,使用旁通烟道,无旁通烟道时,省煤器循环管路上阀门开启。

(7) 向锅炉注水前,打开锅炉上所有排汽阀和过热器集箱上疏水阀,向锅炉注入经过处理的软化水,热水炉至安全阀冒水,蒸汽炉至最低安全水位,并冲洗水位计。

(8) 准备好木柴、煤等燃料,用于链条炉炉排上的燃料不得有铁钉、铁器,准备好各种工具。

(9) 编制好烘炉方案及烘炉曲线,向参加烘炉人员交底,备好记录用表报。

3. 烘炉的方法

视热源情况可采用燃烧火焰、热风和蒸汽三种方法烘炉。燃烧火焰烘炉在工业锅炉上应用最广泛;轻型炉墙锅炉在有热风条件下可采用热风烘炉;有水冷壁的锅炉在有蒸汽来源情况下采用蒸汽烘炉是很方便易行的。

1) 蒸汽烘炉

蒸汽烘炉就是采用蒸汽通入被烘锅炉的水冷壁管中,以此来加热炉墙,达到烘炉目的。主要有两种方法:

(1) 利用蒸汽加热被烘锅炉的锅水进行烘炉,具体做法是将新安装的锅炉水冷壁等受热面充满水后,由运行锅炉引来 0.3~0.4 MPa 的饱和蒸汽将锅水加热。被烘的锅充满软化水,使汽包保持最低水位,然后由水冷壁下联箱通入蒸汽使锅水升温至 90 ℃ 左右,直到炉墙湿度达到合格为止(利用炉墙取样法测定湿度)。在烘炉过程中一般不启动引风机,利用风门的开关将炉壁内产生的潮湿气体排出。烘炉期间将汽包上的空气阀打开,如果发现汽包水位过高,可适当放水,以保持水位。

(2) 蒸汽通过蒸汽出口阀门直接引入,经过汽包送至水冷壁及省煤器系统。利用蒸汽凝结水不断排放的办法使炉墙接受水冷壁传给的热量,从而使炉墙逐渐干燥。必要时可启动引风机调整炉膛温度,同时排除炉膛内部的湿气,直到炉墙所含的水分合格为止。

蒸汽烘炉的优点是:对受热面均匀加热,炉墙各部分均匀受热,因此烘炉质量较好,冬季施工时,蒸汽烘炉还可以防止在砌筑过程中结冻,同时又起到了取暖的效果。其缺点是在新建工程第一台炉试运行时,没有邻炉提供蒸汽,另外消耗大量蒸汽,这些蒸汽的热量未被完全利用就被排出,因此很不经济。蒸汽烘炉后期宜补用火焰烘炉。新建锅炉一般不宜采用蒸汽烘炉法。

2) 火焰烘炉

火焰烘炉亦称为燃料烘炉,是用木柴、重油或柴油、煤块等燃料燃烧产生的热量来进行烘炉,这种方式对各种类型的锅炉都适用。在链条炉的炉排上或煤粉的冷灰斗上架设临时的算子,初期先烧木柴,然后引燃煤块,开始时,小火烘烤,自然通风,炉膛负压保持 20~30 Pa,渐渐燃烧旺盛。加强燃烧,提高炉膛负压,以烘干锅炉后部炉墙,必要时可启动引风机。

(1) 对于重型炉墙,第 1 天的温度不得超过 50 ℃,以后每天温升不得超过 20 ℃,烘炉后期,烟温不得超过 220 ℃。烘炉时间一般在 7~15 天左右。图 7-1 给出一台重型炉墙火焰烘炉时的升温曲线,图中纵坐标为炉膛温度,横坐标为烘炉的天数。开始烘炉到第 1 天后温度上升至 50 ℃;由第 2 天至第 9 天,温度逐渐平稳上升到 210 ℃,平均每天上升 20 ℃;由第 9 天至第 14 天温度控制在 210~220 ℃ 之间;第 15 天烘炉结束,炉温下降至 200 ℃ 以下。

(2) 对于轻型炉墙,温升第 1 天不得超过 80 ℃,烘炉后期烟温不得超过 160 ℃。图 7-2 给出了一台轻型炉墙火焰烘炉时的升温曲线。开始烘炉到第 1 天后,炉温上升到 80 ℃;至第 4 天炉温上升到 155 ℃,平均每天升高 25 ℃;由第 4 天到第 7 天维持炉温在 155~160 ℃ 之间;然后停止升温至第 9 天结束烘炉时,炉温在 150 ℃ 左右。

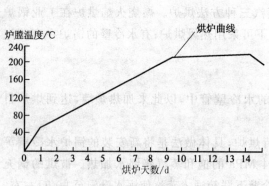

图 7-1 重型炉墙火焰烘炉升温曲线

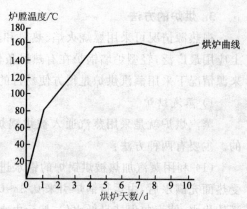

图 7-2 轻型炉墙火焰烘炉升温曲线

（3）对耐热混凝土炉墙，必须在养护期满后，方可烘炉。一般矾土水泥的养护期为 3 昼夜，硅酸盐水泥的养护期为 7 昼夜。温升每小时不得超过 10 ℃，烘炉后期烟温不得超过 160 ℃。而在最高温度范围内，烘炉持续时间不得少于 24 h，对于特别潮湿的炉墙应适当减慢升温速度。

3）烘炉时间

烘炉时间应根据锅炉的类型、砌体温度和自然通风的干燥程度确定。当采用蒸汽烘炉时，烘炉的时间对于轻型炉墙为 4～7 天，对于重型炉墙为 7～15 天；当采用火焰烘炉时，可参照表 7-1 进行。

表 7-1 火焰烘炉的烘炉时间与温度控制

炉墙形式	烘炉时间/d	过热器后（或相当位置）烟气温度/℃			备 注
		第 1 天温升	以后每天温升	最后温升	
重型炉墙	7～15	≤50	≤20	≤220	
砖砌轻型炉墙	4～7	≤80		≤160	
耐火浇注料炉墙		≤10（℃/h）		≤160	养护期满后开始

对于整体安装的锅炉，烘炉时间宜为 2～4 d，对于特别潮湿的炉墙，应适当减慢升温速度，延长烘炉的时间。

4. 烘炉的合格标准

判断烘炉是否合格，通常有两种方法：

（1）炉墙灰浆试样法。

在燃烧室两侧墙中部，炉排上方 1.5～2 m 处，或燃烧器上方 1～1.5 m 处和过热器两侧墙的中部，取粘土砖、红砖的丁字交叉缝处的灰浆样品各 50 g 测定，其含水率均应小于 2.5%。

（2）测温法。

在燃烧室两侧墙的中部，炉排上方 1.5～2 m 处，或燃烧器上方 1～1.5 m 处，测定红砖墙表面向内 100 mm 处的温度应达到 50 ℃，并继续维持 48 h，或测定过热器两侧墙粘

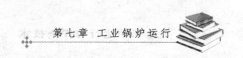

土砖与绝热层接合处温度应达到 100 ℃,并继续维持 48 h。测定炉墙温度时,玻璃温度计插入的深度及方法如图 7-3 所示。

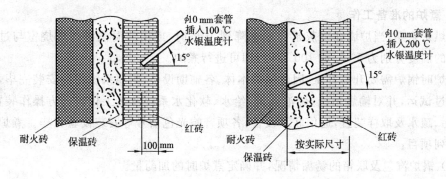

图 7-3 玻璃温度计测量炉墙温度的插入方法

5. 烘炉的注意事项

(1)烘炉应按事先制定和批准的烘炉方案和烘炉升温曲线进行,根据炉墙的温度来确定升温的速度和烘炉时间的长短。

(2)烘炉时温度应缓慢升高,按烘炉升温曲线要求变化,链条炉排采用火焰烘炉时,应将燃料分布均匀,不得堆集在前后拱处,以免前后拱温升过快发生裂缝,烘炉过程中应转动炉排和除渣机,以免顶坏炉排和卡塞除渣机。

(3)烘炉时锅炉水位保持正常,对锅炉汽包及各联箱膨胀应监视和记录。

(4)重型炉墙在烘炉前应在锅炉上部耐火砖—红砖的间隙处开设临时湿气排出孔。

(5)烘炉时应经常检查炉墙情况,不得有裂纹或凹凸等缺陷,如发现缺陷应及时补救。

(6)冬季烘炉,应保持锅炉间室温在 5 ℃以上。

(7)烘炉时应作烟气温度记录,并符合事先绘制的曲线的要求。

(8)煤炭烘炉时,尽量少开检查门、看火门孔,防止冷空气进入炉膛致使炉膛开裂。

(9)烘炉开始 2～3 d 后,可间断开启连续排污阀排除浮污。烘炉的中后期应每隔 4 h 开启定期排污阀排污。排污时先把水补到高水位,排污后水位下降至正常水位再关闭排污阀。

二、煮炉

1. 煮炉的目的

锅炉在制造、运输和安装过程中,其受热面会被油垢、灰尘和其他一些杂物污染,这些污物不清除将直接影响蒸汽和热水的品质,而且分解后还会腐蚀受热面,引起汽水共腾现象,受热面内壁被氧化而产生铁锈,这些氧化铁及硅化合物等杂质聚集在受热面上,会直接影响传热,因此投产前必须进行煮炉。

煮炉是用碱性溶液进行的,实际上是用氢氧化钠、磷酸三钠或无水碳酸钠进行化学处理,利用这些碱性物质可使锅炉内游离油质产生一种皂化作用,使游离物之间的结合力减弱,然后用给水或软化水来冲洗,锅炉内壁的铁锈、水垢在碱性溶液中脱落,也将随锅水温度与负荷的增加而增加。这些脱落的水垢、铁锈大部分沉积在锅炉下部的集箱中,然后可以利用排污的方法加以排除。

2. 煮炉的准备工作

在烘炉末期,当炉墙红砖灰浆含水率降到 10％时,或用测温法测得燃烧室与过热器的侧墙的温度分别为 50 ℃或 100 ℃时,即可进行煮炉。

煮炉时锅炉需要升温升压,因此锅炉本体、各辅助设备、附属系统均应安装完毕,转动机械经过试运,并对输煤系统,燃油系统,给水、软化水系统及热工仪表远方操作装置,加药、排污、疏水及取样装置,通信联络设备,各项音响光色信号等安装校验完毕。煮炉前应检查下列项目:

(1)锅炉汽包及联箱的锈垢情况,并确定煮炉时的加药量。

(2)准备好煮炉用药品,做好药品的纯度分析,准备好加药的工具,及防止药品伤人的安全措施、防护用具。

(3)煮炉时只使用一台水位计,其余水位计、阀门关闭,以避免汽水管路同碱水接触。

(4)编制好有关规章制度与煮炉程序,绘制好系统图并悬挂于现场。

3. 煮炉的方法与步骤

煮炉时加药方法可选用以下三种方式:

(1)可利用加药罐设备系统将药加入锅炉。

(2)用专用加药泵或其他水泵经临时管路从水冷壁下联箱或省煤器放水阀进入锅炉。

(3)可借用锅炉汽包上的法兰,在其上安装一个有盖子的临时加药箱,加药箱的底部焊有短管和法兰,用该法兰与汽包相连接,在加药箱底短管处设有过滤网。

煮炉时的加药配方如表 7-2 所示。

表 7-2 煮炉时的加药配方

药品名称	1 m^3 水加药量/kg		
	铁锈较薄	铁锈较厚	有铁锈和水垢
氢氧化钠(NaOH)	2～3	4～5	5～6
磷酸三钠(Na_3PO_4)	2～3	3～4	5～6

注:① 药量按 100％纯度计算。

② 无磷酸三钠时,可用碳酸钠代替,用量为磷酸三钠的 1.5 倍。

③ 单独使用碳酸钠煮炉时,每立方米水中加 6 kg 碳酸钠。

加药时,锅炉水位保持在水位计算低水位指示处(煮炉时保持在接近最高水位处)。

加药前,药品应溶解成溶液后方可加入炉内,溶液应搅拌均匀,其质量分数为 20％,不得将固体药品直接加入炉内。

4. 对加药工作人员的要求

(1)打碎、配制及往炉内加药等工作,必须由经过训练的人员在化学人员的监督下进行。

(2)工作人员应穿工作服,围橡皮围裙,戴橡皮手套,穿胶皮靴子,并戴防护面罩。

（3）碎药与加药地点应备有 2% 的硼酸液、2% 的高锰酸钾、红药水、纱布、药棉及洗手用品。

（4）固体氢氧化钠必须在空地有遮拦的地方打碎，以防四溅。

（5）溶液箱必须严密和安装牢固，而且有出口能将溶液全部放出，并备有进行搅拌的工具。

（6）药品放入溶液箱后必须盖好盖子，然后加水，5 min 后才可打开盖子搅拌。

（7）不许用起重设备或绳子升降氢氧化钠药品。

（8）锅炉在加入药品溶液前，必须将汽包上空气阀打开，待锅炉完全没有压力时，方可开启汽包上临时加药箱出口门向锅炉加药。

（9）操作人员加药完毕后必须洗手，临时加药箱应及时移开并将物品洗涤干净。

5. 煮炉程序

加药完毕后即可开始升压煮炉，煮炉程序为：

（1）点微火进行燃烧，将锅水烧开产生蒸汽，可用放空阀排汽控制，汽压升至 0.1 MPa 时冲洗水位表及压力表存水弯管。

（2）汽压升至 0.2 MPa 时，开启排污阀排污，每个阀排污不得超过 30 s，以防水循环被破坏，锅炉水位应保持在最高水位进行煮炉。

（3）汽压升至 0.3～0.4 MPa 左右，保持 4 h。

（4）在 0.3～0.4 MPa 的压力下煮炉 12 h。

（5）在额定工作压力的 50% 的情况下，煮炉 12 h。

（6）在额定工作压力的 75% 的情况下，煮炉 12 h。

（7）降压至 0.3～0.4 MPa，煮炉 4 h。

（8）热水锅炉运行时，锅水与系统网路是整体循环的，但在煮炉时一般只在热水锅炉上单独进行，待煮炉结束后对热水锅炉和连同系统网路再进行很好的冲洗和清洗。煮炉时锅水温度应控制在 95 ℃ 以下而不致产生蒸汽。放空阀自始至终应开启。注意在煮炉过程中若有蒸汽排出要及时向锅炉补水至放空阀出水为止，其他操作与蒸汽锅炉相同。

整个煮炉时间一般为 2～3 d。如锅炉在较低的压力下煮炉，则应适当延长煮炉时间。

6. 煮炉注意事项

（1）煮炉过程中各处排污阀应全关。

（2）煮炉时锅水不许进入过热器。

（3）保持锅水的碱度，定期从汽包和下联箱取水化验，若锅水碱度低于 45 mmol/L，应补充加药，使锅水碱度保持在 50 mmol/L 以上。

（4）煮炉结束后的换水应带压力进行，并冲洗药液接触过的疏水阀、放水阀；检查排污阀，应无堵塞现象。

（5）煮炉后的恢复工作应尽量紧凑。

（6）煮炉后打开人孔、手孔检查；汽包及联箱内壁应无油污，擦去附着物，金属表面应无锈斑，并应清除锅筒、集箱内的沉积物。

（7）煮炉工作结束后，应交替进行持续上水和排污，直到水质达到运行标准，然后应

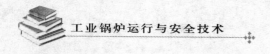

停炉排水。

第二节 锅炉点火前的检查

锅炉点火前要查阅本台锅炉的安装、大修、检验、烘炉、水压试验、安装和修理的质量验收等情况,确认合格。为了保证锅炉设备正常完好,并处于准备启动的状态,运行人员需了解与掌握设备的现有状况,保证锅炉在启动过程中及投入运行后安全可靠。

一、锅炉内部的检查

(1)锅炉内部检查。检查锅炉及集箱内有无附着物及遗留杂物。

(2)关闭人孔、手孔,要把所有人孔、手孔进行密闭。必要时应更换密封垫圈(片),防止渗漏。

二、炉膛及烟道内部检查

1. 炉膛内部检查

在不通入燃料的情况下进行燃烧设备及无障碍的试运行检查,有燃烧器时应检查燃烧器的装配状态及其各接合点,对燃煤锅炉要检查上煤、加煤设备的运转状况,以及炉排的运转状况。

2. 烟道内部检查

对吹灰器、空气预热器、水膜除尘器、静电除尘器、引风机的闸板、调节挡板等状态进行检查,并确认无异常情况。

3. 烟道的密闭

在确认各部分无异常之后,将烟道各出入检查门、孔密闭。

4. 炉内通风换气

将烟道闸板打开,进行炉内换气,有引、送风机的应先启动引风机再启动送风机维持正常炉膛负压值进行换气。若自然通风换气或烟道较长多弯,换气时间一般不少于10 min;用机械通风换气,启动引、送风机,一般不少于5 min。

三、锅炉安全附件及仪表的检查

1. 压力表检查

检查所用压力表指针的位置,在无压力时,有限止钉的压力表指针应在限止钉处,没有限止钉的压力表,指针离零位的数值不超过压力表规定的允许误差。不符合要求的应及时更换,并注意检查压力表弯管上的旋塞是否在开启位置,以及压力表是否在半年内经过法定部门检验。

检查压力表弯管、连接管的安装及中间阀门的开闭有无异常等。

2. 安全阀、排泄阀、泄水管的检查

检查安全阀是否已调整到规定的始启排放压力、排泄阀与泄水管的安装是否合理,检

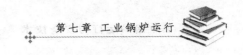

查泄水管是否被铁锈杂物阻塞,是否有防冻措施。

3. 水位计检查

有最高、最低安全水位和正常水位的标志,放水阀有接到安全地点的放水管。

4. 温度、流量测量仪表的检查

温度、流量测量仪表工作正常并在校验有效期内。

四、自动控制系统的检查

1. 电路与控制盘

检查线路是否完全绝缘,确保控制盘上操作开关齐全,操作灵活,各接点无异常。

2. 管路

检查压缩空气、空气、油、水等管路,点火用的燃料和管路,烟气取样及风压测量管线等,是否有损坏或泄漏。

3. 调节阀和操作机械

检查调节阀有无变形、腐蚀,各部件之间的位置是否正常,以及安装是否合理,检查转动部分、轴承是否已注入充足的润滑油,运转是否灵活。

检查自动给水装置与储水罐等连接机械、电气线路等有无变形、生锈、松弛,安装部位是否正确等。

4. 水位警报器

检查水位检测体内有无脏物和障碍;检查水位警报器显示是否正确,动作是否灵活;检查电路系统接线与锅炉连接管的连接是否正确。

5. 火焰监测器与点火装置(煤粉炉和燃油、燃气锅炉)

检查火焰监测器安装正确与否,受光面保护镜、密封镜等是否被污染和破裂,冷却风管路是否接通。

检查点火电极与燃烧器之间的相对位置是否合适,电极是否损坏,冷却风管路是否接通。

6. 超温、超压报警器

检查手动报警器工作是否正常。

五、附属设备检查

1. 定压装置检修

检查膨胀水箱与系统连接是否正确(新安装或大修过的采暖系统水压试验时,往往将膨胀水箱与系统隔离开);水泵定压,检查其电接点压力表上、下限位置是否准确;检查气体定压的定压罐及附属控制仪表是否完好。

2. 给水设备

检查电动机绝缘是否合格,转动方向是否正确,轴有无偏心,地脚螺栓有无松动,联轴节的橡皮是否损坏,试运转检查设备有无明显的振动及异常声音、电动机的工作电流是否正常。

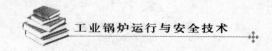

检查填料盖的机械密封有无漏水和升温异常,若为衬垫密封,则检查其水封状态是否良好,水滴下的速度是否正常,衬垫间隙是否合适,有无异常升温。

检查各转动机械轴承的供油情况,油质是否良好;用手转动联轴器,看是否有异常出现;检查各处螺栓连接有无松动,给水管路与阀门有无异常;检查储水罐内水量是否充足,并进行手动及自动给水操作试验,确认其性能良好,动作正确。

水泵的检查应符合下列要求:

(1) 泵体中的泥沙和其他脏物已冲洗干净。

(2) 叶轮完好无损。

(3) 填料盒中填料松紧适度。

(4) 电动机接线正确。

3. 通风设备

1) 送风机

(1) 轴承箱清洗,更换润滑油,油位正常。

(2) 更换已磨损的销轴橡皮圈,联轴器同心度符合标准。

(3) 机座无裂缝,地脚紧固。

(4) 调节挡板开关灵活,如已采用变频调速,调节挡板应处于全开状态。

(5) 机组检修完毕,进行试车合格。

2) 引风机

(1) 检查风机叶轮上积垢是否清除干净。

(2) 轴承箱清洗,更换润滑油,油位正常。

(3) 更换已磨损的销轴橡皮圈,联轴器同心度符合标准。

(4) 机座无裂缝,地脚螺栓紧固。

(5) 调节挡板开关灵活,如已采用变频调速,调节挡板应处于全开状态。

(6) 机组检修完毕,进行空载(关闭调节门)短时间试车合格。

3) 除尘系统

(1) 污水循环泵、过滤罐、沉降池水位、循环水系统的阀门均处在运行备用状态。

(2) 出渣系统灰渣斗、落灰管应清理干净、通畅、水封良好。刮板除渣机、皮带输送机、渣池挖吊设备完好,处于工作备用状态。

4. 阀门检查

(1) 排污装置。

检查排污阀的开关是否灵活,填料盖的盘根压缩量是否有充分调节余地,排污管路是否有异常,锅炉运行应对排污阀做试验,确认良好后将阀门完全关闭,并注意不能有渗漏。

(2) 主汽阀、给水截止阀、逆止阀。

检查它们开闭状态有无异常,阀盖盘根压缩是否留有余量。

(3) 空气阀。

在锅炉水压试验后至满水状态,点炉开始至出现蒸汽,空气阀必须保持开启状态。

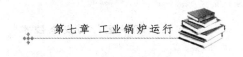

5. 转动设备检查

转动设备运行前的检查包括：

(1) 检查转动设备和系统各表计齐全，并恢复运行状态。

(2) 对系统进行全面检查，并向有关油水系统和泵体注油充水，放尽余气，有关系统的孔门应严密封闭。

(3) 所有可以手动盘动的转动设备，盘动转子，应轻快，无卡涩现象，检查有关转动设备的地角螺丝，应拧紧，靠背轮护罩齐全牢固，接地线完整。

(4) 检查转动设备的轴承和有关润滑部件的油质、油位正常。

(5) 检查有关设备(泵)密封部位，有少量密封水流出，有关设备的冷却水应送上。冷却水流量监视器和流量开关动作正常。

(6) 检查电动机绝缘合格，外壳接地良好。

(7) 送电前各转动设备的控制状态切至"手动"。

(8) 转动设备及其系统上的开关挡板阀门的控制回路、电气闭锁、自动装置、热工保护，以及机械调整装置，应按各自的规定事先校验合格。

(9) 具有特殊要求的转动设备必须符合特殊规定。

六、燃烧设备检查

1. 燃油设备

对于液体燃料，应检查油罐的储油量，确认油量正常，检查从油罐到燃烧器之间的管道、油泵、滤网、燃油加热器、油嘴等是否正常，对新换的或检修后的管路，可用蒸汽吹扫管路，除去残存杂物。

2. 气体燃烧设备

对于气体燃料，应检查气体储量，确认气压正常。用检漏液或肥皂水检查气体燃料管路上的阀门及接头是否有渗漏，仔细检查燃烧器及管路各部分的密封情况，检查燃气速断阀有无渗漏。

3. 燃煤的燃烧设备

检查各安装螺栓连接情况，转动部分注油情况，检查不送燃料的炉排空转情况，炉排有无变形和损坏，以及炉排动、静间隙是否合适；检查机械燃烧设备的传动轴、变速箱等零部件是否完好。

4. 煤粉燃烧设备

检查各转动部分注油情况，检查制粉系统各设备管道阀门以及控制装置有无异常，并经试车合格，已调整到良好状态。

七、锅炉辅助受热面检查

1. 省煤器

检查省煤器内外无腐蚀，外部无烟气走廊冲刷等异常后，清扫干净，将其人孔密闭。

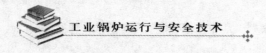

2. 空气预热器

检查空气预热器内外有无腐蚀、管壁减薄等不正常情况,有无漏风情况。

八、锅炉点火前的准备工作

(1)锅炉设备在点火前的检查工作完毕,确认内部无人员工作后,将人孔、手孔、出灰门、检查门全部封闭。风管、烟道挡板均放置在正确的位置,各种阀门开关要求如下:

① 蒸汽阀门应关闭。

② 空气阀应开启。

③ 水位表汽、水连通管旋塞应开启,冲洗旋塞应关闭。

④ 全部排污阀应关闭。

⑤ 压力表存水管中先加冷水,三通阀应在运行位置。

⑥ 连续(表面)排污阀应关闭。

(2)启动软化水泵向除氧器或储水箱上水,至正常水位。

(3)按要求向锅炉上水。

(4)自然通风的锅炉,在冷炉点火之前,可先在烟囱下面用木柴点火燃烧,烘热烟囱,使烟囱中产生引力,有利于冷炉时的通风。

(5)炉底排渣挡板应关闭,排渣水封应投入。

(6)进行送风机、引风机连锁试验。装有送风机和引风机的锅炉,应先开引风机,后开送风机。停机时,应先停送风机,后停引风机,以免炉膛内产生正压,损坏炉膛。

(7)准备好点火工具和引火物品,煤斗上满原煤。

九、锅炉上水及主要事项

(1)给水温度一般不宜超过汽包壁温度 $40\sim50\,^\circ\mathrm{C}$,给水应缓慢上水,以免进水太快,使汽包壁引起不均匀膨胀而产生热应力。

(2)锅炉上水时,可用手放在空气阀上面,应有空气排出感觉。当汽包水位到可见水位 $25\sim30\,\mathrm{mm}$ 时,停止向汽包上水。

(3)备用锅炉中如存有锅水,只需稍上一些水,将水位提高到正常水位以上 $10\,\mathrm{mm}$,其目的是检查给水设备是否正常,省煤器中是否充满汽水。

(4)进水完毕后,应全面检查各受压部分以及水位表、压力表、排污阀等,不得有漏水情况。

(5)低地水位计、远传水位计、高低水位警报器等均应投入使用。

第三节　锅炉点火及燃烧调整

锅炉点火之前,应将炉膛和烟道彻底通风,排除炉膛及烟道内所积的可燃气体,以免点火时发生气体爆炸。装有送风机和引风机的锅炉,可利用两种风机通风,亦可仅开引风机但必须打开炉膛门孔,让新鲜空气进入。

一、手烧炉的点火与燃烧调整

1. 点火

手工操作点火按如下顺序进行:

(1) 全开烟道闸板和灰门,自然通风 10 min 左右,如有通风设备,进行机械通风 5 min。关闭灰门,在炉排上铺一薄层木柴、引火物,其上均匀撒一层煤。

(2) 在煤上放一些劈柴、油泥等可燃物,禁止用挥发性强的油类或易爆物引火,将可燃物点燃,这时炉门半开。

(3) 火将煤点燃,火遍及整个炉排,一点点地向里加煤,使燃烧持续进行。煤全面燃烧后,将灰门打开,关闭炉门,使其渐渐燃烧。

点火时,火种放在燃料上,具有少冒烟的作用。

2. 投煤

手烧炉人工投煤的方法一般有三种:

(1) 普通投煤法。将新煤全面投向正在燃烧的火床上面,此法适用于含挥发分较低的煤。

(2) 左右投煤法。将新煤先投在左半部正在燃烧的火床上面,待其燃烧旺盛时,再将新煤投入右半部的火床上面。如此交替进行,由于半个火床总是保持燃烧状态,使新煤放出的挥发分及时着火燃烧,因此燃烧工况较好,并且少产生黑烟。

(3) 焦化法。将新煤堆放在用户门内侧附近闷烧,待挥发分烧完时,再将赤热的焦炭推向整个火床继续燃烧,这种方法由于前后两次投煤的间隔时间较长,炉门开闭次数较少,进入炉膛的冷空气也少,因此减少了排烟热损失。

上述三种投煤方法中以普通投煤法应用最为广泛,采用普通投煤法的操作要领有以下几点:

(1) 采用"勤、快、少、匀"的投煤法。即在运行中投煤要勤,投煤的间隔时间不能太长,每次加煤量要少,勤加薄烧。炉膛边角的煤层要压匀,使整个炉排的煤层厚度基本一致。

(2) 采用"一看、三快、三要"的操作法。一看:看火,通过观察火焰颜色决定投煤时机。当燃烧火焰呈亮白色时,表明燃烧炽烈,要准备投煤,一般锅炉操作人员称之为"火焰发白投煤好"。三快:开关炉门快,投煤快,清炉除渣快。做到这三快,可防止大量冷风漏入炉膛,既可减少气体不完全燃烧的热量损失,又可避免投煤时产生大量黑烟。三要:每次投煤要少,煤块颗粒大小要均匀适当,撒煤要做到薄而匀。

(3) 掌握好煤层厚度。采用较薄煤层时,产生的一氧化碳气体减少,气体不完全燃烧热损失降低。但煤层也不能太薄,否则造成大量空气从炉排上方进入炉膛,过量空气增加,使炉膛温度降低,排烟损失加大。手烧热水锅炉合适的煤层厚度应根据操作的实际经验确定。不同煤种的煤层厚度可参考表 7-3。

表 7-3 不同煤种的煤层厚度

煤 种	新加煤层厚度/mm	火床厚度/mm
烟煤	10～25	150～200
无烟煤	10～20	150～200
褐煤	30～45	250～350

手烧炉煤层厚度是否合适,可通过对火焰的观察加以判断:当炉膛火焰较长并呈透明麦黄色时,表明此时煤层厚度较合适;当炉膛火焰较短,呈白色且耀眼,表明此时煤层偏薄,过量空气较多;当炉膛火焰较长,但发红色,并呈现出黑色的火舌,表明此时煤层偏厚,空气不足。

(4)在燃煤中适当掺水。掺水的主要作用:一是使煤中细屑在炉排上充分燃烧,不致被气流带走,提高热效率;二是水在炉膛内很快蒸发成水蒸气,使煤层中出现较多空隙,有利于空气进入煤层与燃料混合,促使充分燃烧。掺水量应根据煤的原有水分和颗粒度来确定。煤中原有水分多或颗粒大的少掺,原有水分少或颗粒小的多掺,煤中含水量以 8%～10%为宜。为了使水掺的均匀,最好在燃烧前 4～6 h 加水(有条件的可提前一天进行)。检查掺水量是否合适的最简便的方法是:在投煤之前用手抓一把掺过水的煤,当伸开手掌时,如煤团能成块裂开,表明掺水适当;如果不成块,表明水分较少;如果煤团不裂开,表明水分过多。在运煤、拌煤和投煤时,都应注意检查煤中是否有雷管(煤矿开采时可能丢失雷管)等爆炸性危险品和螺栓、铁块混入,以免发生意外事故。

3. 拨火与捅火

拨火是根据煤层燃烧情况,如有局部烧穿"火口"时,用火钩在煤层上部轻轻拨平煤层,使燃煤和空气均匀接触。捅火是燃烧一段时间后,当煤层下面的灰渣过厚,影响通风时,用铁通条或炉钩插入煤层下部前后松动,使燃透的灰渣从炉排空隙落入灰坑,以改善通风和减薄煤层。操作时要防止将炉灰渣搅到燃烧层上面来。如有大块灰渣,要从炉门口扒出来,不要强行捣碎。无论是拨火还是捅火,动作都要快,以减少炉门敞开的时间,避免冷风过多地进入炉膛,降低炉温,恶化燃烧。

4. 清炉

锅炉在运行一段时间以后,灰渣层越积越厚,阻碍通风,影响燃烧,就要及时清炉。清炉最好在停止用汽或负荷较低时进行。清炉前应将烟道挡板关小,水位保持在正常水位线与最高水位线之间,以免因清炉时间长而使水位下降。清炉时应留下足够的底火,以利于迅速恢复燃烧。清炉的一般方法有左右交替法和前后交替法两种。具体操作步骤是:减少送风,关小烟道挡板。先将左(或前)半部正在燃烧的煤全部推到右(或后)半部火床面上,再将左(或前)半部的灰渣扒出。然后将右(或后)半部的煤布满整个炉排,并投入新煤,开大烟道挡板,恢复送风。待新煤燃烧正常后,再按同样的方法清除右(或后)半部的灰渣。用前后交替法清炉,除渣效果较差,因此在连续采用数次前后交替法清炉后,必须采用一次左右交替法,以彻底清除炉排上的灰渣。

二、链条炉的点火与燃烧调整

1. 点火前的检查

（1）检查全部炉排是否完整无损，确保上下炉排之间和灰渣斗内无杂物、垃圾和碎砖块，分段送风箱内无积灰。

（2）检查所有传动部分，包括涡轮组、变速箱和前后轴，润滑情况应良好，变速箱的油位应正常。

（3）检查变速箱离合器安全弹簧的松紧程度和保险销的大小是否合适。

（4）检查煤斗弧形闸板、煤层闸板和煤层厚度指示装置等是否灵活完好。

（5）启动炉排由慢到快试运转，检查炉排片是否平稳移动，无卡住或急跳现象。

2. 点火

（1）将煤闸板提到最高位置，在炉排前部铺 20～30 mm 厚的煤，煤上铺柴、旧棉纱等引火物，在炉排中后部铺较薄炉灰，防止冷空气大量进入。

（2）点燃引火物，缓慢转动炉排，将火送到炉膛前部约 1～1.5 m 后停止炉排转动。

（3）当前拱温度逐渐升高到能点燃新煤时，调整煤层闸板，保持煤层厚度为 70～100 mm，缓慢转动炉排，并调节引风机，使炉膛负压接近零，以加快燃烧。

（4）当燃煤移动到第二风门处，适当开启第二段风门。当继续移动到第三、四风门处时，依次开启第三、四段风门。移动到最后风门处时，因煤已基本燃尽，最后的风门视燃烧情况确定少开或不开。

（5）当底火铺满炉排后，适当增加煤层厚度，并且相应加大风量，提高炉排速度，维护炉膛负压在 20～30 Pa，尽量使煤层完全燃烧。

3. 链条炉排的燃烧调整

链条炉排在运行中，随着负荷和煤种的变化，需进行适当的调整。能否使运行适应这种变化，取决于对炉排速度、煤层厚度、风压这二者的调节。调节的好坏则取决于操作人员技术的熟练程度。

1）对炉排速度的调节

链条炉排速度的可调范围一般约在 2～25 m/h，随着锅炉负荷的变化，炉排的转速必须与负荷变化相适应。在调控炉排速度时，应注意煤的特性。挥发分多的煤易着火，如果炉排速度慢会使着火点过于靠前，将煤闸门烧坏，这就需要将炉排速度适当加快。

2）对煤层的调节

为了适应负荷的变化，煤层厚度也需进行调节。调节煤层厚度同样要注意煤的特性。灰分大及水分多的煤，进煤量要多，才能适应锅炉负荷的增加。而颗粒小的煤，煤层空隙小，阻力大，空气不易透过，所以薄煤层有利于通风。多灰分及灰分熔点低的煤也要薄煤层。链条炉燃料层厚度一般在 100～150 mm 左右。对于粘结性强的烟煤，煤层厚度可取60～120 mm；非粘结性烟煤取 80～140 mm；无烟煤和贫煤取 100～160 mm 为宜。

3）对风压和风量的调节

根据链条炉排燃烧过程的分区分段进行的特点，在炉排下部设置了风室，风室一般有

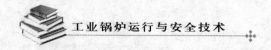

4～10个,风室多,有利于调节送风,但风室的结构就复杂多了。链条炉排有采用从一侧送风的,但宽度较大的链条炉排则采用两侧送风。

链条炉排运行时,送风的风压大小应视煤层厚度而定。煤层厚粒度又小的煤,要求风压高些,否则,风吹不进煤层,燃烧不旺盛,带不上负荷。煤层厚度小时,风压也要求低些,否则,容易吹走细煤末,造成火口。当炉排上燃烧层出现火口时,在火口点和火口附近,燃料炽烈燃烧,其他部分则空气不足,火不旺,使整个火床燃烧分布不均匀,热损失大,负荷也带不上去。

上述几个方面的相互关系说明,对炉排速度、煤层厚度、风压这三者进行调节时,不仅取决于锅炉负荷的变化,还取决于煤种的特性。

概括起来讲,上述三者的配合是:厚煤层,高风压,跑慢车;薄煤层,低风压,跑快车;中等厚度的煤层,取中等的风压和中等的炉排转速。

锅炉运行时,负荷变化是指负荷的增加或减少。在负荷增加时,若燃烧调节配合不上,汽压就显著下降;当负荷减小时,燃烧减弱,汽压则上升。概括起来讲,链条炉在运行时,随着锅炉负荷的变化,调节的顺序大致如下:

(1)需要增加负荷时,先增大引风,再增大送风,然后增加炉排速度。在实际运行中,往往是先调风量,再调煤量。因为改变风量可以很快稳住压力,所以大多数运行操作人员习惯于先调风。这样做的另一个原因是链条炉排转速慢,增加进煤量后,需要一段时间才能见效果。但调风后一定要很快调整进煤量,不然随着风量的增加,炉排上的燃料燃烧加快,可燃质愈来愈少,在火床上将出现燃烧不均匀现象,这样汽压虽然在短时间顶上去了,但很快又会降下来,而且风量越大,炉膛温度将显著下降,汽压下降会越快。

(2)需要减小负荷时,先降低炉排转速,然后减少风量,先减送风,再减引风。

在调节时,上述调节步骤不是绝对不变的,能否做到灵活运用,就取决于操作人员的实践经验,也就是技术的熟练程度。

链条炉的运行较稳定,炉膛内负压可维持 9.8～19.6 Pa(1～2 mm 水柱),为了不至于造成喷火伤人(特别是在进行某项操作时),炉膛负压还可以稍高一点。

链条炉调节过热蒸汽温度比较简单。经常用来调节汽温的方法是调节二次风。链条炉的二次风一般装在前拱上部,喷射方向稍向下倾斜。所以,二次风开大,燃烧中心向下,出口烟温降低,过热蒸汽温度则相应下降;相反,二次风开小,燃烧中心上升,过热蒸汽温度也相应上升。

三、振动炉排炉的点火与燃烧调整

1. 点火前的检查

(1)检查横梁,应互相平行。

(2)检查炉排拉杆,松紧程度应合适。

(3)检查激振器,其机械传动和润滑性能应良好。

(4)上述各项检查合格后,再进行冷态调试,要求煤层能够平行移动,而且速度要达

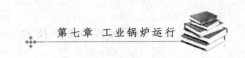

到 150 mm/min 以上。冷态调试煤层厚度一般在 60～80 mm,颗粒一般不大于 50 mm。

2. 点火

(1) 提起煤闸板,在炉排前部铺上木材和引火物,然后点燃。

(2) 木材烧旺盛时,向火焰上撒煤,待煤燃烧后,稍开引风机,再开动振动炉排的电机,将煤推入炉膛。

(3) 当燃煤进入炉膛中部时,适当开启第二、三段风门,并调节时间继电器,使燃烧趋于正常。

3. 振动炉排的燃烧调整

(1) 根据燃烧情况调整各段风门的开度。

(2) 根据负荷变化调节煤闸板,控制给煤量,并相应调整时间继电器,选取合适的振动间隔时间。

(3) 根据燃煤的粒度和水分,调整偏心块的方位和转速,选取合适的振动频率,一般为 900～1 400 次/min。

(4) 运行中维持炉膛负压 20～30 Pa,避免煤层不平整和出现喷火口。

(5) 运行中如果出现一边煤层走得快,另一边煤层走得慢,甚至倒走,主要原因是拉杆上的弹簧和弹簧板上的螺丝松紧不均匀,一般通过调整即可以消除。

四、往复炉排炉的点火与燃烧调整

往复炉排炉的运行中点火、燃烧调整和停炉等的操作与链条炉基本相同,下面仅介绍其不同点。

往复炉排炉的适用煤种是中质烟煤,煤粒直径不宜超过 50 mm。在正常燃烧时,煤层厚度一般为 120～160 mm,炉膛温度为 1 200～1 300 ℃,炉膛负压为 0～2 Pa。对各风室风门开度的要求是:第一风室的风压要小,风门可开 1/3 或更小些;第二风室的风压要大,风门应全开;第三风室的风压介于第一与第二风室之间,风门可开 1/2 或 2/3。拨灰渣时,应关小风门,并尽量避免在炉膛前部或中部拨火。炉排后部灰渣区最好有一部分红煤进入余燃炉排(如无余燃炉排的,不可有红煤排入灰坑),此时可由第四风室送入微风,将红煤烤焦燃尽,余燃炉排清除灰渣后,要把扒渣门关严,防止漏风。

往复炉排的行程一般为 35～50 mm,每次推煤时间不宜超过 30 s,如果炉排行程过长,推煤时间过快,容易造成断火,反之容易造成炉排后部灭火,因此具体操作时,要针对不同的煤种适当调整。例如,如遇发热量较低难于着火的煤,要保持较厚的煤层,缓慢推动,而且风室风压要小;对于灰分多和易结渣的煤,煤层可以薄一些,但要增加推煤次数,即每次推煤时间要短;对于灰分少的煤,煤层可稍厚,以免炉排后部煤层中断,造成大量漏风。

对于高挥发分的烟煤,为了延长其着火准备时间,在进入煤斗前应均匀掺水,煤中含水量以 10%～12% 为宜,这样既可防止在煤闸板下面着火,烧坏闸板,又不会在煤斗内"搭桥"堵塞。

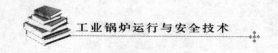

五、燃油锅炉的点火与燃烧调整

1. 点火前的检查

（1）检查油罐，存油量应充足，油位和油温指示正确，输油系统的阀门开关灵活。

（2）检查油过滤器，应无堵塞、无漏油，蒸汽夹套的疏水畅通。

（3）检查油加热器，应无漏油，蒸汽压力与温度均应正常，疏水阀开关灵活，疏水管无泄漏。如发现疏水管中有漏油，表明油管泄漏（因油压力比蒸汽压力高），应查明原因予以消除。

（4）检查油泵和供油系统，各部分的压力与温度均应正常，供油管路无"跑、冒、滴、漏"现象，油嘴畅通。

（5）检查锅炉炉膛，应无积油，防爆门开关灵活，调风器完好。

（6）检查锅炉点火程序控制和灭火保护装置，均应灵敏可靠。

2. 点火

点火前，应启动引风机和送风机，对炉膛和烟道至少通风 5 min，排除可能积存的可燃气体，并保持炉膛压力 50～100 Pa。

为防止炉前燃料油凝结，在送油之前应用蒸汽吹扫管道和油嘴。然后关闭蒸汽阀，检查各油嘴、油阀，均应严密，可防止来油时将油漏入炉膛。燃料油加热后，经炉前回油管送回油罐进行循环，使炉前的油压和油温达到点火的要求。同时应注意监视油罐的油温，以防回油过多，油温升高过快，发生跑罐事故。

1）点火方法

将破布用石棉绳扎紧在点火棒顶端，再浸上轻质油点燃后插入炉内。先加热油嘴，然后将点火棒移到油嘴前下方约为 200 mm 处，再喷油点火。严禁喷油后插火把。油阀应先小开，着火后迅速开大，避免突然喷火。若喷油后不能立即着火，应迅速关闭油阀门停止喷油，并查明原因妥善处理。然后通风 5～10 min，将炉内可燃油气排除后再行点火。着火后应立即调整配风，维持炉膛负压 10～30 Pa。

2）点火顺序

上下有两个油嘴时，应先点燃下面的一个。油嘴呈三角形布置时，也先点下面的一个。有多个油嘴时，应先点燃中间的一个。注意点火时，容易从看火孔、炉门等处向外喷火。操作人员应戴好防护用具，并站在点火孔的侧面，确保安全。

升火速度不宜太快，应使炉膛和所有受热面受热均匀。冷炉升火至并炉的时间，低、中压锅炉一般为 2～4 h，高压锅炉一般为 4～5 h。

3. 燃油锅炉的燃烧调整

正常燃烧时，炉膛中火焰稳定，呈白橙色，一般有隆隆声。如果火焰跳动或有异常声响，应及时调整油量和风量。若经过调整仍无好转，则应熄火查明原因，待采取措施后再重新点火。

1）燃油量的调整

简单机械雾化油嘴的调节范围通常只有 10%～20%。当锅炉负荷变化不大时，可采用改变炉前油压的方法进行调节，增大油压即可达到增加喷油量的目的。当锅炉负荷变化较大时,可以更换不同孔径的雾化片来增减喷油量。当锅炉负荷变化很大时,上述两种调节方法都不能适应需要。只好通过增加与减少油嘴的数量来改变喷油量。

回油机械雾化油嘴的调节范围可达40%～100%,当锅炉负荷变化时,可相应调节回油阀开度使回油量得到改变。回油量越大喷油量越小;反之,则喷油量增加。在正常运行中,不得将燃油量急剧调大或调小,以免引起燃烧的急剧变化,使锅炉和炉墙骤然胀缩而损坏。

2) 送风量的调整

在一定范围内,随着送风量的增加,油雾与空气的混合得到改善,有利于燃烧。但是,如果风量过多,会降低炉膛温度,增加不完全燃烧损失;同时由于烟气量增加,既增加了排烟热损失,又增加了风机耗电量。如果风量不足,会造成燃烧不完全,导致尾部积炭,容易发生二次燃烧事故。因此,对于每台锅炉均应通过热效率试验,确定其在不同负荷时的经济风量。

在实际操作中,锅炉操作人员通常根据油嘴着火情况和烟气中二氧化碳或氧的含量来调整送风量。如果发现某个油嘴燃烧情况不佳,或新更换了不同孔径的雾化片,应保持送风道风压不变,通过调整该油嘴的风道挡板开度达到正常燃烧。如果由于改变炉前油压使燃油量变化,需要调整送风量时,应调整送风挡板的开度,通过改变风道风压和风量来达到正常燃烧。

3) 引风量的调整

随着锅炉负荷的增加,燃油量发生变化时,燃烧所产生的烟气量也相应变化。因此,应及时调整引风量。当锅炉负荷增加时,应先增加引风量,后增加送风量,然后再增加油量、油压。当锅炉负荷减少时,应先减少油量、油压,再减少送风量,最后减少引风量。在正常运行中,应维持炉膛负压19.6～29.4 Pa(2～3 mm 水柱)。负压过大,会增加漏风,增大引风机电耗和排烟热损失。负压过小,容易喷火伤人,影响锅炉房整洁。

4) 火焰的调整

(1) 火焰分析。

燃油时对各种火焰的观察分析,参见表7-4。

表 7-4　燃料火焰分析

油嘴着火情况	原因分析	处理和调整
火焰呈橙白色,光亮清晰	(1) 油嘴良好,位置适当; (2) 油、风配合良好; (3) 调风器正常,燃烧强烈	表明燃烧良好,不需调整
火焰暗红	(1) 雾化片质量不好或孔径太大; (2) 油嘴位置不当; (3) 风量不足; (4) 油温太低; (5) 油压太低或太高	(1) 更换雾化片; (2) 调整油嘴位置; (3) 增加风量; (4) 提高油温; (5) 调整油压

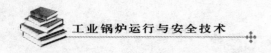

油嘴着火情况	原因分析	处理和调整
火焰紊乱	(1) 油风配合不当; (2) 油嘴角度及位置不当	(1) 调整风量; (2) 调整油嘴角度及位置
着火不稳定	(1) 油嘴与调风器位置配合不良; (2) 油嘴质量不好; (3) 油中含水过多; (4) 油质、油压波动	(1) 调整油嘴与调风器的位置; (2) 更换油嘴; (3) 疏水; (4) 与油泵房联系,提高油质、稳定油压
火焰中放"雪花"	(1) 调风器位置不当; (2) 油嘴周围结焦; (3) 油嘴孔径太大或接缝处漏油	(1) 调整调风器位置; (2) 打焦; (3) 检查、更换油嘴
火焰中有火星和黑烟	(1) 油嘴与调风器位置不当; (2) 油嘴周围结焦; (3) 风量不足; (4) 炉膛温度太低	(1) 调整油嘴与调风器的相对位置; (2) 打焦; (3) 增加风量; (4) 不应长时间低负荷运行
火焰中有黑丝条	(1) 油嘴质量不好,局部堵塞或雾化片未压紧; (2) 风量不足	(1) 清洗,更换油嘴; (2) 增加风量

(2) 着火点的调整。

油雾着火点应靠近喷口,但不应有回火现象。着火早,有利于油雾完全燃烧和稳定。但着火过早,火炬离喷口太近,容易烧坏油嘴和炉墙碹口。

炉膛温度、油的品种和雾化质量,以及风量、风速和油温等,都会影响着火点的远近。所以若要调整着火点,应事先查明原因,然后有针对性地采取措施。当锅炉负荷不变,且油压、油温稳定时,着火点主要由风速和配风情况而定。例如,推入稳焰器,降低喷口空气速度,会使着火点靠前;反之,会使着火点延后。当油压、油温过低或雾化片孔径太大时,油雾化不良,也会延迟着火。

(3) 火焰中心的调整。

火焰中心应在炉膛中部,并向四周均匀分布,充满炉膛,既不触及炉墙壁,又不冲刷炉底,也不延伸到炉膛出口。如果火焰中心位置偏斜,会形成较大的烟气偏差,使水冷壁受热不均,可能破坏水循环,危及安全运行。

要保证火焰中心居中,首先要求油嘴的安装位置正确,并要均匀投用;其次要调整好各燃烧器出口的气流速度。如要调整火焰中心的高低,可通过改变上下排油嘴的喷油量来达到。

六、燃气炉的点火与燃烧调整

1. 燃气炉的点火

(1) 启动引风机和送风机,保持燃烧室内负压 20～50 Pa,炉膛和烟道吹扫风量大于 30％额定通风量,通风 5 min。

(2) 锅炉跳闸保护试验结束并合格。

(3) 开启天然气系统跳闸阀(速断阀)。

(4) 将点火棒点燃后伸入天然气喷嘴出口处,开启天然气燃烧器的天然气阀门,点燃天然气。调整天然气流量和空气量,使燃烧稳定。

若天然气系统设有程序自动点火系统,操作该燃烧器的启动按钮→高能点火器自动放出电火花→点火天然气喷嘴速断阀自动打开,向炉膛内喷入天然气→天然气迅速点燃。当天然气点火失败,锅炉跳闸阀自动关闭,重新进行炉膛、烟道通风吹扫 5 min。

2. 点火注意事项

(1) 天然气系统检漏时应用肥皂水或可燃气体测漏仪进行检漏,严禁用火把找漏点。

(2) 当锅炉停用时,天然气跳闸阀和燃烧器的天然气速断阀关闭后,对空排气阀自动开启(或手动开启)防止阀门不严,天然气漏入炉膛和烟道内部。

(3) 操作人员在岗期间禁止穿化纤工作服、内衣,以及带钉的鞋。

(4) 天然气场所应使用防爆型电源开关、灯具。

(5) 操作人员进行天然气锅炉巡视检查时,禁止使用钢制工具和敲击阀门等钢制设备和设施。

第四节　蒸汽锅炉的启动与运行

一、蒸汽锅炉升压

1. 蒸汽锅炉升压过程

(1) 锅炉点火后,各部分逐渐受热,锅水的温度也逐渐升高,并开始蒸发为蒸汽,汽压逐渐上升。压力上升直到工作压力,这一个阶段叫升压过程。

(2) 升压的速度不能太快,应按锅炉的升压曲线进行。一般工业锅炉升压阶段为 2～4 h,主要目的是使受热时锅筒的升温不要太快,以免产生较大的温度差以及较大的温度应力,引起设备的变形。升压的时间与锅炉水循环的好坏有关,若水循环得好,可适当加快升温速度。因为循环会将温度高处的热量传到低处,使各处受热面的温差减少。

(3) 升压过程中,要注意根据锅筒和各集箱的膨胀指示器,检查其膨胀是否正常;并适当调节燃烧,使炉内受热面均匀受热,锅筒和集箱的膨胀适度。

(4) 当锅炉内压力大于大气压时,汽包上的空气阀喷出蒸汽,此时应关闭空气阀。

2. 升压过程中需完成的工作

当汽压升至 0.05～0.1 MPa 时,冲洗水位表。经冲洗的水位表水位应迅速回升。

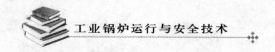

当汽压上升到 0.1～0.15 MPa 时,应冲洗压力表的存水弯管,防止因污垢堵塞弯管而造成压力表失灵。

汽压升至 0.2 MPa 时,应检查各连接处有无渗漏,对人孔盖、手孔盖及法兰的连接螺栓应重点拧紧一次(当检查或修理时拆卸过)。操作时不宜用力过猛,禁止加长扳手长度操作,以防拧断螺栓,并且操作时应侧身不要正视螺栓。

汽压升至 0.2～0.4 MPa 时,应试用给水设备和排污装置。排污前应先向锅炉给水,排污时注意观察水位,水位应控制在最低安全水位以上。排污后应将排污阀关严,并检查排污有无漏水。排污时应有监护人,防止操作者忘记关闭排污阀。

当汽压上升到工作压力的 2/3 时,应进行暖管工作,以防止送汽时发生水击事故。暖管时间与蒸汽温度、季节及环境温度、管道长度、管道直径和管道保温情况有关,一般夏季在 30 min,冬季适当延长。

升压中应注意以下问题:

(1) 升压过程中要注意控制燃烧,使其逐渐加强,并注意保持稳定。

(2) 升压过程中要注意保持水位,水位过高时可用下部放水方法使其降低。

(3) 升压过程中要注意保持非沸腾式省煤器出口水温低于饱和温度 20～40 ℃,无旁路烟道挡板的可用循环管路通水保持省煤器出口水温不致过高。

(4) 为保护过热器不被烧坏,升压过程中过热器疏水门出口水温不宜过高。

(5) 蒸汽管道上的阀门开启后,为防止受热膨胀后卡住,应在全开后再回转半圈。

(6) 升压过程中应根据操作规程的要求随时记录各部分膨胀指示情况。

暖管时先打开主汽阀的旁路阀,并开启被暖管段上的疏水阀,进行加热管道和放出凝结水的工作。在暖管过程中,若发现异常现象,应停止暖管,加强疏水,待故障消除后再行暖管,然后全开汽包主汽阀。

3. 升压过程中水位的控制

在升压过程中,锅炉工况的变动比较多,如燃烧的调节,汽压、汽温的逐渐升高,排汽量的改变,锅炉排污放水等,这些工况的变化都会对水位产生不同程度的影响,若调节控制不当,将很容易引起水位事故。运行实践说明,相当一部分水位事故是发生在锅炉启动和停炉过程中。因而,在升压过程中如何保持水位正常,应予以足够的重视。

为了安全,大容量锅炉在启动过程中应派有专人负责监视一次水位计的指示。在升压过程中,对水位的控制与调节应密切配合锅炉工况的变化来进行。

在点火升压初期,锅水逐渐受热、汽化,由于容积膨胀,水位逐渐升高。此时一般要进行锅炉下部的放水,以使水冷壁受热均匀。在放水过程中,应根据放水量的多少和水位变化情况,决定是否需补充加水,以保持水位的正常。

在升压过程中期,炉内燃烧逐渐加强后,汽压、汽温也逐渐升高。由于排汽量的增大,消耗的水量也增多,使水位下降,应注意及时增加给水量。

在升压过程后期,进行并汽或检验安全阀时,在开始的瞬间,由于大量蒸汽突然外流,锅炉汽压会迅速降低,引起严重的"虚假水位"现象,使水位迅速升高。为了避免造成饱和蒸汽大量带水,应事先将锅筒水位保持在较低的位置。若虚假水位现象很严重,还应暂时

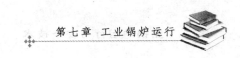

适当地减少给水,待水位停止上升时开大给水阀增加给水。

在锅炉送汽带负荷以后,应根据负荷上升情况,切换给水管投入运行,并根据需要改变主给水调节阀的开度,维持给水流量与蒸汽流量的平衡,保持水位的正常。当锅炉负荷上升到一定数值,水位也比较稳定后,即可将给水自动调节器投入工作。

二、蒸汽锅炉并汽与通汽

蒸汽锅炉并汽前,应首先进行暖管操作,暖管的目的主要是使管道、阀门、法兰等温度缓慢升高,防止供汽时温差应力过大而损坏,同时将管路内的冷凝水驱出,防止水冲击。

1. 锅炉并汽前的暖管操作

(1)当锅炉汽压升至使用压力的三分之二时,即可进行暖管,暖管时间根据蒸汽温度的高低、管道的长短和直径的大小来确定,一般管道升温速度为 $2\sim3\ ℃/min$。

(2)暖管前,应先开放蒸汽管道上的所有疏水阀,排出凝结水。

(3)暖管时,先将锅炉的主汽阀开启半圈,然后逐渐开大。主汽阀全开后,应关半圈以防被卡死,当看到疏水阀排出蒸汽无冷凝水时,即可结束暖管,并关闭疏水阀。

(4)在暖管的过程中,应注意检查管道支架与膨胀的情况,如发现不正常现象,应停止暖管,查明原因,暖管后,即可进行供汽。

2. 锅炉通汽与并汽

工业锅炉广泛采用集中母管制系统,是将全厂数台锅炉产生的蒸汽引往一根蒸汽母管,再由该母管引往各用户的用汽处。它的主要优点是系统中的各个汽源可以相互协调,其缺点是当与母管相连的任一阀门发生故障时,全部用户必须停止用汽,严重影响锅炉和用户的可靠性。为此,一般用阀门将母管分隔成两个以上区段,以便母管分段检修。锅炉并汽,即是将检修后的锅炉点火升压,向蒸汽母管供汽的操作(见图7-4)。

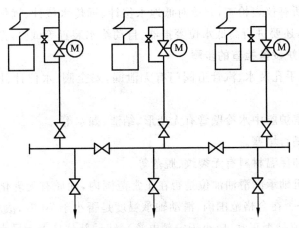

图 7-4 锅炉并汽操作示意图

当锅炉已升到规定压力,在锅炉投入运行前,应再检查锅炉本体和附件,并试一下给水设备的运行情况。

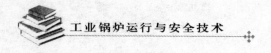

1）锅炉的通汽操作

仅有一台锅炉，在总蒸汽管道没有蒸汽时，需将锅炉的蒸汽输入总蒸汽管道，这个过程称为通汽，锅炉通汽有两种：

（1）自冷炉开始，主汽阀可以开启，将锅炉和管道同时升压。

（2）在锅炉升压时，主汽阀关闭，当锅炉压力升到 0.4～0.6 MPa 时，先将主汽阀稍开一点，进行蒸汽管道的暖管工作，完全冷却的主汽管道暖管时间一般不少于 2 h，未完全冷却的主汽管道暖管时间一般需要 0.5～1 h。

2）锅炉的并汽操作

在几台锅炉同时向一根蒸汽母管送汽时，新升火的锅炉向母管供汽的操作称为并汽，其操作如下：

（1）蒸汽母管或集汽包内已有蒸汽，则锅炉至蒸汽母管或集汽包之间的蒸汽管道需要暖管，一般为 20～30 min，蒸汽总管上的疏水阀应全部开启，以便将管内疏水放尽。

（2）锅炉并汽前，将靠近锅炉的一只疏水阀开启，以便排除开启主汽阀时所带出的水分，开启连续排污阀，冲洗水位计，锅炉保持在较低水位运行，以防开启主汽阀时，大量蒸汽输出而引起汽水共腾。

（3）当锅炉汽压低于蒸汽母管或集汽包内蒸汽压力 0.05～0.1 MPa 时，缓慢开启主汽阀，当压力相等时，完全开启主汽阀，主汽阀开足后应倒回半圈，以免长时间受热卡死关不动。

（4）在并汽时如蒸汽管道内发生水冲击，应立即停止并汽，加强对蒸汽管道的暖管和疏水工作，待水冲击消除后重新进行并汽。

（5）锅炉开始供汽后，不断送出蒸汽，汽包水位逐渐下降，应开始给水，维持汽包正常水位。对于非沸腾式省煤器，应打开正路烟道挡板，关闭旁路烟道挡板，关闭省煤器再循环管阀，使省煤器投入运行。

（6）最后进行所有仪表检查，并核对低地水位计、远传水位计、远传压力表、直接装置的水位表和压力表，还要进行高低水位警报器、自动给水装置等试验，方可投入生产。

3．并汽后对锅炉设备检查的步骤

（1）检查人孔、手孔及水、汽管道阀门有无泄漏，安全阀、水位计、压力表安全附件及仪表是否正常。

（2）从炉门观察炉膛中水冷壁管有无变形、结渣、漏水等。

（3）检查烟道是否堵塞。

（4）检查炉墙和保温材料有无裂纹、脱落等。

（5）检查各辅机轴承润滑油油位是否在正常范围内，油质有无乳化，冷却水是否畅通无阻塞，轴承温度是否在合格范围内，滑动轴承温度是否小于 70 ℃，滚动轴承温度是否小于 80 ℃，电动机电流是否正常（应小于定额电流），转动部分是否无异声、振动合格。

4．并汽操作注意事项

（1）疏水阀、旁通阀以及其他各种阀门的开闭状态要正确。

（2）及时调控燃烧，保证蒸汽压力、温度、流量稳定。

(3) 认真调整汽包水位在正常范围。

(4) 注意观察各种仪表变化,发现问题及时调整至正常范围。

三、蒸汽锅炉运行中的监视与调节

锅炉设备要达到安全经济的运行,就必须经常监视其运行工况的变化,并及时进行适当的调节。无论锅炉本体及辅助设备和燃料供应设备、除渣清灰设备的工作情况如何,都应该与所产生蒸汽的数量和质量相适应。锅炉负荷增加时,就需要多给燃料、空气和水,同时烟气量也相应增加,所以也就必须加强引风。总之,由于锅炉负荷的变化,要对锅炉设备进行系列的操作调节。否则就不可能达到新的动态稳定。

1) 水位调整

汽包锅炉给水调节的任务是使给水量适应锅炉蒸发量的变化,保持汽包水位在规定范围内。汽包水位过高,会影响汽水分离,使离开汽包的饱和蒸汽带水增多,使蒸汽管道中产生水击;水位过低将破坏锅炉的水循环,严重时还会烧坏水冷壁管。一般要求汽包水位变化保持在水位计中心线上下 50 mm 的范围。在锅炉运行时,影响汽包水位变化的因素有蒸发量(负荷 D)、给水流量(W)、炉膛热负荷(燃烧率)、汽包压力等,而主要扰动应是给水流量和蒸发量的变化。

掌握给水量、蒸汽压力的关系,随时对水位变化趋势做出正确的观察和判断:当外部负荷骤增时,因汽压下降,造成水位先升后降;当外部负荷骤减时,因汽压上升会造成水位先降后升。炉内燃烧强度加强时,水位是先升后降;当炉内燃烧减弱时,水位是先降后升。

2) 燃烧调整

(1) 燃烧调整的主要任务。

① 在保证蒸汽品质及维持必要的蒸汽参数的前提下,满足外界负荷变化对蒸汽的需要量。

② 在锅炉运行中,根据燃煤的品质和颗粒大小,由人工调整煤闸板的高度,保证最佳煤层厚度,改变链条速度控制煤量,调控炉排下面各风室一次风门的开度。然后用送风机入口调节挡板调节送风量,合理控制风、煤比例,使燃煤能够稳定地着火和良好地燃烧,减小各项未完全燃烧热损失,提高锅炉效率。

③ 调节引风量与送风量相适应,保持炉膛负压在一定范围内(20~40 Pa)。

(2) 正常燃烧指标。

① 维持较高的炉膛温度。层状燃烧时,燃烧层上部温度以 1 100~1 300 ℃ 为宜,火焰颜色为橙色。悬浮燃烧时,燃烧中心温度应保持在 1 300 ℃ 以上,火焰颜色为白中带橙色。沸腾燃烧时,沸腾层温度最好保持在 900~1 000 ℃。

② 保持适当的 O_2(或 CO_2)含量。在正常燃烧情况下,如果煤种不变,烟气中 O_2(或 CO_2)的体积是不变的,但是烟气的总体积却受过剩空气量的影响。过剩空气量增加,烟气体积随之增加,O_2(或 CO_2)含量则相应减少;反之,当过剩空气量减少时,O_2(或 CO_2)含量相应增加。

烟气中 O_2（或 CO_2）含量：对于手烧炉应为 80%（CO_2 9% 左右），机械炉应为 70%（CO_2 12% 左右），煤粉炉应为 55%～60%（CO_2 12%～14%）。

③ 保持适量的过剩空气系数。在保证燃料完全燃烧的前提下，应尽量减少过剩空气系数。炉膛出口过剩空气系数，对手烧炉一般应为 1.3～1.5，机械炉为 1.2～1.4，煤粉炉为 1.15～1.25，沸腾炉为 1.05～1.1。

④ 降低灰渣可燃物。灰渣中可燃物含量视燃料、燃烧设备和操作条件而异，应尽量降至最低水平。灰渣可燃物含量，对手烧炉应在 15% 以下，机械炉应在 10% 以下，煤粉炉应在 5% 以下。

⑤ 降低锅炉排烟温度。在保证锅炉尾部受热面不结露的前提下，应尽量降低排烟温度。排烟温度的数值，对蒸发量大于和等于 1 t/h 的锅炉应在 250 ℃ 以下，蒸发量大于和等于 4 t/h 的锅炉应在 200 ℃ 以下，蒸发量大于和等于 10 t/h 的锅炉应在 160 ℃ 以下。

⑥ 提高锅炉热效率。锅炉实际运行热效率，对于蒸发量大于和等于 1 t/h 的锅炉应在 55% 以上，蒸发量大于和等于 4 t/h 的锅炉应在 60% 以上，蒸发量大于和等于 10 t/h 的锅炉应在 70% 以上。

3）锅炉负荷调整

（1）蒸汽锅炉正常运行过程中，应监视蒸汽流量表指示和汽包压力，并维持汽包压力在正常范围内。压力表的压力除表示汽包内蒸汽压力外，同时也反映锅炉产汽量和用户用汽量是否平衡，如蒸汽压力下降，说明产汽量不能满足需要量；蒸汽压力上升，说明蒸汽产生超过需要量。假如锅炉已达到最高产汽量，压力继续下降时，说明用户蒸汽需用量已超过锅炉最高产汽量，应控制用户用汽量或启动备用锅炉。

锅炉产汽量的增减方法，就是增加或减少进入炉膛内的燃料量。燃料增减的具体操作方法根据锅炉燃烧设备的不同而异，如手烧炉排可用开停送风机来增减燃烧强度，链条炉排可增减炉排速度或增减煤层厚度来增减燃烧强度。

调节燃料量后，蒸汽量变化的反应速度亦有所不同，层燃锅炉如手烧炉、链条炉排锅炉反应较慢，悬浮燃烧锅炉，如燃油、燃气、抛煤机锅炉的反应较快。

同时，为了达到经济合理的最佳燃烧工况，送入炉膛内的空气量也应及时增减。锅炉进入的空气量可以通过监视省煤器后烟气含氧量来确定，空气量无论增或减都应维持一定量的过剩空气系数，达到最佳的燃烧工况，一般省煤器出口含氧量控制在 4%～5% 左右。

天然气锅炉在调整负荷时，一定应先增加风，后增加天然气，确保锅炉安全运行。

（2）锅炉负荷变化时，燃料量、送风量、引风量都需要进行调节，调节的基本原则是：

① 在调节过程中，不能造成燃料缺氧而引起不完全燃烧。

② 在调节过程中，不应引起炉膛烟气侧压力由负压变正压，造成不严密处向外喷火或冒烟，影响安全与锅炉房的卫生。

根据上述原则，其燃烧调节操作顺序是：

① 当锅炉负荷增加时，应先增大引风量，再增大送风量，最后增大燃料量。

② 当锅炉负荷降低时,应首先减少燃料量,然后减小送风量,最后减小引风量,并将炉膛负压调整到规定值(20～40 Pa)。

4)锅炉炉膛负压调整

锅炉正常运行时,炉膛负压一般维持在20～50 Pa左右。锅炉吹灰时,应选择在低负荷下进行,并提高炉膛负压80～100 Pa左右。吹灰的顺序应先吹炉膛,然后依次吹过热器、省煤器、空气预热器。

若发现省煤器出入口风压差增大,表示省煤器烟道有堵塞现象,应进行吹灰或除灰。

5)锅炉锅水浓度监督调整

锅炉正常运行过程中,根据锅水取样化验结果,开大或关小连续排污,或按运行规定进行锅炉底部定期排污,使锅水浓度符合国家标准——《工业锅炉水质》。

6)锅炉的排污

排污的主要作用是排除锅水中的泥渣污物,降低锅水含盐量,保持受热面水侧清洁和良好的蒸汽品质。排污装置分为定期排污和连续排污装置两种。

(1)定期排污。

定期排污一般装设在锅筒、集箱等受热面底部。定期排污间隔时间的长短和排污量的大小,主要取决于锅水的品质。排污装置如图7-5所示。

排污操作有两种方法:

第一种:先开启快开阀3,缓慢开启慢开阀2后预热管道再全开进行排污,排污中可间断关、开快开阀3以提高排污效果。排污结束时先关闭慢开阀2,再关闭快开阀3。

第二种:先开启慢开阀2,再间断关、开快开阀3进行排污。排污结束时先关闭快开阀3,再关慢开阀2,最后再开关快开阀3一次以放出二阀之间的存水。

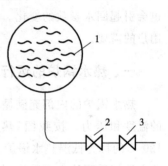

图7-5 排污阀装置方法
1—下锅筒(或下集箱);
2—慢开阀;3—快开阀

排污时要注意以下事项:

① 排污应在低负荷时进行,在排污前应将水位调至稍高于正常水位。

② 排污操作人员若不能直接观察到水位表的水位,应与水位表监视人员共同协作进行排污。

③ 当多台锅炉共同使用一根排污总管时,禁止同时排污,防止污水倒流入相邻的锅炉内。

④ 两种排污方法都可使用,但是在同一台锅炉上只能采用其中一种方法进行排污,否则装置上的两个排污阀都易磨损而影响锅炉的安全运行。

⑤ 排污操作应快速间断进行。

⑥ 排污操作结束后,检查排污管道出口,确认没有泄漏。

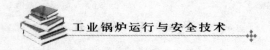

（2）连续排污。

连续排污也叫表面排污。一般装在蒸发量较大的水管锅炉的上锅筒。它的作用是将锅筒蒸发面以下 100～150 mm之间含盐浓度较高的锅水排出锅外，以降低锅水的含盐量，提高蒸汽品质。结构如图7-6所示。

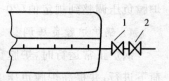

图 7-6　表面排污装置图
1—控制阀；2—调节阀

排污量是由锅炉水质化验结果确定的，当锅水含盐浓度高时增加排污量；当锅水含盐浓度低时减少排污量。

表面排污时阀门1是经常开放的，平时利用阀门2调整排污量。

第五节　热水锅炉的启动与运行

热水锅炉与蒸汽锅炉相比，具有节能、安全性高的特点，但在实际运行中是不够稳定的，常常会遇到水循环中断、锅水汽化、停电造成水冲击等事故，热网、热用户等各种原因也会引起回水参数的变化。因此，热水锅炉运行的基本任务是在安全经济情况下，保证热用户的需要。

一、热水锅炉的运行参数

热水锅炉的内部充满循环水，在运行中没有水位问题。其运行控制参数主要是出水的温度和压力。按我国《热水锅炉安全技术监察规程》规定，锅炉出口热水温度低于120 ℃的称为低温热水锅炉，高于和等于120 ℃的称为高温热水锅炉。实际上目前我国北方地区采暖绝大多数使用水温95 ℃的低温热水。水温低于100 ℃，似乎不会在锅炉和回路中沸腾，但实际在锅炉并联管路中，由于水的流量和受热不均，可能出现局部汽化现象而造成水击，也会威胁锅炉安全和正常运行。

由于热水锅炉出入口都直接与外网路接通，一般锅水与网路不断交换循环，成为一体，但是它们的高低位差不同，尤其对于某些高层建筑物，如果没有足够的水压，锅水不可能达到最高供热点，也就不能完成热网的供热任务。同时，当运行或停泵时，由于压力不足，会使高层采暖设备内空气倒灌，使循环管路产生汽塞和腐蚀。因此，低温采暖热水锅炉同样有恒压问题。

二、热水锅炉的运行操作

1. 启动前的准备工作
通常，热水锅炉是与热水网路连成一体的，因此必须着眼于全网路的启动准备。
1）冲洗
对于新投入或长期停运的锅炉及网路系统，启动前要进行冲洗，以清除网路系统中的泥污、铁锈和其他杂物，防止在运行中阻塞管路和散热设备。
冲洗分为粗洗和精洗两个阶段。粗洗时可用具有一定压力的上水或水泵将水压入网路,循环水的压力一般为 0.30~0.40 MPa。系数较大的,可将网路分成几个分系统冲洗,使管内水速较高,以提高冲洗效果。用过的水通过排水管直接排入下水道。当排出水变得不再混浊时,粗洗即告结束。

精洗的目的是消除颗粒较大的杂物,因此采用流速 1~1.5 m/s 以上的循环水,循环水要通过除污器,使杂物沉淀后定期排除。精洗时间视循环水洁净时为止。

2) 充水

锅炉系统应充入符合水质要求的软化水。系统充水的顺序是:锅炉—管网—热用户。向锅炉充水一般从下锅筒、下集箱开始,至锅炉顶部放气阀冒出水为止。向网路充水一般从回水管开始,至网路中各放气阀冒出水为止。充水前应关闭所有排水和疏水阀门,打开所有放气阀。同时开启网路末端的连接给水与回水管的旁通阀门。向用户系统充水,也是至各系统顶部集气罐上的放气阀冒出水时,即可关闭阀门,但过 1~2 h 后,还应再放气一次。系统充满水后,锅炉房压力表指示数值不应低于至网路中最高用户的静压。

3) 检查恒压设备

热水锅炉的出口压力不应低于额定出口热水温度加 20 ℃ 相应的饱和压力,即要求出口水温距沸腾温度要有 20 ℃ 的富裕度。这是对温度的要求,也是对压力的要求。正常运行时,热水锅炉水的压力是靠循环泵提供的,但如果由于停电等原因造成突然停泵而使网路压力降低,必然引起锅炉饱和温度降低,容易使锅炉内产生蒸汽。因此,热水锅炉,尤其是高温热水锅炉,必须有可靠的恒压装置,保证当系统内的压力超过水温所对应的饱和压力时,锅水不会汽化。

低温热水采暖系统的恒压措施,是依靠安装在循环系统最高位置的膨胀水箱实现的,膨胀水箱的有效容积约为整个采暖系统总水容量的 0.045 倍。在锅炉启动的初期,水温逐渐升高,水容积随之膨胀,多出的水即自动进入膨胀水箱。当系统失水时,膨胀水箱内的水随即补入锅炉。水箱水位下降后,通过自动或手动上水,恢复到原来水位,并通过高位静压力使锅炉压力保持一定。这时膨胀水箱至锅炉的水柱静压与循环水泵扬程之和为锅炉压力。

在高温热水采暖系统中,由于对系统水量及运行稳定性要求较高,将用氮气定压罐代替膨胀水箱,即将氮气钢瓶中的氮气充入与循环水相通的储罐内,使罐的上部是氮气,下部是水,保持一定的水位及压力。当锅炉或系统内的循环水膨胀时,由于系统压力变化而引起定压罐中的水位相应提高,再通过自动或手动方法将罐内多出的水溢流;反之,当锅炉或系统内的循环水有流失时,定压罐内的水位相应降低,再通过给水泵及时上水,保持原有水位,使系统压力稳定。当氮气损失过多导致钢瓶压力下降时,更换新的氮气钢瓶。

除膨胀水箱、氮气定压罐恒压外,还可利用自动补给水泵保持系统压力。它利用一块电接点压力表测定系统压力,当系统压力低于某一值时,补给水泵将被启动,给系统补水增加。几种系统定压方法如图 7-7 所示。

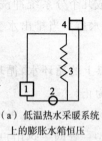 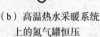 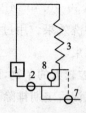 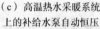 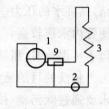

（a）低温热水采暖系统　　（b）高温热水采暖系统　　（c）高温热水采暖系统　　（d）低温热水采暖系统
　　上的膨胀水箱恒压　　　　上的氮气罐恒压　　　　上的补给水泵自动恒压　　　上的蒸汽恒压

图 7-7　热水采暖系统恒压形式简图

1—锅炉；2—循环水泵；3—散热器；4—膨胀水箱；5—氮气瓶；

6—氮气罐；7—补给水泵；8—压力表；9—混水器

在一些低温热水采暖系统中，利用手动补给水泵保持系统压力。这种方法与热水锅炉应有自动补给水装置和恒压措施的要求相违背，增加了汽化和水击的危险，必须予以纠正。

2. 启动和升温

热水锅炉投入运行时，应先开动循环水泵，待网路系统中的水循环起来以后，才能点火，防止水温过高发生汽化。循环泵应无负荷启动。尤其对大型网路系统，必须避免因启动电流过大而烧坏电机。离心泵要在关闭水泵出口阀门的情况下启动，待运转正常后，再逐渐开启出口阀门。点火后先开引风机，通风 3～5 min，再开送风机。

热水锅炉由开始点火到锅炉出水温度达到规定的正常供水温度这一过程为升温阶段。升温阶段应使炉温缓慢上升，以免因膨胀过快损坏锅炉部件，一般热水锅炉水温上升速度不应超过 20 ℃/h。

升温期间要进行下列操作：

（1）整个升温期间应不断沿锅炉房进行巡视检查，并密切监视锅水的温度和压力。

（2）冲洗压力表存水弯管。

（3）当锅炉出水温度达到 60～70 ℃时应试用补水设备和排污装置，排污时先排污后补水。

（4）当水温上升到接近正常供水温度时，应检查各连接处有无渗漏。

3. 并炉与列解

在多台热水锅炉并联的热水采暖系统中，已有一台或几台锅炉在运行的情况下，将备用炉启动并投入运行，称为并炉。与此相应，在上述过程热水采暖系统中，在有二台或二台以上锅炉运行的情况下，将其中某一台锅炉停止运行，称为列解。

1）并炉操作

（1）对水容量较小的管架式热水锅炉，并炉时可先放掉部分温度低的锅水，缓慢打开回水阀门引入系统回水，然后再放掉部分锅水，引入系统回水。当水温接近系统供水温度时，缓慢开启热水出口阀门，如无振动噪音等异常情况再将阀门开大，然后开大回水阀门。

（2）对水容量较大的锅壳式热水锅炉，一般不宜采用直接引入系统回水的方法。因引入大量系统回水，一方面会造成管网压力下降，另一方面还会影响其他并列锅炉的正常运行。可先打开排污阀放掉部分锅水，然后升温，待锅水温度上升到 70 ℃时，可缓慢打开系统回水阀门，待炉内压力与其他运行锅炉压力一致时，可缓慢打开出水阀门，如无噪声和振动现象，可逐渐开大出水阀门。

（3）在进行开炉操作时，应随时监视锅炉压力与水温，以防超压或超温。

2）列解操作

（1）并列运行的热水锅炉中，某一台锅炉准备停止运行时，应先按正常停炉操作步骤操作。

（2）停炉后炉内没明火的情况下继续进行一段时间，当锅水完全没有升温的可能时，关闭锅炉的回水阀门及出口阀门。此时锅炉与系统完全脱离。

（3）如果锅炉暂时停炉（熄火）。则严禁将锅炉回水阀门及出水阀门关闭，以防锅水温度上升造成超压，应使锅水处于循环状态备用。

（4）单台锅炉运行时，停炉（熄火）不得立即停止循环泵。只有在出水温度降到 50 ℃以下时才能停泵。

4. 运行参数的控制与调节

1）运行压力的控制

（1）正常运行时，热水锅炉压力应当是恒定的。

（2）热水锅炉运行时应随时监视与控制的压力有：锅炉本体中介质压力，回水压力，循环水泵出、入口压力及补水泵出口的压力。

正常运行时，锅炉本体压力表指示值总是大于回水缸压力表指示值，且二者压力差恒定。两块表压力差不变，但指示值下降，说明系统中水量减少，应补水。经补水后压力仍不能正常，表示系统中有严重泄漏，应立即采取措施。如锅炉出口压力不变而回水管压力上升，表明系统中有短路现象，即系统水未经用户直接进入回水管，或甩掉部分用户进入回水管。

观察循环水泵出、入口上的压力表指示值可以判断循环水泵是否正常，两块表指示的压力差变小，说明入口受阻，除污器杂物多，应停泵处理；出口压力表指针晃动，说明系统有泄漏处、缺水，应查明处理。

在多台锅炉并列运行时，其本体压力表指示的压力应是一致的。

2）出水温度的控制

水温是热水锅炉运行中应严格监视与控制的指标。如出水温度过高会引起锅水汽化，严重时甚至发生爆炸事故。

热水锅炉运行中有下列温度指标应进行控制：

（1）热水锅炉出水温度应低于运行压力下相应饱和温度 20 ℃以下。不同运行压力下相应的饱和温度及允许出水温度见表 7-5。

表 7-5 不同运行压力下相应的饱和温度及允许出水温度表

运行压力/MPa	0.2	0.3	0.4	0.5	0.7	1.0	1.3
饱和温度/℃	139	143	151	158	169	183	194
允许出水温度/℃	119	123	131	138	149	163	174

（2）同一锅炉内各回路间的水的温度偏差不得超过 10 ℃。

热水锅炉的出水温度是由锅炉内不同回路间的出水混合而成的，如各回路间出水温度差别大，虽然锅炉出水温度远低于汽化温度，但个别回路已发生汽化，甚至水击。

（3）省煤器出水温度应低于运行压力相应的饱和温度至少 20 ℃。

（4）热水锅炉的回水温度。

热水锅炉回水温度的高低主要取决于两个因素：一是热水锅炉出水温度，一般出水温度高，回水温度也高；二是与采暖系统的热负荷有关。在出水温度不变的情况下，供热负荷增加，相应回水温度会降低。一般情况下回水温度是整个系统设计时设定的，不需要控制调节，只有锅炉尾部低温腐蚀比较严重时才加以控制调节。

（5）并列运行情况下锅炉的出水温度也应随时加以控制和调节，使其保持一致。具体方法是在供热不紧张的情况下，用减弱燃烧的方法，使出水温度较高的锅炉水温相应降低；在供热负荷比较紧张时，则宜采用开大水温较高锅炉回水阀的方法降低出水温度。

3）经常排气

运行中随着水温升高，不断有气体析出，如果系统上的集气罐安装不合理或在系统充水时放气不彻底，都会使管道内积聚空气，甚至形成空气塞，影响水的正常循环和供热效果，因此锅炉人员或有关管理人员需要经常开启放气阀进行排气，具体操作为：定期对锅炉、网路的最高点和各用户系统的最高点的集气罐进行排气；定期对除污罩上的排气管进行排气。

4）合理分配水量

要经常通过阀门开度来合理分配到各循环网路的水量，并监视各系统网路的回水温度。由于管道在弯头、三通、变径管及阀门等处容易被污物堵塞，影响流量分配，因此对这些地方用手触摸方法进行检查，如果感觉温度差别很大，则应拆开处理。由于热水系统的热惯性大，调节阀门开度开大后，需要经过较长时间，或者经过多次调整后才能使散热器温度和系统回水温度达到新的平衡。

5）防止汽化

热水锅炉在运行中一旦发生汽化现象，轻者引起水击，重者使锅炉压力迅速升高，以致发生爆破等重大事故。为避免汽化，应使炉膛放出的热量及时被循环水带走，在正常运行中，除了必须严密监视锅炉出口水温，使水温与沸点之间有足够的温度裕度，并保持锅炉内压力恒定外，还应使锅炉各部位的循环水量均匀，也就是说既要求循环水保持一定的流速，又要均匀流经各受热面。要求锅炉操作人员密切注视锅炉和各循环回路的温度与压力变化，一旦发生异常，要及时查找原因。

异常现象如受热面外部是否结焦、积灰,内部是否结水垢,或者燃烧不均匀等,应及时予以消除,必要时,应通过锅炉各受热面循环回路上的调节阀来调整水流量,以使各并联回路的温度相接近。

有的蒸汽锅炉改为热水锅炉时,共有两条并联的循环回路,一条是经省煤器到过热器的回路,另一条是锅炉本体回路。运行中若发现前一回路温度上升快,则应将此回路上的调节阀门适当开大,以使其出口水温与锅炉本体的出口水温尽量接近。

6) 停电保护

强制循环的热水锅炉在突然停电,水泵和风机停止运转时,锅水循环立即停止,很容易因汽化而发生严重事故,此时必须迅速停止燃烧,打开炉门及省煤器旁路烟道,使炉温很快降低,同时应将锅炉与系统之间用阀门切断。如果给水(自来水)压力高于锅炉静压,可向锅炉进水,并开启锅炉的泄放阀和放气阀,使锅水一面流动一面降温,直至消除炉膛余热为止。有些较大的锅炉房内设有备用电源或柴油发电机,在电网停电时,应迅速启动,确保系统内水循环不致中断。

为了使锅炉燃烧系统与水循环正常协调运行,防止事故发生和扩大,最好将锅炉给煤、通风等设备与水泵连锁运行,做到水循环一旦停止,炉膛也随即熄火。

7) 定期排污

热水锅炉在运行中也要通过排污阀定期排污。排污次数视水质状况而定,排污时锅水温度应低于 100 ℃,防止锅炉因排污而降压,使锅水汽化和发生水击。网路系统通过除污器,一般每周排污一次,如系统新投入运行或者水质情况较差时,可适当增加排污次数,每次排水量不宜过多,将积存在除污器内的污水排除即可。

8) 减少失水

热水采暖系统应最大限度地减少系统补水量。影响供热系统安全运行和热效率的一个重要因素就是系统失水。过量的热网失水会造成系统压力下降,热平衡的破坏和能源(水及热量)的过量损失。系统平衡的破坏还会引起个别用户为了提高自己房间温度而放水,引起失水的进一步加剧。所以防止系统失水是热网维护管理中的一件重要事情。引起失水的原因主要是接口(法兰等处)泄漏、管线破裂、热用户放水三个方面。因而就要从这三方面入手,加强巡回检查,发现漏水或漏水隐患及时处理以及加强对热用户的教育和检查。国家规定热网的失水量应为其循环水量的 1% ~2%。如果超出了此值就应引起注意。

5. 供热调节

热水锅炉及采暖系统运行过程中除对运行参数、燃烧工况进行控制与调节外,还应根据采暖季节、采暖时间等情况,对整个系统的供热情况进行调节。供热调节的目的:一是使系统中各热用户的室内温度比较适宜;二是避免不必要的热量浪费,实现热水采暖系统的经济运行。供热调节可分为集中调节和局部调节两种方式。

集中调节是对锅炉的热水温度和流量进行调节,也就是改变锅炉的供热量,这种调节可在锅炉房进行。它可以采取质调节(改变通过网路的供水温度调节)、量调节(改变网路

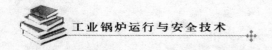

的循环水量进行调节)、间歇调节(改变一天中供热持续时间进行调节)等方法。

局部调节是对系统网路的分组支管上的阀门开度进行调节,以改变热水流量控制热偏差,对系统网路的局部进行调节。

具体某一热水采暖系统采用哪一种调节方式,应视其系统中热用户(一般要求的用户,如机关办公室、仓库等,特殊要求的用户,如医院、幼儿园等)以及热水采暖系统的设备情况而定。

三、热水锅炉运行注意事项

1. 保持系统压力恒定

热水锅炉,尤其是高温热水锅炉,必须有可靠的恒压装置,保证当系统内的压力超过水温所对应的饱和压力时,锅水不会汽化,主要从结构设计来保证,使锅内水循环可靠。因突然停泵、停电或整个热水循环系统发生问题,造成热水锅炉承压汽化时,能使已产生的蒸汽不影响热水系统的循环和及时地排出蒸汽。

2. 防止锅炉腐蚀

热水锅炉在运行中的腐蚀问题比较严重。水在锅炉内被加热后,溶解在水中的氧和二氧化碳等气体随着温度升高而逐渐析出。尤其是由于管理不善,例如系统漏水严重,或将循环热水用于生活洗涤等原因,导致循环系统失水多,也就使补充水量大,因而有更多的氧气析出,并越来越多地附着在锅炉受热面上。当水流速度低时,更增加了氧气积存的可能性,造成锅炉受热面和循环系统管路的氧腐蚀,大大缩短设备的使用寿命。

热水锅炉防腐的办法有以下几种:

(1)在运行中组织好锅炉的水循环回路,保持一定的水流速度,使析出的氧气被水流及时带走,不致附着在锅炉的受热面上。

(2)经常从锅炉和系统网路排气阀门排除气体,防止腐蚀,同时防止形成气塞影响运行。

(3)向锅水中投加碱性药剂,保持锅水有一定的碱度,使腐蚀钝化。

(4)在锅炉金属内壁涂高温防锈漆。

(5)向锅水中投加联氨、亚硫酸钠等除氧剂,同样可以收到较好的防腐效果,但由于费用较高,故不如加碱法应用普遍。

(6)利用邻近蒸汽锅炉连续排污的碱性水,除去水渣后作为热水锅炉的补给水,是一种经济可靠的防腐方法。

热水锅炉不但有内部的氧腐蚀,而且有外部的低温腐蚀。这是因为热水锅炉的水温较低,尤其是经常周期性的启动和停炉,烟气容易在锅炉尾部"结露",腐蚀金属外壁。防止的办法是在锅炉启动时,先经旁通管路进行短路循环,使进入锅炉的循环水很快升温。然后逐步关小旁通管路阀门,同时逐步开启网路阀门,直到正常供热。

3. 防止结水垢

热水锅炉正常运行时,锅水不会汽化和浓缩,但是锅水中的重碳酸盐硬度会被加热分

解,产生碳酸盐水垢,当补充水量多和给水中暂时硬度较大时,水垢产生更多。防止结水垢的办法有以下几种:

(1) 要求补给水的暂时硬度尽量降低,或者经过软化处理。

(2) 控制系统失水,即尽量减少补给水量。

(3) 向锅内投碱性药剂,使水垢在碱性水中形成疏松的水渣,易于通过排污办法除掉。

另外,为了消除循环水中的杂质,系统回水在进入锅炉之前,应先流经除污器,防止污垢进入锅炉后产生二次水垢。

4. 防止积灰

积灰也是热水锅炉运行中比较突出的问题。由于锅炉尾部受热面"结露",烟气中的灰粒很容易被管壁上的水珠粘住,并逐渐形成硬壳。随着锅炉频繁启停,烟气温度不断变化,灰壳可能破裂或局部脱落,天长日久,管壁就被不均匀的灰壳所包围,严重阻碍传热,降低热效率。

防止积灰的办法有以下几种:

(1) 根据煤种和炉型,合理选择回水温度。一般要求回水温度不低于 60 ℃。如不能满足这个要求,可将回水通过支管路和阀门调节,使之与部分锅炉出口热水混合,或者通过加热器来提高温度,然后进入锅炉。

(2) 烟气和锅水流动方向采用平行顺流方式。

(3) 减少烟气停滞区,并尽量不在此区布置冷水管。

(4) 锅炉运行时要定期吹灰,停炉后要及时清扫。

(5) 适当提高烟气速度,增强对流传热,以利冲刷积灰。

5. 防止水击

较大的热水系统,在循环水泵突然停止时,由于水的惯性力,水泵前回水管路的水压急剧增高,产生强烈的水击,可能使阀门或水泵震裂损坏,也可能通过管路迅速传给用户,使散热器爆破。防止水冲击的办法是:在循环泵出水管路与回水管路之间连接一根旁通管,并在旁通管上安装流向出水管的止回阀。正常运行时,循环泵出水压力高于回水压力,止回阀关闭。当突然停电停泵时,出水管路的压力降低,而回水管路压力升高,循环水便顶开旁通管路上的止回阀,从而减轻了水击的力量。同时,循环水经旁通管流入锅炉,又可减弱回水管的压力和防止锅水汽化。

第六节 有机热载体炉、电加热炉运行

一、有机热载体炉运行操作

有机热载体炉的点火前准备、点火以及燃烧调节可参考相应燃烧设备的操作方式进行,但在其运行操作中还应注意以下要点,见表7-6。

表 7-6　运行操作注意事项

序号	内　　容
1	调试运行： (1) 系统安装完毕，进行强度试验和气密性试验； (2) 用水进行清理； (3) 用压缩空气将水分吹干； (4) 充有机热载体时缓慢打开空气阀，排除管内空气直到有介质溢出； (5) 冷态试循环运行； (6) 升温到 100 ℃时，恒温几小时，在系统中反复排水、排气，无气蚀时，可继续升温
2	进炉的煤含水分取 8% 左右
3	在正常运行中，有机热载体会有自然损耗，只有当损耗量很大或有机热载体质量不合格时再行补充或置换
4	补充热载体必须在开始升温时一次全部脱完水
5	过滤器每运行 5 000 h 就应清理
6	发生停电或其他意外事故时，循环泵停止工作，应迅速启动柴油机驱动的应急冷却泵，保证有机热载体能循环冷却到 130 ℃以下

二、电加热炉运行操作

电加热炉运行操作见表 7-7。

表 7-7　电加热炉运行操作

序号	内　　容
1	运行操作前检查： (1) 检查一下各电加热元件是否相碰，是否弯曲，有无固定住； (2) 检查各加热元件接线是否正确，是否牢固，与电控箱连接是否正确； (3) 检查电源是否接通，接通电源进行试运行，观察启动情况，检查一下电加热元件、电路有无异常，试验自动保护装置是否灵敏可靠
2	启动： (1) 接通电源，打开电加热炉启动开关； (2) 电加热元件要一组组投入，不可以一次全部投入，否则负荷太大，对电网冲击很大，容易造成电网事故； (3) 根据外界负荷的要求和变化，确定是投入还是减少电加热元件数，当负荷增加时要逐渐一组组投入电加热元件，当负荷降低时要逐渐减少电加热元件
3	调节

第七节　锅炉的停运

一、正常停炉

锅炉运行一段时间后，为了防止发生故障和恢复锅炉性能，需要停炉检修；有时因季节变化、负荷减少，需要有计划地停止锅炉燃烧及运行。使锅炉由高温、高压状态逐渐降至常温、常压状态的过程叫正常停炉，其操作步骤如下：

（1）停炉前应对锅炉进行一次全面检查，若发现设备有缺陷，应列入同期检修计划中。

（2）停炉前应对锅炉受热面进行全面吹灰，以保持各受热面在停炉后处于清洁状态。

（3）即将停炉时，应逐渐减少锅炉负荷，减少燃料量，减少配风量。

（4）正常停炉后 4～6 h 内，应关闭炉门和烟道风闸板，以免炉体冷却太快。

（5）经过 6 h 后，逐渐开大烟道风闸板，慢慢通风冷却。

（6）对于蒸汽锅炉，随着炉膛的燃烧减弱，锅炉负荷逐渐降低，相应减少进水量，维持锅内正常水位，停鼓、引风机。当汽压下降时，停止供汽，关闭主汽阀，切断与蒸汽母管的连接，关闭连续排污阀。关闭主汽阀后，开启省煤器旁路烟道门，使烟气经旁路烟道排出；待锅水温度自然降至 70 ℃ 以下时，可将锅水放出。放水时，应打开锅炉空气阀，或抬起安全阀。

（7）对于热水锅炉，在停止供给燃料和停鼓、引风后不关闭进、出水阀门，继续开动循环水泵，直至出口水温低于 50 ℃ 后方可停止循环泵。

二、暂时停炉

锅炉暂时无外界负荷，但可能在短期内要投入运行，这时可以将锅炉停下来处于备用状态。一般有冷备用和热备用两种，热备用是指蒸汽锅炉停用期间维持一定汽压，冷备用则不保持汽压。锅炉采用哪种备用方式，完全由经济比较来决定。一般大型锅炉停炉后冷却较慢，保持一定汽压所用燃料不多，而由冷备用转入运行过程所耗费燃料则相当大，因此，大型锅炉一般均采用热备用，小型锅炉则相反，多用冷备用。

1. 暂时停炉操作

（1）在多台锅炉并联的系统中，由于系统负荷的变化，或设备状态的原因，必须有热备用锅炉。热备用炉可以较快地启动，也可以暂时停下来作热备用，以适应热网的要求，属暂时停炉，或叫压火备用。

（2）压火停炉前将负荷逐渐降低，然后开始压火；先停止给煤，次停送风机，再停引风机，调整自然通风保持炉膛负压在 10 Pa，停止炉排转动、推煤或抛煤。

（3）给水由自动调节改为手动调节，注意监视锅筒水位，使水位处于水位计正常水位线略偏高，在停止给水时，同时开启汽包与省煤器之间的再循环门。

（4）压火期间仍要继续监视锅炉设备状况，特别应注意将看火门、下灰斗关闭严实，

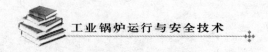

避免急剧冷却,并维持锅筒的正常水位。

(5) 为使锅炉处于热备用状态,不让底火熄灭。如停炉超过 48 h,则每隔 24 h 拉火一次(稍开动引风机、稍开炉排、拉起火苗、稍补给水保持水位正常)。

(6) 对热水锅炉,停炉后不要关闭进、出水阀门,应继续开动循环水泵,以防止锅水汽化及管道冻结,只有在保证不会发生汽化和冻结的情况下,才可停止循环水泵的运行。压火期间,一旦发现锅水温度升高,应立即开动循环水泵,防止锅水超温汽化。当需要恢复向系统用户供热,重新挑火时,应先开启循环水泵,使水在系统中循环流动后,才可挑火。

(7) 压火期间锅炉操作人员不得离开操作岗位,应经常检查锅炉内介质的温度与压力,检查风道挡板、灰门是否关闭严密,防止压火的煤灭火或复燃。

2. 暂时停炉时的注意事项

(1) 停炉期间锅炉内仍有汽压,需注意监视,并使锅炉保持最高允许水位。

(2) 停炉时间超过 6 h,应在压火一段时间后关闭锅炉主汽阀。如关闭主汽阀后汽压上升,可用向锅炉内上水并同时排污的方法降压。锅炉恢复运行时,须经过升压、并炉步骤。

(3) 停炉期间应适当排污,排除锅内沉淀物。

(4) 装有铸铁省煤器的锅炉,在锅炉停止给水后,应关闭省煤器烟道挡板或使用再循环管道,防止省煤器内水温超过规定值。

(5) 在压火停炉期间,要有专人值班,监视炉膛状况。

三、紧急停炉

锅炉在运行中,突然出现事故,如不立即停止运行,就有扩大事故和危及运行人员安全的危险,所以必须立即停炉,称为紧急停炉。

1. 锅炉运行中遇到以下情况时,应紧急停炉

(1) 蒸汽锅炉严重缺水,水位低于水位表的下部可见边缘。

(2) 蒸汽锅炉经不断加大给水,并采用其他措施后,水位仍继续下降。

(3) 蒸汽锅炉水位超过最高可见水位,经放水仍不能见到水位。

(4) 热水锅炉因水循环不良造成锅水汽化,或锅炉出口热水温度上升,与出口压力下相应饱和温度的差小于 20 ℃(铸铁锅炉 40 ℃)。

(5) 热水锅炉水温急剧上升,失去控制。

(6) 热水锅炉虽经补给水泵不断补水,但锅炉压力仍然继续下降。

(7) 蒸汽锅炉的给水泵、热水锅炉的循环水泵或补给水泵全部失效,或者水管系统的给水及水循环出现故障。

(8) 安全阀、压力表或水位表中有一种失效。

(9) 燃烧设备损坏,炉墙倒塌或锅炉构架被烧红,严重威胁锅炉的安全运行。

(10) 锅炉元件损坏,危及运行人员安全。

(11) 其他异常运行情况,且超出安全运行允许范围,危及锅炉安全运行。

2. 紧急停炉的操作步骤

（1）立即停止燃烧。

（2）停止鼓风机约 5 min 后，再停止引风机。当发生锅炉爆管事故时，为了保持一定的炉膛负压，以排除蒸汽和余烟，可保持引风机继续运行，减少引风。

（3）链条炉在停止给煤和鼓风后，应扒去炉排上的红火，将炉排继续快速转动，或用湿炉灰、砂土等压在燃煤上，使炉火熄灭。但不得向炉膛内浇水灭火。

（4）将锅炉与蒸汽母管隔断，打开安全阀或排汽阀向空中排汽。

（5）除了发生严重缺水和满水事故以外，一般应继续向锅炉加水，并注意保持水位的正常。此时，应将给水调节由自动控制切换为手动控制，若发生水冷壁管爆破，不能继续维持正常水位时，则应停止向故障炉加水。

（6）热水锅炉要关闭进、出水阀门，与采暖系统断开，同时打开泄放管并开启补水泵，待水温度低于 50 ℃后可放水。

（7）打开通风阀、灰门和炉门进行通风，使锅炉冷却。

紧急停炉过程中，必须对汽压和水位进行严密监视与调节。由于紧急停炉时，故障炉的负荷迅速降低，因而必须注意不使汽压过高。当汽压突然增高时，将出现虚假水位现象，应及时正确地调节给水，以保持水位的正常。

锅炉因严重缺水而紧急停炉时，严禁向锅炉加水，应防止因缺水而过热的受热面遇水产生急剧的热应力变化，有可能酿成更大的事故。

四、手烧炉的停炉操作

1. 临时停炉

当锅炉负荷暂时停止时（一般不超过 12 h），可将炉膛压火，待需要恢复运行时再进行挑火。锅炉应尽量减少临时停炉次数，否则，会因热胀冷缩频繁，产生附加应力，引起金属疲劳，使锅炉接缝和胀口渗漏。

压火分压满炉与压半炉两种。压满炉时，用湿煤将炉排上的燃料完全压严，然后关闭风道挡板和灰门，打开炉门减弱燃烧。如能保证在压火期间不能复燃，也可以关闭炉门。压半炉时，是将燃煤扒到炉排的前部或后部，使其聚积在一处，然后用湿煤压严，关闭风道挡板和灰门，打开炉门。如能证保在压火期间不复燃，也可关闭炉门。

压火前，要向锅炉进水和排污，使水位稍高于正常水位线。在锅炉停止正常供汽后，关闭主汽阀，开启省煤器的旁路烟道挡板，关闭省煤器主烟道挡板，进行压火。压火完毕，要冲洗水位表一次。

压火期间，应经常检查锅炉内汽压、水位的变化情况；检查风道挡板和灰门是否关闭严密，防止被压的火熄灭或复燃。

需要挑火时，应先排污和给水，然后冲洗水位表，开启风道挡板和灰门，接着将炉排上的余煤扒平，逐渐添上新煤，恢复正常燃烧。待汽压上升后，再及时进行暖管、通汽和并汽工作。

2. 正常停炉

（1）逐渐降低负荷，减少供煤量和风量。当负荷停止后，随即停止供煤、送风，减弱引

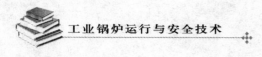

风。

（2）在完全停炉之前，水位应保持稍高于正常水位线，以防冷却时水位下降造成缺水。然后停止引风，关闭烟道挡板，扒出炉膛未燃尽的煤，消除灰渣。再关闭炉门和灰门，防止锅炉急剧冷却。当锅炉压力降至大气压力时，开启空气阀或提升安全阀，以免锅筒造成负压。

（3）停炉 6 h 后，开启烟道挡板，进行通风和换水。当锅水温度降低到 70 ℃ 以下时，才可将锅水完全放出。

（4）锅炉停炉后，应在蒸汽、给水、排污等管路中装置隔板。隔板厚度应保证不致被蒸汽和给水管道中的压力以及其他锅炉的排污压力顶开，保证与其他运行中的锅炉可靠隔绝。在此之前，不得有人进入锅炉内工作。

（5）停炉放水后，应及时清除水垢泥渣，以免水垢冷却后变干发硬，消除困难。停炉冷却后，还应及时消除各受热面上的积灰和煤焦。

3. 紧急停炉

手烧热水锅炉的紧急停炉是指当锅炉发生事故时，为了阻止事故扩大而采取的应急措施。手烧热水锅炉在运行中，遇有下列情况之一时，应紧急停炉：

（1）因循环不良造成锅水汽化，或锅炉出口热水温度上升到与出口压力下相应饱和温度差小于 20 ℃。

（2）锅水温度急剧上升失去控制。

（3）循环水泵或补给水泵全部失效。

（4）压力表或安全阀全部失效。

（5）锅炉元件损坏，危及运行人员安全。

（6）补给水泵不断补水，锅炉压力仍然继续下降。

（7）燃烧设备损坏，炉墙倒塌或锅炉构架烧红等，严重威胁锅炉安全运行。

（8）其他异常运行情况，且超过安全运行允许范围。

以上紧急停炉的条件无论对采用何种燃烧方式的热水锅炉都是适用的。

手烧热水锅炉紧急停炉的操作步骤如下：

（1）立即停止给煤和送风，减少引风。

（2）必要时扒出炉膛内的燃煤，或用砂土、湿炉灰压在燃煤上，使火熄灭。但不得往炉膛里浇水。

（3）紧急停炉过程中，不得停止循环水泵的运行，因循环水泵失效而紧急停炉时，应对锅水采取降温措施，如打开锅炉上水阀门，依靠自来水的压力（或水箱压力）将冷水压入锅炉，同时打开锅炉顶部泄放管上的放水阀门放水。

（4）炉火熄灭后，打开灰门和炉门，促使空气流通，加速冷却。

（5）因锅水汽化、超温、锅水压力迅速下降等原因造成紧急停炉时，其处理方法可参照"锅炉事故及处理"一章。

五、链条炉排炉的停炉操作

1. 正常停炉

(1) 关闭煤斗下部的弧形挡板,待余煤全部进入煤闸板后,放低煤闸板,使其与炉排之间留有 30～50 mm 缝隙,保证空气流通,避免烧坏闸板。

(2) 降低炉排转动速度,减少送风和引风,当煤全部转到煤闸板后 300～500 mm 时,停止炉排转动,但需保持炉膛适当负压,以冷却炉排。如能在炉排前部铺上灰渣隔热,则效果更佳。

(3) 当炉排上没有火焰后,先关闭送风机,打开各风室风门,再关闭引风机,使锅炉自然通风,烟气经省煤器的旁路烟道排出。

(4) 当煤燃尽时,重新转动炉排,将灰渣除净。继续空转炉排,直至炉排冷却为止。

2. 紧急停炉

(1) 立即停止给煤,并将炉排前面剩余的煤扒出。关闭送风机,打开翻灰板和渣斗门。

(2) 将炉排速度开至最大,使炉排上的燃煤全部落入渣斗,并用水浇灭。

(3) 打开各风室风门,关闭引风机,使锅炉自然通风。

(4) 继续转动炉排,直至炉排冷却为止。

六、燃油锅炉的停炉操作

(1) 停炉前,逐步关闭喷油嘴,使锅炉的负荷慢慢下降,并做好与停炉有关的一切准备工作。

(2) 先停油泵,再关油阀,然后关主汽阀,最后停止送风,待 3～5 min 后停止引风(关引风机或关烟道闸阀)。

(3) 停炉后,应用蒸汽(或空气)将油管路中的存油及油喷嘴吹干净,必要时,可将喷油嘴卸下来彻底清洗。

(4) 停炉后,应对供油系统的管道以及炉墙上门孔等认真检查一次,并严格执行操作规程中的有关规定。

七、燃气锅炉的停炉操作

1. 正常停炉

(1) 天然气锅炉停止运行时,首先降低锅炉负荷,逐个关闭天然气喷嘴。

(2) 天然气速断阀关闭。

(3) 天然气喷嘴至天然气速断阀之间对空排气阀应开启。

(4) 进行炉膛吹扫 5 min,停止送风机后再停引风机,最后关闭炉门和烟气挡板,防止大量冷风进入炉膛,造成锅炉急骤冷却。

2. 紧急停炉

立即停止锅炉天然气供应,将天然气速断阀关闭,停止送风机、引风机,如需要快速冷

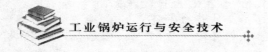

却时,可将炉门及旁路烟道开启。

第八节　锅炉模拟培训系统

锅炉培训的目的是培养合格的锅炉操作人员。在培训过程中,为了避免发生意外,不可能用真正的锅炉来进行实际事故操作培训,这就要求有一种锅炉模拟仿真培训系统,即利用计算机来模拟锅炉运行的一套培训系统。

一、锅炉模拟培训系统简介

锅炉模拟训练场建筑面积 380 m²,设计布局与实际锅炉房相同。包括训练室(相当于锅炉房操作间)、燃料间、水处理间、水泵间和主控室。

模拟仿真训练系统燃料系统设计为燃油、燃气、燃煤,介质设计为蒸汽和热水,在培训时可灵活地组成燃油蒸汽、燃油热水、燃气蒸汽、燃气热水、燃煤热水、燃煤蒸汽等状态。

模拟锅炉由微机主控,分别控制各锅炉及附属间。主要采用 DCS 控制方式,对整个系统实现了动态控制。利用语音合成技术、光学原理及混光控制技术、同步发送与信号比较技术,实现模拟锅炉运行的音响、火焰、温度、压力、水位等与阀件的联动变化。

二、模拟锅炉结构与控制原理

1. 结构

模拟锅炉其外形、内部结构与实际锅炉基本相同,是以某锅炉为原型,按比例缩小50%制造而成。锅炉上阀门、管道的连接与实际相同,所不同的是:

(1) 管道与阀门内没有介质。

(2) 炉膛内没有火焰。

(3) 所有声音都由音箱发出。

(4) 阀门经过改造。

(5) 水位计内没有水。

(6) 压力表经过彻底改造。

(7) 安全阀改造。

2. 原理

控制原理如图 7-8 所示。

三、锅炉模拟系统功能

1. 模拟锅炉

(1) 点火:可以实现通风吹扫操作,点火运行操作,升温升压操作,并汽供热操作。

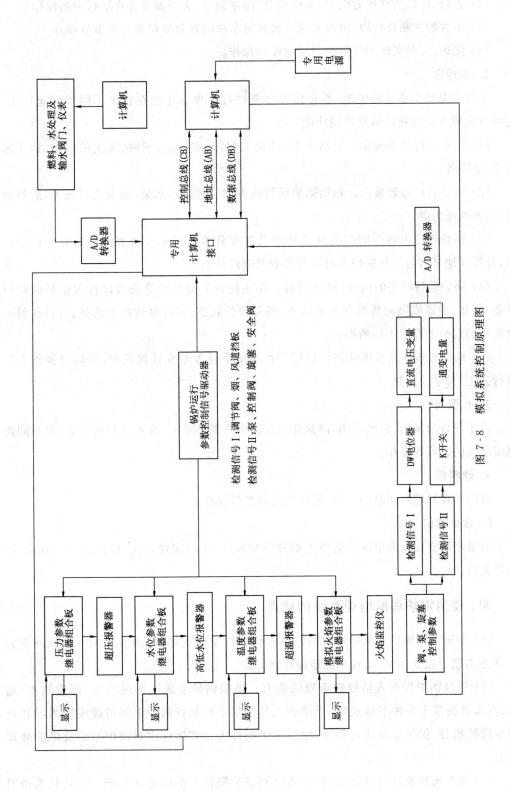

图 7 - 8　模拟系统控制原理图

（2）运行：可以实现压力调节、水位调节、温度调节、火焰调节等在运行中的操作。

（3）事故的判断及处理：可以实现八种常见事故的现象演示及处理事故操作。

（4）停炉：可以实现正常停炉与紧急停炉操作。

2. 主控台

主控台是整个系统的中枢，所有信号都要经过处理后才能在各个不同单元起作用。它可以完成下面几种显示及控制功能。

（1）锅炉运行状态显示。包括水泵、油泵的起停，水位上、下限，风机的起停，锅水温度上、下限等。

（2）锅炉运行参数显示。包括锅炉运行压力，炉膛温度，水泵、油泵出口压力，燃料油的进、回油压力等。

（3）锅炉运行中各个阀门的开关状态及各部分参数显示。在主控台上有二台显示器，可选择地显示每一台锅炉实时运行参数及阀门状态。

（4）锅炉运行状态的选择、事故设置。在主控台上通过计算机可以设置锅炉的运行状态，比如：设置成燃油蒸汽点火前状态，或是停炉状态；通过事故控制选择，可以在每一台运行的锅炉上设上不同的事故。

（5）操作考核评判及成绩报告打印。在系统中设置专家评判系统，可以对操作人员进行公正、科学的评判。

3. 水泵间

由于设计为蒸汽、热水两用，因此在水泵间内有循环水泵、给水泵和回水缸，水泵间内可实现泵的起停等操作。

4. 燃料间

可以实现对燃料油泵的启停、输出压力调整等操作。

5. 水处理间

所采用的流程是固定床逆流再生钠离子交换法，可以实现正洗、反洗、再生、软化、加药等模拟训练。

四、使用锅炉模拟培训系统的优点

（1）缩短锅炉操作人员培训时间。通过锅炉模拟系统培训，由常规 100 多天减少到 50 天左右就可独立顶岗，比较熟练地操作锅炉。

（2）提高锅炉操作人员处理事故的能力。模拟锅炉系统可再现满水、严重缺水、超压、汽水共腾等十余种事故现象，为培训人员提供了在运行锅炉上不可能实际练习和处理事故的机会，优化事故演习程序，增强锅炉操作人员在运行中对锅炉常见故障的处理能力。

（3）锅炉模拟系统可以公正、科学地评判锅炉操作人员的操作技能。计算机系统对

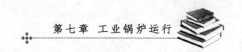

锅炉操作人员技能进行考核鉴定,并自动打印出考核成绩,能有效地克服锅炉操作人员技能考核中的人为误差。

(4) 增强了锅炉操作人员的感性认识,强化了理论与实际相结合。据统计,经模拟系统培训的锅炉操作人员,98%以上可以独立顶岗。

第八章　锅炉事故及处理

　　为保证锅炉设备安全可靠运行，除了在设计、制造、安装、修理、检验等各个环节加强安全技术管理外，在发生事故时，也要及时正确地判断。只有掌握事故发生的主要原因，才能及时采取有效措施，防止事故的发展和扩大，并从根本上解除事故。

　　对已经发生的事故，应按"三不放过"的原则（即事故原因未查清不放过，事故责任者和职工未受到教育不放过，事故防范措施未落实不放过）进行调查分析，找出主要矛盾和原因，落实措施，防止同类事故再次发生。

第一节　锅炉事故的分类

一、锅炉事故的分类

　　根据《特种设备安全监察条例》，有关事故预防和调查处理的规定如下：

　　（1）有下列情形之一的，为特别重大事故：

　　① 事故造成 30 人以上死亡，或者 100 人以上重伤（包括急性工业中毒，下同），或者 1 亿元以上直接经济损失的。

　　② 600 MW 以上锅炉爆炸的。

　　（2）有下列情形之一的，为重大事故：

　　① 事故造成 10 人以上 30 人以下死亡，或者 50 人以上 100 人以下重伤，或者 5 000 万元以上 1 亿元以下直接经济损失的。

　　② 600 MW 以上锅炉因安全故障中断运行 240 h 以上的。

　　（3）有下列情形之一的，为较大事故：

　　① 事故造成 3 人以上 10 人以下死亡，或者 10 人以上 50 人以下重伤，或者 1 000 万元以上 5 000 万元以下直接经济损失的。

　　② 锅炉爆炸的。

　　（4）有下列情形之一的，为一般事故：

　　事故造成 3 人以下死亡，或者 10 人以下重伤，或者 1 万元以上 1 000 万元以下直接经济损失的。

二、锅炉事故产生的原因

　　造成锅炉事故的原因是多方面的，主要有以下四个方面：

（1）设计制造。

结构不合理，材质不符合要求，焊接质量不好，焊缝中有气孔、夹渣、未焊透、咬边等缺陷，受压元件强度不够，以及其他设计制造原因。

（2）运行检修管理。

锅炉操作人员违反劳动纪律，违章作业（误操作）；设备失修，检修质量不良，超过检验期限，没有进行定期检验；锅炉操作人员不懂技术；无水处理设施或水处理失效，给水品质不合格；其他运行检修管理不善等方面原因。

（3）安全附件和附属设备不全、失灵。

（4）安装、改造质量不好，以及其他方面原因。

第二节 锅炉爆炸事故

一、锅炉爆炸的特征

锅炉爆炸时，大量的蒸汽及水从裂口冲出，撕开突破口，全部的汽、水与外界相通，锅炉从工作压力骤然降至大气压。在降压过程中，汽和水的热焓都相应地减少，放出的大量热量使降压后的水转化为蒸汽，体积迅速膨胀。这个过程在 $1/10 \sim 1/20$ s 的时间内迅速完成，这就类似于火药爆炸时气体急剧膨胀，形成强大的冲击波，具有很大的破坏力。

例如，工作压力为 1.27 MPa 过热蒸汽温度为 300 ℃ 的蒸汽，突然降至大气压力时，其体积要膨胀 11 倍，而热水由于汽化，其体积膨胀高达 1 600 倍以上。锅炉的爆炸力与锅炉水容量、工作压力有关。火管式锅炉的工作压力虽然较低，但它的水容量大，而且集中，一旦爆炸，后果十分严重。

爆炸时所放出的能量，仅很少一部分消耗在撕裂锅炉钢板、拉断锅炉的地脚螺丝和连接管道，将锅炉整体或其碎块抛向原地上。大部分的能量在空气中产生冲击波，对周围的设备和建筑物造成严重破坏，还常造成人身伤亡，它是最为严重的锅炉事故。

锅炉爆炸时，汽水混合物喷出的速度很高，因而产生的巨大反作用力将锅炉整体或其碎块向与喷射相反的方向抛出。立式锅炉的爆炸部位，大多发生在锅壳与炉胆下脚圈的连接处，因为这个部位最容易积水垢和被腐蚀，尤其是当采用不合理的角焊连接时，由于承受弯曲应力，更容易从焊缝处撕裂。如果操作不慎，造成严重缺水，则爆破部位常在炉排以上的炉胆处。因此，立式锅炉爆炸时，汽水向下喷射，反作用力推动锅炉向上腾飞；对于卧式锅炉，当封头或管板与锅壳连接处采用不合理角焊时，破口多发生在焊缝处。有的卧式锅炉炉膛火焰直接烧锅壳，锅壳前下部很容易过热烧坏。因此卧式锅炉爆炸时，汽水向前或向后喷射，推动锅炉做平行飞动。

饱和水的液体潜热大，变成蒸汽后体积膨胀的倍数大，锅炉爆炸时饱和水的危害比饱和蒸汽大得多。锅炉压力越低，其锅水的潜热越大，膨胀体积越大；压力较高时正相反。因此，压力低、水容量大的锅炉，比压力高、水容量小的锅炉，发生爆炸的危害程度更大。

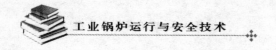

二、锅炉爆炸的原因

1. 超压

运行压力超过许可工作压力,钢板(管)应力增高越过极限值,同时安全阀失灵,当到额定压力时不能自动排汽降压。

2. 过热

钢板(管)的工作温度越过极限值,不能承受额定压力而破裂。这主要是由于严重缺水或受热面水垢太厚造成的。

3. 腐蚀

内外表面腐蚀使钢板(管)减薄,强度显著降低,不能承受额定压力而破裂。

4. 裂纹和起槽

在长期运行中操作不当,使锅炉骤冷骤热,或者负荷波动频繁,钢材承受交变应力,产生疲劳裂纹,同时由于腐蚀的综合作用形成起槽而开裂。

5. 先天性缺陷

设计时采用不合理的角焊结构,强度计算错误,用材不当,制造、安装及修理的加工工艺不好,特别是焊接质量不合格等隐患,在使用中扩大发展,直至发生爆炸事故。

三、防止锅炉爆炸的措施

为了杜绝锅炉发生爆炸事故,除了要对锅炉进行正确设计和选材,确保制造和安装质量,以及进行定期检验保持设备完好外,在运行中还要特别做好以下几项工作。

1. 防止超压

(1) 保持锅炉负荷稳定,防止骤然降低负荷,导致汽压上升。

(2) 防止安全阀失灵,每隔一两天人工排汽一次。如发现动作呆滞,必须及时修复。

(3) 定期校核压力,如发现不准确或动作不正常,必须及时调换。

2. 防止过热

1) 防止缺水

每班冲洗水位表,检查所显示的水位是否正确。定期清理旋塞和连通管,防止堵塞。定期维护、检查水位警报或超温警报设备,保持灵敏可靠。严密监视水位,万一发生严重缺水,绝对禁止向锅炉内进水。

2) 防止积垢

正确使用水处理设备,保持锅水质量符合标准。认真进行表面排污和定期排污操作。定期清除水垢。

3) 防止腐蚀

根据不同炉、不同水质而采取有效的水处理和除氧措施,保证给水和锅水质量合格,加强停炉保养工作,及时消除烟灰,涂用防锈油漆,保持炉内干燥。

4) 防止裂纹和起槽

保持燃烧稳定,避免锅炉骤冷骤热。加强对封头扳边等应力集中部位的检查,一旦发

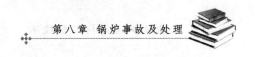

现裂纹和起槽必须及时处理。

第三节　锅炉缺水事故

锅炉缺水事故,是指锅炉运行中,水位低于最低安全水位而危及锅炉安全运行的事故。

在锅炉运行事故中,锅炉缺水事故最多、最普遍,是危险性比较大的事故之一。它常常是锅壳、炉胆烧塌,炉管变形、过热、爆破,甚至是引起锅炉爆炸的直接原因。

一、锅炉缺水事故的现象

(1) 水位表内的水位低于水位下极限或看不到水位。

(2) 低地位水位计指示负值增大。

(3) 双色水位计呈全红色。

(4) 水位报警器发出响声和低水位信号灯发亮。

(5) 有过热器的锅炉,过热蒸汽温度升高。

(6) 锅炉排烟温度升高,有钢制烟箱的锅炉,钢制烟箱变形,甚至出现暗红色。

(7) 给水量不正常地小于蒸汽流量。

(8) 严重缺水时,可以在锅炉近旁嗅到焦味。

(9) 有水冷壁管的锅炉,可以从看火孔内见到水冷壁管烧红。如果发生炉管爆破时可听到管子爆破声和蒸汽喷射声,此时给水量会大于蒸汽流量。

(10) 炉内燃烧的锅炉,能从炉门或看火孔见到炉胆变形。

二、缺水事故的原因

(1) 运行人员违反劳动纪律,在岗位上睡觉或打瞌睡,任意离开操作岗位或做与操作无关的事。运行人员在操作时注意力不集中,疏忽大意,不精心监视水位,当锅炉负荷增大时,没有及时加大给水量。

(2) 运行人员操作技术水平低,误操作、误判断、错把缺水当做满水。

(3) 水位表结构不合理;水位表汽、水连管堵塞,造成假水位。

(4) 水位表照明不良,造成观察水位不清楚。

(5) 高低水位报警器失灵,不报警或误报警。

(6) 双色水位计失灵。

(7) 给水自动调节器失灵。

(8) 锅炉给水阀或给水逆止阀失灵。

(9) 锅炉排污管道、排污阀泄漏,在排污操作时,没有及时关闭、关严排污阀。排污阀芯内有异物卡住,无法关严。

(10) 采用集中给水的锅炉房,一根给水母管供给多台锅炉时,由于给水系统和操作制度上存在问题,发生锅炉之间"抢水"现象,造成锅炉供水不足。

（11）给水泵发生故障，给水管道渗漏，给水压力下降。

（12）炉管或省煤器管道破裂或大量漏水。

（13）软水罐出口阀误关闭，软水箱无水。

（14）水源故障等。

三、缺水事故的处理

当从锅炉上所有直观水位表内看见真实水位时，需减弱燃烧后缓慢上水至正常水位线，再恢复正常运行。

当从锅炉上所有直观水位表内看不见水位时，需立即停炉，关闭主汽阀或给水阀，并按下述方法处理。

（1）对可以进行"叫水"的锅炉，做"叫水"操作。"叫水"操作是用来判断锅炉内缺水程度的一种方法，它只适用于锅炉水位表的通水孔高于锅炉受热面最高火界以及水容量较大的锅炉。对水位表的通水孔低于锅炉受热面最高火界以及水容量小的锅炉，不能采用"叫水"操作，否则会延误对锅炉缺水事故的处理时间，使事故扩大。

① "叫水"操作的方法是先开启水位表的放水旋塞，然后关闭水位表的气旋塞，再关闭水位表的放水旋塞。一关一开重复几次，此时，注意水位表内是否出现水位。最后开启气旋塞，关闭放水旋塞。

② "叫水"操作的原理是先开启水位表的放水旋塞冲洗水位表，后关闭水位表气旋塞时，使水位表与锅炉的气连管切断，此时水位表的水旋塞没有关闭，与锅炉的水连管畅通。当再打开放水旋塞时，水位表与大气相通，表内压力很快下降。当关闭放水旋塞一瞬间，水位表内的压力与锅炉内的压力不平衡，就会发生自动平衡的现象；同时水位表内得到冷却，蒸汽凝结，造成"真空"现象。此时，如果锅炉内的水位在水位表水连管口附近，会把水带入水位表内，说明锅炉缺水不严重。如果锅炉内的水位在水位表水连管口以下，不可能把水带入水位表内，说明锅炉内缺水比较严重。

（2）可进行"叫水"操作的锅炉，经"叫水"后，水位表出现水位时，可缓慢地开启锅炉给水阀，当水位恢复正常后（注意不要把水上过头），启动锅炉的燃烧设备继续投入使用；如果缓慢开启锅炉给水阀时，锅内有强烈的响声或加大给水时仍不见水位升上来，则绝对不可开启锅炉的燃烧设备，必须停炉待检查。

（3）可以进行"叫水"的锅炉，经"叫水"后，水位表中不出现水位时，严格禁止向锅炉内上水，必须紧急停炉。

（4）不允许进行"叫水"操作的锅炉，应紧急停炉。

四、锅炉缺水事故应注意的问题

（1）一旦发现锅炉缺水，无论什么情况，先立即暂时停炉，然后再做处理。

（2）必须防止把缺水事故当做满水事故处理。区别缺水还是满水的方法如下：

① 检查水位表上所有旋塞的位置是否正常。

② 开启水位表上的放水旋塞，如只见到有蒸汽冒出，是缺水；如有水、汽冒出，并且水

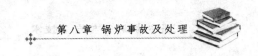

量较大,是满水。

(3) 要教育锅炉操作人员严禁采用多次间断给水、每次少量上水的方法来掩盖锅炉缺水,这种做法是危险的。

第四节　锅炉满水事故

锅炉满水事故是指锅炉在运行中水位高于最高安全水位而危及锅炉安全运行的事故。

一、锅炉满水事故的现象

(1) 水位表内水位高于水位上极限或看不见。

(2) 低地位水位计指示正值增大。

(3) 双色水位计呈全绿色。

(4) 水位报警器发出声响和高水位信号灯亮。

(5) 有过热器的锅炉,过热蒸汽温度下降。

(6) 蒸汽含水量增大。

(7) 给水量不正常地大于蒸汽量。

(8) 由于饱和蒸汽中带水量增大,集汽包(分汽包)中大量存水,疏水器剧烈动作。

(9) 严重满水时,蒸汽管道内发生水冲击,引起管道剧烈振动,法兰接口处冒出蒸汽。

(10) 严重满水时,锅筒上的安全阀冒出水和汽等。

二、锅炉满水事故的原因

(1) 运行人员违反劳动纪律,在岗位打瞌睡,任意离开操作岗位或做与操作无关的事。运行人员在操作时注意力不集中,疏忽大意,不精心监视水位,当锅炉负荷降低时没有及时减小给水量。

(2) 运行人员操作水平低,造成误判断或误操作。

(3) 水位表、水位表汽水连管、水位表各个旋塞、水位表柱结构不合理,造成假水位。水位表照明不足,造成观察水位不清楚。

(4) 水位表的放水旋塞或水旋塞漏水,使水位指示不正确,造成假水位。

(5) 高低水位报警器失灵,不报警或误报警。

(6) 双色水位计失灵。

(7) 有给水自动调节器的锅炉,给水自动调节器失灵。

(8) 给水调节阀门渗漏。

(9) 给水压力突然升高。

三、锅炉满水事故的处理

当锅炉上所有直观水位表能看见真实水位时,需减弱燃烧,排污放水至正常水位线,必要时开启过热器和蒸汽管道上的疏水阀门进行疏水,再恢复正常运行。

当锅炉上所有直观水位表看不见水位时,需立即停炉,关闭给水阀和主汽阀,并按下述方法处理。

(1)打开水位表的放水旋塞,当水位表中出现水位并很快下降,是轻度满水;看不见水位只见汽泡是严重满水。

(2)有省煤器的锅炉开启省煤器再循环阀门。

(3)打开排污阀门,使锅炉放水,这时必须严格注意水位表,当水位表中出现水位并降至正常水位时,要立即关闭排污阀。

(4)经锅炉放水操作后,如果锅内还有压力,应进行一次冲洗水位表操作,如果锅炉无压力则对水位表做一次放水试验。

(5)检查锅炉给水系统是否正常,如果有异常情况,必须排除后才启动锅炉,恢复运行。

(6)必要时,开启过热器和蒸汽管道上的疏水阀门,进行疏水。

四、锅炉满水事故处理时应注意的问题

(1)目前运行的锅炉,一部分没有装设双色水位计,而采用玻璃板(管)水位表,这种水位表当发生严重缺水或满水时,都看不到水位,因此对缺少实际经验的锅炉操作人员,常常误把缺水当满水或把满水当缺水来处理,使事故扩大。在这种情况下,要教育锅炉操作人员立即开启水位表放水旋塞,若有水、汽喷出,且水量较多时,是满水事故。

(2)锅炉装有高低水位报警器,有利于锅炉操作人员正确判断缺水还是满水。但有时候锅炉操作人员不采用勤上水、每次上水量小、保持水位表内水位波动小的操作方法,而是采取上水次数少、每次上水量大、使水位表内水位波动大的操作方法。一些锅炉操作人员为了不使报警器发出信号"吵人",人为地把声信号列解,只留光信号。当锅炉操作人员打瞌睡或精神不集中时,没有看到光信号,就会失去声信号的警告作用。

第五节　锅炉超压事故

锅炉超压事故,是指锅炉在运行中,锅内的压力超过最高许可工作压力而危及锅炉安全运行的事故。

一、锅炉超压事故的现象

(1)汽压急剧上升,超过许可工作压力,安全阀动作。

(2)超压报警器发出报警信号。

(3)蒸汽流量减少,蒸汽温度升高。

二、锅炉超压事故的原因

(1)锅炉操作人员的责任心不强,失职或误操作。

（2）用汽设备发生故障而突然停止用汽。

（3）安全阀失灵或失调。

（4）压力表指针不正确。

（5）超压报警器失灵。

（6）启动锅炉后主汽阀未打开。

（7）安全阀排汽面积不够。

（8）盲目地提高工作压力,或者负荷突然降低而操作人员未及时采取措施。

三、超压事故的处理方法

（1）保持锅炉水位正常,减弱燃烧。

（2）当安全阀失灵不能自动排汽时,应手动开启安全阀,或打开锅炉上的空气阀,降低锅炉压力。

（3）保持上水并同时进行排污,适当降低锅内温度。

（4）分析锅炉超压原因,检查安全阀、压力表是否正常,检查锅炉本体有无损坏,并更换、调校失灵的安全阀和压力表,在确定所有设备都正常的情况下,再恢复运行。

四、锅炉超压事故处理时应注意的问题

（1）锅炉发生超压时,严禁降压速度过快,甚至很快将锅炉内压力降至零。

（2）锅炉超压事故消除后,必须对锅炉进行严格的检查,如果有变形、渗漏等,要慎重处理。

五、超压事故的预防措施

（1）在锅炉投入运行前,应调整校验好所有压力表、安全阀。避免不合格、有故障的仪表投入使用。

（2）对于经过改造,扩大了蒸发量的锅炉,必须相应地调整、配备与之匹配的安全阀、压力表。避免出现超压事故。

（3）经改造后的锅炉,在未经劳动部门检查和技术鉴定前,不可盲目提高压力。

（4）对于运行了一段时间的锅炉要定期检查,发现问题及时处理,如发现钢材有腐蚀、变薄或钢板变形等现象,应请劳动部门检查鉴定,并对锅炉进行重新核算。同时定期检查校验,保证其灵敏可靠,避免失灵而造成超压事故。

第六节　锅炉汽水共腾事故

锅炉汽水共腾事故,是指锅炉在运行中锅内的汽、水不进行完全的分离,大量锅水随蒸汽带出而危及锅炉安全运行的事故。

锅炉汽水共腾也是一种多发性的锅炉事故,但是工业用汽特点是用汽量大、用汽时间集中,对蒸汽的品质(带水量)要求不高,加上一般性的汽水共腾事故所造成的后果并不十

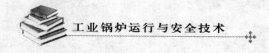

分严重,常常不被人们重视,草率处理后也不上报,以致一般性汽水共腾事故发展成严重汽水共腾事故。

严重汽水共腾事故,是造成蒸汽管道水冲击、法兰接口渗漏、管道焊缝震裂、管子松动、管道上阀门盖打出等事故的直接原因。

一、锅炉汽水共腾事故的现象

(1)水位表内的水位急剧波动,没有明显水位线,有时看不清真实水位线。

(2)蒸汽中含盐量增大。

(3)有过热器的锅炉,过热蒸汽温度急剧下降。

(4)蒸汽大量带水,严重时,在蒸汽管道内发生水冲击,造成法兰接口处冒蒸汽。

(5)有集汽包的锅炉,集汽包上疏水器剧烈动作。

二、锅炉汽水共腾事故的原因

(1)锅炉的含盐量(以氯离子和碱度为主)和悬浮物含量过高。

(2)没有或不进行表面排污。定期排污不进行或间隔时间过长,排污量过少。

(3)并炉时开启主汽阀过快。

(4)单台运行锅炉升压后,开启主汽阀过快。

(5)锅炉负荷增加过急。

(6)锅炉严重超负荷使用。

(7)锅炉突然严重渗漏。

三、锅炉汽水共腾事故的处理

(1)减弱燃烧,减少锅炉蒸发量,关小主汽阀,减少负荷。

(2)完全开启上锅筒的表面排污阀,如有必要,适当开启下锅筒的定期排污阀,同时加强给水,注意保持正常水位。

(3)采用锅内投药处理的锅炉,应停止投药。

(4)开启过热器、蒸汽管道和集汽包等处的疏水阀门进行疏水。

(5)通知水质化验员做锅水和蒸汽含水量测定。

(6)通知用汽部门减小用汽量。

(7)在水位未稳定、锅水水质未达到规定以前,不要增加负荷及减少排污量。

(8)事故消除后,应冲洗水位表,恢复正常运行。

四、锅炉汽水共腾事故的预防

(1)加强水质管理,严格控制锅水的含盐量和油污,认真进行排污。

(2)根据水质分析,确定连续排污和定期排污量。

(3)供汽时,应缓慢开启主汽阀。

(4)锅炉并汽时,压力应比蒸汽母管压力低 0.05 MPa 左右。

（5）新安装或长期停用的锅炉，投入运行前，必须煮炉。

第七节　锅炉爆管事故

一、锅炉炉管爆破事故

锅炉炉管爆破事故是指锅炉在运行中炉管破裂的事故。

在锅炉运行事故中，锅炉炉管爆破事故比较多，也比较普通。主要是炉管的受热强度高、管壁比较薄，一旦发生炉管爆破，对事故的敏感性强。锅炉炉管爆破是危险性比较大的事故之一，常常是锅炉缺水、燃烧室内火焰和燃料喷出、锅炉急剧降压的直接原因。

1. 锅炉炉管爆破事故的现象

（1）炉管爆破不严重时，可以听到汽水喷射响声，严重炉管爆破时有显著声响。

（2）负压燃烧的锅炉，燃烧室内压力由负压变成正压，严重时从孔门向外喷出炉烟和蒸汽。

（3）锅炉水位和蒸汽压力迅速降低。

（4）给水流量不正常地大于蒸汽流量。

（5）排烟温度降低，烟气颜色变成灰白色或白色。

（6）炉内火焰发暗，燃烧不稳定，甚至灭火。

（7）灰渣斗内有湿灰，甚至向外流出水汽。

（8）引风机负荷增大，电流增高等。

2. 锅炉炉管爆破事故的原因

（1）锅炉给水质量不良，无水处理或水处理方法不正确，没有按规定进行排污，使管子内结水垢或腐蚀。

（2）锅炉在安装或检修时，杂质掉落在管子内，造成管子内堵塞，使水循环不良或完全破坏。

（3）管子内水垢脱落"搭桥"造成水循环不良。

（4）锅炉水位过低或严重缺水破坏水循环，造成局部管壁温度过高、鼓疱变形而爆破。

（5）锅炉设计、制造、安装质量差，造成水循环不良。

（6）管子材质不良或严重缺陷。

（7）燃油或燃煤粉锅炉，由于喷燃器角度没调整好，使局部炉管热量集中或严重磨损。

（8）升火、停炉或清炉操作不正确，使炉管经常受到冷风吹袭，管子热胀冷缩过快或频繁，产生有害的应力。

（9）焦渣粘集在炉管上没有及时消除，使炉管局部受热不均匀，严重时破坏锅炉水循环。

（10）吹灰器的吹灰管位置不当，吹灰孔正对炉管，由于长期使用，将炉管吹热。

（11）抛煤机燃烧或煤粉燃烧锅炉，由于烟气中含灰量很大，将炉管严重磨损。

（12）烟道、燃烧室隔火墙（板）损坏，使烟气走短路，造成局部炉管的热量集中导致烧坏或磨损。

（13）层燃锅炉经常压火，使炉顶管子外壁产生硫腐蚀损坏。

（14）给水温度过低，锅内给水管位置不正确，给水集中进入局部炉管，使部分炉管温度变化大而频，产生有害应力，造成胀接口渗漏，严重时在管头产生环形裂纹。

（15）有的锅炉给水除"硬"比较好，但不进行除氧，使锅水流速较低的炉管，在水侧产生严重的氧腐蚀穿孔。对锅水碱度较高的锅炉，腐蚀更为严重。

3. 锅炉炉管爆破事故的处理

（1）炉管破裂泄漏不严重，能保持锅炉水位，故障不会迅速扩大时，可以短时间和降低负荷运行，等备用锅炉启动运行后再停炉。

（2）严重爆管，必须采取如下紧急停炉措施：

① 停止供给燃料。

② 停止鼓风机运行，保持引风机不停（或保留一台不停），以排除炉内的烟气和蒸汽。

③ 关闭主蒸汽阀。

④ 在进行锅炉给水的情况下，若水位表内不见水位时，应停止给水。

⑤ 燃烧室内烟气和蒸汽消除后，可以停止引风机运行。

4. 锅炉炉管爆破事故处理应注意的问题

（1）对能保持锅炉水位的，可以短时间内减负荷运行，等备用炉启动后再做停炉处理。如果备用炉迟迟不能投入运行，而且听到炉内响声增大，见到漏水增多时，不能等备用炉启动后再停炉，应立即停炉。

（2）如果锅炉房内多台锅炉共用一根蒸汽母管和给水母管，要严格注意保证正常运行锅炉的安全运行，防止事故锅炉的主汽阀和给水阀关闭不及时而影响正常锅炉的运行。

二、过热器爆管事故

锅炉上的过热器是利用锅炉烟气的热量，将上锅管中引出的饱和蒸汽再加热一次，使蒸汽的温度升高，变成过热蒸汽，使其完全干燥，并达到规定的过热温度，以满足生产工艺的需要。

锅炉过热器爆管的后果虽然不像水冷壁和对流管那样严重，但也要被迫停炉，因此也是一项锅炉重大事故。另外，因为锅炉过热器管装置的管距比较密，如有一根爆管，极易把邻管崩坏，使损坏的范围扩大。

1. 过热器爆管事故的现象

（1）蒸汽流量下降，给水量明显大于蒸汽流量。

（2）排烟温度显著降低。

（3）锅炉过热器附近有蒸汽喷出的响声。

（4）过热蒸汽温度发生变化。

（5）引风机负荷加大，电流增高。

（6）负压燃烧的锅炉，燃烧室的负压不正常地减小，严重时变成正压，从孔门向外喷出烟气和蒸汽。

（7）过热器后的烟气温度降低或过热器前后烟气温度差增大，锅炉排烟温度下降，烟气颜色变成灰白色或白色。

2. 过热器爆管事故的原因

（1）锅炉给水质量不良，水质监督不严格，经常高水位运行，汽水分离装置不良等，造成饱和蒸汽带水量过大，使过热器管内结水垢。

（2）燃烧不正常，火焰偏斜或延伸至对流管与过热器处，致使过热器处烟温过高。

（3）过热器处烟气偏流，使局部过热器管热量集中，造成过热烧坏。

（4）过热器管严重腐蚀损坏。

（5）过热器钢管材质不良，有严重缺陷。

（6）过热器管内有杂物堵塞。

（7）在锅炉点火升压过程中，过热器管中流通的蒸汽量不足，引起过热。

（8）过热器管被飞灰磨损。

（9）过热器结构不合理，蒸汽分配不均匀，受热面过大，蒸汽在管内的流速过低，造成局部过热器管壁温度过高。

（10）过热器上的安全阀开启截面积不足，当锅炉超压时，流经过热器的蒸汽量不足以冷却过热器管，造成过热。

（11）过热器上的安全阀定压错误或失灵，当锅炉超压时，迟于锅筒上安全阀开启或根本不开启。

（12）吹灰器安装不正确或吹灰蒸汽压力过高，吹坏过热器管。

（13）高温过热器应采用合金钢管，但误用碳素钢管。

（14）减温器通水量过大，表面式减温器水管泄漏，在过热器蛇形管内产生水塞；混合式减温器套管移位，致使蒸汽分布不均匀引起局部过热。

（15）过热器管长期处于高温下，管材发生蠕变等。

3. 过热器爆管事故的处理

处理锅炉过热器爆管事故的方法有：

（1）锅炉过热器轻微泄漏时，可适当降低锅炉蒸发量，在短时间内继续运行，此时应经常检查泄漏情况，并尽快启动备用锅炉，当备用锅炉启动后再停炉。如备用锅炉迟迟不能启动而故障加剧时，则应尽快停炉。

（2）锅炉过热器管损坏严重时，必须及时停炉，防止从损坏的过热器管中喷出的蒸汽吹坏邻近的过热器管，使事故扩大。

（3）停炉后关闭主汽阀和给水阀门，保持引风（或一台）继续运转，以排除炉内的烟气和蒸汽。

（4）停炉后，检查损坏的部位是否有盐垢，并分析事故原因。

4. 预防锅炉过热器爆管的措施

预防锅炉过热器爆管事故发生的措施有：

（1）控制水和汽的品质。使锅水含盐量在许可范围之内，从根本上防止汽水共腾。此外还应注意不使水位过高，不使锅炉负荷突然增大，提高汽水分离的效果，保证汽水品质，使过热器管内壁不结水垢。

（2）防止热偏差。燃烧要均匀，不使高温烟气偏于局部管子而发生热偏差。

（3）注意疏水。不使管子内积水引起内壁腐蚀，并做好维修保养工作。

（4）注意检修质量。管子外壁除灰垢时，特别是垂直布置的过热器管，要严防振动或摆运过大，以免管子变形或焊口开裂。

（5）消除烟道积灰，减少飞灰。

（6）防止过热蒸汽温度过高或烟气偏流，并注意保持负荷、水位稳定，不允许突然增加负荷，造成蒸汽大量带水。

三、省煤器爆管事故

装有省煤器的锅炉，降低锅炉的排烟温度和提高锅炉进水温度，对节约能源和改善锅内过程有一定作用。因此，省煤器在工业锅炉上的采用很普遍。省煤器的工作温度一般比较低，但在锅炉运行事故中，省煤器损坏事故仍然比较多，因为现用的工业锅炉，大部分没有采用除氧水，使省煤器管壁内部受到氧腐蚀。在省煤器管的外壁受到烟气中的硫腐蚀，同时，省煤器管壁内的动压力和静压力要比锅筒和炉管高。采用间断给水的锅炉，省煤器内的压力波动比较频繁，因此省煤器管容易损坏爆破。

1. 省煤器爆管事故的现象

（1）锅炉水位下降。

（2）给水量不正常地大于蒸汽流量。

（3）省煤器部位有泄漏声。

（4）省煤器烟道不严密处向外冒汽，严重时，省煤器下部灰斗中出现湿灰，甚至见到有水流出。

（5）省煤器处烟气温度下降，省煤器两端的烟气温度差增大，烟囱中出现灰白色或白色烟气。

（6）烟气阻力增加，引风机电流增大等。

2. 省煤器爆管事故的原因

（1）锅炉给水没有做除氧处理或除氧处理没有达到标准，造成对省煤器管壁的氧腐蚀。对铸铁省煤器，由于耐腐蚀，因此氧腐蚀不十分严重。对钢管省煤器，由于不耐腐蚀，氧腐蚀十分严重，有的只使用几个月就被腐蚀穿孔。

（2）由于过分追求降低排烟温度，使排烟温度低于露点，烟气中的三氧化硫和二氧化硫与水作用生成硫酸和亚硫酸，造成省煤器外壁腐蚀。与上述原因一样，钢管式省煤器管的硫腐蚀要比铸铁式省煤器管严重。

（3）省煤器管外壁被飞灰磨损，尤以煤粉锅炉和抛煤机锅炉严重。

（4）对间断给水的锅炉，省煤器的温度和压力变化比较频繁，使省煤器管忽冷忽热容易造成损坏。

（5）无旁路烟道的省煤器,在升火时,没有接通再循环管或再循环管有故障,使省煤器过热损坏。

（6）省煤器管被杂物堵塞,引起管子过热。

（7）省煤器的制造、安装、修理质量差,管子材质有严重缺陷等。

3. 省煤器爆管事故的处理

（1）对可分式省煤器,首先开启旁通烟道门,然后关闭烟道门(注意先后次序不能颠倒)。此时,省煤器的烟气通路与烟气流隔断。再关闭省煤器的进出口阀门,用锅炉的旁通给水管道直接上水,锅炉可以保持运行。

（2）可分式省煤器损坏后,可以进行不停炉修理,但必须注意安全。首先是主烟道烟气门要严密,省煤器的进出口阀门也要严密,当省煤器与锅炉给水系统列解后,要保证能向锅炉内可靠地供水。不能做到以上安全工作的,应采取紧急停炉措施。

（3）不可分式省煤器,在增加锅炉给水量保持水位的情况下,适当降低锅炉蒸发量,并启动备用锅炉投入运行或增加其他锅炉蒸发量后,再停止使用。如果不能保持水位,应立即紧急停炉。

（4）不可分式省煤器损坏后可以暂时停止运行的锅炉,一旦发现水位迅速降低,则必须立即紧急停炉。此时不关闭引风机或保留一台引风机继续运行,以排除烟道内的烟气和蒸汽。

（5）不可分式省煤器损坏后可以暂时运行的锅炉,要关闭锅炉上所有放水阀门,禁止开启省煤器与锅筒间的再循环管上的阀门。

四、空气预热器爆管事故

空气预热器是安装在省煤器之后,利用烟气余热提高进入锅炉炉膛内的空气温度,从而提高炉膛温度,增加炉膛辐射热量,提高锅炉热效率的设备。空气预热器的使用有利于燃烧水分和灰分较高的劣质煤。

所谓空气预热器损坏事故是指空气预热器发生泄漏,烟气中混入大量空气的现象。

1. 空气预热器爆管的现象

（1）烟道出口的排烟温度降低。

（2）通风阻力增大,送风风压不足,热风温度升高,引风机负荷增大,风机电动机电流表读数增大。

（3）空气预热器烟气入口处负压突降。

（4）锅炉炉膛内燃烧工况变化,正常运行操作却达不到预期效果,锅炉汽压下降。

2. 空气预热器爆管的原因

（1）由于烟气温度偏低,甚至低于露点温度,烟气中的二氧化硫和三氧化硫与送风机送入的空气中的水分化合,生成亚硫酸和硫酸,使空气预热器管壁产生酸性腐蚀,管壁受损变薄,甚至穿孔。

（2）管壁长期受飞灰磨损,逐渐变薄。

（3）飞灰粘结空气预热器外管壁表面,造成积灰腐蚀和受热不均。

（4）烟道内可燃气体或积碳在空气预热器处二次燃烧,造成局部过热烧坏管子。

（5）空气预热器材质本身不良,耐腐蚀性能和耐磨性能差。

3．空气预热器爆管的处理

（1）如损坏不严重,不致使事故扩大,可短时间继续运行。如有旁路烟道,将其立即投入使用,然后关闭主烟道挡板,待备用锅炉投入运行后再停炉检修。

（2）如果损坏严重,炉膛温度过低,无法保证锅炉继续正常燃烧,应紧急停炉,进行检修。

（3）锅炉在隔绝有故障空气预热器的情况下运行时,必须严密监视排烟温度,不得超过引风机铭牌的规定温度值,否则应降低负荷运行或停炉。

4．空气预热器爆管的预防措施

（1）加强吹灰,因为飞灰粘结在管壁上,不但影响传热,造成积灰堵塞,而且发生腐蚀。

（2）堵漏风,使锅炉在燃烧过程中保持低空气系数,减少烟气中的剩余氧气,达到减少二氧化硫和三氧化硫生成的目的。

（3）适当提高空气预热器管壁的壁温,使壁温适当超过烟气酸露点。采用的方法有多种,其中采用热风再循环、提高入口空气温度是一个较好的办法。

（4）采用旋风燃尽室,减少了飞灰量,防止飞灰磨损。

第八节　锅炉水击事故

一、锅炉水击事故的现象

蒸汽与低温水的温度差较大,当蒸汽遇到水或水遇到蒸汽时会发生剧烈的热交换,使部分蒸汽体积突然缩小,造成局部真空,发生汽水冲击。管道内如果水汽共存时,由于两相的流速不一致,发生气阻,也会发生水冲击。在蒸汽管道、给水管道、锅筒、省煤器内发生水冲击时,产生强烈的声响和震动,使管子固定支架松动,管子法兰口泄漏,管子焊缝开裂,管子上阀门盖打出等。严重时还会造成锅炉震动,甚至引起锅炉房震动,严重影响锅炉的安全运行。

二、锅筒内的水击事故的原因及处理

1．锅筒内水击事故的原因

（1）锅筒内水位太低,使给水管暴露在蒸汽空间。

（2）锅筒内给水管在蒸汽空间位置的管子腐蚀穿孔、法兰泄漏、焊缝渗漏等,使给水直接喷入蒸汽空间或蒸汽窜入给水管。

（3）锅筒内给水槽高于最低水位的锅炉,由于给水槽渗漏而不能充满水,使给水槽内的给水管直接与蒸汽接触。

（4）下锅筒有蒸汽加热器的锅炉,蒸汽加热器管连接法兰松动,或安装位置错误等。

2．锅筒内水击事故的处理

（1）锅筒内水位偏低时,应适当提高水位。

（2）锅炉点火时，因使用蒸汽加热不当而产生水冲击时，应适当关小加热蒸汽阀门或暂时停止加热。

（3）提高进水温度，适当降低进水压力，使进水均匀平稳。

（4）采取以上措施后，当锅炉给水时，锅筒内仍发出水冲击声，并有严重震动，应紧急停炉，待检查。

三、给水管道水击事故的原因及处理

1. 给水管道内水击事故的原因

（1）给水管道内压力或温度剧烈变化或给水量过大。

（2）给水管道内有空气或蒸汽。

（3）给水管道上的逆止阀动作不正常，引起给水压力波动。

（4）给水泵运行不正常。

2. 给水管道内水击事故的处理

（1）当给水管道发生水冲击时，可适当关小给水阀门，若还不能消除水击，则改用备用给水管道供水。如果无备用给水管道或采取其他措施无效时，应停炉。

（2）如果锅炉给水阀门后的给水管道发生水冲击，可以关闭给水阀门，开启省煤器与锅筒再循环阀门，而后用缓慢开启给水阀门的方法来消除给水管道内的水冲击。

（3）开启给水管道上的空气阀，排除给水管道内的空气和蒸汽。

（4）检查给水管道上的逆止阀和给水泵是否正常。

（5）保持给水压力和温度的稳定。

锅炉给水管道没有固定好，在锅炉间断给水时，也会引起晃动，这不是给水管道内水冲击造成的，应注意区别。

四、蒸汽管道发生水击事故的原因及处理

1. 蒸汽管道内水击事故的原因

（1）在输送蒸汽前，没有对蒸汽管道进行暖管疏水或疏水不彻底。

（2）锅炉高水位运行，增加负荷过急，锅炉满水或汽水共腾等，使饱和蒸汽大量带水，将锅水带入蒸汽管道内。

（3）蒸汽管道设计不合理，不能很好疏水或疏水装置不合理，造成不能及时排除管道内的凝结水。

（4）锅炉点火后投入运行时，开启主汽阀过快或过大。

2. 蒸汽管道内水击事故的处理

（1）单台锅炉运行，在开启主汽阀时，如果发现蒸汽管道内有水冲击声，应停止供汽；多台锅炉运行，在并汽时，如果发现蒸汽管道内有水冲击声，应停止并汽。

（2）蒸汽管道内发生水冲击，必须进行疏水和暖管。

（3）装有过热器的锅炉，在锅炉点火时，必须开启过热器集管上的疏水阀门。

（4）属于蒸汽带水量过大而造成蒸汽管道内水冲击的，除加强管道疏水外，还应注意

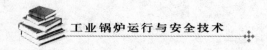

以下事项：

  ① 锅炉水位不能过高，保持正常水位。

  ② 锅炉是否有汽水共腾或满水事故。

  ③ 锅炉不能超额定负荷运行。

  ④ 锅筒内汽水分离器是否有故障。

  （5）对蒸汽管道上的固定支架、法兰、焊缝接头及管道上所有的阀门进行检查，如果严重损坏，应进行修理或更换。

五、省煤器内水击事故的原因及处理

1. 省煤器内水击事故的原因

（1）锅炉升火时未排尽省煤器内的空气。

（2）省煤器进水口管道上的逆止阀动作不正常，给水时会引起跳动。

（3）非沸腾式省煤器内的给水发生汽化（尤其是无旁路烟道的锅炉，在点火时容易发生汽化）。

（4）省煤器集箱内有隔水板的锅炉，隔水板脱落或严重渗漏，严重破坏了省煤器内水的流动工况，引起剧烈的水、汽冲击。

2. 省煤器内水击事故处理

（1）非沸腾式省煤器在升火时发生水冲击，应适当延长升火时间，并增加上水与放水的次数，保证省煤器出口水温达到规定要求。

（2）开启省煤器集箱上的空气阀，排净内部空气。

（3）检查省煤器进水口管道上的逆止阀，如发现不正常，应进行修理和更换。

（4）省煤器集箱内有隔水板的锅炉，如果发生水冲击时，先降低锅炉的负荷，然后用表面测温仪器，测量省煤器露在烟道外的各管组管端的温度，如果发现各管组之间温度提升的幅度不正常，就可以找到省煤器集箱内隔水板脱落或严重渗漏的部位，从而做停炉修理处理。

六、防止锅炉水击事故的措施

（1）锅筒内水位不得低于给水导入管，防止低温给水引起蒸汽冷凝或使蒸汽进入给水管内。

（2）下锅筒用蒸汽加热时，进汽速度要缓慢。

（3）供汽或给水前，应打开管道内疏水阀或放空气阀，将管道内的凝结水或蒸汽及空气全部排净。

（4）供汽时要缓慢开阀，用小汽流暖管，待疏水阀全部排出蒸汽时，再开大阀门供汽。

（5）管道内止回阀一定要保证正常工作，防止忽开忽关，引起水冲击。

（6）固定管道的支架要牢固，防止松动。

（7）省煤器给水温度要稳定，非沸腾式省煤器出口水温应比锅炉饱和蒸汽温度低40 ℃，这样才能防止汽化。

第九节　二次燃烧与烟气爆炸事故分析及处理

一、二次燃烧与烟气爆炸事故发生过程及危害性

烟气爆炸是一种烟气中可燃气体聚积到一定程度而突然猛烈燃烧的现象,在燃烧的瞬间生成高压气浪,并伴有巨大声响。严重时会使炉顶掀飞、炉墙倒塌,甚至造成重大伤亡事故。

烟道尾部二次燃烧是烟气中可燃物质在烟道内积聚并附着,在某一条件下重新燃烧的现象。烟道尾部二次燃烧会造成锅炉尾部受热面的严重损坏。

锅炉的燃烧室、水平烟道和尾部烟道燃烧事故,主要发生在燃油、燃气和燃煤粉等悬浮燃烧的锅炉上,在点火或运行中都会发生,但在点火时发生较多。实践经验证明,锅炉上的防爆门,对燃烧室或烟道内的轻微爆炸有一定的作用,但对严重爆炸不起作用,无论防爆门的面积多大,不足以瞬间排除体积骤增的爆炸气体和爆炸时产生的冲击波。燃烧室和烟道爆炸虽然不属于锅炉爆炸,但严重时爆炸所造成的破坏也是很大的。

锅炉尾部燃烧的危害性小于燃烧室和烟道爆炸,但对锅炉设备的损害也很大。严重时,甚至可将锅炉尾部受热面钢材熔化成铁水。

二、二次燃烧与烟气爆炸事故的现象

(1) 锅炉排烟温度剧烈增高,烟道内温度猛升,氧量表指示不正常。

(2) 过热蒸汽温度、省煤器出口水温以及空气预热器出口热风温度不正常地升高。

(3) 烟道及燃烧室内的负压剧烈变化,或者形成正压,并向燃烧室外喷出火焰。

(4) 烟囱冒浓黑烟,严重时可看见烟囱冒出火星、火焰。

(5) 事故严重时,锅炉防爆门动作,向外喷出火焰和烟尘。甚至造成炉墙倒塌,炉顶掀开等事故。

三、烟道尾部二次燃烧与烟气爆炸的原因

(1) 锅炉燃烧室、烟道内积存未燃尽的煤粉、油雾和气体燃料,与空气形成爆炸性混合物,遇到明火引起爆炸。

(2) 燃烧室内燃料与风量调整不当,炉温较低,风量不足或配风不合理,使煤粉、燃油或可燃气体未能完全燃烧,随烟气带入烟道内,一旦具备燃烧条件,即引起燃烧。

(3) 喷燃器运行不正常,煤粉自流或煤粉过粗,使未完全燃烧的煤粉进入烟道。

(4) 油枪雾化不良,严重漏油或油枪头脱落。

(5) 锅炉长时间低负荷运行,炉温过低和烟气流速过低,烟道内积存大量可燃物。

(6) 燃料油不纯,油水分离装置失效,燃料油中大量带水,造成燃烧不正常,甚至灭火,使喷入燃烧室的燃料没有完全燃烧,积存在燃烧室或烟道内,引起燃烧室或烟道爆炸。

(7) 燃油锅炉的尾部烟道,长期不进行检查清理,有大量油垢积存而没有发现。

（8）悬浮燃烧锅炉停炉后，没有对燃烧室和烟道进行彻底的通风，致使积存爆炸性气体混合物。

（9）对以煤粉、油或气体作燃料的锅炉，风机电机跳闸时，没有装设自动切断燃料供应的连锁装置。

（10）没有在锅炉上装设点火程序控制系统和灭火保护装置；锅炉工在点火时，没有按照先通风、再点火、最后供燃料的操作程序启动锅炉。当锅炉没有点燃时，在没有排除燃烧室和烟道内可燃气体的情况下再次点火。

（11）锅炉烟道内的烟道门开关不可靠，在锅炉运行中，会由于震动等原因突然自行关闭，致使燃烧室内的烟气不能排出，引起燃烧室或进风道爆炸等。

四、烟道尾部二次燃烧与烟气爆炸的处理

（1）如果发现烟气温度不正常地升高，应立即查明原因，并检验仪表指示的准确性，然后采取下列措施：

① 加强燃烧调整，解决不正确的燃烧方式。

② 对受热面进行吹灰。

（2）如果燃料在烟道内发生再燃烧，排烟温度超过所规定的数值，应按下列方法处理：

① 立即停炉（省煤器需通水冷却）。

② 关闭送风系统、燃烧室、烟道的所有门孔，禁止通风。

③ 投入灭火装置，或利用油枪向燃烧室喷入蒸汽。

④ 当排烟温度接近喷入蒸汽温度后，稳定 1 h 以上，方可打开检查门孔进行检查。

⑤ 确认无火源后，可启动引风机，逐渐开启烟道门，通风 5～10 min，再根据具体情况，决定重新点火或停炉。

（3）严格按照悬浮燃烧锅炉的点火操作顺序进行点火。如果一次点火没有成功，必须重新按照点火操作顺序进行第二次点火。当燃料已喷入燃烧室内没有点燃时，在不进行强烈通风排除炉内爆炸性气体混合物前，严禁再次点火。

（4）锅炉燃烧室或烟道严重爆炸时，按锅炉爆炸事故处理：立即抢救伤亡人员→切断电源、燃料源、汽源、水源→灭火→保护事故现场→向上级报告和组织事故调查。

五、烟道尾部二次燃烧及烟气爆炸事故的预防措施

（1）每次点火前，先开引风机通风 5～10 min，或自然通风 10～15 min 后，再点火。

（2）点火时，先投火把，后投燃料。当一次点火不着时，应暂停点火，开引风机通风 5～10 min 后，再点火。当第二次点火不着时，应停止点火，检查原因。

（3）保持油管路系统、煤粉系统和喷燃装置畅通无阻。

（4）不准用炉膛的蓄热点火。

（5）对尾部受热面所积油垢，要及时清除。

（6）正确调控燃烧，严格控制燃烧中心，燃油雾化要好，煤粉细度要均匀，炉膛负压不可太大，尽量减少点火、停炉次数，保证燃料完全燃烧。

（7）尾部门孔和风、烟道挡板要严密，停炉后 10 h 内要关严各风、烟道挡板、门孔等，并设专人监视。

第十节　热水锅炉常见事故

一、热水锅炉的爆炸事故

承压热水锅炉同蒸汽锅炉一样存在发生爆炸的危险，其爆炸造成的危害往往也是灾难性的。

1. 热水锅炉爆炸的机理

热水锅炉爆炸的机理与蒸汽锅炉有相似之处，但又不完全相同，且低温热水锅炉（出水温度 100 ℃以下）与高温热水锅炉（出水温度 100 ℃以上）也有所区别。

1）低温热水锅炉

低温热水锅炉的爆炸事故（严格来讲应该叫做破裂事故）往往是由于系统吸收膨胀水装置失效，如在出水阀门关闭情况下点火升温，或膨胀水箱与系统连接的膨胀管误装阀门且关闭等，使热水锅炉或整个供热系统成为一个密闭系统，运行过程中介质受热升温体积膨胀，导致锅炉内压力急剧上升而破裂。

在上述情况下锅炉内压力上升的数值是惊人的。例如在一个水的总容积为 50 m³ 且密闭的采暖系统中，如锅炉启动前水的平均温度为 20 ℃，正常运行后水的平均温度为 80 ℃，根据理论计算，此时锅炉内的压力增量可达 69.2 MPa。当然实际上由于系统及锅炉都不是绝对刚体，其容积在压力升高的同时也会增大一些，因而压力不会升高那么多，但也足以使锅炉和采暖系统超压破裂。

对低温热水锅炉，其出水温度低于常压沸点（100 ℃），所以锅炉破裂后只是热水流出，不会产生过热水的大量汽化而造成二次爆炸，因而危害性相对高温热水锅炉要小。

2）高温热水锅炉

高温热水锅炉，如在系统密闭的情况下点火运行，同样会因水的受热膨胀引起压力剧增，造成锅炉受压部件破裂。但此时水温高于常压沸点，受压元件破裂后，其内部与大气相通，使锅炉内的高温水变为常压下的过热水。处于过热状态下的水将其本身的保有热量变为蒸发热，使部分高温水变为常压沸点的蒸汽。此时，高温热水内部同时有无数气泡产生，液体体积急剧膨胀，施加给受压元件数倍于爆炸前工作压力的冲击压，受压元件裂缝继续扩大，甚至会导致整台锅炉爆炸。

很明显，高温热水锅炉爆炸后的危害要大于低温热水锅炉，而且锅炉水容量越大，爆炸时的水温越高，其爆炸的危害性也就越大。但若低温热水锅炉操作不当，使其出水温度

超过常压沸点,那么爆炸情况同高温热水锅炉是同样的。

如一台水容积为 5 m^3,锅水平均温度 130 ℃,工作压力 0.5 MPa 的热水锅炉。其锅水比焓为 546.2 kJ/kg,当锅炉受压元件破裂后,锅内介质压力降至常压。常压下饱和水的比焓为 414.8 kJ/kg,二者比焓差为 546.2−414.8=131.4 kJ/kg,即每 kg 锅水中将有 131.4 kJ 的热量转变为蒸发热,常压下 1 kg 锅水汽化所需蒸发热量为 2 260 kJ,这样将有 $131.4 \times 5 \times 10^3 = 6.57 \times 10^5$ kJ 的热量转变为蒸发热,使 291 kg 锅水转变为常压饱和蒸汽。

在常压下,饱和蒸汽的比体积是 1.725 m^3/kg,而 130 ℃锅水的比体积是 $1.042\ 8 \times 10^{-3}$ m^3/kg。锅水汽化后,体积会立即膨胀 $1.725\ 0/(1.042\ 8 \times 10^{-3})$=1 654 倍。

上述过程是在几十分之一秒的时间内瞬时完成的,这就类似于火药爆炸时气体急剧膨胀,形成强大的冲击波,因而具有极大的破坏力。

通过上述分析还可得知:对高温热水锅炉来讲,无论是在设计制造方面,还是运行管理方面都应有更为严格的要求。

2. 导致热水锅炉发生爆炸事故的主要原因

1)超压

实际运行压力超过锅炉最高允许工作压力,同时安全阀失灵,到达额定起座压力时未能自动泄水降压,致使主要受压元件内应力数值超过材料所能承受的极限而破裂。

2)过热

受压元件金属壁面温度超过允许的极限值,使得受热面钢材的机械性能下降,金属组织改变,不能承受额定工作压力而破裂。这种情况多是由于受热面内积存较多的水渣水垢,传热不良所造成的。

3)腐蚀

内外表面腐蚀使受热面金属减薄,强度不足,不能承受额定工作压力而破裂。

4)裂纹

热水锅炉锅内水流工况不好,受热面局部汽化,或锅炉内水的温度分层等原因,使受热面承受交变应力,产生热疲劳裂纹。此种情况在汽改水炉型中较为常见。

5)先天性缺陷

设计时采用不合理结构,强度计算错误,用材不当,制造安装及修理的施工工艺不当,特别是焊接质量不合格等隐患,在运行条件下会逐步扩展,直至引发爆炸事故。

3. 防止热水锅炉爆炸事故的原则措施

为了杜绝热水锅炉的爆炸事故,除了要对锅炉正确设计与选材,确保制造、安装质量,以及进行定期检查,保持设备完好外,在运行中还要针对热水锅炉特点做好以下工作。

1)防止超压

① 保持热水采暖系统定压装置及吸收膨胀水装置灵敏有效,防止水温升高体积膨胀而造成的压力剧增。

② 防止锅水大量汽化。一方面要注意防止因锅水超温汽化而引起的超压,另一方面

还要注意防止由于系统定压装置失效、锅水压力迅速下降而引起的锅水自汽化现象。

③ 保证安全阀的灵敏可靠,定期做人工泄放(人工泄放是为防止安全阀阀芯与阀座的粘连),如发现泄水降压不符合要求,必须及时修复。

④ 定期校验压力表。如发现压力表指示不准确或动作不正常,必须及时更换。

2) **防止受热面过热**

① 防止积垢。认真做好热水锅炉的水处理工作,保持补给水、循环水水质符合标准要求。热水采暖系统在回水干管(循环泵入口前)应安装除污器。认真进行热水锅炉的定期排污及除污器的除污工作,热水锅炉停炉后应及时清除锅内积存的杂质水垢。

② 保证热水锅炉水力工况的合理稳定,尤其是管架式热水锅炉,应使流过各受热面的水保持一定的流速,使其得到良好的冷却。

3) **防止腐蚀**

① 根据水源情况采用可行的除氧措施,运行中适时放气,防止锅炉水侧氧腐蚀。

② 燃用高硫分燃料的热水锅炉,应控制系统的回水温度,并注意经常性吹灰,防止烟气侧低温腐蚀。

二、循环中断事故

循环中断事故是指整个热水供热系统(包括重力自然循环系统与机械强制循环系统)运行中非正常的循环停止。系统循环中断后会引起热水锅炉锅内水流的停止(强制循环热水锅炉),或水循环的大大减弱(自然循环热水锅炉)。此时,如运行人员对锅炉运行工况监视不够,继续盲目运行则会造成超温、汽化、超压,严重时引起爆炸事故。

1. 循环中断事故的原因

(1) 气塞。

气塞是指系统供、回水主要干管上的气体聚集现象。气塞现象往往在下列情况下形成:

① 系统没有必要的排气装置,或排气阀故障。

② 在上水时、上水后、重新启动时,未能及时排气。

③ 系统管路设计不合理,个别管路坡度未找好。

④ 系统未上满水,或严重泄漏。

气塞现象多发生于重力自然循环系统或规模较小的机械循环系统中。

(2) 热水锅炉供、回水阀门误关闭,或供、回水干管上阀门误关闭。

(3) 突然停电,或水泵故障。

(4) 供、回水干管的某一局部被污物堵塞。

(5) 管路冻结。

2. 循环中断事故的现象

(1) 锅炉出水温度急剧上升。

(2) 系统循环泵入口压力等于系统静压。

(3) 气塞、冻结造成的循环中断时,压力表指针剧烈抖动。

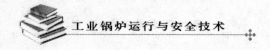

3. 循环中断事故的处理

（1）立即停止燃烧设备的运行，即停止鼓风、减少引风、停止向炉内送入燃料。

（2）严密监视锅水温度与压力，并对锅水采取降温措施，即由紧急补水管向锅内补进冷水，同时由锅炉出水口的泄放管放出热水。

（3）停止循环水泵的运行，迅速查明事故原因。待造成循环中断的故障排除后，重新启动循环水泵，使系统在冷态下运行一段时间。如循环确定已正常，方可恢复燃烧设备的运行。

（4）循环中断后如锅水温度值上升到与工作压力下相应饱和温度差小于 20 ℃时，应立即紧急停炉。

三、汽化事故

热水锅炉及供热系统的汽化事故分为锅水超温汽化、锅水局部汽化及系统局部汽化三种情况。汽化事故对热水锅炉及供热系统的安全运行威胁很大，锅水超温汽化会使锅炉压力迅速上升，锅炉局部汽化往往造成炉管内的水击、结垢，严重时造成炉管胀口松动、渗漏甚至爆管，系统局部汽化易造成系统管路水击、系统局部循环中断及水泵运行故障等，以下对三种不同性质的汽化事故分别介绍。

1. 锅水超温汽化

1）锅水超温汽化的原因

① 系统循环中断后继续运行，使水温迅速上升，超过相应工作压力下的饱和温度而汽化。

② 停电、停泵后，由于炉膛热惰性较大，锅炉水容量较小，水温仍然上升，且超过相应工作压力下的饱和温度。

③ 锅炉压火停炉期间，停止循环水泵的运行，且对锅炉监控不够。

④ 高温热水锅炉因严重泄漏（水温高于 100 ℃时排污），或定压装置失效等原因造成锅内介质压力下降，而引起锅水自身汽化。

⑤ 温度表失灵或温度表安装不正确，测量失准。

⑥ 锅炉操作人员失职或误操作。

2）锅水超温汽化的现象

① 锅水超温汽化时，锅水温度急剧上升，超温报警器报警。

② 在锅水超温汽化的同时，锅水压力也突然上升，安全阀动作，排出蒸汽。

3）锅水超温汽化的处理

① 锅水超温汽化时应立即紧急停炉。

② 向锅炉补进冷水、排出热水，降低锅水温度。其具体操作方法如图 8-1 所示。

a. 打开锅炉紧急补水管的补水阀门 3，利用自来水（或压力水箱）的上水压力将冷水补入锅炉内。

b. 打开锅炉紧急泄放管上的泄水阀门将热水排出炉外。

c. 如系统静水压力较高,冷水不能补给锅炉内,应将锅炉的出水阀门与回水阀门关闭,将锅炉与系统隔断。

③ 锅炉与热水采暖系统有重力循环回路的,则应打开重力循环阀门。

④ 因系统恒压装置失效引起压力降低,或系统泄漏,虽经大量补水,仍不能维护系统压力而造成锅水汽化时应立即紧急停炉,并迅速查明原因,待引起系统压力降低的故障排除后,应使系统在冷态下运行一段时间,如系统恒压作用确以恢复正常,方可再次投入运行。

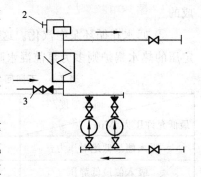

图 8-1　锅炉补水降温方法
1—热水锅炉;2—泄水阀门;3—补水阀门

2. 锅水局部汽化

1)锅水局部汽化的原因

① 自然循环热水锅炉,锅内水循环工况不好,如有水流停滞区、炉管倾角过小、水速过低等。

② 强制循环热水锅炉(特别是锅筒式强制循环热水锅炉)回水引入管分配布局不当,流量分配不均。各回路间及因一回路各管子之间的温度偏差过大(允许值为 10 ℃),以致个别管段水温超过锅炉运行压力下的饱和温度。

③ 强制循环热水锅炉在循环水泵停止运行后,其管路本身不能形成局部自然循环,使受热较强管段超温汽化。此情况多发生于管架式热水锅炉。

2)锅水局部汽化的现象

发生比较严重的锅水局部汽化时,汽化管段发生水击或炉管震动。此时,热水锅炉出水温度并未达到相应工作压力下的汽化温度。

3)锅水局部汽化的处理

① 发生较为严重的锅水汽化时,应停止燃烧设备的运行(循环水泵应继续运行),开大有汽化现象回路的回水阀门,增大水流量。当炉管水击现象消失后,可逐步恢复燃烧设备的运行。

② 自然循环热水锅炉如经常发生此类情况则应校验锅内水力工况是否正常,如校核下降管与上升管截面的比例(下降管截面/上升管截面应>0.5),检查锅炉回水是否直接引入到下降管口等。

③ 强制循环热水锅炉如某一回路或某一回路的个别管段经常出现汽化现象,则应考虑改进其回水引入方式,或回水调节方式(如将自然分配方式改为调节分配方式)。

3. 系统局部汽化

1)系统局部汽化的原因

系统局部汽化有下述三种情况:

① 管网最高部分汽化。这往往是由于系统压力(或水位)降低造成的。

② 管网中某一区域汽化。这往往是由于管网中水的流动阻力过大,局部压降过多造

成的。

③ 回水在循环泵中汽化。这是由于循环泵入口阻力过大，或泵前定压不够。对蒸汽定压的热水锅炉则多为泵前混水降温不足所致。循环泵泵前定压应符合表 8-1 的要求。

表 8-1　不同回水温度时循环水泵吸入侧的最低允许压力

最低允许压力/Mpa　　回水温度/℃	50	70	80	90	100
吸入侧最低绝对压力	0.072	0.092	0.12	0.13	0.16
吸入侧最低静压			0.02	0.03	0.06

2）系统局部汽化的现象

① 管网最高部位汽化时，膨胀水箱冒汽，高层热用户的散热器阀门因水击而渗漏，严重时开裂。

② 管网局部汽化往往引起局部热用户散热器不热。

四、超压事故

1. 超压事故的原因

（1）锅水超温大量汽化。

（2）系统吸收膨胀水装置失效，锅水升温体积膨胀，造成超压，产生此类情况的原因有：

① 膨胀水箱与系统连接的膨胀管上误装阀门，且关闭。

② 膨胀管冻结或被堵塞。

③ 膨胀水箱冻结。

（3）采用补给水泵定压或惰性气体定压时，其上限压力控制系统失灵。

（4）蒸汽锅筒定压的热水锅炉，其产汽量大于供热量。

2. 超压事故的现象

（1）压力表指示压力急剧上升超过锅炉允许最高工作压力。锅水汽化引起超压时，压力表指针抖动，甚至压力表晃动。

（2）锅炉安全阀起跳。

（3）系统局部变形、渗漏或开裂。

3. 超压事故的处理

（1）锅炉压力超过安全阀起座压力但安全阀未起跳，应立即手动打开安全阀泄水降压，此时应注意维持锅炉压力在正常范围。

（2）锅水超温引起的汽化按汽化事故处理。

（3）无论何种原因引起的超压，均应停止燃烧设备的运行，待引起超压的故障排除后方可恢复运行，但处理事故期间循环水泵应维护运行。

（4）对由于系统吸收膨胀水装置失效而引起的超压，应查明原因对症处理。

（5）由于定压装置失效引起的超压，应对其压力控制系统重新调整，并应在冷态运行试验合格后，方可投入运行。

（6）蒸汽锅筒定压的热水锅炉在减弱燃烧的同时，应加大供汽量，必要时，可将蒸汽对空排放，以保证锅炉在正常压力下运行。

五、水击事故

热水锅炉及采暖系统的水击事故有下列几种情况：

（1）锅炉局部汽化造成的水击事故多发生于管架式热水锅炉，或由蒸汽水管锅炉改装的热水锅炉上。

（2）省煤器中的水击事故。

（3）由于蒸汽窜入热水管路引起的水击事故，仅发生于蒸汽锅筒定压的热水锅炉。

（4）突然停电或其他原因引起的循环水泵突然停止运行而造成循环水泵入口处的水击现象。

1．水击事故的现象及产生原因

（1）锅炉局部汽化引起的水击事故，在炉外可听到撞击声，严重时产生水击的炉管剧烈抖动。

（2）省煤器中产生水击时可听到撞击声，严重时，铸铁省煤器法兰漏水，甚至开裂。

（3）蒸汽窜入供水管产生水击时，可听到热水引出管内有汽水撞击声，有时热水引出管有震动现象。蒸汽窜入供水管多在以下两种情况下发生：

① 热水引出管结构或布置位置不当。

② 锅炉运行中水位控制不当，水位过低。

（4）由于停电或突然停泵发生水击事故时，系统回水管的压力大幅度上升，而水泵出口处压力大幅度下降。根据某工厂试验测定，突然停泵时，循环水泵出口压力由 0.5 MPa 下降至 0（可能是负压，但试验时由于未装负压计，未测负压），而循环水泵入口处压力由 0.08 MPa 上升至 0.6 MPa。同时造成底层散热器 10 多处开裂。

2．水击事故的处理

（1）锅炉局部汽化造成的水击事故可按局部汽化事故处理。

（2）省煤器中发生水击事故时，有旁路烟道的，应打开旁路烟道，关闭主烟道，随着省煤器中烟温降低，其水击现象会随之减缓。此时，应开大省煤器回水阀门，增加回水流量，待水击现象消除后，再使烟气流经省煤器。

① 省煤器与锅炉采用并联连接方式。应首先减弱燃烧，待水击现象缓解后开大省煤器进水阀门，加大流经省煤器的回水量，待水击现象完全消除，再恢复正常燃烧。并注意监视省煤器的进出水温度。

② 省煤器与锅炉采用旁路管的连接方式。应减弱燃烧，同时观察省煤器进出水温度，如水在省煤器中温升不大，则表明水击是由省煤器中"窝气"所致。此时，应打开省煤器顶部的安全阀，泄水排气。待水击现象安全消除后再恢复正常运行。

省煤器与锅炉串联的也可参照上述方法进行。

（3）汽水两用炉中发生由蒸汽窜入热水引出管而造成水击事故时，应立即减弱燃烧，停止循环水泵的运行。同时缓慢上水，使热水引出管上部水位高度增加。在进行以上操作的过程中应随时监视锅炉压力，使之保持在正常范围内。

如经常发生上述水击现象，则应检查热水引出管结构及安装是否合理。热水引出管结构、安装应特别注意以下两点：

① 热水引出管距锅炉最低水位应大于 50 mm 以上。

② 热水引出管（又称取水管）进水口及管径应保证其流速小于 0.3 m/s，以免水速过高吸入蒸汽。

（4）供热系统循环泵入口的水击事故是在循环泵停转的瞬间发生的，运行人员没有时间在造成事故之前进行处理，只能对此采取措施加以预防。目前应用较多的防止停泵水击事故的方法有两种：

① 在循环水泵进出口间装设带逆止阀的旁路管，如图 8-2 所示。其工作原理是正常运行时循环泵出水管压力高于回水管压力，逆止阀关闭。当突然停泵瞬间，水流动能转变为压能，使水泵入口压力增高，出水管压力降低。此时旁路管上的逆止阀开启，使回水绕过循环泵经旁路管流至循环水泵出水管，从而消除水击现象。

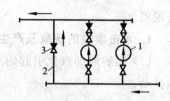

图 8-2　防止停泵水击事故的措施
1—循环水泵；2—旁路管；3—逆止阀

② 在循环水泵入口管段上安装安全阀。当由于突然停泵回水管压力升高时，安全阀自动开启，泄水降压。一般安全阀开启压力定为该点工作压力（工作压力系指循环水泵运行及停泵两种工况下的较高压力）加 0.05 MPa，安全阀形式最好为静重式。

六、热水锅炉的爆管事故

热水锅炉的爆管事故是指运行过程中水冷壁管或对流排管突然爆破而造成热水大量喷出的情况。如裂口较大，水的温度、压力较高，热水伴蒸汽喷出可能伤人，甚至冲坏炉墙。

1. 爆管事故的现象

（1）爆破时有较大声响，爆破后有水流喷出的声音。

（2）炉膛由负压变为正压，且有蒸汽、烟气和水由炉墙各孔门喷出。

（3）炉膛内火焰发暗，燃烧不稳定，或熄灭。

（4）排烟温度下降。

（5）锅炉压力迅速下降，补水后压力仍然下降。

2. 爆管事故的原因

（1）锅水水质不符合标准，使管壁结垢，影响传热，导致管壁超温过热而爆破。

（2）补水量大且未经除氧，经较长时间运行造成管壁氧腐蚀，局部减薄严重或形成穿孔。

（3）管壁飞灰磨损严重，管壁减薄。

（4）对流受热面尾部低温腐蚀，此情况多发生于燃用高硫分燃料时。

（5）管子材质、安装和检修不良，如管壁中有分层、夹渣等缺陷，或焊接质量不好，管内有遗留物等原因使管内水流不畅，管壁局部过热损坏。

（6）锅炉负荷过高，炉膛内燃烧不均匀，管外结焦严重，引起爆管。

3. 爆管事故处理

（1）水冷壁管或对流排管爆管后，如裂口较小，还能维持运行，应在通知有关部门后停炉。

（2）虽经补水，但锅炉压力仍然不能维持，或由于其他原因锅炉无法运行时，应立即紧急停炉。因爆管事故紧急停炉时，应使引风机继续运行一段时间，以将炉内蒸汽、烟气排出。

（3）停炉后应关闭锅炉的出水阀门与回水阀门，以免系统循环水大量由爆管处泄漏。

4. 爆管事故实例分析

某单位一管架式热水锅炉，其结构为水管锅炉形式，炉膛布置为"人"字形，炉膛上集箱 $\phi59$ mm，两侧下集箱 $\phi133$ mm，炉膛两侧的水冷壁管为 $\phi38$ mm 无缝管。该锅炉在左侧下集箱处接一个 $\phi51$ mm 的回水管，锅炉安装后运行不到 3 个月，右侧水冷壁（前数第 6 根）发生爆管事故。

分析爆管事故原因如下：系统回水由左侧下集箱前部引入，左侧水流程为：回水经左侧下集箱、左侧水冷壁管到上集箱；右侧水流程为：回水经左侧下集箱、后集箱、右侧水冷壁到上集箱。分析左、右两侧水流程可知，左侧水流程短，水流阻力小，因而流量大，流速高。右侧水流程长，水阻力大，因而流量小，流速慢。由于存在严重的流量偏差加之水质不好，造成水冷壁管局部汽化，结垢，以致水冷壁管过热爆管。

安装在另外一个单位的同样型号的锅炉也发生了类似的爆管事故。

针对上述情况，应对系统回水引入方式加以改进，即让系统回水由左、右两侧下集箱端部分别引入，这样左、右两侧水冷壁水流程相同，水流阻力亦相同，流量流速也会基本相同，从而可避免由于流量不均而引起的爆管事故。

第十一节 燃煤锅炉常见事故

一、链条炉排事故

链条炉排主要由炉排本体、变速传动装置、给煤装置、除灰装置和分室通风装置等组成。由于构造比较复杂，制造、安装时，如果部件的几何尺寸不严格按照技术要求进行加工以及组装，在试运行中会产生卡住、停转、炉排片断裂、跑偏、起拱等现象。在运行中，炉排不断转动。如果操作管理不当，对一些问题不及时发现处理，会造成某些部件烧损、磨损等现象。所以除在安装、制造时严格执行技术要求，运行中加强操作维护管理外，还必须进行定期检修。

1. 链条炉排事故的现象

（1）炉排断续停止或完全停止转动。

（2）变速箱或炉排发出碰击声。

（3）炉排电动机电流非正常上升。

（4）炉排传动机构的保险离合器动作或保险销折断。

（5）火床烧偏，出现火口。

2. 链条炉排事故的原因

（1）炉排两侧的调整螺丝调整不当，前后轴不平行，使炉排跑偏。

（2）链条太松，与链轮啮合不好，或链轮磨损严重，使炉排转动不正常。

（3）炉排框架的横梁发生弯曲，使炉排转动不正常。

（4）炉排片折断，或边条销子脱落后松动，将炉排卡住。

（5）炉排被煤中的金属杂物或大块焦渣卡住。

（6）炉排片因装配过胀而拱起，或挡渣铁的尖端下沉，将炉排卡住。

（7）两侧防焦箱距炉架的间隙不合适，将炉排卡住。

（8）炉排片间隙宽窄不一，造成局部火口。

（9）边炉条密封间隙太大或密封铁烧坏。

（10）调风不当，造成风压不一样。

（11）烧干煤或煤块过大。

3. 链条炉排事故的处理

（1）当炉排停转时，应立即切断炉排电动机的电源，然后找出故障原因予以消除。

（2）使用扳手倒转炉排，根据用力的大小来判断故障的轻重程度。如倒退不困难，可再倒退若干距离，同时检查轴承温度和电动机电流，如无异常情况即可重新启动运行。如发现有铁件等卡住，在消除杂物后即可重新启动。如启动后再次卡住，应停止运转，并做详细检查。

（3）小型链条炉必须停炉检查时，可用人工加煤维持短时间运行，以迅速做好停炉检修的准备工作。同时通知用汽部门采取相应措施。必要时也可进行压火停炉，组织抢修。

（4）如果挡渣铁下沉或被焦渣顶起，可从两侧看火门处用铁钩拨正。如不能使其恢复正常位置，则应停止炉排运转，进行处理。

（5）若火床烧偏或出现火口，要采取以下处理办法：

① 煤中要适当加水，一般要 10% 左右，原则上块多的煤少加，末多的适当多加，以提前 8 h 加入为好，在煤堆上加为最佳，加好水的煤以用手握紧后能裂开几条纹为宜。加水对链条炉的燃烧是利多弊少。

② 要采用长火床集中风力强化燃烧方式，它的优点是能发挥后拱的优势，加强火焰对预燃区的辐射作用和红煤粒的分离（即火雨），能防止火床前段吹孔（即火口）。

③ 在一定负荷下随时调整炉排速度使火床保持一定长度。要及时用火钩耙平，对烧偏烧不透的要及时推开烧掉，前部有结渣应及时清除。

④ 一旦发生烧偏，靠操作处理不了，可以在煤斗里插阻力棒来处理，阻力棒用 φ(25～

38)mm 的钢管做成,在煤斗的适当位置开些孔眼,阻力棒插入对应煤层通风不良处,可以使这部分煤层变松,利于通风,或采用松煤器。

⑤ 煤块粒度大小,掺得是否均匀对燃烧影响很大,特别是采用皮带直接给煤斗上煤,最容易产生自流现象,引起火床烧偏,运煤人员要加强这一工作,以力求块粒分布均匀。

4．鳞片式链条炉排事故及排除方法(见表 8-2)

表 8-2　鳞片式链条炉排事故及排除方法

现　象	事故原因	排除方法
炉排起拱	(1) 链条太松,局部卡住; (2) 炉排下的漏煤、漏灰清除不及时,致使炉排间或炉排与链轮间夹灰过多而拱起; (3) 炉排片间隙过小,穿条螺栓紧得太紧,受热后,炉排片膨胀挤紧而拱起	(1) 调整链条; (2) 清除漏煤和漏灰,并建立制度; (3) 炉排片安装不能过紧,以能自由活动为宜
炉排跑偏	(1) 前后轴不平行,两轴与炉排中心线不垂直(前后链轮没有对好,轨道不平或左右弯曲,每行链轮的距离不等,钢架不成方正); (2) 两侧板不平行、不水平,与两轴不垂直(长期运行受力、受热不均); (3) 各链条长短不一致(备件质量不好,运转时间过长,轴眼磨损); (4) 前部链子调整得不一致; (5) 前轴、后轴、轴瓦磨损不均; (6) 防焦箱下部的铁架或挡风铁局部向炉内弯曲,直接与炉条发生摩擦,把炉排挤向一边	(1) 测量调整; (2) 更换不合格的零部件; (3) 更换不合格的零件; (4) 加以调整; (5) 加以修理; (6) 修理或更换
炉排烧坏	(1) 炉排上煤层不均,温度过高,且未经烧完的煤层堆在老鹰铁处继续燃烧; (2) 炉排下部分区挡板没有定期排灰,以致由火室漏下的煤末及细小的煤块,在细灰斗内继续燃烧,使炉排骨架烧弯变形,甚至使炉排链子烧断; (3) 埋火时,炉排下部失掉冷却,以致把炉条及链子烧坏	(1) 改进操作,推平堆煤; (2) 定期清渣、清灰; (3) 改进压火操作技术
掉炉排片	(1) 几何尺寸不符合技术要求,长短不一致; (2) 节距套管长度不一致,过长时,夹板间距太大致使炉排片脱落,严重时成组脱落; (3) 炉排片两端小轴磨损严重; (4) 夹板断裂或孔眼磨损	(1) 更换不符合要求的炉排片; (2) 换上合适的节距套管; (3) 更换; (4) 更换断裂或不符合技术要求的夹板

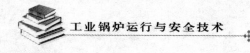
续表

现　象	事故原因	排除方法
炉排卡住停走	(1) 炉膛两侧密封铁安装质量不好或过热变形,而产生不平或参差不齐卡住; (2) 组装炉排的拉杆长短不一致而卡住; (3) 组合炉排的零件因制造质量不良、夹板或炉排片转动不灵活,在运行中落不平被老鹰铁卡住,炉排片太短,夹板挡铁不能托起炉排片,致使炉排片掉在两夹板之间而卡住; (4) 煤中金属杂物或焦渣卡住; (5) 炉排片断裂或夹板上的销子脱落卡住炉排; (6) 炉排梁弯曲; (7) 大轴轴瓦缺油; (8) 检修质量不良,前后轴不平行,使炉排跑偏; (9) 变速箱故障,使炉排停走	(1) 调整变形的密封铁; (2) 换用合适的拉杆; (3) 换用合格的零件;调整炉排的松紧程度,挑出短的炉排片;加强检查维护,发现异常及时消除; (4) 上煤时尽量避免煤中的金属杂物进入炉内或清除焦渣; (5) 更换炉排片; (6) 校正或更换炉排梁; (7) 给大轴轴瓦加油; (8) 找出炉排跑偏的原因及时消除; (9) 找出变速箱故障原因及时消除
老鹰铁被掀起或烧坏	(1) 当炉排片前后交叠时,错将老鹰铁掀起; (2) 煤的灰熔点低,燃烧后,灰渣结焦在老鹰铁和护排上,造成除灰困难,将老鹰铁掀起; (3) 由于运行操作不当,使火位移后(或移前),将老鹰铁烧坏	(1) 调整炉排片; (2) 加强操作,发现问题及时处理; (3) 加强运行管理
炉排下陷或挤断	炉排片与夹板接触处磨损或断裂	换用夹板

5. 轻型链带式炉排事故原因及排除方法(见表 8-3)

表 8-3　轻型链带式炉排事故原因及排除方法

现　象	事故原因	排除方法
炉排片和两侧板被烧坏	(1) 炉膛温度过高,炉排热负荷过大; (2) 炉排下部燃烧; (3) 压火时间过长,冷却不好	(1) 降低热负荷; (2) 及时清除漏煤; (3) 缩短压火时间
炉排片断裂	(1) 几何尺寸不符合技术要求,相邻炉排片轴孔中心距相差过大; (2) 材质不良,强度不够,有气孔、夹渣裂纹等缺陷; (3) 安装质量引起的炉排卡住	(1) 更换符合技术要求的炉排片; (2) 提高炉排片质量; (3) 找出炉排被卡住的原因并加以消除

现　象	事故原因	排除方法
炉排卡住	(1) 炉排左右两侧调节螺母松紧相差很多,致使炉排严重跑偏; (2) 边摩擦铁装配不规矩,或接头与接头互相错开; (3) 密封铁接头不齐,造成过热变形; (4) 炉排长销过长,销端长短不齐,有的与炉墙间隙过小,受热膨胀后被卡住; (5) 由于铁件、断销、炉排片的碎铁,沉头螺钉松落等杂物把炉排卡住; (6) 大块结焦增加阻力; (7) 长销两端开口销脱落,销轴窜动而卡住	(1) 调节两侧螺母,使左右侧螺母的距离相等,消除跑偏的原因; (2) 将边摩擦铁调直; (3) 密封铁装配要牢固平整,并调在一条直线上; (4) 调整炉排长销长度,按技术要求使其长短一致; (5) 消除铁件杂物,紧好松动件; (6) 消除焦渣; (7) 将长轴销复位,装好开口销
炉排跑偏	(1) 前后轴不平行,两轴与炉排中心线不垂直; (2) 两侧板不平行,不水平,与两轴不垂直; (3) 链条松紧不一致	测量调整
炉排起拱	(1) 对炉排下的漏煤、漏灰清除不及时,致使炉排间或炉排与链轮间夹灰过多而拱起; (2) 炉排装得过多,炉排片间隙过小,受热膨胀后挤紧而拱起; (3) 炉排片的几何尺寸不符合技术要求,其长度超过界限尺寸,片与片间互相顶起	(1) 根据情况及时清除漏煤、漏灰; (2) 安装炉排片的间隙横向为0.20~0.5 mm,纵向为3~5 mm,以能自由活动为宜; (3) 更换不符合技术要求的炉排片
链条爬链轮	(1) 链条长轴销及炉排片孔磨损严重,使链条与链轮不能很好啮合; (2) 各链轮齿端互相错开,不在一条直线上,链条与链轮不能很好啮合; (3) 炉排下部漏煤、漏灰过多,消除不及时,致使炉排片间或炉排与链轮间夹灰过多,起拱而爬链轮; (4) 链条过松,造成底部堆积,上部链条推起,起拱而爬链轮; (5) 炉排跑偏	(1) 更换磨损严重的炉排长轴销及炉排片; (2) 将各链轮齿端调在一条直线上; (3) 及时清除炉排下的漏煤、漏灰; (4) 调整链条; (5) 测量调整

二、抛煤机事故

1. 抛煤机事故的现象

（1）抛煤机虽在转动，但无煤抛出，或只将煤抛在炉门口附近。

（2）抛煤机发出异常声音或突然停转。

（3）抛煤机万向联轴节折断，或电动机被烧毁。

2. 抛煤机事故的原因

（1）抛煤机被大块煤或煤中的铁件等杂物卡住。

（2）传动机械润滑不良，或磨损严重，强度削弱，以致损坏。

（3）传动轴的轴承、轴瓦冷却不良，以致过热损坏。

（4）煤的颗粒度与温度不合适，煤在抛煤机中堵塞或自流。

3. 抛煤机事故的处理

（1）当多台抛煤机中有一台发生故障时，可以适当加大其他抛煤机的给煤量，尽量维持正常燃烧，同时对故障设备组织抢修。

（2）发现机件损坏、传动皮带断裂等，应立即更换或修复。

（3）发现有大块煤、铁件被卡住时，应立即取出。

（4）对因煤的颗粒度或湿度造成的故障，应采取相应措施予以消除。

（5）当传动机构发出异常声音或轴瓦超温时，应查明原因及时消除。如一时不能消除，可将锅炉压火备用，待消除后再恢复运行。

4. 抛煤机的常见事故及其排除方法（见表 8-4）

表 8-4　抛煤机的常见事故及排除方法

现　象	事故原因	排除方法
轴承发热	（1）轴承磨损、损坏或质量不良； （2）轴承安装不正； （3）润滑油不足或质量不良； （4）轴承冷却不良	（1）更换轴承； （2）重新安装找正； （3）加足或重新更换润滑油； （4）加强冷却或改进冷却装置
减速箱齿轮损坏	（1）润滑不足或不良，使齿轮损坏； （2）齿轮啮合不好； （3）减速箱内润滑油中有铁屑异物混到齿间，造成损坏； （4）安装不好，造成齿轮脱落	（1）加足或更换润滑油； （2）调整或更换齿轮； （3）把油放掉，取出异物，清洗减速箱，更换润滑油； （4）按要求重新安装
浆叶与外壳摩擦发出异物声音或卡住	（1）浆叶螺栓松动； （2）浆叶与外壳间隙太小或外壳有凸起； （3）被大块煤矸石、铁件或其他硬物卡住； （4）煤的水分超过标准	（1）紧固浆叶的螺栓； （2）更换浆叶，铲除外壳凸起部分； （3）卸开外壳，取出煤矸石或异物； （4）减少煤的水分

续表

现　象	事故原因	排除方法
抛程近或无煤抛出	(1) 浆叶摩擦太大; (2) 活塞摇杆的开口螺栓松动使活塞推煤板停止推煤	(1) 更换浆叶; (2) 拧紧活塞杆的螺栓
联轴节损坏	(1) 长期运转产生磨损; (2) 传动装置不灵活,受力太大而损坏	(1) 保持润滑; (2) 更换联轴节
严重漏煤	(1) 活塞推煤板和调整平板磨损太大; (2) 煤闸板腐蚀磨损	更换活塞推煤板及煤闸板
键和键槽损坏	(1) 键的加工不合格,出现有宽有窄、有厚有薄的现象; (2) 键槽加工不平行,过深,过宽及偏斜	(1) 重新更新平键; (2) 按要求重新另开键槽
保险销子折断	(1) 传动装置不灵活或浆叶被卡住,受力过大而被拧断; (2) 保险销子的材料选择不当	(1) 排除故障,更换销子; (2) 选择具有一定钢性和韧性的钢丝作销子

三、往复推动炉排事故

往复炉排事故原因及排除方法(见表8-5)。

表 8-5　往复炉排事故原因及排除方法

现　象	故障原因	排除方法
炉排卡住	(1) 活动间隙太小; (2) 行程过大,活动炉排片与固定炉排顶死; (3) 活动炉排卡住; (4) 铁件落入间隙内卡住; (5) 推拉轴与偏心拉杆不在同一直线上	(1) 调整间隙使间隙适当; (2) 控制活动炉排片的行程; (3) 调整活动炉排梁; (4) 清理杂件; (5) 调整推拉轴与偏心拉杆在死点位置成一直线
炉排片烧坏	(1) 主燃区处于高温下工作,冷却条件不好; (2) 炉排热负荷过大; (3) 炉排材料差	(1) 改善炉排的通风和冷却条件; (2) 改善炉排片的结构和通风间隙,降低炉排热负荷; (3) 炉排片改用耐热材料
漏风、漏煤大	炉排两侧密封间隙及活动间隙过大	调整间隙,特别注意两侧的密封间隙要合适
煤斗着火	由于煤斗小,煤层厚,向下压力大,在推煤板往复运动时,两端间隙处容易漏煤。有时烟气窜入煤斗,引起"煤斗着火"	加装挡板,减少漏煤窜烟

第十二节　有机热载体炉、电加热炉事故处理

一、有机热载体炉带汽与处理

有机热载体炉在启动过程中，随着有机热载体的加热，含在其中的其他气体逐渐分离出来。如果有机热载体含有水分，则会随着加热迅速汽化，这样锅炉的压力急剧上升而达到无法控制的程度，从而引起爆炸事故。

因此，为了防止有机热载体炉带汽而引起爆炸事故，常采用以下措施：

（1）有机热载体炉在点火启动时要反复打开排气阀以排净有机热载体炉中的空气、水与有机热载体的混合蒸汽。对于气相炉来说，只有温度与压力符合对应关系后，才可能进入正常运行。温度与压力对应关系见表 8-6。

表 8-6　温度与压力的对应关系

温度/℃	240	250	260	270	280	290	320
压力/MPa	0.006 272	0.084 28	0.102 9	0.162 7	0.195	0.233 2	0.325 4

（2）在系统中安装油气分离器，将产生的气体及时分离出来，经排气管自由进入膨胀槽后排空，以保证有机热载体的输送质量及系统的安全运行。

二、电加热锅炉常见故障及处理

电加热锅炉常见故障、原因和处理办法见表 8-7。

表 8-7　电加热锅炉常见故障、原因和处理办法

项　目	内　容
故障	（1）电加热管过热烧坏； （2）电加热管漏电； （3）电加热管腐蚀； （4）电加热与管板连接处漏水； （5）电控柜跳闸或电网跳闸
原因	（1）电加热管材料选用不当； （2）电加热管结水垢； （3）电加热管在锅筒内没有固定，导致振动，使电加热管与管板连接处松动有间隙； （4）电加热管组每次投入功率太大，对电网冲击大； （5）加热接线短路； （6）通风不良，造成电线过热短路

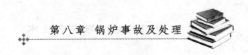

续表

项 目	内 容
处理办法	(1) 对电加热管材料加强把关,严格控制制造质量; (2) 加强水质控制,保证水质符合 GB 1576—2008 的规定; (3) 对电加热管组成部分,在锅筒内用支架固定住,以防振动; (4) 电加热管要分组连接,并一组组投入,避免对电网有较大的冲击; (5) 安装排气扇,加强通风; (6) 在投入运行前,一定要严格检查电路系统,避免接线发生短路

电加热锅炉其他常见故障、原因和处理办法可参考其他相应的蒸汽锅炉和热水锅炉常见原因和处理办法。

第十三节　锅炉事故报告及处理的程序

一、事故报告

生产经营或使用单位在发生锅炉事故后,事故现场有关人员应当立即报告本单位负责人。

单位负责人接到事故报告后,应当迅速采取有效措施,组织抢救,防止事故扩大,减少人员伤亡和财产损失,并按照国家有关规定立即如实报告当地负有安全生产监督管理职责的部门和特种设备安全监督管理部门。

特种设备安全监督管理部门在接到以上事故报告后,应立即按规定逐级上报,直至质检总局。任何组织、部门或个人对事故情况不得隐瞒不报、谎报或者拖延不报。更不得故意破坏现场、毁灭有关证据。

二、事故现场的保护

发生事故的单位不得故意破坏事故现场、毁灭有关证据。因抢救人员、防止事故扩大以及疏通交通等原因,需要移动现场物件的,应当做出标志、绘制现场简图并写出书面记录,妥善保存现场重要痕迹、物证。

三、事故调查组

(1) 事故调查组应当按照实事求是、尊重科学的原则,及时、正确地查清事故原因,查明事故发生性质和责任,总结事故教训,提出整改措施,并对事故责任者提出处理建议。

(2) 事故发生后应按国家有关规定组成调查组进行事故调查。事故调查组的负责人中应有质量技术监督部门领导参加,事故调查组中的技术组组长由负责事故调查处理的特种设备安全监察机构再现人或其委托的事故调查处理机构负责人担任。

(3) 技术组的主要职责是组织分析事故的技术原因,必要时做出提请调查组委托有

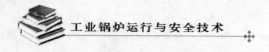

关单位进行技术鉴定的建议;提出技术性分析报告,并指出事故技术责任的承担者。

(4) 事故调查组专家应当具有事故调查所需要的相关专业知识,与事故发生单位及相关人员不存在任何利益或者利害关系。

四、事故调查的一般程序

(1) 成立事故调查组。

(2) 了解事故概况,听取事故情况介绍,初步勘察事故现场,查阅并封存有关档案资料。

(3) 确定事故调查方案。

(4) 组织实施技术调查,必要时进行检验、试验或鉴定。

(5) 确定事故发生原因及责任。

(6) 对责任者提出处理意见。

(7) 提出预防类似事故的措施建议。

(8) 写出事故调查报告。

五、事故调查内容与要求

(1) 向事故发生单位主要负责人及其相关人员询问关于事故发生前后及事故过程的情况,主要内容如下:

① 有关人员基本情况。

② 设备运行是否正常,是否有超温、超压、超载、变形、泄(渗)漏、异常响声等情况。

③ 单位管理、作业人员的操作情况。

④ 现场应急措施及应急救援情况。

⑤ 其他情况。

情况调查询问时必须由 2 名(或以上)调查人员进行,做好笔录,并采取有效措施,防止串供行为。调查人员应向被询问人告知,被询问人有提供有关情况的义务,并对其提供情况的真实性负法律责任。询问结束时,其笔录经被询问人核对并签字确认。

(2) 事故发生单位主要负责人及相关人员应当主动提供事故发生前后锅炉的生产(含设计、制造、安装、改造、维修,下同)、检验、使用等档案资料、运行记录和相关会议记录(包括工作日记)。调查组重点查阅以下资料:

① 锅炉制造档案资料。锅炉结构、强度、材料的选用情况;锅炉及其安全附件、安全保护装置的制造质量情况;形式试验、安装、改造、维修质量情况,并对损坏造成的影响进行分析。

② 锅炉及其安全附件、安全保护装置定期检验情况及存在问题整改情况。

③ 安全责任制、相关管理制度、应急措施与救援预案的制订和执行情况;锅炉使用登记、作业人员持证情况;运行中违章作业、违章指挥或误操作情况,运行相关记录情况,运行的参数波动等异常情况。

(3) 事故现场的调查。

收集较完整的原始客观证据,数据要准确,资料要真实。

① 事故现场检查的一般要求。

仔细勘察记录各种现象,并进行必要的技术测量。记录特种设备的承压、承重部件、事故发生部位及周围设施损坏情况,要注意检查安全附件及安全保护装置等情况。

② 人员伤亡情况的调查。包括:事故造成的死亡、受伤(重伤、轻伤可按 GB 6441—86《企业职工伤亡事故分类》界定)人数及所处位置,伤亡人员性别、年龄、职业、职务,从事本职工作的年限,持证情况等。

③ 事故现场破坏情况的调查。调查设备损坏的状况,设备损坏导致的现场破坏情况与波及范围,并拍摄现场照片、绘制现场简图、记录环境状态。如属倒塌事故,应收集直接引起倒塌的零部件残件;如属爆炸事故,应收集设备爆炸碎片及其残余介质。

④ 设备本体及部件损坏情况的检查。主要包括:部位、形状、尺寸。

注意保护好严重损伤部位(特别注意保护断口),仔细检查断裂或失效部位内外表面情况,检查有无腐蚀减薄、材料原始缺陷等;应测量断裂或失效部件的位置、方向、尺寸,绘出设备损坏位置简图;收集损坏碎片,测量碎片飞出的距离,称量飞出碎片的质量,绘制碎片形状图;对无碎片的设备,应测量开裂位置、方向、尺寸。

⑤ 安全附件、安全保护装置、附属设备(施)损坏情况的调查。

安全附件主要包括:安全阀、压力表、液(水)位计、测温仪表、减压阀、爆破片装置、安全联锁装置、紧急切断装置等。

安全保护装置主要包括:高低水位报警装置、超温超压报警或保护装置、低水位联锁保护装置、炉膛熄火保护装置等。

事故涉及的锅炉的附属设备(施)。主要包括:给水设备、燃煤设备、烟风设备、燃油(气)设备、除尘设备等。

⑥ 事故发生过程中采取应急措施与应急救援情况。

⑦ 需要调查的其他情况。

六、技术检验、试验及鉴定

(1) 检验、试验及鉴定的部件(位)及内容的确定。标出其部位,并对这些部位进行保护处理。取样时事故调查组人员应现场监督标志、取样方法、包装、封存等工作。

(2) 检验、试验及鉴定单位的确定。承担技术检验、试验及鉴定的单位应与事故各方无直接利害关系,事故调查组根据技术组的建议决定并进行书面委托。

(3) 技术检验、试验及鉴定的要求。技术检验、试验和鉴定应围绕事故可能的主要原因进行,根据技术分析的需要,可选做下列项目:

① 化学成分分析。重点化验对设备性能有影响的元素成分,对材料可能发生脱碳现象的设备,应化验其表面层和内层材料碳含量,并进行对比,借以鉴别材料是否用错或材料是否发生劣化。

② 力学性能试验。测定材料强度、塑性、韧性、硬度等以判断材料力学性能变化情况或材料是否用错。

③ 金相检验。观察断口及相邻部位材料金相的组织,判断材料组织变化,分析缺陷的成因、性质及材料劣化的机理。

④ 断口分析。包括宏观分析和微观检验。以宏观分析为主,微观检验为辅,忌用微观检验代替宏观分析。

断口分析试样应加以保护,不准用手触摸、对接、碰撞和沾污。观察分析前需保持断面原始状态,如需清洗应尽量采用物理方法。

断口试样应保留至事故处理完毕并无争议。

⑤ 无损检测。重点是检查设备投入使用后新产生的缺陷和原始缺陷的变化情况。主要包括焊缝表面咬边、裂纹分布和焊缝内部缺陷等情况。

⑥ 工艺性能试验。焊接性能试验时应取得与事故设备相同的材料、焊接工艺。耐腐蚀性能试验时应在事故设备相同的工况下进行,观察试样是否产生与事故设备类同的缺陷。

⑦ 模拟试验。模拟事故发生时,考察设备运行状态。

⑧ 其他必要的试验。

(4)计算。根据设备破坏的特征,应做必要的相应计算,如强度计算、爆炸能量及波及范围的计算、液化气体过量充装量的计算和载荷计算等。

七、事故原因及后果分析

1. 分析步骤与方法

(1)具体分析的步骤如下:

① 确定事故的类别,列出可能发生事故的所有原因,画出事故原因系统分析框图。

② 分析和验证可疑因素,以确定事故的直接原因和间接原因。

(2)进行事故综合分析时,可采取鱼刺图、事故树分析法或其他分析方法。事故原因分析时,应特别注意事故发生前不正常事件及其出现的地点(位置)、时间和事故发生过程。

比较它们对事故的作用,确定事故的主要原因和一个或若干个次要原因。

2. 事故原因分析

根据事故调查或技术检验、试验及鉴定的情况进行原因分析。

按其造成事故的关系分为直接原因、间接原因;按其造成事故的影响程度分为主要原因、次要原因。

在确定事故的直接原因、间接原因和主要原因、次要原因的同时,进一步从生产、使用、检验检测、充装、安全附件及安全保护装置等方面进行归类。

(1)设计方面原因有:非法设计;结构、选材、选型不合理;强度计算错误以及设计技术要求不正确等。

(2)制造和安装方面原因有:非法制造和安装;焊接、加工、组装质量及制造、安装工艺不符合要求;材料错用或材料质量不合格等。

(3)使用方面原因有:非法使用;安全责任制及规章制度不落实,应急措施不当,应急救援预案不落实；作业人员无证上岗；违章操作、违章指挥；维护保养不良；事故隐患未消除；没有按规定进行定期检验等。

（4）维修和改造方面原因有：非法维修和改造；维修、改造方案不合理；维修、改造工艺和质量不符合要求；材料用错或质量不合格等。

（5）检验检测方面原因有：非法检验检测；检验检测责任制不落实；检验检测方案不合理；检验检测工艺、方法及检验检测工作质量不符合要求等。

（6）充装方面原因有：非法充装；安全责任制及规章制度不落实；作业人员无证上岗；违章操作、违章指挥；过量充装、错装、混装和超期充装；超过储存期、违章运输等。

（7）安全附件及安全保护装置方面原因有：非法制造；不全、不灵、不可靠；安装不当或排量计算有误；没有按规定进行定期检验、校验等。

3. 事故原因的确定

事故调查组在明确事故原因的意见后，应与事故责任方交换意见。当有不同意见时，调查组应予以认真考虑，在报告中必须如实陈述事故出现方的不同意见，并申明不能成立的理由。调查组应坚持以技术专家意见为主、少数服从多数的原则，确定事故原因。

4. 事故后果分析

（1）人员伤亡情况。

（2）经济损失情况。估算直接、间接经济损失。对无人员伤亡的事故，应对事故造成的直接、间接财产损失进行估算，对有人员伤亡的按 GB 6721—86《企业职工伤亡事故经济损失统计标准》估算，同时应注意统计事故中为救援减灾所支出的费用，如泄漏事故发生后人员转移安置的费用等。

（3）现场破坏及其他灾害性后果情况。

（4）严重社会影响情况（必要时）。

八、事故性质认定及事故责任分析

（1）根据事故调查所确认的事实，进行事故性质认定。事故性质可分为责任事故、非责任事故。

（2）通过原因分析和责任人员在事故发生过程中的作用，确定事故责任。

（3）根据事故性质和当事人的行为，确定当事人应当承担的责任，包括全部责任、主要责任、同等责任、次要责任。对当事人故意破坏、伪造事故现场、毁灭证据，或未及时报告事故等致使事故责任无法认定的，当事人应当承担全部责任。

九、事故处理建议

根据事故后果和事故责任者应负的责任，提出处理意见。

（1）对事故责任者提出处理直至追究法律责任的建议。

（2）防止类似事故重复发生的措施建议。

（3）对设备的处理建议。

（4）其他建议。

十、事故调查报告书

调查组在完成全部工作后,召开调查组人员会议,综合各小组调查情况,确定事故调查报告内容,写出事故调查报告书。并根据《处理规定》的有关要求及事故情况,在事故报告书中填写下列部分或全部情况。

（1）事故发生单位（或者业主）的一般情况。包括事故编号、单位（或者业主）名称、详细地址、邮政编码、联系人、联系电话、所有制形式、行业、主管部门、隶属关系、事故发生时间、地点、事故类别、事故资料来源等。

（2）设备情况。包括设备名称、代码、型号、用途、种类、安全等级、设计单位、设计规格与参数、制造单位、制造年月、投用年月、安装单位、安装年月、检验单位、上次检验日期等。

（3）事故造成的后果。包括人员伤亡情况,经济损失情况,周围建筑物、场地、环境、设备等损坏（害）情况。一般应附事故现场示意图。必要时应描述重要社会影响。

（4）事故经过和原因分析。包括事故经济简要情况,必要的事故经过分析,事故原因综合分析和有关事故照片,技术检验、试验或鉴定报告。

（5）事故责任者处理建议。对事故的责任分析和对责任者的处理意见。

（6）参加事故调查的单位和人员名单（签名）。

十一、召开事故调查通报会

事故调查结束后,必要时召开事故调查通报会,介绍有关事故调查情况。

1. 参加事故调查通报会的单位和人员

① 事故调查组的人员。② 事故单位的地方政府或上级主管部门的有关领导和人员。③ 被邀请的有关专家和其他有关人员。

2. 事故调查情况主要介绍内容

① 事故简要经过和现场损坏情况。② 受害者基本情况。③ 经济损失或其他情况。④ 事故原因分析情况。⑤ 事故责任分析情况。⑥ 事故处理建议。

第九章 锅炉的检验、检修及保养

第一节 锅炉的检验

检验是为了及时查清设备的安全状况,及时发现设备的缺陷和隐患,使之在危及设备安全之前就被消除或监控起来,以避免锅炉在运行中发生事故。

通常所说的锅炉检验是指在用锅炉的定期检验,即依据《锅炉安全技术监察规程》等法规,由检验人员对锅炉的安全状况进行必要的检查和试验。此类检验包括外部检验、内外部检验及水压试验等。

一、外部检验

外部检验就是锅炉在运行状态下进行检验,这种检验由锅炉检验员负责,锅炉安全监察机构监察人员以及企业主管部门的有关人员随时进行抽查。锅炉使用单位的管理人员和锅炉操作人员结合日常管理和操作,随时进行检查并做好记录,发现危及锅炉安全运行的情况,立即采取措施,以避免事故的发生。

外部检验的主要内容见表 9-1。

表 9-1　外部检验的主要内容

序　号	内　容
1	检查安全附件是否安全、灵敏、可靠,是否符合技术要求,并对安全阀重新进行定压
2	检查门孔、法兰及阀门是否漏水、漏汽、漏风等
3	检查炉墙、钢架是否良好,燃烧工况是否正常,受压元件的可见部分是否正常
4	检查辅助设备、燃烧设备、上煤及出渣设备运行状态是否正常
5	检查水处理设备的运行是否正常,水质是否符合标准规定
6	检查热工仪表等是否正常
7	检查操作规程、岗位责任制、交接班等规章制度的执行情况和锅炉操作人员有无安全操作证
8	检查锅炉房及其周围的卫生环境及锅炉房内有无杂物堆放等

二、内外部检验

内外部检验也称定期停炉内外部检验。这项工作由当地锅炉压力容器安全技术检验所担任。通过内外部检验,写出"检验报告书",报告书要对锅炉的现状做出评价,对存在的缺陷要分析原因并提出处理意见,最后要做出结论意见。如锅炉的受压元件需进行修理的,应提出修理的原则方案,在修理后需进行复检,提出能否继续使用的结论意见。

内外部检验的重点部位见表9-2。

表9-2　内外部检验的重点部位

序　号	内　容
1	上次检验有缺陷部位的复验
2	锅炉压力元件的内、外表面,特别在门孔、焊缝、扳边等处应检查有无裂纹和腐蚀
3	管壁有无磨损和腐蚀,特别是处于烟气流速较高及吹灰器吹扫区域的管壁
4	锅炉的拉杆以及被拉元件的结合处有无裂纹和腐蚀
5	胀口是否严密,管端有无环形裂纹
6	受压元件有无凹陷、弯曲、鼓疱和过热
7	锅筒和砖衬接触处有无腐蚀
8	受压元件或锅炉构架有无因砖墙或隔火墙损坏而发生过热
9	受压元件的水侧有无水垢、泥渣
10	进水管和排污管与锅筒的接口处有无腐蚀、裂纹,排污阀和排污管连接部分是否牢靠
11	水位表、安全阀、压力表等安全附件与锅炉本体连接的通道有无堵塞
12	自动控制、仪表等应进行全面检修,并校对准确

三、水压试验

水压试验是锅炉检验的主要手段之一,其目的是鉴别受压元件的严密性和承压强度。水压试验前应进行内外部检验,对受压元件的强度存在怀疑时应进行强度验算,禁止用水压试验的方法来确定锅炉的工作压力。

四、检验中的安全问题

由于内外部检验和水压试验是锅炉的定期停运检验,内外部检验又是重点,所以必须认真做好检验的安全工作,防止在检验中发生人员伤亡事故。

1. 检验前的准备工作

(1)锅炉检验前,按正常停炉程序停炉,缓慢冷却,用锅水循环和炉内通风等方式,逐步把锅内和炉膛内的温度降低下来。当锅水温度降到80 ℃以下时,把被检验锅炉上的各种门孔统统打开。打开门孔时注意防止蒸汽、热水或烟气烫伤。

(2)要把被检验锅炉上蒸汽、给水、排污等管道与其他运行中锅炉相应管道的通路隔断。隔断的盲板要有足够的强度,以免被运行中的高压介质鼓破。隔断位置要明确指示出来。

(3)被检验锅炉的燃烧室和烟道,要与总烟道或其他运行锅炉相通的烟道隔断。烟道闸门要关严密,并于隔断后进行通风。

2. 检验中的安全注意事项

(1)注意通风和监护。

在进入锅筒时,必须将锅筒上的人孔和集箱上的手孔全部打开,使空气对流一定时间,充分通风。进入锅筒进行检验时,外面必须有人监护。在进入烟道或燃烧室检查前,也必须进行通风。

(2) 注意用电安全。

在锅筒和潮湿的烟道内检验并用电灯照明时,照明电压不应超过 24 V(热水锅炉不超过 12 V);在比较干燥的烟道内,而且有妥善的安全措施,可采用不高于 36 V 的照明电压。

(3) 禁止带压拆装连接部件。

检验锅炉时,如需要卸下或上紧承压部件,必须将压力全部泄放以后方能进行,不能在有压力的情况下卸下或上紧螺栓或其他紧固件,以防发生意外事故。

(4) 禁止自行以气压试验代替水压试验。

锅炉的耐压试验一般都用水作加压介质,不能用气体作加压介质,否则十分危险。这是因为水的化学性质稳定,基本上不可压缩(压缩系数很小),承压时吸收的机械功很小,卸压时泄放的机械功也很少,万一设备在水压试验中破坏,也不会造成大的伤害。而气体是可压缩性流体,在承压后吸收的机械功较多,泄压时释放的机械功也较多,一旦盛装带压气体的设备破坏,就会造成较大伤害。据计算,在容积和压力相同的条件下,气体的爆炸能量要比水大数百倍(高压时)至数万倍(低压时)。在压力不高时,水的爆炸能量非常有限,所以水压试验比较安全,而如果用气压代替水压,万一爆破就会造成重大伤亡。因此,必须严格禁止自行以气压代替水压进行耐压试验。

第二节　锅炉检验的一般方法

一、外观检验法

检验时主要用肉眼在明亮的灯光下直接进行观察和查看。需要时,可以借助放大镜、直尺等,对钢材内外表面、焊缝、胀口等仔细查看有无腐蚀、裂纹、鼓疱、变形、烧坏变质的情况。

把手电筒沿着钢材表面平行照射,如图 9-1 所示,则钢材上的微浅腐蚀也能清晰地显示出来,鼓疱和变形的凹凸不平的现象则能看得更加清楚。如果要测量上述高低不平的程度,可以用直尺搁在两个相邻的上凸点,如图 9-2 所示,然后用手电筒从直尺的对面向检验人员一面照射,灯光能透过的最大间隙处,便是高低不平程度最大的地方。同样,借助各种样板,可以查看和测量锅炉各元件的局部形状以及焊缝高度是否符合要求。

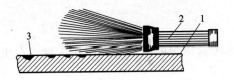

图 9-1　用手电检查钢板的腐蚀

1—钢板;2—手电筒;3—腐蚀部位

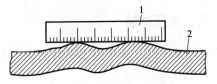

图 9-2　直尺测量示意图

1—直尺;2—钢板

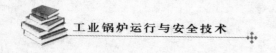

二、锤击检验法

锤击检验法是用来判断拉撑以及钢板是否有裂纹和夹层等缺陷。通过锤击，由钢材发出的声响和检验人员的触觉来判断。

1. 声响的辨别

（1）清脆声表示被锤击处无缺陷。

（2）沙哑声表示接缝处可能有裂纹。

（3）浊钝声表示被锤击处可能有重皮、夹层、腐蚀或背面粘附着水垢。

2. 触觉的辨别

如果小锤在锤击后，弹性很好，说明被检查处没有缺陷。否则，可能存在缺陷。在检查螺栓等坚固件时，可将食指压在螺栓等的头部，再用小锤斜敲被压头部的另一侧，如果有振动感，说明螺栓等已松动或可能已断裂。

三、钻孔检查法

锅炉检验时，如果对钢板的局部严重腐蚀处测量其剩余厚度，或怀疑钢板有夹层和裂纹，可以采用钻孔法。钻孔的直径一般为 6～10 mm，测厚时，应把钢板钻穿，然后在孔眼处利用大头针或圆形针弯折测厚。

测厚之后，孔用电焊补好。对于钻穿的孔，先将孔径略为扩大，开好坡口，然后双面焊焊封。

采用本法检验钢板的裂纹和夹层时，一般不需将钢板钻穿。可以根据它们在钢板中的深度情况，来确定钻孔的深度。具体做法如下：

先在疑问处钻一个直径为 13 mm，深 2～3 mm 的孔，把孔边磨光、酸洗，再用放大镜仔细观察。如果裂纹或夹层与钢板表面基本上是平行的，且穿越钻孔范围之外，可以顺着裂纹或夹层在 50～100 mm 处再钻一孔。同样，把孔边磨光、酸洗后，再用放大镜仔细观察。如果裂纹或夹层仍穿越第二个孔，应继续顺着展延方向的 50～100 mm 处，再钻孔查看，直到找到裂纹或夹层的尽头为止。

四、无损检测

此方法无需破坏钢材而能检查到肉眼不能发现的缺陷，主要有超声波探伤、射线探伤、渗透探伤、磁粉探伤等四种方法。无损探伤的方法具体可参考无损探伤专业书籍。

五、水压试验

水压试验的要求是把水压到一定的压力，来考验锅炉的严密性和耐压程度。水压试验压力见表 9-3。

表 9-3　水压试验压力

名　称	锅筒(锅壳)工作压力	试　验　压　力
锅炉本体	<0.8 MPa	1.5 倍锅筒(锅壳)工作压力，但不小于 0.2 MPa
锅炉本体	0.8～1.6 MPa	锅筒(锅壳)工作压力加 0.4 MPa
锅炉本体	>1.6 MPa	1.25 倍锅筒(锅壳)工作压力
直流锅炉本体	任何压力	介质出口压力的 1.25 倍,且不小于省煤器进口压力的 1.1 倍
再热器	任何压力	1.5 倍再热器的工作压力
铸铁省煤器	任何压力	1.5 倍省煤器的工作压力

注:表中的锅炉本体的水压试验,不包括本表中的再热器和铸铁省煤器。

1. 水压试验的种类

锅炉水压试验分为两种:一种是在制造厂进行的水压试验;一种是在用户进行的水压试验。水压试验时产生的薄膜应力不得超过受压元件材料在试验温度下屈服点的 90%,且应尽量减少超压水压试验的次数,以免引起金属材料的损伤。

对于在用户进行的水压试验,除安装验收和定期检验外,当锅炉具有下列情况之一时,也需进行水压试验:

(1)锅炉新装、移装或改装后。

(2)停运一年以上,需要恢复运行前。

(3)锅炉受压元件经重大修理或改造后:

① 过热器管或省煤器管全部拆换时;

② 水冷壁管或主炉管拆换一半以上时;

③ 锅筒(或锅壳)或联箱经挖补修理后;

④ 除受热面管子外,锅炉受压部件经过焊接或较大面积堆焊后;

⑤ 更换锅筒、联箱后。

除此之外,根据锅炉设备的运行情况,对受压部件有怀疑时,也可进行水压试验。

2. 水压试验的检查与准备

水压试验前应对锅炉进行内外部检验,对受压元件的强度存在怀疑时应进行强度验算。

新装锅炉的水压试验应在锅炉本体及管路系统全部组装完毕,一切受压元件的焊接和热处理工作全部结束,无损探伤及有关检查项目合格,并且受压元件上点焊各种部件(勾钉、耳板等)都完成后进行。它是检验设备缺陷和施工质量的一个重要工序。为了保证水压试验的顺利进行,试验前应对有关事项进行全面检查和准备。主要内容如下:

(1)承压部件的安装工作应全部完成。试验范围内受热面及锅炉本体管路的管道支吊架安装牢固,临时上水、升压、放水、放气管路应安装完毕,放水管应从锅炉存水最低处下集箱排污口接出,放气管应从锅炉最高点接出并接向排水点。

(2)管道及锅筒上全部阀门应按规定装齐,垫好垫片,拧紧螺栓。除排气阀外,各阀门处于关闭状态。安全阀不能与锅炉一起进行水压试验，以防止失灵损坏，在试验前应有暂时隔开措施，对于弹簧安全阀不允许用压紧弹簧的方法来压死安全阀。同时要注意在隔开安全阀时不得将阀杆压歪。对于暂时不装仪表的法兰口及与其他系统的连接出口也要临时隔开封闭。

（3）组合及安装水冷壁及锅筒用的一切临时加固支撑、支架全部割除并清理干净，保证试压时锅筒与各受热面及管道的自由伸缩，以免锅炉上水时，因温度升高，不能自由膨胀而产生温度应力。

（4）锅炉内部锈污应彻底清理干净。检查锅筒、集箱内有无安装时用的工具和其他杂物，检查通球后的管子是否有堵塞，待将锅筒、集箱、管子清理干净后，再将人孔、手孔关严。清理现场和平台，将与水压试验无关的所有物品搬离。集箱内焊渣及锈污也要从手孔中清扫出来，确认锅炉内部干净后按要求封闭人孔及手孔。

（5）图纸规定的所有热胀部位应检查一遍，并记录其间隙尺寸。对容易相互影响热胀位移的地方，应采取措施。汽包、管道等的热胀指示器应装齐装好，并核对好方向，调整好"零"点。

（6）清除焊接、胀口附近一切污物及铁锈。受热面管子及本体管道的焊口在试压合格前不准刷防锈漆。在胀口及焊口处搭设脚手架以便试压时进行检查。所有合金钢部件的光谱复查工作要全部完成。

（7）准备好水源及试压泵。试压至少装两只压力表，一只装在上锅筒上，一只装在试压泵的出口处，以便相互对照升压。试验压力以汽包或过热器出口联箱处的压力表读数为准。锅炉水压试验的水温应高于周围空气的露点温度，以防止锅筒、集箱表面结露，影响对渗漏的检查。一般水温为 $20 \sim 70 \, ℃$，不宜过高。试验最好用除氧水。

对于合金钢受压元件的水压试验水温应高于所用钢种的脆性转变温度。

对于奥氏体受压元件的水压试验，应控制水中氯离子的质量浓度不超过 $25 \, mg/L$，如不能满足这一要求时，水压试验后应立即将水渍去除干净。

（8）凡是与其他系统连接的管道，一时无法接通的，应加堵板作为临时封闭措施。同时，关闭所有的排污阀和放水阀，打开锅筒上的放气阀和过热器上的安全阀，以便排出锅内空气。

（9）准备好照明设备。一般采用手电筒或行灯为照明用具。行灯电压应为 $12 \sim 24 \, V$，以保证操作安全。对于干燥并有妥善的安全措施处，照明电压可不高于 $36 \, V$。

（10）锅炉水压试验一般应在周围环境气温高于 $5 \, ℃$ 时进行。气温低于 $5 \, ℃$ 时应有防冻措施。可采用安装临时暖气或生火炉的方法进行采暖，否则在水压试验完毕后，积水放不尽时会有冻坏锅炉、阀门及管道的危险。

（11）配备好试压人员，每个人要熟悉试压的方法及规程，明确分工检查范围，准备好必需的检修工具和试压记录表格。

（12）整理并准备好前一阶段锅炉安装的施工记录，焊接、热处理、光谱复查等记录，便于安全监察部门进行监督检查及验收。

以上准备工作都完成后，可以进行上水试压的工作。

3. 锅炉水压试验的操作程序

（1）将试验用水按小于锅炉蒸汽量的流量注入锅炉。当水位计液位到达最高点之后，应减小给水流量，放气阀出水时关闭。

（2）以不大于 0.30 MPa/min 的升压速度均匀缓慢升压。在压力表压力小于 0.4 MPa 之前升压速度较慢，之后，虽然锅炉还是进同样流量的水，升压速度却较快，这时要采取一定措施不使升压速度过快。当试验压力升至 0.3～0.4 MPa 时，应暂停升压，进行第二次全面检查。检查人员应检查各部位的严密性，并对人孔螺栓、手孔螺栓以及承压法兰的螺栓进行适当的紧固。

（3）继续升压至工作压力。进行第三次检查，检查各部位是否有渗漏现象，检查排污阀和流水阀是否有水流出。关闭所有水位计与上锅筒之间的阀门。水位计不参加水压试验。

（4）水压试验。当工作压力下的受热面汽、水压力系统未发现异常后，应继续升到试验压力，当压力均匀、缓慢地升至规定压力时，立即停止试压设备的运行，并将它的出口阀门关严，并保持 20 min，其间允许压降符合表 9-4 的规定，应回降至工作压力，进行最后的全面检查。检查期间压力应保持不变。做好缺陷记录和缺陷部位的标志。

表 9-4 锅炉整体水压试验时试验压力允许压降

锅炉类别	允许压降 Δp/MPa
高压及以上 A 级锅炉	$\Delta p \leqslant 0.60$
次高压及以下 A 级锅炉	$\Delta p \leqslant 0.40$
>20 t/h(14 MW)B 级锅炉	$\Delta p \leqslant 0.15$
$\leqslant 20$ t/h(14 MW)B 级锅炉	$\Delta p \leqslant 0.10$
C、D 级锅炉	$\Delta p \leqslant 0.05$

（5）检查完毕后，可少量开启某一排污阀放水，放水速度不可太快，以能听到阀中"咝咝"的放水声为宜，也有先利用压力表旋塞放水来控制降压速度的。当压力归零时，应开启各空气阀和点火排气阀。开启除省煤器排污阀之外的排污阀和疏水阀，将水放尽。省煤器中的水可暂不排放。

（6）省煤器水压试验。因省煤器水压试验压力比其他受热面的高，故应单独按上述步骤进行水压试验。试验前要关闭省煤器与上、下锅筒的给水管路与锅筒之间的全部阀门，将锅筒上的水压试验用压力表安在省煤器压力表座上。

4. 水压试验合格标准

（1）升至试验压力水泵停止后，20 min 内压力下降不应超过 0.05 MPa。

（2）受压元件金属壁和焊缝上没有水珠和水雾。

（3）胀口不滴水珠。

（4）焊缝、法兰接盘处，阀门、人孔、手孔等处均无渗漏。

（5）水压试验后用肉眼观察没有发现残余变形。

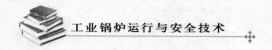

5. 水压试验发现缺陷的处理

在水压试验时发现焊缝、锅炉受压元件、人孔、手孔、法兰、阀门等的渗漏及胀口的渗漏超过上述合格标准的应进行处理,直至合格。

对于渗漏的焊缝必须将有缺陷的部位消除,按焊接工艺评定试验要求编制返修方案进行重焊。不允许在表面堆焊修补。

锅炉受压元件的泄漏大都发生在管子上,对于存在裂纹等线状缺陷的管子应重新更换。对于渗漏胀口要查阅胀管记录,如果胀管率不超过 2.1% 可以进行补胀。同一根管补胀次数不得超过 2 次,补胀后的管内径要认真测量做好记录,并计算出补胀后的胀管率。对于补胀后超胀严重仍然漏水的管子必须予以割换,割换时不得损伤锅筒管孔,其材质必须与原管材质一致,而且接头焊缝距锅筒外壁和管子弯曲点均不得小于 50 mm。

6. 水压试验的注意事项

水压试验过程中,为了确保试验效果,保证人身及设备的安全,必须注意以下几点:

(1) 水压试验时注意监视不同位置压力表是否同步上升,避免由于只读一块表而该表失灵造成试验压力超过标准发生事故。在水压试验进水时,管理空气阀和给水阀的人员,应坚守岗位。升压过程中,应停止锅炉内外一切安装工作,非试验人员一律离开现场,严格执行操作命令监护制和设备状态挂牌制。

(2) 对于试验压力不同的受热面(如可分式省煤器等)的水压试验,应在锅炉本体升到试验压力,将两个不同压力受热面隔开后,单独升至各自相应压力进行试验。

(3) 试验过程中,发现部件有渗漏,如压力在继续上升,检查人员必须远离渗漏地点,并悬挂危险标记;在停止升压进行检查前,应先了解渗漏是否发展,在确信没有发展时,方可进行仔细检查。

(4) 在水压试验过程中应注意安全。保持试验压力时,不允许进行任何检查。应在试验压力降至工作压力时再认真检查。

(5) 在进入炉膛内检查时,要有良好的照明条件,临时脚手架要牢固完好,要使用 12 V 安全行灯或手电筒。

(6) 在冬季进行水压试验时,必须采取措施提高室温,使试验期间室温保持在 5 ℃ 以上。试验结束后,应及时将炉内的水放干净。严防过热器等立式布置的蛇形管内积水结冰,造成管子破裂事故。

第三节　锅炉检修

由于在运行过程中,锅炉长期处于高温、高压的工况下,再加上操作失误等因素,必然会出现一些问题,影响其正常使用。为了消除锅炉设备上的缺陷和隐患,保证锅炉安全、可靠地运行,当锅炉出现问题后,必须进行检修。力求通过检修,保持和提高锅炉热效率,延长锅炉的使用时间,做到经济、合理运行。

一、锅炉检修的基本原则

(1) 锅炉内部进行检修前,需把该炉与蒸汽母管、给水母管、排污母管、疏水总管、加药管等连通处,用有尾巴的堵板隔开。

(2) 在进入燃烧室及烟道内部进行清扫和检修工作前,需把该炉的烟道、风道、燃油系统、吹灰系统等与运行中的锅炉可靠地隔离,并将给粉机、排粉机、送风机、回转式空气预热器、电除尘器、炉排减速机等的电源切断,同时挂上禁止启动的警告牌。

(3) 燃烧室及烟道内的温度在 60 ℃以上时,不准入内进行检修及清扫工作。

(4) 在进入烟道、燃烧室、煤粉仓内以前,必须采取通风等防毒、防火、防爆措施。

(5) 在锅筒、煤粉仓和潮湿的烟道内工作而使用电灯照明时,照明电压不得超过 12 V;在比较干燥的烟道内,而且有妥善的安全措施时,可采用不高于 36 V 的照明电压,禁止使用明火照明。

(6) 工作完毕后,负责人必须清点人员和工具,以防遗留在工作场所。

二、主要设施检修安全要求

1. 锅炉燃烧室的清扫与检修

(1) 进入燃烧室前,应先通过人孔、手孔、看火孔等处向热灰焦渣泼水。工作负责人应检查耐火砖、大块焦渣有无塌落的危险,遇有可能塌落的砖块和焦渣,应先用长棍从人孔或看火孔等处打落。

(2) 清扫燃烧室前,应先将锅炉底部灰坑内的灰清除,清除炉墙或水冷壁的灰焦时,一般应从上部开始,逐步向下进行。禁止进入热灰斗内进行清扫工作。

(3) 搭脚手架进行清扫时,脚手架必须牢固,应经检修工作人员验收。

(4) 在燃烧室上部有人进行工作时,下部不准有人同时进行工作。

2. 烟道、过热器、省煤器、空气预热器的清扫与检修

(1) 清扫烟道时,应先小心除掉堆积在死角等处的未完全燃烧的可燃物细灰,以防燃烧着火。

(2) 进入烟道时,一般应用梯子上下,不能使用梯子的地方,可使用牢固的绳梯。放置绳梯必须防止被热灰烧坏。

(3) 清扫空气预热器上部时,不准有人在下部工作或逗留。

(4) 在受热面的管子工作时,应铺上木板并固定好。

3. 煤粉仓的清扫

(1) 禁止进入储有煤粉的仓内进行工作。清扫前必须将连通该煤粉仓的所有落粉管闸门及火管闸门等关闭上锁,并挂上不准开启的警告牌,清扫时严禁在附近吸烟或点火。

(2) 清扫人员应戴防毒面具、防护眼镜、手套及专用防尘服,进入仓内必须使用安全带。

(3) 煤粉仓四角积粉需靠近铲除时,应先放置跳板,铲除积粉应使用钢质或铝质工具,防止产生火花,引起火灾。清扫过程中如残留煤粉有自燃现象,应立即退到仓外,将煤

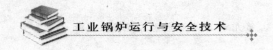

仓严密封闭后,用蒸汽或二氧化碳灭火。

4. 汽包内部检修

(1)打开汽包人孔门时应有人监护。工作人员应戴手套小心把人孔打开,不可把脸靠近,以免被蒸汽烫伤。

(2)进入汽包前,负责人应检查包内温度,低于 40 ℃并有良好的通风时方可允许进入。汽包内禁止放置电压超过 24 V 的电器。

三、锅炉受热面的修理

1. 锅炉管子防爆检查

1)管子胀粗和鼓疱的检查

根据现场经验,锅炉受热面管子胀粗和鼓疱发生在直接受辐射较强,烟气温度较高,管内结垢,管外结焦,管内工质温度较高以及汽水循环不良的地方(角管),燃烧室内水冷壁、水排管,过热器管等是重点检查部位。

检查方法:一般用肉眼观察或手摸感觉,在用视力观察和用手摸有怀疑的管子时,再用测厚仪、0.02 mm 的游标卡尺、专用测量卡具等进行校核测量。

2)管子内壁腐蚀的检查

(1)灯光检查法。

灯光检查法只适用于不长的直管段,如水排管等。灯光检查就是用灯泡放入被检查管子里面,慢慢移动,用视力查看其腐蚀情况,并做大致的估计。

(2)割管检查法。

通常在水排管下部一、二两排,后水冷壁管,过热器下部弯头或出口直管段烟气温度最高点部分,省煤器入口管段(主要检查氧腐蚀)等处割取管段,并沿管段轴线切成两半,将管内壁上的结垢和沉积物清扫干净,检查管壁腐蚀程度。

(3)检查腐蚀指示器法。

为监测锅炉的腐蚀速度,事先要在锅筒中、省煤器入口联箱内等不同部件和管道中安装腐蚀指示器,大修或中修时将腐蚀指示器拆卸下来,进行检查、称重对比,可间接地判断设备内部腐蚀的程序。

3)管子裂纹和破裂的检查

管子裂纹多发生在胀口处,而管子的破裂一般发生在局部过热处。检查方法,除了用视力观察外,主要是依靠水压试验检查锅炉所有承压部件的严密性及管子的破裂处。

4)管子弯曲检查

在清扫锅炉时,很容易发现管子弯曲的地方,管子弯曲主要原因有:管排的卡子损坏,管子自由膨胀受阻碍,管壁过热及受热不均等。由于管子弯曲,部分管子挤在一起,影响烟气流通,同时,使胀口或焊口产生额外负载而断裂。

5)管子外壁磨损及外伤的检查

抛煤机、沸腾炉受烟灰的冲刷而造成管子外壁的磨损量比较显著,检修时应重点检查如下部位:隔烟墙漏烟处(或短路),烟气转弯处,吹灰器管与炉管冲刷处等。

管子外伤是由于受外力作用而引起的,如在运行中打焦时,用力过猛,将工具碰撞在炉管上;在检修打锤时,因滑锤而碰伤管壁等。外伤可直接观察出来。

2. 水冷壁管、对流管检修质量及判废标准

(1) 管子外表的积灰和焦渣必须清除干净。管子间、折焰墙及挡墙上不得有积灰及焦渣。管外不得附有硬壳,个别处浮灰厚度不超过 0.3 mm,硬壳和浮灰的面积不得超过总面积的 1/5。

(2) 炉管内部应进行清洗,不得有水垢、红锈及其他杂物,必要时要进行通球试验检查,通球直径为管子公称直径的 85%。

(3) 管子不得有裂纹、重皮及金属脱落现象。

(4) 管子接缝焊口不能有裂纹,如发现裂纹应将焊肉全部铲除,重新焊接,不允许堆焊。

(5) 管子弯曲变形应酌情修理和更换,但管子烧弯的最大允许限度为:胀口、焊口不松动和渗漏,不妨碍烟气流通,一般直管的弯曲以不超过 75 mm 为宜。

(6) 锅炉水冷壁管出现鼓疱,如果鼓疱还没有破裂,且数量不多,范围不大,可以在现场用氧炔火焰对管子鼓疱部分进行加热,用与管子半径相同胎膜顶压(或锤压),使鼓出部分恢复到与管子原来的尺寸相平。如管子的鼓疱已超过原有直径的 10%,必须更换一段新管。

(7) 管子胀口不得有渗漏和环形裂纹,如遇轻微渗漏,而且管端较好,可以重胀。严重泄漏,或轻微泄漏但管子不能再胀时,要割换管头。如遇产生环形裂纹,则必须根据情况割换管头或更换管子。

(8) 对管内水垢较厚或腐蚀严重的管子,应割取一段并将其立剖,检查其内部情况和管壁厚度,轻微腐蚀时可以继续使用;严重腐蚀的应当更换新管,个别管子可将两端堵塞(闷管)或封焊,待大修时再更换新管。

(9) 由于腐蚀或烟灰磨损,管壁的剩余厚度不得薄于(见表 9-5)规定数值。

表 9-5 管壁的剩余厚度

部位 项目	汽水管			过热器管
材料	20 g			20 g
管子外径/mm	51	60	76	38
标准厚度/mm	3	3	3.5	3.5
最大允许厚度/mm	1.5	1.5	1.5	2.0

(10) 管子的支架及拉筋要牢固完好,并不妨碍管子的自由膨胀。

(11) 更换的管子要符合锅炉钢管的化学成分和机械性能要求,不能乱用钢材;管子的几何尺寸偏差都应符合国家标准要求,管子的弯管、焊接、胀接质量,水压试验等应符合

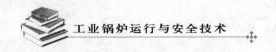

相应规程标准要求,个别更换的新管子,长度至少应为 300 mm,并应接在直管部分,距离锅筒和联箱的外表面和管子弯曲处的起点要有一段距离,一般在 50 mm 以上,以避免造成应力集中,钢管焊接时对口开"V"形坡口,焊接焊透,防止焊缝夹渣、气孔和未焊透。

第四节　锅炉保养

锅炉在停炉期间,如不采取相应保护措施,则锅炉水、汽系统金属表面会被溶解氧腐蚀。这是由于空气中的氧进入锅炉的水、汽系统内,溶解于金属表面,使金属受到溶解氧的腐蚀。

如停用锅炉的金属表面上积有水垢、水渣及其他沉积物,腐蚀过程则进行得更快。这是由于金属表面上结有沉积物,使金属表面产生了不同的电极电位。溶解氧浓度大的地方,电极电位高而成为阴极,溶解氧浓度小的地方,电极电位低而成为阳极,电极电位低的阳极部位,金属即被腐蚀。此外,也可能因金属表面的沉积物溶解于金属表面的水膜中,使水膜中的含盐量增加,而加速了这些部位的氧腐蚀。

停用锅炉发生的腐蚀,与运行过程中发生的腐蚀情况一样,都是属于电化学腐蚀,主要是溃疡性的,比锅炉在运行过程中发生的氧腐蚀要严重很多,锅炉的各个部位都能发生这种腐蚀。腐蚀的产物大都是呈疏松状态的 Fe_2O_3,在金属表面上的附着能力较小,极易被水流带走,所以在锅炉投运后,这些腐蚀产物就会被带入锅水中去,大大增加了锅水中的含铁量,加剧了锅炉受热面上沉积物的形成过程。此外,由于这些沉积物在锅炉受热面上形成后,使金属表面呈粗糙状态,是腐蚀的促进因素;而且停用锅炉所生成的腐蚀产物是高价氧化铁,在运行时能起阴极去极化作用,被还原成亚铁化合物。

某化学反应式如下:

在阴极上的反应　　　$Fe_2O_3 + 2e + H_2O \longrightarrow 2FeO + 2OH^-$

在阳极上的反应　　　$Fe \longrightarrow Fe^{2+} + 2e$

由于锅炉在运行过程中生成的腐蚀产物是亚铁化合物,在停用时能被氧化成为高价铁的化合物,这就使腐蚀过程反复进行下去。因而经常启动、停用的锅炉,其腐蚀就更为严重。

锅炉停用腐蚀的危害性极大,因此在锅炉停用期间必须采取适当的停炉保护措施,避免和减缓锅炉的腐蚀。

一、锅炉干法保养

干法保养就是使锅炉的金属表面保持干燥,从而防止金属发生腐蚀。干法保养主要有下列几种。

1. 干燥剂法

(1) 先将锅炉内部的水垢、泥渣彻底消除,然后上软化水至汽包正常水位,点火缓慢升压到 0.1～0.2 MPa,这时可停止锅炉燃烧,将烟道、阀门均关闭,待其降压到

0.01 MPa,清除余火和灰渣,检查炉膛中确无余火,炉膛内部温度已降到100 ℃以下,开启定期排污阀将锅炉水放尽,利用锅炉余热将锅炉烘干或用邻炉热风引入炉膛,使锅炉内部的金属表面被烘干。

(2) 锅炉全部冷却后,打开汽包(锅筒)人孔,检查内部是否全部烘干,然后将盛有干燥剂的盘子放入,用量见表9-5,以吸收锅筒内的潮气。

(3) 将人孔、手孔及所有阀门全部关闭,如有阀门及汽水管道和母管连通,均应加装盲板隔离,以防汽水漏入,防止锅筒、水冷壁、省煤器等在保养期间腐蚀。

(4) 炉膛内的灰渣应清除干净,亦要将盛有干燥剂的盘子放在炉膛及烟道中,并将检查门、炉门、出灰门等加以密闭,全部挡板亦应关闭,防止潮气进入。

(5) 长期停用锅炉的附属设备,亦应全部清刷干净,光滑的金属表面应涂以油剂保持不锈。

(6) 鼓风机、引风机、链条炉排减速箱中的润滑油应放尽,所有活动部分每星期应盘动一次,以保持灵活。

(7) 防腐保养期间。应定期检查和更换干燥剂,最初可3~5 d检查一次,以后视干燥剂吸潮情况可延长至10~15 d,甚至一个月检查一次。检查时若发现干燥剂失效(生石灰粉化,氯化钙潮解,硅胶变色),应更换新的干燥剂,失效硅胶可将其烘干后再继续使用,为便于观察硅胶吸潮情况,可加入适量变色硅胶。

锅炉停用保养时常用干燥剂及用量见表9-6。

表 9-6 锅炉停用保养时常用干燥剂及用量

药品名称	规　格	用量/$(kg \cdot m^{-3})$
工业无水氯化钙	$CaCl_2$ 粒径 10~15 mm	1~2
生石灰	块状	2~3
硅胶	放置前应先在 120~140 ℃干燥	1~2

干燥剂法防腐效果好,适用于中、低压,小容量汽包锅炉的长期停用保养。

2. 烘干法

(1) 锅炉停运后,降低锅水温度至100 ℃以下时,放尽锅水,利用炉内余热或重新点火升压至0.1~0.2 MPa,或将热风引入炉膛内,使锅炉内部的金属表面被烘干,抑制锅炉金属的腐蚀。

(2) 适用于锅炉短期停炉的保养。

二、锅炉湿法保养

湿法保养是将具有保护性的水溶液充满锅炉,避免空气中的氧进入锅炉内部,根据保护性水溶液的不同,湿法保养可分为下列几种。

1. 氨液法

钢铁在含氨量较大的水中不会引起氧腐蚀。因此,将氨水配制成 800 mg/L 以上的稀溶液,用泵注入锅炉的水、汽系统中并进行循环,使各部分氨的质量浓度趋于一致,然后关闭所有阀门和通路,防止氨的稀溶液泄漏,在保养期间应定期(5~10 d)检查锅水的含氨量,质量浓度下降应予以补充。

锅炉在注入氨的稀溶液前应排除锅水,在启动前应将氨的稀溶液排尽冲洗后再进水。

氨液法适用于长期停用的锅炉。由于氨液会引起铜质制品腐蚀,故在注入稀氨液前应拆除或隔离铜质制品及零件。

2. 碱液保养法

碱液法是向锅水中加碱液(氢氧化钠或磷酸三钠溶液),保持 pH 值在 10 以上,以抑制水中的溶解氧对锅炉的腐蚀。配制碱液应用锅炉给水或软化水。锅炉在进碱液前应处于低水位状态,在碱液进入后,用泵使锅炉内的水循环,并充满碱液,以使锅炉内各处的碱液浓度均匀一致。保养期间,应每天检查,发现泄漏即予以消除,保证锅水的碱度。锅炉启动前,应排尽碱液,并用水冲洗干净,尤其是停用时积有水垢的锅炉更需冲洗干净,因为水垢能被碱液浸泡而脱落,会堵塞管道。碱液的配制如表 9-7 所示。

表 9-7 碱液法保护时水中加药量(kg/m³)

药品名称	配碱液用水	
	凝结水或除盐水	软化水
氢氧化钠	2	5~6
磷酸三钠	5	10~12
氢氧化钠＋磷酸三钠	1.5＋0.5	(4~8)＋(1~2)

此法适用于较长时间停用的中、低压小容量锅炉。

3. 保持给水压力法

保持给水压力法是在锅炉停用时,用给水泵将锅炉给水(应是经过除氧的水)充满锅炉的水、汽系统中,维持锅水的压力在 1 MPa 以上,再关闭全部阀门,防止空气渗入炉内。保养期间,应观察锅水压力变化,如发现压力下降,立即用给水泵顶压。此法应每天测定锅水的溶解氧,发现超过允许值时,应更换全部锅水。采用此法,最好将化学除氧剂亚硫酸钠随进水一起注入炉内,以提高防止氧腐蚀效果。

此法适宜于短期停用的锅炉。

三、锅炉热力保养

热力保养一般适用于停炉期限不超过一周的锅炉。利用锅炉中的余压保持0.05~0.1 MPa压力,锅水温度稍高于100 ℃,既能使锅水中不含氧气,又可阻止空气进入锅筒。为了保持锅水温度,可定期在炉内生微火,也可以利用相邻锅炉的蒸汽加热锅水。

四、锅炉充气保养

1. 充氨气法

充注氨气的保养方法,适用于长期停用的锅炉,一般使用钢瓶内的氨气。锅炉停炉后,将锅水放尽清除水垢和烟灰,关闭锅炉出口给水管和排污管道上的阀门,或用隔板堵严,与其他运行的锅炉完全隔绝,接着打开人孔使锅筒自然干燥。如果锅炉房潮湿,最好用微火将锅炉本体、炉墙、烟道烘干。

充氨气法:从锅炉最高处充入并维持 0.05～0.1 MPa 的压力,迫使重度较大的空气从锅炉最低处排出,使金属不与氧气接触。氨气充入锅炉后,既可驱除氧气,又因其呈碱性,更有利于防止氧腐蚀。

2. 充氮气法

(1) 由于氮气很不活泼,又无腐蚀性,所以将氮气充入锅炉汽水系统内,并保持一定正压,可以阻止空气进入,防止锅炉停用时腐蚀。

(2) 锅炉停运后,锅水温度降至 100 ℃ 以下时,可将锅炉内水放净,将纯度 99% 以上氮气充入停用锅炉汽水系统。锅内氮气压力为 0.03～0.05 MPa,锅炉的汽水系统所有阀门应关闭,并严密不漏。

(3) 在充氮气保养期间,应监督锅炉汽水系统氮气压力和严密性。

(4) 当锅炉启动时,重新上水,在上水和升火过程中,将氮气排至大气。

五、锅炉停炉保养方法的选择及注意事项

1. 锅炉停炉保养方法的选择

锅炉停炉保养的方法很多,它们各有特点和适用范围,在选择时应根据锅炉的具体条件结合下述情况综合考虑。

(1) 锅炉的结构。

如锅炉在停用保养时不能将存水排尽、烘干,则不能用干剂法;保养后如不能进行彻底冲洗干净,则不宜用碱液法。锅炉结构复杂的(如直流锅炉)或高压汽包锅炉,一般宜采用充氮法或氨液法(但在启动前应对水、汽系统进行彻底冲洗)。

(2) 环境温度。

选择锅炉停用保养方法时,应考虑到气候和环境温度,如遇冬季应考虑到水或溶液是否有冰冻的可能,如锅炉周围环境温度可能低于 0 ℃ 时,不宜用氨液、碱液法,以防止冻裂水、汽管路。

(3) 停用时间。

短期停用的锅炉应采用在短时间内即能启动的方法,如保持蒸汽压力法、保持给水压力法等。长期停用的锅炉,应采用干燥剂法、氨液法等。

(4) 水的质量。

采用满水保养方法时,必须是软水或除盐水,不然停炉保养的效果往往不够理想。

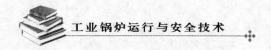

（5）锅炉房现场的具体条件。

应考虑是否有相邻锅炉的热风可作为烘干用。排除锅水或溶液后冲洗时，水的流量和流速是否符合要求等。

2. 锅炉停炉保养时的注意事项

（1）采用干燥剂保养法时，要防止干燥剂撒落，还要经常检查干燥剂吸潮情况，发现失效，及时更换补充。

（2）采用充氮保养法时，应经常监视锅内氮气压力，发现锅内氮气压力低于 0.03 MPa 时，应补充氮气压力至 0.05 MPa 以上，如下降速度太快，应检查泄漏并及时采取措施。

（3）采用湿式保养法时，最好用凝结水，其次是原来锅水或软化水，保养期间应注意检查泄漏情况，冬天一定要注意防冻，尤其应注意检查排污管道和省煤器处的泄漏，以及防冻情况。

（4）采用碱液保养法时，最好用微火将锅炉加热至 80～85 ℃，压力升到 0.15～0.25 MPa，并使锅水循环 2 h 以上，以使碱度均匀，保养期间一直保持这个压力，锅水 pH 值应保持在 10 以上。

（5）采用保持蒸汽压力法，或给水压力法保养时，应经常监视锅内压力，检查是否有泄漏。

（6）采用氨液法时，要采取适当措施，防止锅炉铜质附件的腐蚀。

（7）采用碱液法、氨液法进行停炉保养的锅炉，最好用盲板与运行锅炉的水、汽管道隔开，并挂牌示意，防止误操作。

第五节　锅炉房的制度与记录

一、锅炉使用管理制度

锅炉使用管理应当有以下制度、规程：

（1）岗位责任制，包括锅炉安全管理人员、班组长、运行操作人员、维修人员、水处理作业人员等职责范围内的任务和要求。

（2）巡回检查制度，明确定时检查的内容、路线和记录的项目。

（3）交接班制度，明确交接班要求、检查内容和交接班手续。

（4）锅炉及辅助设备的操作规程，包括设备投运前的检查及准备工作、启动和正常运行的操作方法、正常停运和紧急停运的操作方法。

（5）设备维修保养制度，规定锅炉停（备）用防锈蚀内容和要求以及锅炉本体、安全附件、安全保护装置、自动仪表及燃烧和辅助设备的维护保养周期、内容和要求。

（6）水（介）质管理制度，明确水（介）质定时检测的项目和合格标准。

（7）安全管理制度,明确防水、防爆和防止非作业人员随意进入锅炉房的要求,保证通道畅通的措施以及事故应急预案和事故处理办法等。

（8）节能管理制度,符合锅炉节能管理有关安全技术规范的规定。

二、锅炉使用管理记录

（1）锅炉及燃烧和辅助设备运行记录。

（2）水处理设备运行及汽水品质化验记录。

（3）交接班记录。

（4）锅炉及燃烧和辅助设备维修保养记录。

（5）锅炉及燃烧和辅助设备检查记录。

（6）锅炉运行故障及事故记录。

（7）锅炉停炉保养记录。

第十章 锅炉房的安全管理

锅炉房是企业生产的心脏,是人民生活的供暖重地。做好锅炉房综合管理,对防止事故发生,保证锅炉安全经济运行很重要。

第一节 锅炉房设计

锅炉房是重要的生产部位。工业锅炉房的设计建造应符合《锅炉房设计规范》(GB 50041—2008)、《锅炉安全技术监察规程》和有关标准规则的规定;必须认真执行国家的能源政策,认真保护环境,努力改善劳动条件和采用成熟的先进技术,做到符合安全生产、技术先进和经济合理的要求;应根据企业的总体规划,做到近远期结合,适当考虑扩建的可能。

锅炉房建造前,使用单位需将锅炉平面布置图及标明与有关建筑物距离的图纸,送当地特种设备安全监察机构审查同意,否则不准施工。

一、基本规定

(1) 锅炉房设计应根据批准的城市(地区)或企业总体规划和供热规划进行,做到远近结合,以近期为主,并宜留有扩建余地。对扩建和改建锅炉房,应取得原有工艺设备和管道的原始资料,并应合理利用原有建筑物、构筑物、设备和管道,同时应与原有生产系统、设备和管道的布置、建筑物和构筑物形式相协调。

(2) 锅炉房设计应取得热负荷、燃料和水质资料,并应取得当地的气象、地质、水文、电力和供水等有关基础资料。

(3) 锅炉房燃料的选用,应做到合理利用能源和节约能源,并与安全生产、经济效益和环境保护相协调,选用的燃料应有其产地、元素成分分析等资料和相应的燃料供应协议,并应符合下列规定:

① 设在其他建筑物内的锅炉,应选用燃油或燃气燃料。

② 选用燃油作燃料时,不宜选用重油或渣油。

③ 地下、半地下、地下室和半地下室锅炉房,严禁选用液化石油气或相对密度大于或等于 0.75 的气体燃料。

④ 燃气锅炉房的备用燃料,应根据供热系统的安全性、重要性、供气部门的保证程度和备用燃料的可能性等因素确定。

(4) 锅炉房设计必须采取减轻废气、废水、固体废渣和噪声对环境影响的有效措施,排出的有害物和噪声应符合国家现行有关标准、规范的规定。

（5）企业所需热负荷的供应，应根据所在区域的供热规划确定。当企业热负荷不能由区域热电站、区域锅炉房或其他企业的锅炉房供应，且不具备热电联产的条件时，宜自设锅炉房。

（6）区域所需热负荷的供应，应根据所在城市（地区）的供热规划确定。当符合下列条件之一时，可设置区域锅炉房：

① 居住区和公共建筑设施的采暖和生活热负荷，不属于热电站供应范围的。

② 用户的生产、采暖通风和生活热负荷较小，负荷不稳定，年使用时数较低，或由于场地、资金等原因，不具备热电联产条件的。

③ 根据城市供热规划和用户先期用热的要求，需要过渡性供热，以后可作为热电站的调峰或备用热源的。

（7）锅炉房的容量应根据设计热负荷确定。设计热负荷宜在绘制出热负荷曲线或热平衡系统图，并计入各项热损失、锅炉房自用热量和可供利用的余热量后计算确定。

当缺少热负荷曲线或热平衡系统图时，设计热负荷可根据生产、采暖通风和空调、生活小时最大耗热量，并分别计入各项热损失、余热利用量和同时使用系数后确定。

（8）当热用户的热负荷变化较大且较频繁，或为周期性变化时，在经济合理的原则下，宜设置蒸汽蓄热器。设有蒸汽蓄热器的锅炉房，其设计容量应按平衡后的热负荷计算确定。

（9）锅炉供热介质的选择，应符合下列要求：

① 供采暖、通风、空气调节和生活用热的锅炉房，宜采用热水作为供热介质。

② 以生产用汽为主的锅炉房，应采用蒸汽作为供热介质。

③ 同时供生产用汽及采暖、通风、空调和生活用热的锅炉房，经技术经济比较后，可选用蒸汽或蒸汽和热水作为供热介质。

（10）锅炉供热介质参数的选择，应符合下列要求：

① 供生产用蒸汽压力和温度的选择，应满足生产工艺的要求。

② 热水热力网设计供水温度、回水温度，应根据工程具体条件，并综合锅炉房、管网、热力站、热用户二次供热系统等因素，进行技术经济比较后确定。

（11）锅炉的选择除应符合第（9）条和第（10）条的规定外，还应符合下列要求：

① 应能有效地燃烧所采用的燃料，有较高热效率和能适应热负荷变化。

② 应有利于保护环境。

③ 应能降低基建投资和减少运行管理费用。

④ 应选用机械化、自动化程度较高的锅炉。

⑤ 宜选用容量和燃烧设备相同的锅炉，当选用不同容量和不同类型的锅炉时，其容量和类型均不宜超过 2 种。

⑥ 其结构应与该地区抗震设防烈度相适应。

⑦ 对燃油、燃气锅炉，除应符合本条上述规定外，还应符合全自动运行要求和具有可靠的燃烧安全保护装置。

（12）锅炉台数和容量的确定，应符合下列要求：

① 所有运行锅炉在额定蒸发量或热功率时，锅炉台数和容量能满足锅炉房最大计算热负荷。

② 应保证锅炉房在较高或较低热负荷运行工况下安全运行，并应使锅炉台数、额定蒸发量或热功率和其他运行性能均能有效地适应热负荷变化，且应考虑全年热负荷低峰期锅炉机组的运行工况。

③ 锅炉房的锅炉台数不宜少于 2 台，但当选用 1 台锅炉能满足热负荷和检修需要时，可只设置 1 台。

④ 锅炉房的锅炉总台数，对新建锅炉房不宜超过 5 台；扩建和改建时，总台数不宜超过 7 台；非独立锅炉房，不宜超过 4 台。

⑤ 锅炉房有多台锅炉时，当其中 1 台额定蒸发量或热功率最大的锅炉检修时，其余锅炉应能满足下列要求：

a. 连续生产用热所需的最低热负荷；

b. 采暖通风、空调和生活用热所需的最低热负荷。

（13）在抗震设防烈度为 6～9 度地区建设锅炉房时，其建筑物、构筑物和管道设计，均应采取符合该地区抗震设防标准的措施。

（14）锅炉房宜设置必要的修理、运输和生活设施，当可与所属企业或邻近的企业协作时，可不单独设置。

二、锅炉房的布置

1. 位置的选择

（1）锅炉房位置的选择，应根据下列因素分析后确定：

① 应靠近热负荷比较集中的地区，并应使引出热力管道和室外管网的布置在技术、经济上合理。

② 应便于燃料储运和灰渣的排送，并宜使人流和燃料、灰渣运输的物流分开。

③ 扩建端宜留有扩建余地。

④ 应有利于自然通风和采光。

⑤ 应位于地质条件较好的地区。

⑥ 应有利于减少烟尘、有害气体、噪声和灰渣对居民区和主要环境保护区的影响，全年运行的锅炉房应设置于总体最小频率风向的上风侧，季节性运行的锅炉房应设置于该季节最大频率风向的下风侧，并应符合环境影响评价报告提出的各项要求。

⑦ 燃煤锅炉房和煤气发生站宜布置在同一区域内。

⑧ 应有利于凝结水的回收。

⑨ 区域锅炉房还应符合城市总体规划、区域供热规划的要求。

⑩ 易燃、易爆物品生产企业锅炉房的位置，除应满足本条上述要求外，还应符合有关专业规范的规定。

（2）锅炉房宜为独立的建筑物。

（3）当锅炉房和其他建筑物相连或设置在其内部时，严禁设置在人员密集场所和重要部门的上一层、下一层、贴邻位置以及主要通道、疏散口的两旁，并应设置在首层或地下室一层靠建筑物外墙部位。

（4）住宅建筑物内，不宜设置锅炉房。

（5）采用煤粉锅炉的锅炉房，不应设置在居民区、风景名胜区和其他主要环境保护区内。

（6）采用循环流化床锅炉的锅炉房，不宜设置在居民区。

2. 建筑物、构筑物和场地的布置

（1）独立锅炉房区域内的各建筑物、构筑物的平面布置和空间组合，应紧凑合理、功能分区明确、建筑简洁协调，满足工艺流程顺畅、安全运行、方便运输、有利安装和检修的要求。

（2）新建区域锅炉房的厂前区规划，应与所在区域规划相协调。锅炉房的主体建筑和附属建筑，宜采用整体布置。锅炉房区域内的建筑物主立面，宜面向主要道路，且整体布局应合理、美观。

（3）工业锅炉房的建筑形式和布局，应与所在企业的建筑风格相协调；民用锅炉房、区域锅炉房的建筑形式和布局，应与所在城市（区域）的建筑风格相协调。

（4）锅炉房区域内的各建筑物、构筑物与场地的布置，应充分利用地形，使挖方和填方量最小，排水顺畅，且应防止水流入地下室和管沟。

（5）锅炉间、煤场、灰渣场、储油罐、燃气调压站之间以及与其他建筑物、构筑物之间的间距，应符合现行国家标准《建筑设计防火规范》（GB 50016—2006）、《城镇燃气设计规范》（GB 50028—2006）及有关标准规定，并满足安装、运行和检修的要求。

（6）运煤系统的布置应利用地形，使提升高度小、运输距离短。煤场、灰渣场宜位于主要建筑物的全年最小频率风向的上风侧。

（7）锅炉房建筑物室内底层标高和构筑物基础顶面标高，应高出室外地坪或周围地坪 0.15 m 及以上。锅炉间和同层的辅助间地面标高应一致。

3. 锅炉间、辅助间和生活间的布置

（1）单台蒸汽锅炉额定蒸发量为 1～20 t/h 或单台热水锅炉额定热功率为 0.7～14 MW 的锅炉房，其辅助间和生活间宜贴邻锅炉间固定端一侧布置。单台蒸汽锅炉额定蒸发量为 35～75 t/h 或单台热水锅炉额定热功率为 29～70 MW 的锅炉房，其辅助间和生活间根据具体情况，可贴邻锅炉间布置，或单独布置。

（2）锅炉房集中仪表控制室，应符合下列要求：

① 应与锅炉间运行层同层布置。

② 宜布置在便于锅炉操作人员观察和操作的炉前适中地段。

③ 室内光线应柔和。

④ 朝锅炉操作面方向应采用隔声玻璃大观察窗。

⑤ 控制室应采用隔声门。

⑥ 布置在热力除氧器和给水箱下面及水泵间上面时，应采取有效的防振和防水措

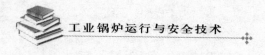

施。

（3）容量大的水处理系统、热交换系统、运煤系统和油泵房,宜分别设置各系统的就地机柜室。

（4）锅炉房宜设置修理间、仪表校验间、化验室等生产辅助间,并宜设置值班室、更衣室、浴室、厕所等生活间。当就近有生活间可利用时,可不设置。二、三班制的锅炉房可设置休息室,或与值班更衣室合并设置。锅炉房按车间、工段设置时,可设置办公室。

（5）化验室应布置在采光较好、噪声和振动影响较小处,并使取样方便。

（6）锅炉房运煤系统的布置宜使煤自固定端运入锅炉炉前。

（7）锅炉房出入口的设置,必须符合下列规定:

① 出入口不应少于 2 个。但对独立锅炉房,当炉前走道总长度小于 12 m,且总建筑面积小于 200 m² 时,其出入口可设 1 个。

② 非独立锅炉房,其人员出入口必须有 1 个直通室外。

③ 锅炉房为多层布置时,其各层的人员出入口应不少于 2 个。楼层上的人员出入口,应有直接通向地面的安全楼梯。

（8）锅炉房通向室外的门应向室外开启,锅炉房内的工作间或生活间直通锅炉间的门应向锅炉间内开启。

4. 工艺布置

（1）锅炉房工艺布置应确保设备安装、操作运行、维护检修的安全和方便,并应使各种管线流程短、结构简单,使锅炉房面积和空间使用合理、紧凑。

（2）年日平均气温大于等于 25 ℃的日数在 80 d 以上,雨水相对较少的地区,锅炉可采用露天或半露天布置。当锅炉采用露天或半露天布置时,应符合下列要求:

① 应选择适合露天布置的锅炉本体及其附属设备。

② 管道、阀门、仪表附件等应有防雨、防风、防冻、防腐和减少热损失的措施。

③ 应将锅炉水位、锅炉压力等测量控制仪表,集中设置在控制室内。

（3）风机、水箱、除氧装置、加热装置、除尘装置、蓄热器、水处理装置等辅助设备和测量仪表露天布置时,应有防雨、防风、防冻、防腐和防噪声等措施。

居民区内锅炉房的风机不应露天布置。

（4）锅炉之间的操作平台宜连通。锅炉房内所有高位布置的辅助设备及监测、控制装置和管道阀门等需操作和维修的场所,应设置方便操作的安全平台和扶梯。阀门可设置传动装置引至楼(地)面进行操作。

（5）锅炉操作地点和通道的净空高度不应小于 2 m,并应符合起吊设备操作高度的要求。在锅筒、省煤器及其他发热部位的上方,当不需操作和通行时,其净空高度可为 0.7 m。

（6）锅炉与建筑物的净距,不应小于表 10-1 的规定,并应符合下列要求:

① 当需在炉前更换锅管时,炉前净距应能满足操作要求。大于 6 t/h 的蒸汽锅炉或大于 4.2 MW 的热水锅炉,当炉前设置仪表控制室时,锅炉前端到仪表控制室的净距可减小为 3 m。

② 当锅炉需吹灰、拨火、除渣、安装或检修螺旋除渣机时,通道净距应能满足操作的要求;装有快装锅炉的锅炉房,应有更新整装锅炉时能顺利通过的通道;锅炉后部通道的距离应根据后烟箱能否旋转开启确定。

表 10-1 锅炉与建筑物的净距

单台锅炉容量		炉前/m		锅炉两侧和后部通道/m
蒸汽锅炉/(t·h⁻¹)	热水锅炉/MW	燃煤锅炉	燃气(油)锅炉	
1～4	0.7～2.8	3.00	2.50	0.80
6～20	4.2～14	4.00	3.00	1.50
≥35	≥29	5.00	4.00	1.80

第二节 锅炉的使用登记

为加强锅炉使用登记管理,规范使用登记行为,根据《特种设备安全监察条例》的规定,凡在《蒸汽锅炉安全技术监察规程》、《热水锅炉安全技术监察规程》和《有机热载体炉安全技术监察规程》适用范围内的锅炉,使用时应当办理使用登记。

一、使用登记

(1) 每台锅炉在投入使用前或者投入使用后 30 日内,使用单位应当向所在地的登记机关申请办理使用登记,领取使用登记证。

使用单位使用租赁的锅炉,均由产权单位向使用地登记机关办理使用登记证,交使用单位随设备使用。

(2) 使用单位申请办理使用登记应当按照下列规定,逐台向登记机关提交锅炉及其安全阀、爆破片和紧急切断阀等安全附件的有关文件:

① 安全技术规范要求的设计文件,产品质量合格证明,安装及使用维修说明,制造、安装过程监督检验证明;

② 进口锅炉安全性能监督检验报告;

③ 锅炉压力容器安装质量证明书;

④ 锅炉水处理方法及水质指标;

⑤ 锅炉使用安全管理的有关规章制度。

(3) 办理下列锅炉使用登记只需提交前条第①、②项文件:

① 水容量小于 50 L 的蒸汽锅炉;

② 额定蒸汽压力不大于 0.1 MPa 的蒸汽锅炉;

③ 额定出水温度小于 120 ℃且额定热功率不大于 2.8 MW 的热水锅炉;

④ 锅炉房内的分汽(水)缸随锅炉一同办理使用登记,不单独领取使用登记证。

(4) 使用单位申请办理使用登记,应当逐台填写《锅炉登记卡》一式两份,交与登记

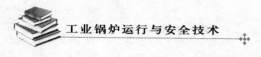

机关。

(5) 登记机关接到使用单位提交的文件和填写的登记卡（以下统称登记文件），应当按照下列规定及时审核、办理使用登记：

① 能够当场审核的，应当当场审核。登记文件符合相关规定的，当场办理使用登记证；不符合规定的，应当出具不予受理通知书，书面说明理由。

② 当场不能审核的，登记机关应当向使用单位出具登记文件受理凭证。使用单位按照通知时间凭登记文件受理凭证领取使用登记证或者不予受理通知书。

③ 对于1次申请登记数量在10台以下的，应当自受理文件之日起5个工作日内完成审核发证工作，或者书面说明不予登记理由；对于1次申请登记数量在10台以上50台以下的，应当自受理文件之日起15个工作日内完成审核发证工作，或者书面说明不予登记理由；1次申请登记数量超过50台的，应当自受理文件之日起30个工作日内完成审核发证工作，或者书面说明不予登记理由。

(6) 登记机关办理使用登记证，应当按照《锅炉压力容器注册代码和使用登记证号码编制规定》编写注册代码和使用登记证号码。

(7) 登记机关向使用单位发证时应当退还提交的文件和一份填写的登记卡。

使用单位应当建立安全技术档案，将使用登记证、登记文件妥善保存。

(8) 使用单位应当将使用登记证悬挂在锅炉房内，并在锅炉的明显部位喷涂使用登记证号码。

(9) 使用单位使用无制造许可证单位制造的锅炉的，登记机关不得给予登记。

二、变更登记

(1) 锅炉安全状况发生变化、长期停用、移装或者过户的，使用单位应当向登记机关申请变更登记。

(2) 锅炉安全状况发生变化的，使用单位应当在变化后30日内持有关文件向登记机关申请变更登记。

锅炉经过重大修理改造，应当提交锅炉的技术档案资料、修理改造图纸和重大修理改造监督检验报告。

(3) 锅炉拟停用1年以上的，使用单位应当封存锅炉，在封存后30日内向登记机关申请报停，并将使用登记证交回登记机关保存。

锅炉重新启用应当经过定期检验，经检验合格的持定期检验报告向登记机关申请启用，领取使用登记证。

(4) 在登记机关行政区域内移装锅炉的，使用单位应当在移装完成后投入使用前向登记机关提交锅炉登记文件和移装后的安装监督检验报告，申请变更登记。

(5) 移装地跨原登记机关行政区域的，使用单位应当持原使用登记证和登记卡向原登记机关申请办理注销。原登记机关应当在登记卡上做注销标记并向使用单位签发《锅炉压力容器过户或异地移装证明》。

移装完成后，使用单位应当在投入使用前或者投入使用后30日内持《锅炉压力容器过户或异地移装证明》、标有注销标记的登记卡、锅炉登记文件以及移装后的安装监督检验报告,向移装地登记机关申请变更登记,领取新的使用登记证。

(6)锅炉需要过户的,原使用单位应当持使用登记证、登记卡和有效期内的定期检验报告到原登记机关办理使用登记证注销手续。

原登记机关应当注销使用登记证,并在登记卡上做注销标记,向原使用单位签发《锅炉压力容器过户或异地移装证明》。

(7)原使用单位应当将《锅炉压力容器过户或异地移装证明》、标有注销标志的登记卡、历次定期检验报告以及登记文件全部移交锅炉新使用单位。

(8)锅炉只过户不移装的,新使用单位应当在投入使用前或者投入使用后 30 日内持全部移交文件向原登记机关申请变更登记,领取使用登记证。

原使用单位办理使用登记证注销和新使用单位办理变更登记可以同时在登记机关进行。

(9)锅炉过户并在原登记机关行政区域内移装的,新使用单位应当在投入使用前或者投入使用后 30 日内持全部移交文件和移装后的安装监督检验报告向原登记机关申请变更登记,领取使用登记证。

(10)锅炉过户并跨原登记机关行政区域移装的,新使用单位应当在投入使用前或者投入使用后 30 日内持全部移交文件和移装后的安装监督检验报告向移装地登记机关申请变更登记,领取使用登记证。

(11)变更登记,原有的注册代码保持不变。

(12)使用锅炉有下列情形之一的,不得申请变更登记:

① 在原使用地未办理使用登记的;

② 在原使用地未进行定期检验或定期检验结论为停止运行的;

③ 在原使用地已经报废的;

④ 擅自变更使用条件进行过非法修理改造的;

⑤ 无技术资料和铭牌的;

⑥ 存在事故隐患的。

(13)锅炉报废时,使用单位应当将使用登记证交回登记机关,予以注销。

第三节 锅炉的使用管理

一、人员管理

使用锅炉的单位应设专职或兼职管理人员负责锅炉房安全技术管理工作。其人员应具备锅炉安全技术知识和熟悉国家安全法规中的有关规定。其职责是:

(1)对锅炉操作人员、锅炉水处理操作人员组织技术培训和进行安全教育。

(2)参与制定锅炉房各项规章制度。

(3)对锅炉房各项规章制度的实施情况进行检查。

（4）传达并贯彻主管部门和锅炉安全监察机构下达的锅炉安全指令。

（5）督促检查锅炉及其附属设备的维护保养和定期检修计划的实施。

（6）解决锅炉房有关人员提出的问题,如不能解决应及时向单位负责人报告。

（7）向锅炉安全监察部门报告本单位锅炉使用管理情况。

二、水质管理

使用锅炉的单位必须做好水质管理工作,采取有效的水处理措施,使锅炉运行时的锅水、给水(补给水)符合《工业锅炉水质标准》(GB 1576—2008)的有关规定要求。并应设专职或兼职的锅炉水处理操作人员,其人员应经培训、考核合格取得操作人员证后,才准许独立操作。

使用锅炉的单位应认真执行排污制度。锅炉排污的时间间隔及排污量应根据运行情况及水质化验报告确定。定期排污时应严格监视水位。热水锅炉排污锅水应在 100 ℃ 以下进行。

三、设备管理

使用锅炉的单位对在用运行锅炉必须按规定实行定期检验制度。检验工作均由检验单位负责进行。超期未检,未取得定期检验合格证的锅炉不得继续投入运行。

在用锅炉每年应进行 1 次外部检验,每两年进行 1 次内外部检验,一般每 6 年进行一次水压试验。

除定期检验外,有下列情况之一时,也应进行内外部检验:

（1）移装后或停止运行 1 年以上,需要投入或恢复运行时。

（2）受压元件经重大修理或改造后(还应进行水压试验)。

（3）发生重大事故后。

（4）根据运行情况,对设备状态有怀疑,必须进行检验时。

锅炉受压元件损坏,不能保证安全运行至下一个检修期,应及时修理。禁止在有压力或锅水温度较高的情况下修理锅炉受压元件,修理时不应带水焊接。

锅炉损坏严重,难以保证安全运行,又没有修理价值时,应做好报废处理,并将使用登记证交回原登记办理机关。已报废的锅炉不得再做承压设备使用,原则上就地解体,严禁出卖。锅炉发生重大或爆炸事故时,使用单位必须按《特种设备事故报告和调查处理规定》的规定及时逐级上报。事故发生后除因抢救伤员和预防事故扩大的情况外,均要保护好现场,等待上级有关部门现场调查处理。

对因违章指挥、违章操作等原因造成的锅炉事故,对违反管理规定的单位或个人,视情节轻重,按有关规定给予经济处罚,直至追究刑事责任。

四、清洗除垢管理

锅炉除垢的化学清洗应经安全监察部门审查同意;锅炉的清洗方案需报安全监察部门备案,每台锅炉酸洗时间间隔不宜小于 2 年。

锅炉符合下列条件之一时,方可进行化学清洗:

(1)锅炉受热面被水垢覆盖80%以上,并且平均水垢厚度达到或超过以下数值:

① 对于无过热器的锅炉1 mm;

② 对于有过热器的锅炉0.5 mm;

③ 对于热水锅炉1 mm。

(2)锅炉受热面有明显的油垢或铁锈。

锅炉水处理是保证锅炉安全经济运行的重点措施,不得以化学清洗代替或放松经常性和有效的水处理工作。锅炉最大年结垢量不得超过1 mm。

五、安全检查要求

使用锅炉的单位必须做好锅炉设备维修保养工作,保证锅炉安全保护装置等处于完好状态。锅炉设备运行中发现有严重隐患危及安全时,应立即停止运行。各锅炉使用单位应严格按《安全合格锅炉房检查评定标准》进行自查。

第四节　锅炉操作人员管理

锅炉是特种设备,使用单位必须严格按照《锅炉安全管理人员和操作人员考核大纲》的规定选调、培训锅炉操作人员。操作人员需经考试合格并取得锅炉操作人员证才准独立操作锅炉。严禁将不符合锅炉操作人员基本条件的人员调入锅炉房从事锅炉工作。

一、锅炉安全管理人员和操作人员条件

(1)年满18周岁。

(2)身体健康状况良好,能够适应锅炉管理或者操作的需要。

(3)锅炉安全管理人员具有锅炉运行或者相关管理工作经历,Ⅰ级锅炉安全管理人员具有高中以上(含高中)文化程度,Ⅱ级锅炉安全管理人员具有大专以上(含大专)文化程度。

(4)Ⅰ级锅炉操作人员和只操作工作锅炉的Ⅱ级锅炉操作人员具有初中以上(含初中)文化程度,操作工业锅炉以外的其他锅炉的Ⅱ级操作人员和Ⅲ级操作人员具有高中以上(含高中)文化程度。

二、锅炉操作人员的培训

锅炉操作人员考试前的理论和实际操作培训可由本单位、主管单位或委托其他单位进行。

锅炉操作人员分为Ⅰ、Ⅱ、Ⅲ级,其工作范围如下:

(1)Ⅰ级。额定工作压力小于或者等于0.4 MPa且额定蒸发量小于或者等于0.5 t/h的蒸汽锅炉;额定功率小于或者等于0.7 MW的热水锅炉、有机热载体锅炉。

(2)Ⅱ级。额定工作压力小于3.8 MPa的蒸汽锅炉;热水锅炉;有机热载体锅炉。

（3）Ⅲ级。额定工作压力大于或等于 3.8 MPa 蒸汽锅炉。

符合基本条件并经考试合格的锅炉操作人员，由当地锅炉压力容器安全监察机构签发锅炉操作人员证。

锅炉操作人员只许操作不高于标准类别的锅炉。低类别锅炉操作人员升为高类别锅炉操作人员时应经过新培训和考试，并换发锅炉操作人员证。

对取得操作证的锅炉操作人员，一般每 4 年应进行一次复审，复审工作由发证机关或其指定的单位组织进行。复审结果由负责复审的单位记入锅炉操作人员证复审栏内。

复审不合格者，应注销锅炉操作证。

第十一章　节能减排应用技术

第一节　锅炉烟气排放治理技术

一、烟气脱硫技术

控制锅炉 SO_2 排放技术可分为燃烧前脱硫、燃烧后脱硫、烟气脱硫三类。烟气脱硫技术大致可分为湿法脱硫、半干法脱硫、镁法脱硫、氨法脱硫等。其中多数适合于电站锅炉,而半干法脱硫也可用于工业锅炉,现做一些简要介绍。

1. LEC 半干法脱硫的优势

LEC 半干法脱硫技术是从美国汤森国际公司引进我国的,专利号为 US patent No. 4764348。LEC 对烟气处理方式采用了循环流化床技术,与石灰石/石膏法相比,脱硫效率高,造价和运行成本低,耗水量小;与湿法比较,节水 80%。系统采用全自动控制,操作方便,可靠性高,石灰石可循环利用,并具有部分除尘功能,适合大中型锅炉脱硫需求。

2. LEC 循环流化床的结构和原理

LEC 循环流化床是由 LEC 反应器、筛分器、提升机及供水系统组成的,工艺流程如图 11-1 所示。反应器内装满粒径 8～12 mm 的石灰石,并设导流板,向下流动。烟气经除尘后(也可除尘前),从下端进入 LEC 反应器,与石灰石接触,反应后从上端排出(烟气流向见图 11-2)。在反应器中部设有喷水头,定时定量向反应器内喷水,使石灰石表面充分润湿。烟气中二氧化硫首先被石灰石表面水膜吸附生成亚硫酸,进而和石灰石反应生成石膏。石灰石完成反应后,由反应器下部进入螺旋输送机,经筛分和补充新料混合,经提升机送入 LEC 反应器。供水系统由电控装置自动通过湿度和温度传感器调控,使反应器处于最佳工作状态。

$$SO_2 + CaCO_3 + \frac{1}{2}H_2O \longrightarrow CaSO_3 \cdot \frac{1}{2}H_2O + CO_2 \qquad (11\text{-}1)$$

在适当温度下,亚硫酸钙转化为石膏:

$$CaSO_3 \cdot \frac{1}{2}H_2O + \frac{1}{2}O_2 + \frac{3}{2}H_2O \longrightarrow CaSO_4 \cdot 2H_2O \qquad (11\text{-}2)$$

式(11-1)是放热反应,反应过程主要发生在润湿的石灰石和烟气接触界面。在反应的同时,热烟气和反应放出的热量还产生一种对石灰石烘干的物理作用,石灰石吸收热量

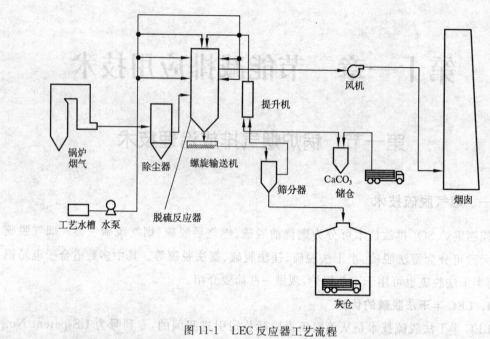

图 11-1　LEC 反应器工艺流程

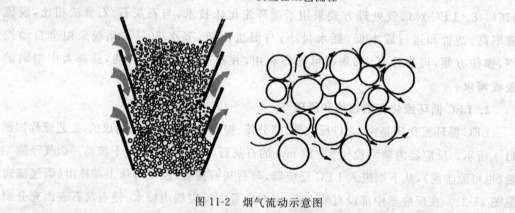

图 11-2　烟气流动示意图

导致表面温度不断升高,当温度达到一定程度时,石灰石表面的亚硫酸钙发生氧化脱水反应,如式(11-2)所示。随着水分的蒸发和氧化脱水反应的进行,最终在石灰石表面形成硬质石膏壳层。该壳层在螺旋输送过程中通过挤压碰撞脱落,再经筛分脱离,石灰石重新获得新鲜表面,通过提升机送到反应器重复循环使用。筛下物为 0.5 mm 石灰石小粒子,与反应产物进入灰仓。LEC 循环流化床兼有一定的除尘作用,其脱硫效率可达95%～99%。LEC 反应器有烟气非冷却型和冷却型两种产品,其产品结构如图 11-3、图 11-4 所示。

二、烟气脱硝技术

烟气中氮氧化合物是由一氧化氮和二氧化氮组成的。其中一氧化氮的含量大约占氮氧化合物的 90%,当其排入环境后,经光化学作用被氧化成二氧化氮,它不仅是形成酸雨

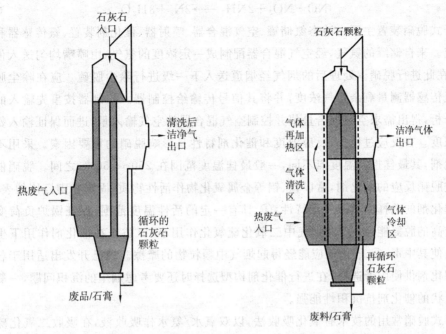

图 11-3 非冷却型 LEC 结构图　　　图 11-4 冷却型 LEC 结构图

的主要因素,也是环境空气的重要污染物。因此烟气脱硝排放是改善环境空气质量的重要手段,但是一氧化氮既不易溶于水,又不与碱性溶液起反应,所以一般的湿式除尘器是不能起到脱硝作用的。烟气脱硝技术主要是通过改善燃烧状态和烟气尾端治理技术来实现的。改善燃烧状态主要是采用低温燃烧技术和烟气再循环的低氧燃烧技术,这里主要介绍低氧燃烧技术和尾端治理技术。

1. 低氧燃烧技术

在燃烧过程中,氮氧化合物由燃料中有机氮和空气中氧气经氧化燃烧而形成。在煤、气、油燃料中,煤的含氮量最高,而改变燃烧方式只能解决空气中氧气氧化问题,在以气、油为燃料的锅炉中可起到更明显的效果。从反应式可见,降低燃烧过程中氮氧化物的产生量,主要途径是降低燃烧温度和在不影响燃烧条件的情况下降低空气中氧含量。低氧燃烧技术就是降低空气中氧含量的一门燃烧控制技术。它通过氧传感器监测锅炉排放烟气出口处含氧量,以保证燃料充分燃烧的氧气含量为控制指标,通过计算机及时计算出排放烟气混入锅炉给风的风量,从而使锅炉进风中氧的含量有所下降,达到低氧燃烧的目的。通过改善锅炉的结构可提高锅炉的燃烧效率,从而降低氧含量的指标。所以低氧燃烧技术是一项综合治理技术,需要高效率燃烧器技术的支持,这种技术常常在大型锅炉中运用。

2. 烟气尾端治理技术

尾端脱硝技术分为干式脱硝和湿式脱硝两种处理方法。干式脱硝方法是以氨气为还原剂,用催化剂还原氮氧化合物为氮气和水的处理技术,其化学反应式如下:

$$4NO + 4NH_3 + O_2 \longrightarrow 4N_2 + 6H_2O \qquad (11\text{-}3)$$

$$NO+NO_2+2NH_3 \longrightarrow 2N_2+3H_2O \qquad (11\text{-}4)$$

干式脱硝装置主要由液态氨储罐、空气混合器、喷射器、催化剂装置、氨传感器和控制器组成。来自储罐的氨气，经空气混合器配制成一定浓度的氨气，由喷嘴均匀送入催化剂装置，在此进行脱硝。处理后的烟气经烟道送入下一级进行除尘脱硫。应在除尘脱硫前安装氨传感器测量剩余氨气浓度，并将其信号传输给控制器。控制器按事先输入的程序进行分析，得出需求空气混合量值并控制空气混合器的空气输入量，进而保证输入氨气的合理浓度。在反应过程中，反应温度和催化剂特性是影响脱硝的重要因素。采用不同类型催化剂，其最佳控制温度点不同，一般最佳温度范围在 250～350 ℃ 之间。脱硝催化剂是促进脱硝反应的催化剂，常以钛、铝等金属氧化物作活性物质，固定在陶瓷体的表面上。脱硝催化剂的选择应具有三点特性：① 具有一定的活性温度范围，保证锅炉负荷变化时具有较高的脱氮能力；② 对烟气中二氧化硫氧化作用小，以防止在催化剂作用下生成亚硫酸盐使其中毒；③ 催化剂应能经得起烟气中颗粒物的摩擦。现已开发出适用于各种燃料的催化剂供使用者选择，在进行催化剂构型选择时还要考虑烟尘的沉积问题，一般格子形和板状的催化剂抗沉积性能强。

湿式脱硝常用的技术有氧化吸收法，以双氧水/氨水作吸收液，在吸收二氧化硫的同时，将一氧化氮氧化为二氧化氮而吸收；氧化还原法，用氨水作吸收液，在吸收二氧化硫的同时还原氮氧化物。采用以上两种方法脱硝时，可直接利用现有湿式脱硫器，同时达到脱硫脱硝的目的。由于上述吸收液的成本问题，现还没有得到广泛应用。

三、锅炉房污水循环利用技术

1. 指标要求

锅炉房排放的污水主要来自锅炉房水质前处理过程的工艺废水、锅炉排污水、冲渣水和湿式除尘脱硫装置排水，其主要污染物有 pH 值、悬浮物、COD、硫化物、总酚、重金属、总盐分等。这些污染物若直接排入环境将造成水体污染。另一方面，水处理所排废水和排污水应特别注意循环利用，因其碱度高，含碱金属元素，有一定脱硫功能。因此可优先用于湿法脱硫补充水，也可用于燃煤掺水和洗煤水，经脱硫后的污水因吸收了二氧化硫，pH 值变小，适用于冲渣。最后集中进行污水处理达标后方可排放。这样既达到了一水多用，又杜绝了污染物排放，保护了环境。一般来说，冲渣水质要求不严格，经去除悬浮物后即可重复使用，但作为湿式除尘器的上水，对水质有一定的要求，如 pH 值应在 8～11，悬浮物质量浓度 <150 mg/m³，各种盐类化合物质量浓度应小于其结晶点，才能保证湿式除尘器稳定工作不堵塞。因此在进行锅炉房污水循环利用时，应进行化验分析工作，达到湿式除尘器进水的基本要求。

2. 工艺流程

锅炉房污水治理的工艺流程包括调节池、一沉池、二沉池、储水池和配液池等，其工艺流程如图 11-5 所示。

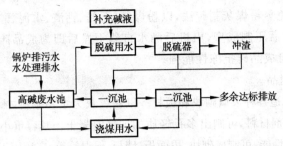

图 11-5 锅炉房污水治理与循环利用工艺流程

四、固弃物的综合利用

我国对粉煤灰的利用始于 20 世纪 50 年代,主要用于建筑材料或建材制品。到 60～70 年代,粉煤灰的利用技术已趋于成熟,广泛用于建材、交通、工业、农业、水利等行业。近年来在国家发展循环经济政策的推动下,我国开发的灰渣利用技术已达 200 项之多,进入工程实施阶段的也有 30～50 项之多。粉煤灰开发的新产品、新技术、新工艺不断涌现。我国粉煤灰综合利用量由 1995 年的 5 188 万吨增加到 2000 年的 7 000 万吨,利用率由 43％上升到 58％。

1. 粉煤灰在建材工业上的应用

粉煤灰中含有大量的 SiO_2(40％～65％)和 Al_2O_3(15％～40％),且具有一定的活性,可以作为建材工业的原料。

(1) 生产水泥及其制品。

粉煤灰中 SiO_2 和 Al_2O_3 的含量占 70％以上,可以代替黏土配料作为部分生料生产水泥,同时还可利用残余炭,降低燃料消耗。在水泥生料配置中加入适量粉煤灰后再进行生料磨合烧制,即可制成普通硅酸盐水泥。一般生产矿渣硅酸盐水泥粉煤灰掺加量≤15％,普通硅酸盐水泥粉煤灰掺加量为 20％～40％。粉煤灰硅酸盐水泥耐硫酸盐侵蚀和水侵蚀,水化热低,适用于一般民用和工业建筑工程、大体积混凝土工程、地下或水下混凝土构筑等。

在建筑施工中,还可直接利用细度大、活性高、含碳量低的高质量粉煤灰,替代部分水泥作混凝土的掺合料(每立方混凝土可用灰 50～100 kg),这样可以节约水泥在建筑工程中的用量。

(2) 生产烧结砖和蒸养砖。

粉煤灰烧结砖是以粉煤灰、黏土为原料,经搅拌成型、干燥、焙烧而制成的砖。粉煤灰掺加量为 30％～70％,生产工艺与普通黏土砖大体相同。用于制烧结砖的粉煤灰要求含硫量不大于 1％,含碳量 10％～20％。用粉煤灰生产烧结砖既消化了粉煤灰,又节省了大量黏土,保护耕地,同时还可降低燃料消耗。

粉煤灰蒸养砖是以粉煤灰为主要原料,掺入适量生石灰、石膏,经坯料制备、压制成型、常压或高压蒸汽养护而制成的砖。粉煤灰蒸养砖的配比一般为:粉煤灰 88％、石灰 10％、石膏 2％、掺水量 20％～25％。

近年来,利用粉煤灰制砖工艺不断得到改进,砖的质量和经济效益都有明显提高。例如最近发明的免烧免蒸粉煤灰制砖法,以粉煤灰、石粉、钙渣、水泥、醇胺为原料,按一定配比混合加水搅拌,然后压制成型,出机后洒水自然干燥后即为成品砖。该法节煤省电、不污染环境、成本低,且成品砖抗冻性能强。

(3) 生产建筑制品。

粉煤灰可用来制造各种大型砌块和板材。以粉煤灰为主要原料,掺入一定量石灰、水泥,加入少量铝粉等发泡剂材料,可制出多孔轻质的加气混凝土。其容重小,保温性好,且具有可锯、可刨、可钉的优良性能,可制成砌块、屋面板、墙板、保温管等,广泛用于工业及民用建筑。

(4) 粉煤灰用于筑路和回填。

用粉煤灰、石灰、碎石按一定比例混合搅拌可制作路面基层材料。例如法国普遍采用以 80% 的粉煤灰和 20% 的石灰配制水硬性胶凝材料,并掺加碎石和沙做道路的底层和垫层。这种材料成本低,施工方便,强度也很好。

回填可大量使用粉煤灰,主要用于工程回填、围海造地、矿井回填等方面,但应对粉煤灰进行适当处理,防止给地下水体造成污染。例如,安徽淮北电厂与煤矿配合,用粉煤灰充填煤矿塌陷区千余亩,覆土后造地种植农作物,既解决了电厂排灰出路,又造了土地,这对我国人多地少的国情有重要的现实意义。

2. 粉煤灰在农业方面的作用

(1) 直接施于农田。

据对热电厂粉煤灰的分析,其所含营养成分如下:氮 0.058 8%、磷 0.129 8%、钾 0.713 3%、钙 1%~8%。因此,将粉煤灰直接施于农田,可以改善黏质土壤结构,使之疏松通气,同时可供给作物所必需的部分营养元素。特别是它所含的各种微量元素和稀土元素可促进作物生长发育,增加作物对病虫害的抵抗力。但它也可能会改变土壤的化学平衡,影响许多营养元素的有效性,使用时应注意根据土质的不同合理施加粉煤灰。总之,它有一定的改土、增产作用,在一定程度上可用作土壤改良剂直接施用于农田。

(2) 粉煤灰用作肥料。

粉煤灰中含有丰富的微量元素,如 Cu、Zn、B、Mo、Fe、Si 等,可做一般肥料用,也可加工成高效肥料使用。粉煤灰含氧化钙 2%~5%,氧化镁 1%~2%,只要增加适量磷矿粉并利用白云石作助熔剂,即可生产钙镁磷肥。粉煤灰含氧化硅 50%~60%,但可被吸收的有效硅仅 1%~2%,在含钙高的煤高温燃烧后,可大大提高硅的有效性,作为农田硅钙肥施用,对南方缺钙土壤上的水稻有增产作用。除此之外,还可用粉煤灰作原料,配加一定量的苛性钾、碳酸钾或钾盐,生产硅钾肥或硅钙钾肥。

用粉煤灰为原料,生产新型化学肥料的工作近年来已取得一定进展。如日本电力中央研究所研制成功了用粉煤灰制取一种新型钾质肥料的新技术。这种硅酸钾肥料是利用加入 K_2CO_3 后的粉煤灰配合补助剂 $Mg(OH)_2$ 加上粉煤、乙醇废液,按一定比例混合、造粒、干燥、筛分后,在 800~1 000 ℃ 高温下煅烧而成的。这种钾肥在雨水下难以溶解流失,内含的硅酸成分有利于水稻生长和保持蔬菜的新鲜度,有利于植物根系的生长。它巧妙地利用了粉煤灰中的 SiO_2 成分,制成的硅酸钾肥具有通常钾肥所不具有的缓效性肥效的优点,每生产 1 t 产品可消耗 0.80 t 粉煤灰,故其问世后,很快受到各国的重视。

粉煤灰的农业利用投资小、见效快,利用得当,将会产生明显的社会效益、环境效益和经济效益。

3. 粉煤灰的其他用途

(1)分选空心玻璃微珠。

空心玻璃微珠在粉煤灰中含量高达50%~80%,其显著特点是轻质、高强度、耐高温、绝缘性能好,因而已成为一种多功能无机材料,在建材、塑料、催化剂、电器绝缘材料、复合表面材料的生产上得到广泛应用。粉煤灰中微珠可采用漂浮法来提取。

(2)用作橡胶、塑料制品的填充剂。

经过活化处理的粉煤灰代替碳酸钙作橡胶、塑料制品的填充剂,可提高制品性能,降低生产成本。

(3)提取金属。

粉煤灰中铝含量高,因而用它作原料,用酸溶法制取聚合氯化铝、三氯化铝、硫酸铝等化合物。

(4)回收稀有金属和变价金属。

美国、日本、加拿大等国正在开发从粉煤灰中回收稀有金属和变价金属,如钼、锗、钒的提取已实现工业化。美国田纳西州橡树岭实验室已研制成从煤灰中回收98%的铝和70%以上其他金属的方法。尽管从目前情况来看,这种方法提取铝的成本要比从铝矾土中炼出铝高30%,但它也有可能成为一种新的"铝矿"资源。

此外,还可利用粉煤灰生产石棉、吸附剂、分子筛、过滤介质、某些复合材料等。

第二节　锅炉烟气净化设备选型、安装及运行管理

一、净化设备的选型

在生产实际中往往遇到这样的情况,锅炉设备定型后,如何选择烟气净化设备的类型,使其达到节能减排经济适用的目的,就成为烟气净化设备工程设计中首先要解决的问题。需考虑五个因素:① 净化后烟气污染物是否可稳定达标;② 所选设备及其附属设备的占地面积是否满足工程预留面积要求;③ 排放烟气参数是否符合总体工程指标;④ 净化设备的使用寿命;⑤ 净化设备的成本低,运行管理费用少,设备维护工作量少。其中前三项指标是关键,不能达到可直接否定,第④、⑤项是经济指标,厂方应进行综合经济核算与环保评价,以达到节能减排的目标。下面对前三项指标的评价方法进行简介。

1. 净化设备达标性能的评价

首先弄清工程所在地近期锅炉污染物排放限值,包括污染物排放浓度限值和当地环保部门给定的烟尘、二氧化硫总量排放限值。在评价前还要调查当地供煤渠道提供的煤质类型、煤的含硫量和灰分指标。根据净化产品提供的除尘脱硫效率,按式(11-5)进行稳定排放达标的测算。

$$C_{bi} > 0.016 \frac{BS\left(1-\dfrac{\eta}{100}\right) \times \dfrac{\alpha}{\alpha'}}{Q_{nd}} \times 10^6 \tag{11-5}$$

式中：C_{bi}——当地当时锅炉污染物排放标准中二氧化硫质量浓度排放限值，mg/m^3；

$\quad\quad B$——锅炉满负荷时小时用煤量，kg/h；

$\quad\quad S$——当地煤种的最高含硫量，%；

$\quad\quad \eta$——烟气净化器的脱硫效率，%；

$\quad\quad \alpha$——排烟处空气系数，可参阅锅炉在满负荷时设计指标，一般情况取值 $2.0\sim2.5$；

$\quad\quad \alpha'$——空气过剩折算系数，工业锅炉可取 1.8，其他窑炉、电厂锅炉参阅相应排放标准；

$\quad\quad Q_{nd}$——锅炉在满负荷时烟气排放量设计指标，m^3（干）$/h$。

式(11-5)右端的参数可查阅锅炉产品说明书或向生产厂家咨询。式(11-5)的计算结果是采用此种净化设备后烟气中二氧化硫最高排放浓度，当该值小于控制标准浓度 C_{bi} 时，说明该净化设备的脱硫效率可满足二氧化硫浓度排放标准的要求。烟尘排放达标方法可按式(11-6)测算。

$$C_{bi} > \frac{BAd_{fh}\left(1-\dfrac{\eta}{100}\right)}{(1-C_{fh})Q_{nd}} \times \frac{\alpha}{\alpha'} \times 10^6 \tag{11-6}$$

式中：C_{bi}——当地当时锅炉污染物排放标准中烟尘质量浓度排放限值，mg/m^3；

$\quad\quad \eta$——净化设备的除尘效率，%；

$\quad\quad A$——煤中灰分含量系数（通过煤质化验即可获得各种煤质的最高数据）；

$\quad\quad d_{fh}$——灰分中飞灰含量系数，见表 11-1；

$\quad\quad C_{fh}$——飞灰中可燃物含量系数，见表 11-2；

其他符号意义同式 11-5。

表 11-1 烟尘（中灰分）占燃料（中）灰分的百分比

炉　型	$d_{fh}/\%$	炉　型	$d_{fh}/\%$
手烧炉	$15\sim25$	抛煤机炉	$25\sim40$
链条炉	$15\sim25$	沸腾炉	$40\sim60$
往复推饲炉排	$15\sim20$	煤粉炉	$75\sim85$
振动炉	$20\sim40$	油炉/天燃气炉	0

表 11-2 烟尘中的可燃物含量

燃烧方式	C_{fh} 范围/%	燃烧方式	C_{fh} 范围/%
手烧固定	$10\sim30$	沸腾炉	$15\sim25$
链条炉排	$13\sim15$	工业窑炉	$10\sim30$
抛煤机	$15\sim20$	燃油（重油）锅炉	$15\sim20$
煤粉炉	$4\sim8$		

首先将有关数据代入式(11-6)右端进行计算,其结果为采用此种净化设备后的烟尘排放最高质量浓度,当测算的质量浓度值小于标准排放质量浓度限值时,说明被评价净化设备具有稳定达标的能力。

2. 净化设备性能指标评价方法

除尘、脱硫效率虽为净化设备的重要指标,但在选择净化设备时也不能忽略其他相关参数。这些参数为:额定风量条件下净化设备的阻力损失、烟气排放温度、烟气含湿量。

1)净化设备阻力损失

不同类型净化设备在处理相同风量时的阻力损失相差很大,这与净化设备的结构有关。当净化设备的阻力与锅炉系统阻力之和大于配置风机的风压时,则风机提供的引风量不足,严重时将导致锅炉呈正压,达不到满负荷要求。阻力损失主要来源于锅炉风道系统阻力和净化设备阻力,其中锅炉风道系统阻力可查阅锅炉风道设计资料,净化设备阻力一般从产品说明书中选取。净化设备阻力的评价方法可按式(11-7)测算。

$$p_0 > (p_1 + p_2) \times (1 + K) \tag{11-7}$$

式中:p_0——风机在设计风量下入口处全压(可查阅配制的风机特性曲线),Pa;

p_1、p_2——分别为锅炉系统阻力和净化设备阻力,Pa;

K——附加系数,可取 0.1~0.15。

当锅炉和烟道管网的设计确定后,锅炉系统阻力已固定,选择净化设备,使其阻力满足式(11-7)要求。当其能满足条件时,应尽可能选择阻力小的净化设备,这样可减少运行中的能量消耗。附加系数是考虑到锅炉运行一定时间后,因烟道积灰而造成的阻力增加效应。图11-6是某风机的特性曲线。图中斜线区域是风机最佳工作状态区,其中 H-Q 曲线为风压-风量工作曲线。在选择净化设备时,在配制风机"特性曲线"H-Q 上,依据锅炉需求风量查出对应风压,该值就是式(11-7)中的 p_0 值。

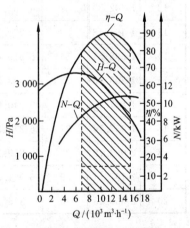

图 11-6 风机特性曲线

2)烟气含湿量与露点温度

在选择湿式烟气净化设备时,应注意烟气排放温度保持在烟气露点以上,否则最好选择具有烟气排放再加温能力的湿式烟气净化设备,若没有烟气再加温系统,应评价是否产生结露问题。首先依据湿式烟气净化设备产品说明书给出的烟气含湿量,将其转化为水蒸气分压力,以该水蒸气分压值,查表11-3所对应的温度,即是烟气的露点温度。然后比较其烟气排放温度是否大于露点温度,若小于露点温度,说明烟气将会产生结露现象,因此不能采用。烟气含湿量转化为水蒸气分压力的方法如下:

$$p_{H_2O} = (B_a - p_s) X_{sw} \tag{11-8}$$

式中:p_{H_2O}——水蒸气的分压力,Pa;

B_a——季平均大气压力,Pa;

p_s——负荷运行时入口处静压力,可近似用 p_0 替代,Pa;

X_{sw}——净化设备出口含湿量，%。

表 11-3 水的饱和蒸气压

温度/℃	压力/Pa	温度/℃	压力/Pa	温度/℃	压力/Pa	温度/℃	压力/Pa	温度/℃	压力/Pa
1	657.27	21	2 486.42	41	7 777.89	61	20 851.25	81	49 288.40
2	705.26	22	2 646.40	42	8 199.18	62	21 837.82	82	51 314.87
3	758.59	23	2 809.05	43	8 639.14	63	22 851.05	83	53 407.99
4	813.25	24	2 983.70	44	9 100.42	64	23 904.28	84	55 567.78
5	871.91	25	3 167.68	45	9 583.04	65	24 997.50	85	57 807.55
6	934.57	26	3 361.00	46	1 008.56	66	26 144.05	86	60 133.99
7	1 001.23	27	3 564.98	47	10 612.27	67	27 330.60	87	62 220.44
8	1 073.23	28	3 779.62	48	11 160.22	68	28 557.14	88	64 940.17
9	1 147.89	29	4 004.93	49	11 734.83	69	29 823.68	89	67 473.25
10	1 227.88	30	4 242.24	50	12 333.43	70	31 156.88	90	70 099.66
11	1 311.87	31	4 492.86	51	12 958.70	71	32 516.75	91	72 806.05
12	1 402.53	32	4 754.19	52	13 611.97	72	33 943.27	92	75 592.44
13	1 497.18	33	5 030.16	53	14 291.90	73	35 432.12	93	78 472.15
14	1 598.51	34	5 319.47	54	14 998.50	74	36 956.30	94	81 445.19
15	1 705.16	35	5 623.44	55	15 731.76	75	38 542.81	95	84 511.55
16	1 817.15	36	5 940.74	56	16 505.02	76	40 182.65	96	87 671.23
17	1 937.14	37	6 275.37	57	17 304.94	77	41 875.81	97	90 937.57
18	2 063.79	38	6 619.34	58	18 144.85	78	43 635.64	98	94 297.24
19	2 197.11	39	6 991.30	59	19 011.43	79	45462.12	99	97 750.22
20	2 338.43	40	7 375.26	60	19 910.00	80	47 341.93	100	101 325

例如：B_a＝101 325 Pa，p_s＝1 800 Pa，X_{sw}＝8%；计算得到 p_{H_2O}＝7 962 Pa，查表11-3，露点温度约为 42 ℃。说明湿式净化设备处理后的烟气不能低于 42 ℃，否则就会发生结露现象。一般湿式净化设备说明书都注明排烟温度参数，但有时出入较大，最好采用同类产品的实际烟温进行评价。

二、净化设备的安装、维护和日常管理

1. 净化设备的质量检查

首先依据厂方提供的技术资料，检查净化设备结构是否符合图纸与合同要求，辅助配件是否齐全，进一步检查内外部焊缝和内壁。要求焊缝严密不漏气，设备内壁光滑、平整、无毛刺。检查设备所有法兰连接件，要求法兰配套，法兰螺孔要配钻，法兰面应平整，法兰与管件焊接要垂直。对内衬防腐耐磨材料的净化设备，应要求表面平滑，黏合牢固无缝

隙。对具有锁气器的净化设备,要求锁气器加工光洁度高,配合面平整,传动机构动作灵活,往复开关性能良好,开时出灰畅通,闭时严密不漏气。

2. 净化设备的安装

根据设备自重和工作时的负重,合理实施土建基础施工,保证长期稳定运行,不发生沉降现象。设备的支撑架应具有足够的强度,使整体结构易于设备的安装和拆卸,并留有安装、维护时人员上下的阶梯和安全通道。

在安装净化设备时,应保证设备安装牢固并处于水平状态。各管道接口严密不漏气。对设备的进出管道按环保要求留有监测孔位和监测操作平台。在进行管道连接时,尽可能减少弯道和避免管道出现向下折角而造成积灰的死角现象。在连接管道与阀门时应注意含尘气体的流速和流向,一般设计管道内气体流速 $10\sim15$ m/s,其流向应保证气体进入和流出净化设备时走向一致。对口径较大的入口最好加设气体稳流装置以保证进入净化设备的烟气分布均匀,有利于除尘脱硫效果的提高。气体稳流装置是在烟管内,沿管道方向安装平行板,平行板间距控制在 $10\sim20$ cm,它可以起到对气流的导流作用。在安装净化设备时,特别注意设备的人孔、观察孔、检修门和管件安装后的气密性。对湿式净化设备的上下水道接口要密封不漏水。整体设备与风机的连接采用软连接方式,以防止风机振动对管网和净化设备产生不利影响。

3. 净化设备的日常管理与维护

1) 净化设备的调试和试运行

安装完毕净化系统,需通过调整连续试运行,直至达到设计要求后方可交付使用。在试运行设备启动前,应进行详细检查,清理杂物。启动时调小风阀,以免造成启动电流过载。对湿式除尘器,在启动风机前首先启动水泵并调整水循环的流量,观察水压变化,当水压过高而流量调不大时,说明水路循环有障碍,应检查排除再试,直到流量达到设计要求。这时可启动风机调节风阀至满负荷风量。同时观察风机入口压力(全压)变化,当调整风量为正常运行值时,入口风压点位于 $H\text{-}Q$ 曲线斜线区域,说明风机处于良好的工作状态,此时气路、水路处于正常状态,系统可开始进入连续试运行阶段。

在试运行阶段,对旋风除尘器应检查排灰通道是否畅通,锁气器动作是否灵活,动作复位后是否漏气。对湿式除尘器,应通过观察孔观察喷头雾化情况,了解水雾分布是否均匀,如存在明显不均匀现象,会造成烟气短路,影响脱硫效率,应调整喷头位置和方向,使水雾达到最佳均匀状态。同时检查排水流量是否稳定,如随着时间增长,排水流量减小,说明水路有堵塞问题,要检查原因予以排除。对泡沫除尘器,应观察泡沫层的分布厚度、均匀程度及是否有烟气短路现象,可通过给水流量使其达到最佳状态。当水路调整完毕后,观察排放烟气有无带水现象,若带水严重,应检查脱水器的工作状况,寻找原因并给予排除。

2) 净化设备维护和日常管理工作

经连续试运行一定时间(最小 24 h)后,设备可交付使用。在日常使用中,首先要建立健全环保管理机构,配备一定的专业技术人员和管理维护人员,有计划地进行环保科普知识教育,讲授环保设施的构造、工作原理及操作技术、维修保养等基本知识。在提高干部的管理水平和工人素质的同时,还必须对各项环保设施制定操作规程与管理制度、设备维

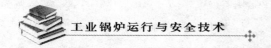

修保养制度和运行工况的检查制度等各种规章制度。由于烟气净化设备种类繁多,其维护方式各有特殊要求,所以在制定维护保养制度时应参照有关说明书,将其条款写入管理制度中。一般的维护保养规定如下:

(1)建立设备运行检查记录。应包括锅炉运行负荷和运行时间,煤的用量和种类、灰分、含硫量,电机的电流和电压值,烟气温度和压力,循环水的 pH 值,脱硫剂投放时间和投放量,设备运行中的异常情况,设备停止运行的时间和采取的措施。

(2)设备短时间停止运行时,应先停止风机后停止循环水,以保证设备中烟气腐蚀成分清除净。设备运行时应保证循环水 pH 值在 7~9 的范围。设备长期停用时,首先进行内部清淤和清洁,并检查防腐层有无腐蚀情况并予以修复,放出设备和管路中的积水,保持干态封存。

(3)建立设备运行检查记录分析制度,对出现的问题和故障作出判断,定期对设备进行小修、中修和大修。

(4)设备小修是在不停止运行条件下,不定期进行维护工作,如对水泵入口过滤器的更换、喷头清洗、设备表面腐蚀的清除防护。

(5)设备中修属于有计划的定期检修。一般对各类净化器的易损部件(喷头)、传动部件及有寿命的附属设备(风机、水泵)进行检查或更换。按事先安排的计划对设备进行清理和检修。如发现异常情况应及时修理或更换,确保系统正常连续运行。设备的中修可根据生产的实际情况,在停止运行中进行。中修完毕,设备应马上投入运行。

(6)设备大修一般安排在锅炉停炉时进行。此时,锅炉和烟气净化系统已完全停机,有比较充裕的时间。大修期间应对除尘脱硫系统作全面系统的检查,尤其是引风机、电动机、灰尘输送系统、清灰机构、各类测试仪表控制装置等,应作为检修的重点。对某些设备和部件,根据磨损情况及质量,需修复的修复,需更换的更换。

在大修期间锅炉停止运行后,风机除尘、脱硫系统还需运行 10~15 min,以排除残留烟气,保证维修人员的安全。在进行设备维修前,应切断电源,避免发生触电事故。

(7)要做好检修记录,健全设备档案。

第三节　生产供热与节能减排应用技术

一、生产供热分类与特点

生产供热就是对生产工艺供给所需一定压力的蒸汽、一定温度的热水或其他载热体,如导热油或热风等。生产供热一般可分为直接供热、间接供热、动力拖动供热。

1. 直接供热

直接供热是将生产工艺所需要的上述蒸汽或热水及其他载热体,直接送往被加热设备或介质内,甚至二者混合成为一体,达到所要求的工艺温度。因而这种加热方式热效率较高,无疏水排放与冷凝水回收问题。属于直接供热的生产工艺很多,如锅炉除氧器内用蒸汽加热除氧;锅炉炉膛或尾部受热面积灰、结渣时,用蒸汽进行清扫、吹灰;油田打井遇到井下原油黏度太大时,用注汽锅炉所产高压蒸汽专门进行油层加热;医院用蒸汽消毒灭菌;制作水泥构件用蒸汽加热养护;煤气发生炉在汽化时输送适量蒸汽,提高混合温度或制造水煤气;纺织厂印染漂洗用蒸汽加热热水方便面厂用蒸汽加热蒸熟等。

2. 间接供热

间接供热指生产工艺所需上述蒸汽或热水及其他载热体与被加热介质或物体不能直接接触,而用热交换器的隔板隔开,二者之间的热量传递是依据热传导原理进行的,把蒸汽或热水及其他载热体的热能传递给被加热物体,因而必然产生蒸汽凝结水或低温水与低温载热体的问题,应加以回收利用或循环使用,这样不但回收了热能,同时也回收了水资源与低温载热体。此类供热方式因有热能转换效率问题,其热能利用率比直接供热要低得多。间接加热方式例子很多,如采暖、空调、制冷、通风;热力站的换热器内的热交换;烘干(干燥)、蒸煮(蒸发)、橡胶硫化、保温加热等;还有导热油热载热体加热及原油输送管网保温等。

3. 动力拖动供热

动力拖动供热是利用蒸汽的高温、高压动能去驱动某一设备转动,或者利用其压力能作为雾化介质。如蒸汽驱动汽轮机旋转,带动发电机发电;汽轮机带动大型风机转动鼓风;还有蒸汽机车、船舶锅炉、蒸汽锻造等。汽轮机带动发电机发电是目前火力发电与热电联产的主要生产工艺;汽轮机带动风机旋转是大型冶金工厂目前替代电动机的一种主要方式。这些设备排出的不是冷凝水,而是低品位的蒸汽,回收利用是节能的重要途径。蒸汽机车、小型船舶、蒸汽喷射制冷、锻造等作为动力源的设备,也排出低品位蒸汽,回收利用较为困难,热能损失大,近年来有逐步淘汰的趋势。

二、余热资源分类与回收方法

余热的概念应按 GB/T 1028—2000《工业余热术语、分类、等级及余热资源量计算方法》来解释。规定以环境温度为基准,从某一被考察的载热体系中释放出的热量称为余热。它包括目前实际可利用的和不可利用的两部分热量。经技术经济分析确定可回收利用的热量称为余热资源量,已回收利用的余热资源占总余热量的百分比称为余热资源回收利用率。余热利用技术就是研究可回收利用的余热量及其回收利用的方法、技术与经济效益。

按上述标准规范规定,余热资源等级划分是按余热资源回收期长短来决定的。其中投资回收期小于 3 年的称为一等余热资源,3~6 年的称为二等余热资源,大于 6 年的称为三等余热资源。在实际研究余热资源回收利用技术工作中,对投资回收期的及时确定遇有一定困难。因为投资回收期的长短影响因素较多,如回收技术或方法的先进程度、回收设备的优劣、贷款利率的高低等,不能立刻确定。因此,在习惯上常以余热源的温度高低来划分,这既较为方便直观,又能体现余热量的大小,一般可分为:

(1) 高温余热,大于 500 ℃。

(2) 中温余热,300~500 ℃。

(3) 低温余热,小于 300 ℃。

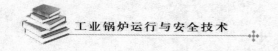

三、余热资源回收技术

1. 高温余热资源的回收利用

高温余热由于温度高,节能潜力大,容易引起重视,一般回收利用的较为普遍,如各种冶炼炉窑、加热炉的排烟、水泥回转窑、玻璃炉的排烟等。值得重视的是,有些炉窑不仅排出高温烟气,而且在烟气中往往带有可燃气体,是一种低热值气体燃料,需一并加以回收利用,如炼铁高炉排出高炉煤气,炼钢氧气顶吹转炉排出转炉煤气,炼焦炉排出焦炉煤气,都是冶金企业的重要燃料,回收利用价值巨大,有的先进企业可达到负能炼钢;石油、化工等行业的许多设备,在排出的高温气体中附有反应生成的各种可燃气体,是一种宝贵的气体燃料资源,应加以综合回收利用;硫酸生产工艺排出的高温烟气含有可燃气体,设置余热锅炉回收利用,可获得 4.0 MPa 以上的高压高温蒸汽,用于热电联产;用裂化法制取乙烯工艺排气,也含有可燃气体,设置余热锅炉回收利用余热余能,可获得 15 MPa 的高压高温蒸汽,用于发电。

针对以上各种设备的具体情况,均采取相应的回收技术与方法。对资源量大、温度高的余热源多数设置余热锅炉,生产高压蒸汽,进行热电联产。有条件的最好专门回收可燃气体,用作燃料。如炼铁高炉煤气、炼焦炉煤气、炼钢转炉煤气及石化企业的瓦斯气作为气体燃料再利用,节能减排效果更好。

除高温余热外,余压也是一种能量资源,应加以利用。如高炉炉顶余压发电(TRT)在冶金工厂高炉炼铁设备中应用较多。回收固体高温余热比较麻烦,对于颗粒较小的高温固体,近年来多采用流态化方法回收余热,在流态化催化裂化工艺中已有较成熟的回收技术与方法。对于大块高温固体,现采用气体热载体方法进行余热回收。如炼焦炉的干熄焦技术(CDQ)就是一种较好的回收高温余热技术。它是利用一种非燃性的惰性气体去冷却赤热焦炭,使吸热后的高温气体通往余热锅炉内,进行热交换,产生高温、高压蒸汽用于热电联产。一座每小时生产焦炭 56 t 的炼焦炉,采用干熄焦工艺,设置余热锅炉回收余热,实行热电联产,每小时可发电 6 000 kW,还不计蒸汽的价值。由此可见,高温余热设置余热锅炉产生高压、高温蒸汽,用于热电联产,实行热能梯级利用,是最佳的回收利用技术之一。

2. 中温余热资源的回收利用

中温余热资源大多属于燃料燃烧装置中排出的中温烟气,且带有一定含量的烟尘与有害气体 SO_2、NO_x 等。如燃气轮机排气、涡轮蒸汽机排汽、热处理炉排烟、石化行业的催化裂化装置排气等。排出的气体温度大致在 300~500 ℃ 之间,属于中温余热资源,应加以充分回收利用,达到节能减排功效。因为回收中温余热可转化为有用热能,并可收到一定的降尘作用。

中温余热回收利用方法大体上与高温余热回收利用方法类同。但由于余热温度较低,传热效率不如高温余热高,因而应参考高温余热的回收技术与方法,结合中温余热特点进行开发研究,以取得较好的经济效益。

对大多数工业窑炉来说,最典型的回收中温余热方法是设置预热器,用以预热工艺所需热水,或预热燃烧用助燃空气,提高燃烧温度,节省燃料消耗。回收中温余热设置余热锅炉的场合也较多,不过由于热源温度较低,产生高压、高温蒸汽有一定困难,因而主要用于生产饱和蒸汽或高温热水,用于生产或采暖、生活的供热源。

在开发研究中,对于中、低温余热回收利用技术,目前已有大的突破与进展,就是采用高效传热元件,提高余热资源回收利用率。现已开发出系列热管元件,并成功建造了热管省煤器、热管空气预热器与热管余热锅炉,应用于生产实际,是原有同类装置的换代产品,取得良好的经济效益。

3. 低温余热资源的回收利用

低温余热资源面广量大,广泛存在于各行各业的各种设备排出的低温热载体中,但往往不被人们重视。其实大部分低温余热资源来自各种耗能设备排出的 300 ℃以下的载热气体或液体,其排出总量远大于高温余热与中温余热的总和。因为高温、中温余热资源回收利用之后,仍然有低温余热资源排出,所以回收利用低温余热资源是节能减排工作非常重要的一项任务。

四、蒸汽凝结水回收利用

对于蒸汽利用过程中的节能减排,应建立系统节能观念,要抓好三个节能环节,即蒸汽的生产、输送和终端使用。用汽终端节能应包括用汽设备的合理设计,先进工艺设备的采用,操作技术的改进与设备维护等问题。而间接加热的用汽设备,有一个突出问题,就是如何对蒸汽凝结水回收利用。不仅要回收清洁的水资源,还可回收冷凝水的显热,促进用汽设备的高效利用,这对抓好节能减排是至关重要的。有关这一点,国内外曾制造了多种型号的疏水器和各种回收利用方法,大都因疏水器漏汽率高、寿命短,而不能把疏水和热能全部回收送至锅炉房。从美国引进的 SG 喷嘴型疏水器和天津研制的多孔径转盘式喷嘴型疏水器可组成凝结水回收系统,能获得满意的节能减排效果。冷凝水回收率为100%,凝结水热能回收率达 85%以上,蒸汽锅炉节能量在 20%以上,并可提高用汽设备的产量和产品质量。

1. 技术原理

现以多孔径转盘式喷嘴型为例,其结构如图 11-7 所示。喷嘴型疏水器的凝结水排出孔运用液体喷射原理制成。当汽-液两相流通过疏水器喷嘴时,具有连续排除凝结水及阻滞蒸汽流失的功能,由于凝结水的密度比蒸汽大数百倍,所以凝结水的排量远大于排汽量。同时,低密度高流速的蒸汽受到高密度低流速凝结水的阻滞,流速大幅度减慢,而高密度低流速的凝结水受高速蒸汽流的挤压,流速明显加快,排水量加大,因此凝结水的存在能阻滞蒸汽的流失。

2. 关键技术及创新点

(1)凝结水排出孔设计为喷嘴型结构,运用了流体喷射原理,构思新颖,结构紧凑,能及时连续排除凝结水,同时可有效阻止蒸汽流失,并可促使汽化潜热全部在用汽设备内部释放出来。

(2)疏水器转盘均布多个不同直径喷嘴,当用汽设备的负荷变

图 11-7 多孔径转盘式喷嘴型疏水器

化时,不需切断汽源,不影响生产,随时旋转多孔径转盘式喷嘴直径,即可改变疏水器的凝结水排量,达到与供汽负荷合理匹配,并具有可调背压功能,保证生产工艺正常进行。

（3）选用自润滑减磨材料制成旋转阀芯,提高了疏水器的使用寿命。

（4）新型疏水器无需增设动力源,便可将凝结水回送到锅炉补水箱,不失为传统疏水器的替代产品。

（5）新型疏水器设有除污装置,在运行中只要定期排污,不会堵塞。

3. 主要技术性能与适用范围

（1）该装置最高使用压力可达 1.27 MPa,无泄漏,最高使用温度在 250 ℃。均能只排水、不排汽,彻底解决了以往长期存在的"跑、冒、滴、漏"问题。

（2）可根据用汽设备的负荷变化情况,随时调整或更换喷嘴直径,便可改变疏水器的凝结水排量。使之与用汽设备保持合理匹配,从而保证并提高工艺所需温度,有效阻止蒸汽流失。

（3）喷嘴型疏水器可适应用汽量变化、在不同背压度和不同过冷度的场合,能保持正常工作,冷凝水回收率可达到 100%。

（4）疏水器壳体选用不锈钢,寿命可达 10 年以上。且安装简便,不设动力源,不需要专门进行维护保养。

（5）能连续排除凝结水与不可凝气体,无振动、无噪声、无泄漏,有利于环境保护,达到完全减排目标。

（6）以新型疏水器为核心元件,组成在线冷凝器回收系统,其热能回收率可达 85%,促进锅炉节能 20% 以上,组装系统如图 11-8 所示。

（7）该疏水器有阻滞排汽和可调背压功能,并可使蒸汽在设备内部完全变为冷凝水,促使汽化潜热全部释放出来,避免了该项热损失,从而可提高用汽设备的温度,有利于缩短加热时间,提高产量和质量。

由于该装置具有以上功能,可广泛应用于石油、化工、油漆、橡胶、造纸、纺织、印染、食品、制药、木材加工和建筑供暖等行业的间接蒸汽加热设备的冷凝水回收利用系统。

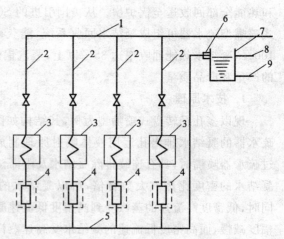

图 11-8　蒸汽加热设备凝结水回收系统

1—供汽干管;2—供汽支管;3—热交换设备;
4—疏水器阀组、保温单元;5—凝结水回收干管;
6—过滤器;7—保温水箱;8—补水管;9—锅炉补水管

4. 典型用户应用情况简介

（1）2004 年 5 月在天津市某橡胶制品有限公司硫化车间试用该疏水器。当时选择 68 台"多孔径转盘式喷嘴型疏水器",替换在线的疏水器,组装构成了新的可调背压的凝结水回收系统,直接把凝结水回送到锅炉房补水箱。凝结水回收管道长 800 m,最大标高 7 m,管道设有 0.5% 坡度,并全部增设了保温措施。在试运行调试时,首先根据单台平板硫化机的实际凝结水量,选择匹配的疏水器型号,达到与用汽量相匹配,使凝结水回收管网最大标高处和管内液体静压力为"0"。如果疏水器的凝结水排放量与供汽负荷不相匹配,将会影响生产的正常进行,这一点非常重要。冷凝水经过管道最高点后,沿 0.5% 坡度的输送管网靠位差自流到锅炉房保温补水箱。2005 年 9 月 1 日,经天津市计量技术研究院现场测试,冷凝水回收率为100%,管网出口水温为 95.2 ℃,并未发现出口处有闪蒸汽现象发生。

根据回水管道总长度和最大标高,通过调整疏水器喷嘴直径来调节系统背压,达到管网最大标高处管内液体静压力为"0"。释放出汽化潜热,提高了加热温度,只排水、不排汽,出口无闪蒸汽。这就是能提高产品质量和产量的关键所在。

根据该公司运行三个月的统计资源显示,锅炉房节水 95%,节煤 40% 以上,经济效益显著。同时缩小了供汽压力波动范围,提高并稳定了平板硫化机的加热温度,提高了产量和质量。

(2) 2006 年 5 月,为河北省文安县某木业有限公司设计安装了可调背压的凝结水回收系统。经过短短一个月的连续运行,锅炉房节水 95%、节煤 30%,合计节约 4.3 万元。同时提高并稳定了胶合板压合工艺温度,上下共 11 层板温度均匀,合格率由原来的 85% 提高到 95%,三层板的压合加热时间由原来的 44 s 缩短为 25 s。合计增加企业利润25.4万元。惊人的经济效益,在该地区有关厂家中引起了轰动,不到 2 个月时间,有 20 多个木材加工企业全部安装了冷凝水回收系统,同样取得了显著节能减排效果。

(3) 在天津某橡胶制品有限公司,选择硫化车间原有的 8 台浮球式疏水器构成的凝结水回收系统,并联了 8 台"多孔径转盘式喷嘴型疏水器",组装成可切换的两套冷凝水回收系统。于 2006 年 6 月 27 日,在平板硫化机供汽压力稳定、生产正常、产品与工艺不改变的前提下,由环境无害化技术转移中心北方分中心能源,利用测试站进行了对比测试,其结果如下:

① 采用喷嘴型疏水器构成的可调背压凝结水回收系统,水的回收率为 100%,凝结水热量回收率为 85%。

② 上述两个并联系统相比,前者较后者少用蒸汽的比率为 58.23%,节汽效果相当明显。

第四节　余热回收热能转换装置

一、热管装置

1. 热管原理与结构

热管是一种高效传热元件。单支热管由无缝钢管、金属管芯和工质三个要素构成,其工作原理如图 11-9 所示。钢管是密封的并抽成真空,内装有毛细管作用的金属管芯。当热管的受热端受热时,工质吸收热量,蒸发变为蒸汽,并向放热端移动,与冷的管壁接触而放热,同时冷凝成液体。由于管芯的毛细管作用或重力作用,液态工质又返回热管的受热端。因为是利用工质的蒸发和凝结汽化潜热来传递热量,所以热管的热阻非常小,只要两端有一点温度差,就能迅速传递大量热能。这是 20 世纪 60 年代为探索新的传热设备,强化传热效果而开发的新成果,因而受到人们的广泛重视,取得了显著节能减排效果。

2. 热管的分类与组装

一般按工作温度,热管可分为三种:高温热管,工作温度 350 ℃以上;中温热管,工作温度在 50～350 ℃;低温热管,工作温度低于 50 ℃。

目前国内用于中低温余热回收的热管多以普通锅炉钢管和水作工质,属于重力型热管。辽宁省已制定了 DB/T 696—93《余热回收用碳钢-水热管技术要求》地方标准。如回收利用高温余热,应改换材质并选用耐高温工质。为增强单根热管的传热性能,在热管一端或两端可做成翅片形,也可做成平板散热片,甚至辐射散热片等,以增大其传热面积,如图 11-10 所示。

用热管元件可组装成气-气型和气-汽型各种余热回收装置,还可制成分离式热管余热回收装置,以适应工艺要求与现场布置的需要。

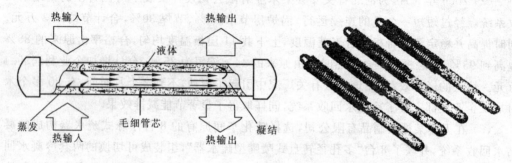

图 11-9 热管工作原理结构图　　　　　　图 11-10 镍基钎焊热管

3. 热管回收装置与应用

目前用热管组装成各种余热回收装置,并已成功应用于工业锅炉与电站锅炉的省煤器、空气预热器、蒸汽过热器与再热器,化肥行业用的余热锅炉、加氮空气预热器、吹风系统空气预热器、软水加热器,冶金行业用的余热锅炉、大型分离式热管空气、煤气双预热器、空气预热器,建材企业用的余热锅炉、热管蒸发器,硫酸企业用的热管省煤器,干燥、烘干领域用的热管热风炉,用途非常广泛。天津华能能源设备有限公司与辽宁省有关企业等,均可生产上述多种热管换热装置,销往全国各地,取得良好的节能减排效果。

4. 热管回收装置的特点及应用优势

(1) 余热回收率高。由于热管有很高的导热能力,比金属导体强得多,热导率比良好的金属导体要高 $10^3 \sim 10^4$ 倍,因而能进行高效传热,有的文献称超导传热,所以余热回收率高,尤其对中低温余热更为优越,应列为首选换代产品。

(2) 构造简单、结构紧凑、安装方便、内部阻力小、用途广泛。

(3) 使用寿命长,无需运行费用。本身无运转或驱动部件,免于维修,单根热管损坏,不会造成漏气问题,对整体设备无影响,经久耐用。可调整冷热端面积控制管壁温度,避免露点腐蚀。如遇有带烟尘的余热,可单设门,定期进行清扫,防止积灰。

(4) 供、排气各走不同的通道,不会相互混合,无漏气问题,能获得清洁热风或其他热载体。

（5）蒸发端与冷凝端可以分开，制成分离式热管余热回收装置，通过设计与合理布置，在冶金系统得到较好的应用。

（6）热管两端温差很小，利用这一特性，在某些等温实验研究、培养细菌、温度标定等方面有特殊用途。

国外曾有报道，利用小型特殊热管束回收飞机燃气轮机的排气高温余热，加热燃气轮机的助燃空气，以提高燃机的效率。其余热回收率可达到 $50\% \sim 70\%$，取得良好节能效果。

二、热泵装置

1. 热泵的工作原理与构成

热泵的构成主要包括四大部分，即蒸发器、压缩机、冷凝器与膨胀阀，详见图 11-11。热泵既是余热回收供热设备，又是空调制冷设备，其基本原理是相同的。热泵循环装置中的蒸发器，就是低温侧的换热器，余热源从低温侧被吸入，传给低沸点的载热工质，在换热器内吸热蒸发，使工质变为气态载体，然后进入压缩机内被压缩，变成高温高压的气体。当把此气体输送到冷凝器内时，向器外的介质释放出热量，又被冷凝液化。

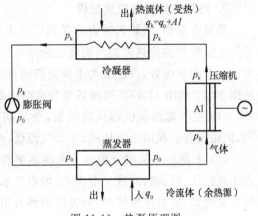

图 11-11　热泵原理图

为了使液化后的工质复原成低温低压状态，让其通过膨胀阀进行绝热膨胀，再输送到蒸发器内，完成一次逆卡诺循环，实现了低温余热回收，达到了节能减排目标要求。

热泵的工作原理与制冷机大致相同，只是它们的应用目的和工作温度范围不一样。热泵的基本功能是靠机械做功，把热量从低温热源提升到高温状态，给用户供热。而制冷机是利用低温侧换热器的蒸发吸热原理，把高温侧的冷凝器当做放热器，将释放出的热量排到周围环境或冷却水中。可见热泵循环的下界限是低温余热资源，上界限是需要供热的热用户；而在制冷循环中，上界限是周围环境介质，下界限是需要冷负荷的场所，二者正好相反。其实质是设备的卡诺循环方向问题。在中央空调领域，在夏季是供冷的制冷设备，在冬季又能将低品位热源提高温度，变为供热设备。热泵在工业供热领域往往被人们忽视。

2. 热泵的致热系数

热泵从温度为 T_0 的热源吸收热量，输送到高温侧 T_k 时，则 $(T_k - T_0)$ 就是热的提升高度，也可称为"热扬程"。在冷凝器中所放出的热量，也即对加热流体的加热量，称为"热出力"，即有效热量。有效热量和输送热量所消耗的功（折成热量）的比值，就是热泵的效率。热泵的这个特性系数称为致热系数（COP），一般用 φ 表示。

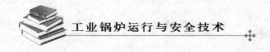
$$\varphi = \frac{\text{热出力}}{\text{输送热量耗功}} = \frac{q_k}{Al} = \frac{q_0 + Al}{Al} > 1 \tag{11-9}$$

式中：q_k——被加热流体所得到的热量；

q_0——从低温热源所获得的热量；

Al——输送热量所消耗的机械功（折成热量）。

由上式可见，当低温热源的温度愈高时，φ 值愈大，热泵的效率也愈高。热扬程（$T_k - T_0$）越高，输送热量所消耗的功也就越大，由于把输送热量所消耗的功折算成热量作为热出力的一部分，传送给用户了，因而致热系数永远大于 1，一般在 3.0～4.5 之间。

由于 φ 值大于 1，从热能转换角度评价，使用热泵比直接燃烧燃料或电热合算。这就是推广应用热泵可以节能的道理。

3. 热泵的分类与应用范围

热泵在空调、供热采暖方面受到广泛重视，发展速度很快。在夏天能够制冷空调，而冬天又能将低品位热源提高温度变为高品位热源，用于供热采暖。由于热泵在节能、环保方面具有明显优势，现已成为中央空调的重要冷热源设备。热泵在冬季与夏季的运行，详见图 11-12 和图 11-13。现将热泵分类略述如下：

（1）空气源热泵也称风冷热泵，是早期开发研制的产品，利用空气作为冷热源的空调、供暖设备。我国南方地区，冬天气温低，可用于采暖，夏季则制冷。

（2）水源热泵又可分为地下水源热泵和地表水源热泵，地下水需要抽出、回灌，而地表水包括江、河、湖、海或工业废水、城市污水、中水等。尤其是工矿企业的各种冷却水，不但水量充足，而且温度适当，开发应用潜力很大。

（3）地源热泵也叫土壤源热泵。在土壤中垂直埋管或水平埋管，从中取热或放热。在环保和运行能耗方面具有一定优势，有开发与发展潜力。

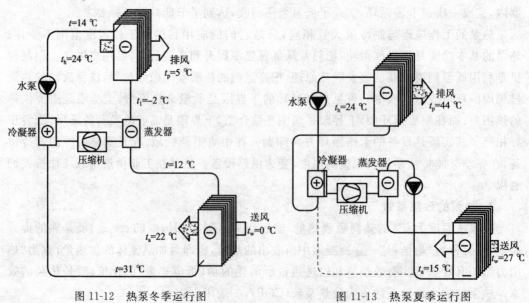

图 11-12　热泵冬季运行图　　　图 11-13　热泵夏季运行图

（4）水环热泵用循环水环路作为加热源与排热源。当热泵在制冷运行，向环路中的水放热时,可设冷却塔,将热量排向大气;当热泵在制热运行,如环路中水温低于一定值,可设加热装置,对其进行加热。因其各种水源广泛存在,发展潜力很大。

此外还有燃气热泵和蓄热式热泵等,请参阅有关资料,在此不作详细介绍。

4. 工业热泵的开发应用

目前国内热泵多应用于制冷、空调及供暖、空调和生活热水三联供方面,而且取得良好节能效果。但在工业领域开发应用得较少,远没有引起开发研究单位和能源界的高度重视。其实热泵在工业低温余势回收利用方面有广泛的应用前景,且节能减排效果显著,环保效益、社会效益也很好,亟待开发应用。

工业热泵结构原理与空调、制冷热泵完全一样,只在布置与连接方面有所不同。工业热泵主要有三种基本类型,即闭式循环热泵、开式循环热泵和吸收式循环热泵等,如图11-14~图11-16所示。其中闭式主要用于介质加热,开式主要用于稀溶液、物质浓缩,吸收式主要用于溴化锂制冷机等。在实践中还可开发多种形式与用途。

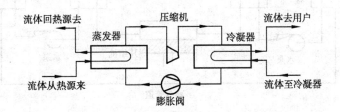

图 11-14　闭式循环热泵图

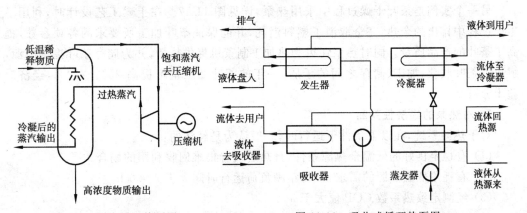

图 11-15　开式循环热泵图　　　　图 11-16　吸收式循环热泵图

目前工业热泵在奶品加工、制革、烟草、茶叶、纺织印染、酿酒、电镀电解、蒸馏蒸煮、物质浓缩、造纸、木材干燥、淬火热处理及冶金、发电冷却循环水等方面都有应用。以往这些行业所产生的低温余热,因各种原因没有回收利用,白白流失,造成能源浪费,环境污染。有些工矿企业为了循环冷却水降温,还专门增设冷却设备,增加了投资与能耗。如能开发应用热泵技术,既可以克服以上缺点,还可取得节能减排效果。现以茶叶加工厂为例,可看出热泵在低温余热回收利用方面的巨大潜力。

茶叶生产是季节性的,在茶叶收获季节需要同时加工和干燥冷藏。以往生产工艺是采用火焰式热风炉,因温度波动,很难掌握茶叶加工质量,如冷藏能力不足,还必须增加设备。茶叶在风干、干燥过程中产生许多余热,用别的设备回收利用效果不佳,而用热泵回收利用效果很好。如某厂在茶叶风干过程中采用热泵装置,蒸发温度为15 ℃,冷凝温度为50 ℃,致热系数达4.6。该工厂原来使用一般空调设备时,每吨原茶要消耗90~100 kg标煤,采用热泵风干后,每吨原茶耗电量为65~75 kW·h,相当于25~30 kg标煤,节能1/3左右。如图11-17所示。

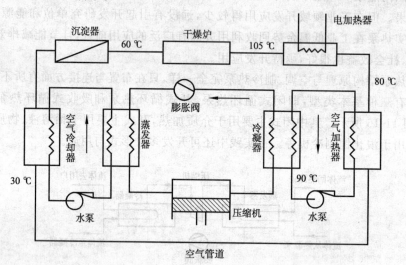

图 11-17 热泵在茶叶干燥工艺上的应用系统图

另一个实例是茶叶干燥过程中采用热泵,详见图11-17。在干燥工艺设计时,利用了生产过程中排出的余热,完全取消了燃料消耗,并能保证茶叶加工所要求的各项参数,提高了茶叶的产品质量。同时热泵还可为热加工制茶机提供热量,并为储存茶叶提供冷源,解决了茶叶收获、加工、储存之间的矛盾,一年的茶叶加工量可提高25%~30%,经济效益十分可观。

5. 对热泵的经济性判断

对于热泵系统,在以下条件下运行时,一般认为是经济的:

(1)有稳定良好的低温余热源条件,且热管装置很难回收利用的场合。

(2)有耗用低温热源的需求,且每年满负荷运行时间大于2 000 h。

(3)经测定致热系数COP值大于3。

(4)在夏季作供冷运行,冬季作供暖运行,不需另外增加能源。

(5)建筑物内部有较大的余热量,有可能在环境温度低于0 ℃时使用内部热源,加热建筑物的情况,如大型超市、体育馆、百货商场、影剧院等。

如果属于下列情况,热泵的经济性较差:致热系数COP值小于3;仅仅用于供暖或空调制冷单方面运行;热泵设置容量远大于供热负荷,处于低负荷运行等。

三、预热器装置

1. 预热器的优势及其应用效果

预热器主要用于中温余热资源回收工程,是一种应用广泛、技术非常成熟的热交换装置。它的最大优势是结构简单、造价低廉、制造周期短、运行方便、占地面积小、余热回收率较高等。几乎所有行业，凡是有中温余热资源的场所，需要回收利用余热资源时，均可设置预热器。工业锅炉最典型的预热器是省煤器和空气预热器。设置预热器的作用，可概括为：

（1）提高燃料燃烧温度。对于锅炉或窑炉而言，燃料燃烧所需要的助燃空气，如用热风助燃，便可提高燃烧温度。这一点对于低热值燃料更为重要。火焰温度提高了，便可提高传热效率，缩短加热时间，达到节能、减排目的。

（2）提高燃料燃烧效率。无论是固体、液体或气体燃料，用热风助燃，可起到强化燃烧，加快燃烧速度，达到完全燃烧，减少灰渣含碳量，提高燃烧效率的作用。

（3）收到节能减排功效。由于预热器可回收利用余热资源，把将要流失的"废热"回收后，变为有用热量，因而可起到节能减排作用，降低了燃料消耗，减少了 CO_2 与 SO_2 的排放，有利于环境保护。

（4）可提高企业的经济效益。把将要排放到环境中的余热资源回收，用以转换成温度较高的热水或热空气，用于生产供热或采暖空调，可降低成本，提高企业的经济效益。

2. 预热介质流动形式布置与特点

预热器壁面一侧是需要回收余热的热流体，另一侧是被预热的介质。如果热流体与被预热介质向同一方向流动，称为顺流布置，反之称为逆流布置；如相互垂直交叉流动称为错流布置。各种流动方式布置见图 11-18。各种布置方式均有其优缺点，将对余热回收效果、材质选用与布置场地等产生一定影响。

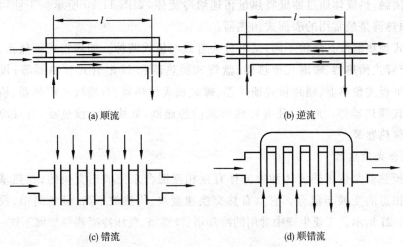

(a) 顺流 (b) 逆流

(c) 错流 (d) 顺错流

图 11-18　预热介质的几种流动形式

顺流布置的优点是预热器的器壁温度比较均匀。当热流体刚进入预热器，且温度最高时，被预热介质温度最低；当介质温度逐渐升高时，热流体温度逐渐降低。可见刚开始时，二者之间温差大，因此传热效果很好；到了后段，随着二者温差逐渐缩小，传热效果越来越差，总的热工特性并不好。另外由于进口处二者之间温差大，器壁容易产生热应力，在选用材质时应特别注意。

逆流式布置正好与顺流式相反。从预热器进口到出口，由于两种流体温度差能保持相对稳定,因此传热效果始终较好,预热温度也较高。由于预热器壁面开始温度较高,后段温度较低,因而可以选用两种材质,以降低成本。

顺流、逆流布置方式的温度示意图见图 11-19。在一般情况下,如热源体温度较高,而要求的预热温度不高,可采用顺流布置;当热源体温度较低,所要求的预热温度较高,则采用逆流布置。在具体设计时,往往根据实际情况与具体条件,多采用组合式布置,单纯顺流或逆流布置的并不多见。

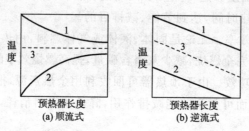

图 11-19　两种流动形式的温度示意图

1—烟气温度;2—空气温度;3—器壁温度

3. 预热器热交换原理与分类

预热器按热交换原理,可分成四大类,即表面式预热器、混合式预热器、蓄热式预热器和热管预热器。

1)表面式预热器

表面式预热器的主要特点是冷热两种流体被导热的器壁隔开,在热交换过程中,两种流体互不接触,热流体通过器壁将热量传递给冷流体,如图 11-20 所示。工业锅炉的省煤器、空气预热器是最常用的表面式预热器。

表面式预热器按其结构不同,又可分为管式与板式两种。如列管式预热器、蛇形管式预热器、套管式预热器、喷淋式预热器、盘管式预热器和 U 形管式预热器等;板式预热器又可分为平板式预热器、翅片板式预热器、螺旋板式预热器、石墨板式预热器、板壳式预热器及夹套式预热器等。此外,还有特殊形式的预热器,如块孔式预热器、空气冷却器以及辐射同流预热器等。

2)混合式预热器

该种预热器是依据热流体和冷流体直接相互混合来完成热交换的;在热量传递的同时伴随着相态的变换与混合。它具有热交换速度快、传热效率高、设备简单、投资少等优点,如图 11-21 所示。工业生产中常用的冷却塔、洗涤塔、气压冷凝器等都属于这一类型。

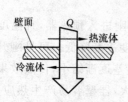

图 11-20　表面式预热器

热量传递示意图

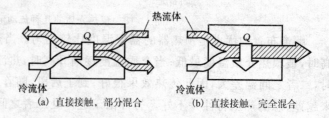

(a) 直接接触,部分混合　　　　(b) 直接接触,完全混合

图 11-21　混合式换热器热量传递示意图

3）蓄热式预热器

该类型常见的是高炉热风炉、蓄热式燃烧装置和回转（蓄热）式预热器（见图 11-22），其原理如图 11-23 所示。

在一个容器或砌砖体内有规律地设置一定数量的蓄热体材料，内设有孔道。让高温热流体和冷流体周期性地交换通过，就能达到热交换目的。当热流体通过时，蓄热体变为加热周期，将热量传递给蓄热体储存起来；当冷流体通过时，蓄热体变为冷却周期，将储存的热量传给冷流体，周而复始进行，完成热交换过程。炼铁高炉热风炉，可把冷空气加热到 1 000 ℃ 左右；天然气蓄热式燃烧装置，也可把冷空气预热至 1 000 ℃ 左右，因而具有显著节能效果。

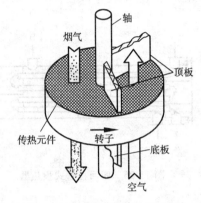

图 11-22　回转（蓄热）式预热器

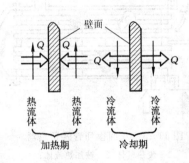

图 11-23　蓄热式预热器热量传递示意图

4）预热器的性能与选型规则

预热器形式有多种，功能各异。现就中、低温常用预热器主要性能与选型规则，略述如下。

（1）列管式预热器。

列管式预热器也称管壳式预热器。是回收中、低温余热资源常用的一种换热设备。其结构形式有固定管板式（见图 11-24）、浮头式和 U 形管式三种。主要特征是在一个圆筒形壳体内设置许多平行排列的管子。

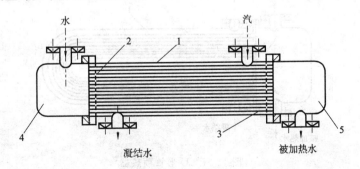

图 11-24　固定管板式管壳预热器

1—外壳；2—管束；3—固定管板；4—前水室；5—后水室

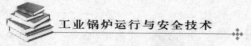

列管预热器结构简单、重量轻、造价低、运行维护方便。但此种预热器的管束与管壳体之间的流体温度差不能太大，否则易产生较大热应力，使管子与管板连接处开裂造成泄漏。

实际选用此种预热器时，如遇传热面积很大、管束数量很多时，可能发生两个问题：其一，管子数量增多，管内流体流速降低，使传热效果下降；其二，管子多，预热器外壳加大，流体流速也会降低，同样会使传热效果降低。针对第一种情况，在实践中常采用多回程列管式预热器，如图11-25所示；针对第二种情况，可在壳体内设置折流板来解决，图11-26是四回程列管预热器示意图。可见，只要设法提高流体的流速，便可提高传热效果。

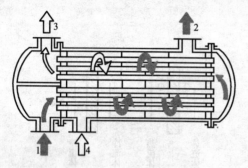

图 11-25　双回程列管式预热器
1—废热气体；2—被加热液体；
3—废热抨气；4—冷液体

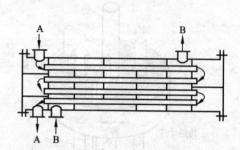

图 11-26　四回程管式预热器

当两种换热流体温差太大时，为防止产生热应力造成管子膨胀弯曲或松裂泄漏等问题，在实践中常采用热补偿办法解决。常见的有 U 形管式预热器和浮头式预热器等，如图11-27和图11-28所示。

列管式预热器管子的材质多采用无缝钢管或锅炉钢管。有时针对中、高温气体，特别是有腐蚀性的气体时，可采用陶瓷管或耐高温玻璃管。

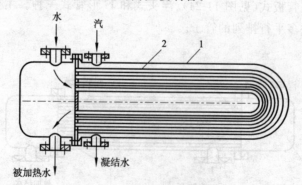

图 11-27　U 形管预热器
1—管壳；2—U 形管

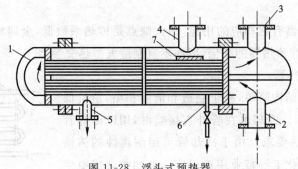

图 11-28　浮头式预热器

1—浮头；2—被加热水入口；3—被加热水出口；

4—蒸汽入口；5—蒸汽出口；6—撑水管；7—挡板

为了强化列管预热器的传热性能，常采用翅片管。其作用有两个：其一，翅片可增大传热面积。在实践中针对传热系数低的一侧增大其传热面积，可收到较好效果。第二，加翅片后改变了按总面积计算热阻的相对值，使加翅片的放热热阻所占比例减小。

不同类型的翅片管传热性能有所区别，这对于选择翅片管很重要。一般圆形翅片管比光管传热能力提高 65%；椭圆形翅片管又比圆形翅片管提高 25%；轮辐形翅片管为圆形翅片管的 2.4 倍。在实际制造或设计时，应综合各种因素进行比较，择优决定。

对于翅片管的布置方法，一般采用补弱增强法。如果两种热交换流体传热性能相差较大，如热气体与冷水之间换热，因为气体的放热系数比水小得多，因而应补助气体，让气体通过带有翅片的一侧。这样既可增大气体一侧的传热面积，又可提高气体流速，还可造成一种湍流状态，改善传热效果。

（2）蛇形管式预热器。

蛇形管式预热器是沉浸式预热器的主要形式，其结构如图 11-29 所示。一般管内通热流体，沉浸在连续流动的冷却介质内。两种不同流体在管内外进行热交换，达到回收余热、加热某种液体的目的。管组形状多做成圆盘状或螺旋状。

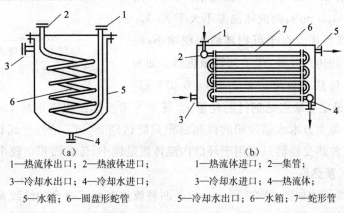

（a）	（b）
1—热流体出口；2—热液体进口；	1—热流体进口；2—集管；
3—冷却水出口；4—冷却水进口；	3—冷却水进口；4—热流体；
5—水箱；6—圆盘形蛇管	5—冷却水出口；6—水箱；7—蛇形管

图 11-29　蛇形管式预热器

由于箱体内冷却介质流动速度很慢，因而传热系数很小。不超过（627~836）kJ/(m² · h· ℃)，应采用两种液体逆流传热方式，并在箱槽内设折流板或加设机械搅拌方式，以加大流速，

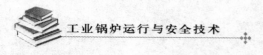

提高传热效果。

蛇形管式预热器有它相应的用途,最大缺点是传热系数低,金属耗量大,每平方米耗钢材 100 kg,是列管预热器的 3 倍,因而不宜制造大型热交换器。

(3) 喷淋式预热器。

喷淋式预热器结构简单,易于制造和清除积垢,造价低廉,如图 11-30 所示。冷却水在管外直接喷淋,用以冷却管内热流体,达到换热要求。由于冷却管可用耐腐蚀的铸铁制造,因而在制药、化工等行业用途较广。如回收合成氨生产中从合成塔排出的合成气体和各种氯化产品的氯化尾气

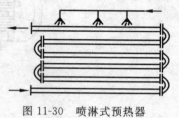

图 11-30 喷淋式预热器

等,效果很好。又如硫酸工业中用于回收浓硫酸的余热,也比较常用。空调风机盘管实际也是一种喷淋式预热器。

喷淋式预热器用冷却水冷却液体时,传热系数可达到 1 045～3 344 kJ/(m² · h · ℃);冷却管内蒸汽时,传热系数能达到 1 254～4 180 kJ/(m² · h · ℃),为提高传热效果,可加高管子的排数到 8～16 排。该换热装置的主要缺点是每立方米水箱容积内的传热面积只能达到 16 m²,是列管式预热器的 1/4～1/9;钢材耗量大,每平方米传热面积耗钢材 60 kg,是列管式预热器的 2 倍,因而限制了它的广泛应用。

(4) 套管式预热器。

套管式预热器结构如图 11-31 所示。该装置是由大小直径的管子套在一起组装成同心管,并用法兰或焊接法连接。每段套管为一个回程,可根据需要组装成多个回程。一般热流体由上部进入内管,从下部排出;而冷流体由下部进入外管,从上部流出,二者成为错流状。每一行程有效长度为 4～6 m,内外套管管径可依据实际情况选取,环缝内液体流速可取 1～1.5 m/s,两流体温差不大于 70 ℃。

该种热交换器优点在于可把环缝面积缩小,提高流速,获取好的传热效果,优于列管预热器。如为两种液体换热,传热系数可达到 1 254～5 016 kJ/

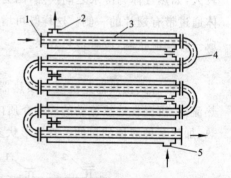

图 11-31 套管式预热器
1—内管;2,5—接口;3—外管;4—U 形肘管

(m² · h · ℃),最主要缺点是钢材消耗量大,每平方米换热面积需钢材 150 kg,是列管式预热器的 5 倍;每立方米水箱容积的传热面积只能达到 20 m²,是列管式预热器的 1/2～1/7.5。因而该种热交换器只适用于环缝内流体流量较小、传热面积也较小的场合。

(5) 平板式预热器。

该种预热器结构如图 11-32 所示。它是两种流体在相互叠合的波纹薄板与密封垫片间隔中交错流动的一种热交换器。其热量通过波纹薄板进行传递,因而传热系数大,平板式传热系数可达到 5 434～5 852 kJ/(m² · h · ℃),最高能达到 20 900～25 080 kJ/(m² · h · ℃)。换热效率比列管式预热器高 3～4 倍。热损失小,在回收低温余热时,热回收率

可达到 85%～90%,是当前供热采暖热力站最主要的换热设备。

波纹板是由普碳钢、不锈钢、铝板、钛合金等薄板压制而成的。波纹形式种类很多,常用的有水平波纹板和人字形波纹板两种,如图 11-33、图 11-34 所示。两种波纹板的主要性能列于表 11-4。板厚一般为 0.5～3.2 mm,板长与板宽之比为 3～40。各板周围和所开角孔周围的密封槽密封是关键,防止泄漏是最主要的问题。

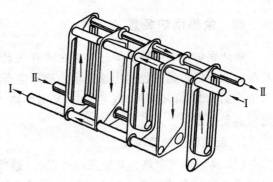

图 11-32 平板式预热器

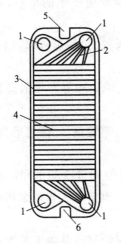

图 11-33 水平波纹板

1—角孔(流体进出孔);2—导流槽;

3—密封槽;4—水平波纹;

5—挂钩;6—定位缺口

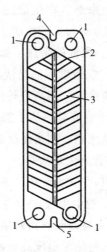

图 11-34 人字形波纹板

1—角孔(流体进出孔);

2—密封槽;3—人字形波纹;

4—挂钩;5—定位缺口

表 11-4 水平波纹板与人字形波纹板性能对比表

板 型	热水流/(m·s⁻¹)	冷水流速/(m·s⁻¹)	传热系数/(kJ·m⁻²·h⁻¹·℃⁻¹)	比 较
水平波纹板	0.6	0.5	8 360	1
人字形波纹板	0.6	0.5	12 540	1.5

波纹板预热器不仅传热系数大,结构紧凑,占地面积小,钢材消耗少,而且每立方米体积的传热面积可达 250 m²,每平方米传热面积耗用金属材料为 16 kg(人字形板仅为 8 kg),较列管式预热器省一半以上。此外还有一优点,就是便于拆卸、清洗,适用于黏性较大的流体,使用温度可达 180 ℃左右。但该种预热器使用压力不宜过高,一般应在 1.3 MPa 以下,最高不超过 3.0 MPa,且阻力损失较列管预热器大,适用于连续排放的热流体余热回收。

四、余热锅炉装置

余热锅炉也叫废热锅炉。工矿企业在生产过程中排出各种余热资源,尤其是高温余热源。余热锅炉是回收利用这些余热源来生产蒸汽或热水的热交换设备。其最大特点是所生产的高温、高压蒸汽,既可发电,又能供热,实行热电联产,经济效益显著,对节能减排起到重要作用。

1. 余热锅炉热源种类

(1) 高温烟气余热。其特点是产量大,连续性强,便于回收利用,是最常见的一种余热形式。这种余热最适宜用余热锅炉来回收热量,用于生产蒸汽,最好是热电联产,容量一般比较大。

(2) 化学反应余热。在生活过程中,有大量化学反应产生的余热,如硫酸、磷酸、化肥、化纤、陶瓷、冶金等行业产生的余热。

(3) 可燃废气、废液的余热。如高炉煤气、转炉煤气、焦炉煤气、炼油厂催化裂化再生废气、炭黑厂排烟气、造纸厂的黑液等产生的余热。

(4) 高温炉渣余热。如高炉炉渣、转炉炉渣及电炉炉渣等产生的余热。炉渣温度在1 000 ℃以上,每千克渣含热达1 250～7 150 kJ。

(5) 高温产品余热。如水泥烧成熟料、焦炉焦炭、钢锭钢坯、高温锻件等产生的余热。一般温度都很高,含有大量余热。

(6) 冷却介质、冷凝水余热。各种冷却装置排出的大量冷却水和低温乏蒸汽产生的余热。工业生产过程中用汽,在工艺过程后冷凝成水,都含有大量的余热。

2. 余热源特点与回收利用对策

(1) 余热锅炉用热源温度高且不固定。各种高温炉窑或其他工艺设备在生产过程中排出的高温气体或附带排出一些可燃气体,由于工艺条件的差异,其数量、温度与压力不能完全固定。一般温度在500～1 000 ℃,有的高达1 500 ℃。因此,就余热锅炉系列产品来讲,无固定的理论燃烧温度。设计单位需按余热源的具体条件进行专项设计,或按锅炉厂家产品系列进行优选。

(2) 余热源烟气成分复杂。余热源除温度高外,有时附带排出可燃气体,甚至有害气体、腐蚀性气体等,烟尘中或渣中含有金属或非金属氧化物。对余热锅炉部件造成腐蚀,烟气排放涉及环境污染问题。如硫酸工业、化工厂、印染厂、罐头厂、油脂厂、油毡厂、食品厂和垃圾或医疗物品焚烧、有色金属冶炼等行业,排出 SO_2、SO_3、NO、H_2S、NH_3 甚至病毒、有色金属气体等。在设置余热锅炉时,必须根据实际情况,进行无害化处理。一般采用焚烧法、尾部脱除法等,保证环保达标排放,并对余热锅炉材质与烟气露点温度特别关注与处理。

(3) 余热源气体中央带粉尘。余热载体中夹带大量粉尘、烟尘常有发生。如陶瓷、黑色金属冶炼,有色金属熔炼,水泥回转窑烧成,耐火材料行业等。由于温度高,有时呈半熔融状态,极易黏结在锅炉水冷壁上,造成结渣、积灰或结焦,并对受热面造成较大的磨损。不但影响传热,降低余热锅炉效率,而且涉及安全问题,使其寿命缩短。在设计时,必须针对实际情况,采取具体措施。

(4)有些余热源有周期性变化特点。由于生产工艺条件的不同,所排出的高温热源体有周期性或间隙性变化特点,因而余热锅炉负荷也随之发生相应变化。如冶金氧气顶吹转炉、有色金属熔炼、炼焦炉、化工行业反应釜、各种热处理炉等。应详细进行调查,搞清各项参数,进行针对性设计。一般应安装配套的蒸汽蓄热器或设置补充热源。

(5)余热锅炉有关部件需分散设置。在石油、化工行业,余热锅炉的有关部件需要分散设置在工艺流程中的某些部位。但相互之间的联系又非常紧密,余热锅炉水侧或汽侧的温度变化会影响上、下工序的温度变化,以及整个工艺流程会产生连锁反应,使产量、质量受到影响。在此情况下,分散设置余热锅炉部件是一件非常复杂的事情,必须经仔细设计与计算,采取针对性措施,保证上、下工序反应温度与催化剂的使用寿命正常。把各分散的部件汇集起来,使余热锅炉也能稳定正常运行。

(6)依据工作条件选择余热锅炉有关部件材质。在石油化工行业,有的工序要求余热锅炉不但水侧(或汽侧)需要高温、高压,而且气侧也需要高温、高压。还有些企业在余热源气体中附带腐蚀性气体等。在此特殊条件下设置余热锅炉,要特别注意选用有关部件的材质问题,保证使用温度与压力达到要求;同时要采取措施,保证余热锅炉各部位的严密性;所用锅炉水质,不能按一般工业锅炉对待,应按电站锅炉要求进行水处理。

(7)余热锅炉与空气预热器联合设置。有些高温炉窑回收烟气余热时,往往要求余热锅炉与空气预热器联合设置。用余热锅炉先回收高温余热,生产蒸汽,再设置空气预热器,预热空气,用于炉窑热风助燃。这种设置有诸多优点:可满足企业自用蒸汽、减少外购或取消本企业的燃煤小锅炉;空气预热器布置在余热锅炉烟气出口处,烟温已降低,用于预热空气,促进炉窑节能,并可综合降低企业成本,提高经济效益。为此,应进行专项设计,合理选取各自的进、出口温度与受热面分配,保证各自能正常运行。

(8)其他特殊情况与要求。余热锅炉属于非标准设计,有时受生产工艺和安装场地、安装空间等条件的限制;有时对排烟温度有一定要求;有时多台炉窑烟气余热回收,会遇到集中设置还是分散设置等具体问题等等。这些问题都需要在设计时统筹安排解决。

3. 余热锅炉的炉型

余热锅炉是余热回收的主体设备。其原理及结构与普通工业锅炉大体相同。普通锅炉主要组成部分,如锅炉本体的汽包、受热面(上升管、下降管)、省煤器与蒸汽过热器等,这些也是余热锅炉的主要组成部分。但根据余热源的特点、烟气成分的多样性、余热热负荷的不稳定性、余热烟气中含尘量大以及生产工艺对温度等的要求各不相同,余热锅炉的炉型也是多种多样的,基本上各个工业行业都有本行业特点的余热锅炉。有关锅炉制造厂家,根据余热锅炉的结构形式,将其分为管壳式余热锅炉和烟道式余热锅炉两类。现结合山东华源锅炉有限公司(原临沂锅炉厂)制造的两种余热锅炉的常见炉型,分别介绍如下。

1)管壳式余热锅炉

(1)管壳式余热锅炉的结构。

管壳式(火管)余热锅炉的烟气一般走管程,壳程为热水或汽水混合物,如图11-35所示。

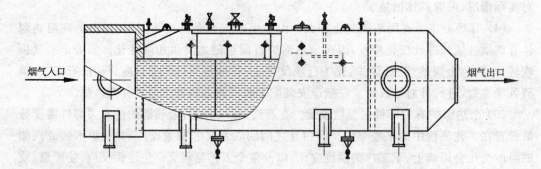

图 11-35　管壳式余热锅炉

图 11-35 所示为一台用于硫酸工业的余热锅炉,高温烟气(约 1 000 ℃左右)由烟气入口进入锅炉,纵向冲刷换热管进行放热,变成低温烟气(约 400 ℃左右),由烟气出口排出后进入下一工艺过程,换热管吸热后传递给锅水,生产所需压力和温度下的蒸汽。

(2) 管壳式余热锅炉的特点与用途。

① 密闭性较好,可正压运行;

② 纵向冲刷受热管,不易积灰,受热管可采用内螺纹,增强传热效果;

③ 启动迅速,产汽快;

④ 结构紧凑,体积小,重量轻,占地少,金属耗量低;

⑤ 布置灵活,安装方便;

⑥ 工作可靠,运行安全,操作简便;

⑦ 运行费用低,维修量少,寿命长,效益显著。

根据以上特点,管壳式余热锅炉多用于烟气成分复杂、有腐蚀性介质或烟气中含灰量大的余热烟气回收,如硫酸工业、磷酸工业、玻璃纤维、炭黑工业等行业中,但一般容量都比较小。

(3) 管壳式余热锅炉的设计要求。

管壳式余热锅炉的设计应符合《压力容器安全技术监察规程》、JB/T 1619—2002《锅壳锅炉本体制造技术条件》等标准的要求,计算按 GB/T 16508—1996《锅壳锅炉受压元件强度计算》。除满足以上规定外,还应注意以下几个方面:

① 材料选取时应考虑烟气中各种成分的不同特性,如腐蚀性、应力腐蚀性和黏结性等。

② 烟气流速的选取应考虑烟气中烟尘的浓度和磨损性,烟气流速越高,换热效果越好,但磨损越重。应综合考虑两者之间的矛盾,必要时可采用换热管入口管端加刚玉套管等措施来解决。

③ 焊缝结构的选取应考虑温度、压力、烟气中各种成分的不同特性等因素。

2) 烟道式余热锅炉

烟道式余热锅炉的发展进程分为三个阶段:20 世纪 50 年代以前为余热锅炉的发展初期,由于对烟气、烟尘的特性了解不够,误将余热锅炉与一般锅炉等同对待,辐射室及对流管束间距较小,锅炉短期运行后即被积灰堵死;60年代前后为发展中期,主要炉型有多烟道式余热锅炉(如日本田熊株式会社为白银铜冶炼厂设计的余热锅炉),其最大特点是余热锅炉有一个较大的辐射冷却室,使积灰问题有所缓解,但积灰问题尚未完全解决;60年代末至70年代初,余热锅炉进入成熟期,锅炉炉型以直通式炉型为主,有一个大的辐射冷却室,烟气在炉内不转弯,成直流式流动。实践证明,这一炉型经长期运行是比较可靠的。

(1) 多烟道式余热锅炉的结构。

多烟道式余热锅炉作为余热锅炉的一种,主要应用于烟尘含量大、烟尘熔点低、烟温高容易黏结、易产生堵灰和磨损的余热回收,是目前国内外常见炉型。如图11-36所示。

该锅炉是一台锌精矿沸腾焙烧余热锅炉,既是供热设备,又是工艺设备,它需服从冶炼工艺要求并受其约束。因此余热锅炉的炉型、结构及其配置关系需与冶炼工件相适应,如烟气量、烟气成分、烟尘量、烟尘粒度、特性、锅炉房布置、进出烟气口的对接。锌精矿沸腾焙烧的烟气温度高,烟气量随冶炼负荷变化,烟尘含量大,烟尘熔点低,烟温高容易黏结,易产生堵灰和磨损,同时烟气中的SO_2和少量SO_3及烟尘中某些金属会产生高温腐蚀和低温腐蚀。

(2) 烟道式余热锅炉的特点。

① 达到应有的收尘效果。余热锅炉应有足够大的冷却空间,以使烟气中的尘粒有一定的沉降时间。烟气流通截面积要大,烟气流速要小,使烟气携带烟尘的能力减小,烟尘在重力作用下沉降,收尘效果好。

② 防止烟尘积灰及积灰的清除。从锅炉结构设计上尽可能考虑防止积灰,如设置足够大的辐射冷却室,使烟气冷却到烟尘的黏结温度以下。合理安排烟气的动力场,尽可能避免烟尘对受热面冲刷。烟气要充满炉膛,防止烟气上浮、涡流、偏流。

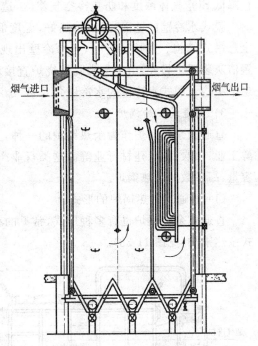

图11-36 多烟道式余热锅炉

（烟气进口 烟气出口）

③ 防止腐蚀。对于低温腐蚀,使管壁温度高于硫酸露点温度(提高锅炉运行压力,使饱和水温升高)。采用密封性炉墙,以杜绝冷空气的漏入和烟气的漏出。空气的漏入降低了烟气中SO_2浓度。SO_2浓度降低,会影响制酸生产。为防止高温腐蚀,在炉内最好不布置过热器。

④ 减少磨损。降低烟气流速,同时,由于烟气纵向冲刷的磨损,比横向冲刷的磨损轻得多,所以大部分受热面宜采用纵向冲刷。另外,应合理组织烟气动力场,避免由于烟气产生偏流或涡流造成的局部磨损。

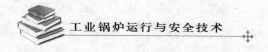

（3）烟道式余热锅炉设计的一般要求。

① 尽量用大空腔的辐射放热结构。考虑到锅炉入口段的主要目的是收尘，所以大空腔内一般不布置任何对流受热面，从而使烟尘冷却到黏结温度以下，防止产生黏结。

炉膛内烟气一般采用上进下出，不采用上浮、涡流，避免高温烟气对受热面的冲刷，能降低烟气积尘和减少磨损，便于与沸腾焙烧炉在端面实行短距离直接对接，在另一端面出口与旋风器短接。连接烟道的截面积大小、形状和防积灰堵塞等容易达到工艺的要求。

② 尽量采用膜式水冷壁。考虑到烟气中多含有大量 SO_2 和少量 SO_3 等腐蚀性气体，水冷壁采用膜式壁，使锅炉密封性大为提高。正常情况下，锅炉负压运行，密封性好，可防止降低 SO_2 气体浓度和防止冷空气渗入，造成低温腐蚀。

膜式水冷壁的壁面光滑，传热好，温度低，不易积灰。膜式水冷壁可采用敷管炉墙与全悬吊式结构。锅炉运行时，各水冷壁出现低频往复胀缩，能及时有效抖落积灰，不必投置清灰装置。另外，由于与沸腾焙烧炉直接对接，烟气上进下出，如考虑膨胀，也应采用全悬吊结构。膜式水冷壁的水冷壁角系数大，有效辐射的面积大，传热量大。

3）直通式余热锅炉

直通式余热锅炉作为余热锅炉的一种，主要应用于化学工业、化肥工业、乙烯工业、甲醇工业、焦炭行业、建材行业等。这类行业产生的烟气量大，烟气含尘量高，可以设计成大容量、高参数的余热锅炉。

（1）直通式余热锅炉的形式。

直通式余热锅炉也有多种形式，常见的有双锅筒管束式余热锅炉（见图 11-37）和隧道式余热锅炉（见图 11-38）。

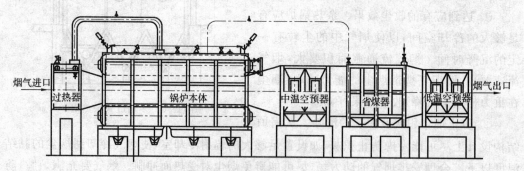

图 11-37　直通式余热锅炉

图 11-37 是一台用于化工行业的双锅筒纵置式余热锅炉，工艺过程中产生的高温烟气首先进入过热器，然后进入锅炉本体，冲刷对流管束，再进入中温空气预热器、省煤器、低温空气预热器，经引风机、烟囱排向大气。锅炉本体由上、下锅筒及对流管束等组成。过热器组件设计由过热器进口、出口集箱，过热器管构成；中、低温空气预热器空气流程均为二回程式钢管式空预器，烟气在管外做横向冲刷，空气在管内做纵向冲刷；省煤器为钢管式。

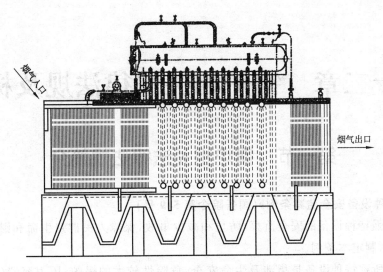

图 11-38 直通隧道式余热锅炉

图 11-38 所示是一台用于彩色水泥生产线的余热锅炉,整体布置为隧道式,按烟气流向依次为水冷壁、过热器、锅炉对流受热面、省煤器。入口采用大空腔辐射冷却室,降低烟气流速,使烟气中的大颗粒充分沉降。锅筒及各受热面由两侧钢架支撑及固定,两侧炉墙采用轻型复合式结构,牢固耐用。整个锅炉系统安装在离地 3 m 多高的基础平面上,基础下面布置落灰。

(2)直通式余热锅炉的主要特点。

① 该锅炉采用单锅筒纵置式或横置式布置,烟气在烟道内无转弯,流通阻力小。

② 烟气对受热面做横向冲刷,整个受热面冲刷完整,受热均匀,并且减少积灰和腐蚀。

③ 本产品结构紧凑,微负压运行,外包采用封焊结构,密封性能好,无环境污染、余热利用率高,操作方便,安全可靠。

④ 锅炉的制造成本低,且施工方便,安装周期短,费用低,基建投资少。

⑤ 锅炉下部设有多个出灰口,为了便于锅炉落灰,整个锅炉系统安装在离地 1.5～3 m 高的基础平面上。

⑥ 隧道式余热锅炉除具有以上特点外,还具有以下特点:锅筒置于烟道外,不受热,且能自由膨胀,锅炉所有连接均采用焊接,提高了锅炉的安全性能;锅炉受热面全部在厂内制造完成,质量容易得到保证,现场安装工作量小;锅炉分组件制造安装,便于更换检修。

(3)设计直通式余热锅炉应注意的问题。

① 腐蚀问题。可通过提高锅炉的运行压力和空气预热器采用特殊材料来解决低温腐蚀问题;采用控制炉内温度、保持受热面的清洁等措施,防止锅炉产生高温腐蚀。

② 积灰问题。可采用大空腔辐射冷却室,降低烟气流速,使烟气中的大颗粒充分沉降。在对流段烟气横向冲刷管束,减少积灰和腐蚀。对于烟尘容易黏结的场合,尽量不设置过热器,一方面防止高温腐蚀,另一方面防止过热器积灰。

③ 磨损问题。尽量保证余热锅炉内烟气流动平衡均匀,根据烟气中烟尘的特性来控制烟气流速,可有效减小烟尘对受热面的磨损。

第十二章　锅炉相关法律法规及标准

第一节　锅炉相关法律法规简介

1.《特种设备安全监察条例》(国务院令第 549 号)

为了加强特种设备的安全监察,防止和减少事故,保障人民群众生命和财产安全,促进经济发展,制定本条例。

本条例所称特种设备是指涉及生命安全、危险性较大的锅炉、压力容器(含气瓶,下同)、压力管道、电梯、起重机械、客运索道、大型游乐设施和场(厂)内专用机动车辆。

2.《特种设备事故报告和调查处理规定》(国家质检总局令第 115 号)

本规定适用于特种设备制造、安装、改造、维修、使用(含移动式压力容器、气瓶充装)、检验检测活动中发生的特种设备事故,其报告、调查和处理工作。

本规定自 2009 年 7 月 3 日起施行,2001 年 9 月 17 日国家质检总局发布的《锅炉压力容器压力管道特种设备事故处理规定》同时废止。

3. TSG Z0006—2009《特种设备事故调查处理导则》

本导则适用于《特种设备安全监察条例》和《特种设备事故报告和调查处理规定》规定范围内特种设备事故的调查处理工作。

本导则自 2010 年 5 月 1 日起施行。

4.《高耗能特种设备节能监督管理办法》(国家质检总局令第 116 号)

本办法适用于高耗能特种设备生产(含设计、制造、安装、改造、维修)、使用、检验检测的节能监督管理。

本办法自 2009 年 9 月 1 日起施行。

5. TSG G0002—2010《锅炉节能技术监督管理规程》

本规程适用于《特种设备安全监察条例》规定范围内的,以煤、油、气为燃料的锅炉及其辅机、监测计量仪表、水处理装置、控制系统等。

本规程自 2010 年 12 月 1 日起实施。

6. TSG G0003—2010《工业锅炉能效测试与评价规则》

本规则适用于符合以下条件的工业锅炉及其系统的能效测试和评价:

(1) 额定压力小于 3.8 MPa 的蒸汽锅炉和热水锅炉;

(2) 有机热载体锅炉。

本规则不适用于余热锅炉。

本规则自 2010 年 12 月 1 日起施行。

7. TSG G0001—2011《锅炉安全技术监察规程》

本规程适用于符合《特种设备安全监察条例》要求的固定式承压蒸汽锅炉、承压热水锅炉、有机热载体锅炉。

1996 年 8 月 19 日原劳动部颁布的《蒸汽锅炉安全技术监察规程》(劳部发[1996]276号)、1991 年 5 月 20 日颁布的《热水锅炉安全技术监察规程》(劳锅字[1991]8 号)、1993年 11 月 28 日颁布的《有机热载体炉安全技术监察规程》(劳部发[1993]356 号)、国家质量技术监督局 2000 年第 11 号令《小型和常压热水锅炉安全监察规定》同时废止。

8. TSG G5001—2010《锅炉水(介)质处理监督管理规则》

本规则适用于《特种设备安全监察条例》所规定范围内的蒸汽锅炉、热水锅炉和有机热载体锅炉。

本规则自 2011 年 2 月 1 日起施行,2008 年 8 月 7 日国家质检总局颁布的《锅炉水处理监督管理规则》(TSG G5001—2008)同时废止。

9. TSG G6001—2009《锅炉安全管理人员和操作人员考核大纲》

为了规范锅炉安全管理人员和操作人员的考核工作,根据《特种设备安全监察条例》、《特种设备作业人员监督管理办法》、《特种设备作业人员考核规则》,制定本大纲。

本大纲适用于《特种设备安全监察条例》规定范围内的锅炉安全管理人员和操作人员的考核。

第二节　锅炉相关标准简介

1. GB 13271—2001《锅炉大气污染物排放标准》

为贯彻《中华人民共和国环境保护法》和《中华人民共和国大气污染防治法》,控制锅炉污染物排放,防治大气污染,国家环保总局制定《锅炉大气污染物排放标准》,标准自2001 年 1 月 1 日起实施。本标准分年限规定了锅炉烟气中烟尘、二氧化硫和氮氧化物的最高允许排放浓度和烟气黑度的排放限值。

本标准适用于除煤粉发电锅炉和单台出力大于 45.5 MW(65 t/h)发电锅炉以外的各种容量和用途的燃煤、燃油和燃气锅炉排放大气污染物的管理,以及建设项目环境影响评价、设计、竣工验收和建成后的排污管理。

2. GB/T 10180—2003《工业锅炉热工性能试验规程》

本标准规定了工作压力小于 3.8 MPa 的蒸汽锅炉以及热水锅炉热工性能试验(包括定型试验、验收试验、仲裁试验和运行试验)的方法,并规定了以表格形式表示试验结果。

本标准适用于手工或机械燃烧固体燃料的锅炉、燃烧液体或气体燃料的锅炉和以电作为热能的锅炉。热油载体锅炉及以垃圾作燃料的锅炉可参照采用。本标准不适用于余热锅炉。

3. GB/T 2900.48—2008《电工名词术语　锅炉》

本标准规定了锅炉的专业名词术语,适用于有关锅炉专业的技术文件及科技出版物。

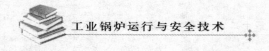

4. GB/T 21434—2008《相变锅炉》

本标准对相变锅炉设计、制造提出了技术要求。同时鉴于目前尚无相变锅炉安全使用管理规程、规范的情况,本标准从安装维护的角度,对相变锅炉运行管理也提出了技术要求。标准规定了相变锅炉最低安全要求,对相变锅炉的使用性能和环保性能提出了基本要求。

5. GB/T 1921—2004《工业蒸汽锅炉参数系列》

本标准规定了额定蒸汽压力大于 0.04 MPa,但小于 3.8 MPa 的工业蒸汽锅炉额定参数系列,本标准适用于工业用、生活用以水为介质的固定式蒸汽锅炉。

6. GB/T 21435—2008《相变加热炉》

本标准规定了相变加热炉的术语、定义、参数系列和型式编制方法,以及设计、制造、检验验收、安全附件等方面有关安全和性能的基本要求。

7. GB/T 22395—2008《锅炉钢结构设计规范》

本标准规定了支承式和悬吊式锅炉钢结构的设计原则和方法。

本标准适用于支承式和悬吊式锅炉钢结构的设计。

8. GB 24747—2009《有机热载体安全技术条件》

本标准规定了各种类型的有机热载体锅炉及其传热系统所使用有机热载体的术语和定义、一般要求、质量指标和试验方法、判定与处置、检验周期和取样、混用、回收处理、传热系统的清洗、更换与废弃。

本标准适用于以各种有机热载体锅炉为加热设备,并以间接加热为目的的有机热载体,不适用于仅以冷冻和低温冷却为目的的有机热载体。

9. GB/T 3166—2004《热水锅炉参数系列》

本标准规定了热水锅炉的额定参数系列。

本标准适用于工业用、生活用额定出水压力大于 0.1 MPa 的固定式热水锅炉。

10. GB/T 9222—2008《水管锅炉受压元件强度计算》

本标准规定了水管锅炉受压元件的强度计算方法、结构和材料许用应力;提供了决定元件最高允许计算压力的验证方法。

本标准适用于额定压力不低于 0.10 MPa 的固定式水管锅炉和固定式水管热水锅炉的受压元件,包括锅筒筒体、集箱筒体、管子、锅炉范围内的管道、凸形封头、平端盖及盖板和异形件。

11. GB/T 17954—2007《工业锅炉经济运行》

本标准规定了工业锅炉经济运行的基本要求、管理原则、技术指标与考核。

本标准适用于以煤、油、气为燃料,以水为介质的固定式钢制锅炉,包含 GB/T 1921—2004 所列额定蒸汽压力大于 0.04 MPa 且额定蒸发量大于或等于 1 t/h 的各种参数系列的蒸汽锅炉和 GB/T 3166—2004 所列额定出水压力大于 0.1 MPa 且额定热功率大于或等于 0.7 MW 的各种参数系列的热水锅炉。

本标准不适用于余热锅炉、电加热锅炉及有机热载体锅炉。

12. GB/T 19065—2003《电加热锅炉系统经济运行》

本标准规定了电加热锅炉系统经济运行的技术要求、运行管理、技术经济指标、测试与计算方法和评价原则。本标准规定了额定工作电压不小于 400 V、额定蒸发量不少于 0.07 t/h 的以水为介质的电加热蒸汽锅炉和额定热功率不小于 0.05 MW 的电加热热水锅炉系统的工程设计、施工与运行方法。

13. GB/T 1576—2008《工业锅炉水质》

本标准规定了工业锅炉运行时的水质标准。

本标准适用于额定出口蒸汽压力小于 3.8 MPa、以水为介质的固定式蒸汽锅炉和汽水两用锅炉,也适用于以水为介质的固定式承压热水锅炉和常压热水锅炉。

本标准不适用于铝材制造的锅炉。

14. GB/T 15317—2009《燃煤工业锅炉节能监测》

本标准规定了燃煤工业锅炉能源利用状况的监测项目、监测方法和考核指标。

本标准适用于额定热功率(额定蒸发量)大于 0.7 MW(1 t/h)、小于或等于 24.5 MW (35 t/h)的工业蒸汽锅炉和额定供热量大于 2.5 GJ/h 的工业热水锅炉。

15. GB/T 16508—1996《锅壳锅炉受压元件强度计算》

本标准规定了由低碳钢或低碳锰钢焊制的有烟管和(或)炉胆的固定式锅壳锅炉受压件和铸铁锅炉受压件的强度计算方法与有关结构规定。

本标准适用于额定蒸汽压力不大于 2.5 MPa 的蒸汽锅炉及额定出水压力不小于 0.1 MPa 的热水锅炉,但额定出水压力小于 0.1 MPa 的热水锅炉也可参照使用。锅炉的设计、制造、安装、使用、修理、改造应符合国家现行的《蒸汽锅炉安全技术监察规程》、《热水锅炉安全技术监察规程》、有关锅炉制造技术条件及其他有关国家标准。

16. GB 50041—2008《锅炉房设计规范》

本规范适用于下列范围内的工业、民用、区域锅炉房及其室外热力管道设计:

(1)以水为介质的蒸汽锅炉房,其单台锅炉额定蒸发量为 1~75 t/h、额定出口蒸汽压力为 0.10~3.82 MPa(表压)、额定出口蒸汽温度小于等于 450 ℃。

(2)热水锅炉锅炉房,其单台锅炉额定热功率为 0.7~70 MW、额定出口水压为 0.10 ~2.50 MPa(表压)、额定出口水温小于等于 180 ℃。

(3)本规范不适用于余热锅炉、垃圾焚烧锅炉和其他特殊类型锅炉的锅炉房和城市热力网设计。

17. GB 50273—2009《锅炉安装工程施工及验收规范》

本规范适用于工业、民用、区域供热额定工作压力小于或等于 3.82 MPa 的固定式热水锅炉和有机热载体炉安装工程的施工及验收。

本规范不适用于铸铁锅炉、交通运输车用和船用锅炉、核能锅炉、电站锅炉安装工程的施工及验收。

18. JB/T 10393—2002《电加热锅炉技术条件》

本标准规定了电加热锅炉的定义、参数系列、型号编制方法、技术要求、检验和试验、标志和随机文件、安装使用要求及质量责任。

19．JB/T 10094—2002《工业锅炉通用技术条件》

本标准规定了工业锅炉的技术要求、检验和试验、测试方法、油漆、包装、标志和随机文件、安装及使用、验收、质量责任等要求。

本标准适用于额定蒸汽压力大于 0.04 MPa，但小于 3.8 MPa，且额定蒸发量不小于 0.1 t/h 的以水为介质的固定式钢制蒸汽锅炉和额定出水压力大于 0.1 MPa 的固定式钢制热水锅炉。

20．JB/T 10249—2001《垃圾焚烧锅炉技术条件》

本标准规定了垃圾焚烧锅炉的分类、型号、结构、性能、制造、安装、试验方法、验收规则，以及标志和包装等事项。

本标准适用于以水为介质的各种形式的垃圾焚烧锅炉。对于不配置余热锅炉的小型垃圾焚烧可参照执行本标准的有关规定。

21．JB/T 10356—2002《流化床燃烧设备技术条件》

本标准规定了锅炉用流化床燃烧设备的设计、检验、油漆、包装、安装、试验和验收等技术要求。

22．JB/T 10355—2002《锅炉用抛煤机技术条件》

本标准规定了锅炉用抛煤机(含连同一体的给煤机)的技术要求、验收方法、验收规则及油漆包装。本标准适用于锅炉用气力机械抛煤机、气力抛煤机和机械抛煤机。

23．JB/T 10325—2002《锅炉除氧器技术条件》

本标准规定了除氧器的设计、制造、检验以及标志、包装、运输等要求。

24．JB/T 10354—2002《工业锅炉运行规程 》

本标准规定了工业锅炉运行管理的基本要求及运行前的准备、启动、运行与调节、停炉、事故处理等方面的要求。

25．JB/T 1609—1993《锅炉锅筒制造技术条件》

本标准规定了锅炉锅筒制造、检查验收以及标志、油漆和包装的要求。

本标准适用于固定式热水锅炉和额定蒸汽压力不大于 13.7 MPa、额定蒸汽温度不大于 540 ℃的固定式蒸汽锅炉，对亚临界压力蒸汽锅炉也可使用。

26．JB/T 1610—1993《锅炉集箱制造技术条件》

本标准规定了锅炉集箱制造、检查验收以及标志、油漆和包装的要求。

本标准适用于固定式热水锅炉和额定蒸汽压力不大于 13.7 MPa、额定蒸汽温度不大于 540 ℃的固定式蒸汽锅炉，对亚临界压力蒸汽锅炉也可使用。

27．JB/T 1611—1993《锅炉管子制造技术条件》

本标准规定了锅炉集箱制造、检查验收以及标志、油漆和包装的要求。

本标准适用于固定式热水锅炉和额定蒸汽压力不大于 13.7 MPa、额定蒸汽温度不大于 540 ℃的固定式蒸汽锅炉，对亚临界压力蒸汽锅炉也可使用。

28．JB/T 1612—1994《锅炉水压试验技术条件》

本标准规定了锅炉整体水压试验、各受压部件和受压元件单件水压试验的方法。

本标准适用于固定式锅炉。

29．JB/T 1619—2002《锅壳锅炉本体制造技术条件》

本标准规定了锅壳锅炉本体制造的技术要求、检验、油漆和标志。

本标准适用于额定工作压力大于 0.04 MPa，但不大于 2.5 MPa，且额定蒸发量不小于 0.1 t/h 的以水为介质的固定式钢制蒸汽锅炉和额定出水压力大于 0.1 MPa 的固定式钢制热水锅炉。

30．JB/T 1625—2002《工业锅炉焊接管孔》

本标准规定了工业锅炉受压件上焊接管孔的管孔形式与开孔方法、管孔尺寸和制造公差。

31．JB/T 3271—2002《链条炉排技术条件》

本标准规定了链条炉排的技术要求（包括基本性能、设计、制造和组装）、检验与试验以及油漆包装。

32．JB/T 7985—2002《小型锅炉和常压热水锅炉技术条件》

本标准规定了小型锅炉和常压热水锅炉的定义、参数系列、型号编制方法、技术要求、试验和检验、标志和包装、使用条件、常压热水锅炉系统及质量责任等。

33．JB/T 8129—2002《工业锅炉旋风除尘器技术条件》

本标准规定了工业锅炉炉外用烟气旋风除尘器的型号编制方法、技术要求、试验方法、检验规则、标志、随机文件和包装、安装和使用、质量责任等。

34．JB/T 3375—2002《锅炉用材料入厂验收规则》

本标准规定了锅炉制造厂对锅炉用主要材料入厂验收的基本要求，但订货合同另有规定的除外。

附 录

附录一 饱和蒸汽热力特性表

p 绝对压力 /MPa	t_b 饱和水温度 /℃	v' 饱和水比体 积/(m³·kg⁻¹)	v'' 饱和蒸汽比体 积/(m³·kg⁻¹)	Y' 饱和蒸汽密度 /(kg·m⁻³)	$h'(i')$ 饱和水比焓 /(kJ·kg⁻¹)	$h''(i'')$ 饱和汽比焓 /(kJ·kg⁻¹)	y 汽比热容 /(kJ·kg⁻¹)
0.1	99.09	0.010 428	1.725	0.579 7	415.31	2 674.66	2 259.31
0.2	119.62	0.001 060 0	0.901 8	1.109	502.19	2 706.06	2 204.04
0.3	132.83	0.001 072 6	0.616 9	1.621	558.55	2 724.48	2 165.94
0.4	142.92	0.001 082 9	0.470 9	2.124	601.69	2 734.88	2 136.21
0.5	151.11	0.001 091 8	0.381 7	2.620	636.84	2 747.93	2 111.09
0.6	158.08	0.001 099 8	0.321 4	3.111	666.99	2 756.30	2 088.89
0.7	164.17	0.001 107 1	0.277 8	3.600	693.79	2 763.00	2 069.22
0.8	169.61	0.001 113 9	0.244 8	4.085	717.65	2 768.44	2 050.79
0.9	174.53	0.001 120 2	0.218 9	4.568	739.01	2 773.05	2 034.04
1.0	179.04	0.001 126 2	0.198 0	5.051	759.10	2 777.24	2 018.55
1.1	183.20	0.001 131 9	0.180 8	5.531	777.53	2 780.59	2 003.06
1.2	187.08	0.001 137 3	0.166 3	6.013	794.69	2 783.94	1 989.24
1.3	190.71	0.001 142 6	0.154 0	6.494	810.60	2 786.87	1 976.26
1.4	194.13	0.001 147 6	0.143 4	6.974	826.10	2 789.38	1 963.28
1.5	197.36	0.001 152 5	0.134 2	7.452	840.33	2 791.47	1 950.72
1.6	200.43	0.001 157 2	0.126 1	7.930	854.15	2 793.15	1 939.00
1.7	203.35	0.001 161 8	0.118 9	8.410	867.55	2 794.82	1 927.28
1.8	206.14	0.001 166 2	0.112 5	8.889	880.11	2 796.08	1 915.97
1.9	208.81	0.001 170 6	0.106 7	9.372	892.25	2 797.75	1 905.50
2.0	211.38	0.001 174 9	0.101 5	9.852	903.97	2 799.01	1 895.04
2.1	213.85	0.001 179 2	0.096 76	10.34	915.28	2 799.85	1 884.57

续表

p 绝对压力 /MPa	t_b 饱和水温度 /℃	v' 饱和水比体积/(m³·kg⁻¹)	v'' 饱和蒸汽比体积/(m³·kg⁻¹)	Y' 饱和蒸汽密度/(kg·m⁻³)	$h'(i')$ 饱和水比焓/(kJ·kg⁻¹)	$h''(i'')$ 饱和汽比焓/(kJ·kg⁻¹)	y 汽比热容/(kJ·kg⁻¹)
2.2	216.23	0.001 183 3	0.092 45	10.82	926.16	2 800.68	1 874.52
2.3	218.53	0.001 187 4	0.088 49	11.30	937.05	2 801.10	1 868.05
2.4	220.75	0.001 191 4	0.084 86	11.78	947.10	2 801.94	1 854.84
2.5	222.90	0.001 195 3	0.081 50	12.27	957.15	2 802.36	1 845.21
2.6	224.99	0.001 199 2	0.078 33	12.76	966.78	2 802.78	1 836.00

附录二　过热蒸气比焓(单位 kJ/kg)

p MPa(kgf/cm²)	$t/℃$ 200	220	240	260	280	300	320	340	360	380	400
0.10(1.02)	2 875	2 914	2 954	2 993	3 033	3 074	3 114	3 155	3 195	3 236	3 278
0.20(2.04)	2 870	2 910	2 950	2 990	3 020	3 071	3 111	3 153	3 194	3 235	3 276
0.30(3.06)	2 864	2 905	2 946	2 986	3 027	3 068	3 109	3 150	3 192	3 233	3 275
0.40(4.08)	2 859	2 900	2 941	2 982	3 023	3 065	3 106	3 148	3 190	3 231	3 273
0.50(5.10)	2 854	2 896	2 937	2 979	3 020	3 062	3 104	3 146	3 188	3 230	3 272
0.60(6.12)	2 849	2 891	2 933	2 975	3 017	3 059	3 101	3 143	3 185	3 228	3 270
0.70(7.14)	2 844	2 887	2 929	2 972	3 014	3 056	3 099	3 141	3 183	3 226	3 268
0.80(8.16)	2 839	2 883	2 926	2 969	3 011	3 054	3 096	3 139	3 181	3 224	3 267
0.90(9.18)	2 833	2 878	2 922	2 965	3 008	3 051	3 093	3 136	3 179	3 222	3 265
1.00(10.20)	2 827	2 874	2 918	2 962	3 005	3 048	3 091	3 134	3 177	3 220	3 263
1.20(12.24)	2 816	2 865	2 911	2 955	2 999	3 042	3 086	3 129	3 173	3 216	3 260
1.40(14.29)	2 803	2 855	2 902	2 948	2 992	3 036	3 080	3 125	3 169	3 213	3 256
1.60(16.33)		2 844	2 893	2 940	2 986	3 030	3 075	3 120	3 164	3 209	3 253
1.80(18.37)		2 833	2 884	2 932	2 979	3 025	3 071	3 116	3 160	3 205	3 249
2.00(20.41)		2 821	2 875	2 924	2 972	3 019	3 065	3 111	3 156	3 201	3 246
2.50(25.51)			2 850	2 904	2 955	3 004	3 052	3 099	3 146	3 192	3 238

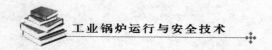

附录三　常用物理量的法定计量单位及其与工程单位制的换算表

量的名称	法定单位名称及符号	原工程单位名称及符号	换算关系
力	牛[顿] (N)	公斤力 (kgf)	1 N＝0.102 kgf 1 kgf＝9.807 N
压力	帕＝牛/米² (Pa＝N/m²) 兆帕(MPa)	公斤力/厘米² (kgf/cm²) 物理大气压(atm) 毫米水柱(mmH₂O) 毫米汞柱(mmHg)	1 MPa＝10⁶ Pa＝10.2 kgf/cm² 1 kgf/cm²＝0.098 MPa 1 atm＝101 325 Pa 1 mmH₂O＝9.807 Pa 1 mmHg＝133.322 Pa
应力	兆帕 (MPa)	公斤力/毫米² (kgf/mm²)	1 MPa＝0.102 kgf/mm² 1 kgf/mm²＝9.807 MPa
功、能、热	焦耳(J) 千焦(kJ)	公斤力·米(kgf·m) 大卡(kcal)	1 J＝1 N·m＝0.102 kgf·m 1 kJ＝0.238 9 kcal 1 kcal＝4.186 8 kJ
功率	千瓦＝千焦/秒 (kW＝kJ/s) 瓦(W)	公斤力·米/秒 (kg·m/s) 大卡/时(kcal/h)	1 kgf·m/s＝9.807 W 1 kcal/h＝1.163 W 1 W＝0.859 9 kcal/h
比焓	千焦/千克 (kJ/kg)	大卡/公斤 (kcal/kg)	1 kJ/kg＝0.238 9 kcal/kg 1 kcal/kg＝4.186 8 kJ/kg
比热容	千焦/(千克·摄氏度) [kJ/(kg·℃)]	大卡/(公斤·摄氏度) [kcal/(kg·℃)]	1 kJ/(kg·℃)＝0.238 9 kcal/(kg·℃) 1 kcal/(kg·℃)＝4.186 8 kJ/(kg·℃)
导热系数	瓦/(米·摄氏度) [W/(m·℃)]	大卡/(米·时·摄氏度) [kcal/(m·h·℃)]	1 W/(m·℃)＝0.859 9 kcal/(m·h·℃) 1 kcal/(m·h·℃)＝1.163 W/(m·℃)
放热系数 传热系数	瓦/(米²·摄氏度) [W/(m²·℃)]	大卡/(米²·时·摄氏度) [kcal/(m²·h·℃)]	1 W/(m²·℃)＝0.859 9 kcal/(m²·h·℃) 1 kcal/(m²·h·℃)＝1.163 W/(m²·℃)
炉排(容积) 热负荷	瓦/(米²·摄氏度) [W/(m²·℃)]	大卡/(米²·时·摄氏度) [kcal/(m²·h·℃)]	1 W/(m²·℃)＝0.859 9 kcal/(m²·h·℃) 1 kcal/(m²·h·℃)＝1.163 W/(m²·℃)
炉膛面积 热负荷	瓦/米² (W/m²)	大卡/(米²·时) [kcal/(m²·h)]	1 W/m²＝0.859 9 kcal/(m²·h) 1 kcal/(m²·h)＝1.163 W/m²

量的名称	法定单位名称及符号	原工程单位名称及符号	换算关系
动力粘度	帕·秒 (Pa·s)	公斤力·秒/米² (kgf·s/m²)	1 Pa·s＝0.102 kgf·s/m² 1 kgf·s/m²＝9.807 Pa·s
表面张力	牛顿/米 (N/m)	公斤力/米 (kgf/m)	1 N/m＝0.102 kgf/m 1 kgf/m＝9.807 N/m
长度	米(m) 厘米(cm) 毫米(mm)	米(m) 厘米(cm) 毫米(mm)	
摄氏温度	摄氏度(℃)	摄氏度(℃)	
热力学温度	开[尔文] (K)	开[尔文] (K)	
质量	千克、公斤(kg) 克(g) 毫克(mg)	千克、公斤(kg) 克(g) 毫克(mg)	
密度	吨/米³(t/m³) 千克/米³(kg/m³)	吨/米³(t/m³) 千克/米³(kg/m³)	
速度	米/秒(m/s)	米/秒(m/s)	
时间	秒(s) 分(min) [小]时(h) 天(d)		

附录四　英制钢管尺寸和对应的公制钢管以及配内外螺纹的公制钢管对照表

公称通径 /mm	英制钢管/in	折算成公制钢管 $d \times s$ /mm	单位长度质量 /(kg·m⁻¹)	配外螺纹的 公制钢管 $d \times s$/mm	配内螺纹的 公制钢管 $d \times s$/mm
6	1/8	10×2	0.39	φ10×2	φ12×2
8	1/4	13.5×2.25	0.62	φ14×2.5	φ16×2.5
10	3/8	17×2.25	0.82	φ17×4	φ20×3
15	1/2	21.25×2.75	1.25	φ22×4	φ25×3.5

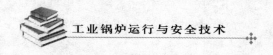

公称通径 /mm	英制钢管/in	折算成公制钢管 $d \times s$ /mm	单位长度质量 /(kg·m^{-1})	配外螺纹的公制钢管 $d \times s$/mm	配内螺纹的公制钢管 $d \times s$/mm
20	3/4	26.25×2.75	1.65	$\phi 27 \times 4$	$\phi 30 \times 3.5$
25	1	33.5×3.25	2.42	$\phi 34 \times 5$	$\phi 38 \times 4$
32	$1\frac{1}{4}$	42.25×3.25	3.13	$\phi 42 \times 5$	$\phi 45 \times 3.5$
40	$1\frac{1}{2}$	48×3.5	3.84	$\phi 48 \times 5$	$\phi 51 \times 3.5$
50	2	60×3.57	4.88	$\phi 60 \times 5$	$\phi 63.5 \times 3.5$
70	$2\frac{1}{2}$	75.5×3.75	6.64	$\phi 76 \times 6$	$\phi 80 \times 4$
80	3	88.5×4	8.34	$\phi 89 \times 6$	$\phi 95 \times 5.5$

附录五　不同介质管道涂色标志

管道名称	颜色		管道名称	颜色	
	底色	色环		底色	色环
过热蒸汽	红	黄	压缩空气管	蓝	
饱和蒸汽	红		油管	橙黄	
排汽管	红	蓝	石灰浆管	灰	
废汽管	红	黑	酸管	紫红	
锅炉排污管	黑		碱管	白	
锅炉给水管	绿		磷酸三钠溶液管	褐	红
疏水管	绿	黑	原煤管	浅灰	黑
凝结水管	绿	红	煤粉管	壳灰	
软化(补给)水管	绿	白	盐水管	浅黄	
生水管	绿	黄	冷风管	蓝	黄
热水管	绿	蓝	热风管	蓝	
解吸除氧气体管	浅蓝		烟道	暗灰	

注：(1) 色环宽度(以管子或保温层外径为准)，外径小于 100 mm 者，为 50 mm；外径为 150～300 mm 者，为 70 mm；外径大于 300 mm 者，为 100 mm。

(2) 色环与色环之间的距离视具体情况而定。

参考文献

1. 郭传顺,肖永胜.工业锅炉运行与安全技术.哈尔滨:哈尔滨工程大学出版社,1998.

2. 辛广路.锅炉运行与操作指南.北京:机械工业出版社,2006.

3. 车德福,庄正宁,李军,等.锅炉.西安:西安交通大学出版社,2004.

4. 刘积贤.工业锅炉安全技术.北京:化学工业出版社,1993.

5. 周国庆,孙涛.工业锅炉安全技术手册.北京:化学工业出版社,2008.

6. 丁崇功.工业锅炉设备.北京:机械工业出版社,2009.

7. 崔文斌,吴进成.锅炉安全技术.北京:化学工业出版社,2009.

8. 王振波,李国成.工业锅炉技术.北京:中国石化出版社,2010.

9. 林宗虎,徐通模.实用锅炉手册.北京:化学工业出版社,1999.

10. 赵钦新.工业锅炉安全经济运行.北京:中国标准出版社,2002.

11. 王秉全,姜生远,王秋.工业炉设计简明手册.北京:机械工业出版社,2011.

图书在版编目(CIP)数据

工业锅炉运行与安全技术/大庆油田特种作业安全
培训中心编. —东营:中国石油大学出版社,2012.5(2016.3重印)
ISBN 978-7-5636-3695-2

Ⅰ.①工… Ⅱ.①大… Ⅲ.①工业锅炉—安全技术
Ⅳ.①TK229

中国版本图书馆 CIP 数据核字(2012)第 059078 号

书 名:工业锅炉运行与安全技术
作 者:大庆油田特种作业安全培训中心

责任编辑:秦晓霞 (0532—86983567)
封面设计:青岛友一广告传媒有限公司

出 版 者:中国石油大学出版社(山东 东营 邮编 257061)
网   址:http://www.uppbook.com.cn
电子信箱:shiyoujiaoyu@126.com
印 刷 者:青岛国彩印刷有限公司
发 行 者:中国石油大学出版社 (电话 0532—86981532,0532—86983437)
开   本:185 mm×260 mm 印张:23.00 字数:513 千字
版   次:2016 年 3 月第 1 版第 3 次印刷
定   价:56.00 元